“十二五”职业教育国家规划立项教材
国家卫生健康委员会“十三五”规划教材
全国高职高专规划教材

供眼视光技术专业用

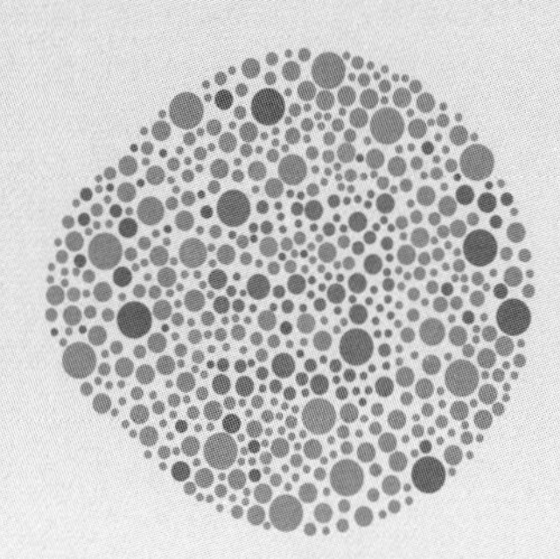

眼视光常用仪器设备

第2版

主　编 齐　备

副主编 沈梅晓　叶佳意

编　委（以姓氏笔画为序）

叶佳意　东华大学先进玻璃制造技术教育部工程研究中心
齐　备　中国眼镜协会视光师分会
沈梅晓　温州医科大学附属眼视光医院
张艳明　深圳职业技术学院医学技术与护理学院
郭　曦　北京北医眼视光学研究中心
章　翼　上海交通大学医学院附属新华医院
廖　萱　川北医学院附属医院

数字资源负责人 齐　备

人民卫生出版社

图书在版编目(CIP)数据

眼视光常用仪器设备 / 齐备主编. —2 版. —北京：人民卫生出版社，2019

ISBN 978-7-117-28574-2

Ⅰ. ①眼… Ⅱ. ①齐… Ⅲ. ①眼病－诊断－医疗器械－医学院校－教材 Ⅳ. ①TH786

中国版本图书馆 CIP 数据核字(2019)第 103321 号

眼视光常用仪器设备

第 2 版

主　　编：齐　备
出版发行：人民卫生出版社（中继线 010-59780011）
地　　址：北京市朝阳区潘家园南里 19 号
邮　　编：100021
E - mail：pmph @ pmph.com
购书热线：010-59787592　010-59787584　010-65264830
印　　刷：中农印务有限公司
经　　销：新华书店
开　　本：889 × 1194　1/16　　印张：16
字　　数：429 千字
版　　次：2012 年 2 月第 1 版　　2019 年 7 月第 2 版
　　　　　2024 年 11 月第 2 版第 11 次印刷（总第 18 次印刷）
标准书号：ISBN 978-7-117-28574-2
定　　价：58.00 元

（凡属印装质量问题请与本社市场营销中心联系退换）

全国高职高专院校眼视光技术专业
第二轮国家卫生健康委员会规划教材（融合教材）修订说明

全国高职高专院校眼视光技术专业第二轮国家卫生健康委员会规划教材，是在全国高职高专院校眼视光技术专业第一轮规划教材基础上，以纸质为媒体，融入富媒体资源、网络素材、慕课课程形成的"四位一体"的全国首套眼视光技术专业创新融合教材。

全国高职高专院校眼视光技术专业第一轮规划教材共计13本，于2012年陆续出版。历经了深入调研、充分论证、精心编写、严格审稿，并在编写体例上进行创新，《眼屈光检查》《验光技术》《眼镜定配技术》《眼镜维修检测技术》和《眼视光技术综合实训》采用了"情境、任务"的形式编写，以呼应实际教学模式，实现了"老师好教，学生好学，实践好用"的精品教材目标。其中，《眼科学基础》《眼镜定配技术》《接触镜验配技术》《眼镜维修检测技术》《斜视与弱视临床技术》《眼镜店管理》《眼视光常用仪器设备》为高职高专"十二五"国家级规划教材立项教材。本套教材的出版对于我国眼视光技术专业高职高专教育以及专业发展具有重要的、里程碑式的意义，为我国眼视光技术专业实用型人才培养，为促进人民群众的视觉健康和眼保健做出历史性的巨大贡献。

本套教材第二轮修订之时，正逢我国医疗卫生和医学教育面临重大发展的重要时期，教育部、国家卫生健康委员会等八部门于2018年8月30日联合印发《综合防控儿童青少年近视实施方案》（以下简称《方案》），从政策层面对近视防控进行了全方位战略部署。党中央、国务院对儿童青少年视力健康高度重视，对眼视光相关工作者提出了更高的要求，也带来了更多的机遇和挑战。我们贯彻落实《方案》、全国卫生与健康大会精神、《"健康中国2030"规划纲要》和《国家职业教育改革实施方案》（职教20条），根据教育部培养目标、国家卫生健康委员会用人要求，以及传统媒体和新型媒体深度融合发展的要求，坚持中国特色的教材建设模式，推动全国高职高专院校眼视光技术专业第二轮国家卫生健康委员会规划教材（融合教材）的修订工作。在修订过程中体现三教改革、多元办学、校企结合、医教协同、信息化教学理念和成果。

本套教材第二轮修订遵循八个坚持，即①坚持评审委员会负责的职责，评审委员会对教材编写的进度、质量等进行全流程、全周期的把关和监控；②坚持按照遴选要求组建体现主编权威性、副主编代表性、编委覆盖性的编写队伍；③坚持国家行业专业标准，名词及相关内容与国家标准保持一致；④坚持名词、术语、符号的统一，保持全套教材一致性；⑤坚持课程和教材的整体优化，淡化学科意识，全套教材秉承实用、够用、必需、以职业为中心的原则，对整套教材内容进行整体的整合；⑥坚持"三基""五性""三特定"的教材编写原则；⑦坚持按时完成编写任务，教材编写是近期工作的重中之重；⑧坚持人卫社编写思想与学术思想结合，出版高质量精品教材。

本套教材第二轮修订具有以下特点：

1. 在全国范围调研的基础上，构建了团结、协作、创新的编写队伍，具有主编权威性、副主编代表性、编委覆盖性。全国15个省区市共33所院校（或相关单位、企业等）共约90位专家教授及一线教师申报，最终确定了来自15个省区市，31所院校（或相关单位、企业等），共计57名主编、副主编组成的学习型、团结型的编写团队，代表了目前我国高职眼视光技术专业发展的水平和方向、教学思想、教学模式和教学理念。

2. 对课程体系进行改革创新，在上一轮教材基础上进行优化，实现螺旋式上升，实现中高职的衔接、高职高专与本科教育的对接，打通眼视光职业教育通道。

3. 依然坚持中国特色的教材建设模式，严格遵守"三基""五性""三特定"的教材编写原则。

4. 严格遵守"九三一"质量控制体系确保教材质量，为打造老师好教、学生好学、实践好用的优秀精品教材而努力。

5. 名词术语按国家标准统一，内容范围按照高职高专眼视光技术专业教学标准统一，使教材内容与教学及学生学习需求相一致。

6. 基于对上一轮教材使用反馈的分析讨论，以及各学校教学需求，各教材分别增加各自的实训内容，《眼视光技术综合实训》改为《眼视光技术拓展实训》，作为实训内容的补充。

7. 根据上一轮教材的使用反馈，尽可能避免交叉重复问题。《眼屈光检查》《斜视与弱视临床技术》《眼科学基础》《验光技术》，《眼镜定配技术》《眼镜维修检测技术》，《眼镜营销实务》《眼镜店管理》，有可能交叉重复的内容分别经过反复的共同讨论，尽可能避免知识点的重复和矛盾。

8. 考虑高职高专学生的学习特点，本套教材继续沿用上一轮教材的任务、情境编写模式，以成果为导向、以就业为导向，尽可能增加教材的适用性。

9. 除了纸质部分，新增二维码扫描阅读数字资源，数字资源包括：习题、视频、彩图、拓展知识等，构建信息化教材。

10. 主教材核心课程配一本学习指导及习题集作为配套教材，将于主教材出版之后陆续出版。

本套教材共计 13 种，为 2019 年秋季教材，供全国高职高专院校眼视光技术专业使用。

第二届全国高职高专眼视光技术专业教材建设评审委员会名单

刘科佑　深圳职业技术学院
刘院斌　山西医科大学
毛欣杰　温州医科大学
齐　备　中国眼镜协会
任凤英　厦门医学院
沈梅晓　温州医科大学
施国荣　常州卫生高等职业技术学校
王　锐　长春医学高等专科学校
王翠英　天津职业大学
王海英　天津职业大学
王淮庆　金陵科技学院
王会英　邢台医学高等专科学校
王立书　天津职业大学
谢培英　北京大学
闫　伟　济宁职业技术学院
杨　林　郑州铁路职业技术学院
杨丽霞　石家庄医学高等专科学校
杨砚儒　天津职业大学
叶佳意　东华大学
易际磐　浙江工贸职业技术学院
尹华玲　曲靖医学高等专科学校
于　翠　辽宁何氏医学院
于旭东　温州医科大学
余　红　天津职业大学
余新平　温州医科大学
张　荃　天津职业大学
张艳玲　深圳市龙华区妇幼保健院
赵云娥　温州医科大学
朱嫦娥　天津职业大学
朱德喜　温州医科大学
朱世忠　山东医学高等专科学校

秘书长

刘红霞　人民卫生出版社

秘　书

朱嫦娥　天津职业大学
李海凌　人民卫生出版社

第二轮教材（融合教材）目录

眼科学基础（第2版）	主　编	贾　松　赵云娥
	副主编	王　锐　郝少峰　刘院斌
眼屈光检查（第2版）	主　编	高雅萍　胡　亮
	副主编	王会英　杨丽霞　李瑞凤
验光技术（第2版）	主　编	尹华玲　王立书
	副主编	陈世豪　金晨晖　李丽娜
眼镜定配技术（第2版）	主　编	闫　伟　蒋金康
	副主编	朱嫦娥　杨　林　金婉卿
接触镜验配技术（第2版）	主　编	谢培英　王海英
	副主编	姜　珺　冯桂玲　李延红
眼镜光学技术（第2版）	主　编	朱世忠　余　红
	副主编	高玉娟　朱德喜
眼镜维修检测技术（第2版）	主　编	杨砚儒　施国荣
	副主编	刘　意　姬亚鹏
斜视与弱视临床技术（第2版）	主　编	崔　云　余新平
	副主编	陈丽萍　张艳玲　李　兵
低视力助视技术（第2版）	主　编	亢晓丽
	副主编	陈大复　刘　念　于旭东
眼镜营销实务（第2版）	主　编	张　荃　刘科佑
	副主编	丰新胜　黄小明　刘　宁

获取融合教材配套数字资源的步骤说明

1 扫描封底红标二维码，获取图书“使用说明”。

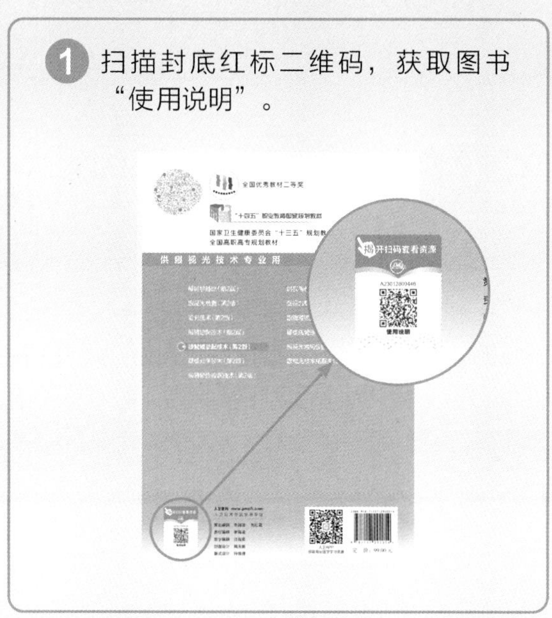

2 揭开红标，扫描绿标激活码，注册/登录人卫账号获取数字资源。

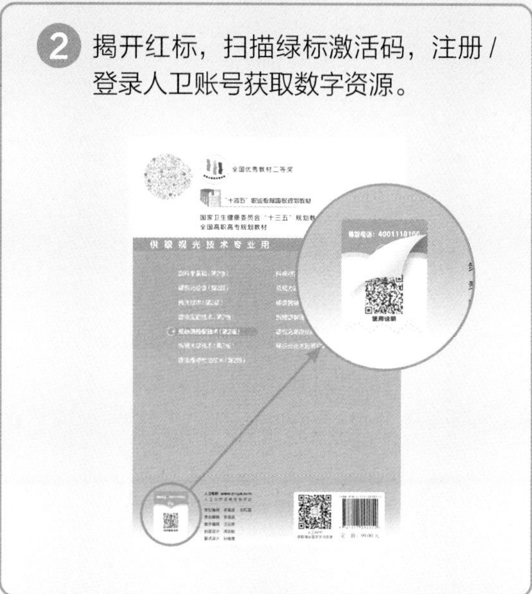

3 扫描书内二维码或封底绿标激活码随时查看数字资源。

人卫图书增值

人卫 打开APP

数字资源 简介

目录 全部(12)

4 登录 zengzhi.ipmph.com 或下载应用体验更多功能和服务。

扫描下载应用

客户服务热线 400-111-8166

关注人卫眼科公众号
新书介绍　最新书目

前　言

视光学是一门理论和操作并重的学科，许多理论知识是通过实际操作来验证的，而通过大量的实际操作又可以逆向升华理论知识。近年来随着视光学教育的蓬勃发展，教学大纲中规划了大量的实际操作课时，目的是让学生能够熟能生巧，深入掌握实践技能，并通过实践辅助理论知识的融会贯通。对眼视光常用仪器设备的熟练操作甚至成为视光学入门不可或缺的手段。

本书第 1 版于 2012 年面世，因为与实际结合紧密，言简意赅，图文并茂，印刷质量上乘，颇受师生欢迎，不乏好评。本次再版仍然借重旧版人马，各编委老师经过数年教学历练，积累了丰富的教学经验，学术水平和编写能力日臻完善。同时，我们诚邀温州医科大学沈梅晓老师为副主编，补强眼球光学生物参数测量设备的相关内容，使本书更具前瞻性。

回顾既往教学经验，第 2 版编写内容加入了模拟眼、分光光度计、折射率仪、游标卡尺、接触镜表面和边缘分析仪、泪液渗透压和酸度测试设备、角膜和瞳孔直径测试设备、角膜感觉测试设备、IOL-Master 眼球光学生物测量仪、Lenstar 眼球光学生物测量仪、角膜光学相干断层成像设备和应力仪等常用眼视光设备仪器的介绍，并对电动综合验光仪等若干更新换代或改进升级的仪器设备进行了改写。编委们本着精益求精的态度对插图进行了大量的更新和修订，使得第 2 版教材相对旧版上了一个新的台阶。

根据出版社和编委会的指导意见，本书第 2 版在主教材每个教学单元之后加入实训，以利在实训课随时查阅教学内容；并在每一章节加入融合教学资源的相关二维码，在教学同时，采用手机扫描解码可以帮助深化和巩固主教材的知识点。融合教学资源包括思考题和同步练习等内容。

在此完成本书第 2 版编写的时刻，我谨代表副主编和全体编委感谢人民卫生出版社老师的指导和帮助，并感谢在教学中积累经验、为本书第 2 版提出宝贵修改意见的各位教师。限于编者水平，本书错讹仍然难免，诚乞读者不吝赐正。

齐　备

2019 年 3 月

目　　录

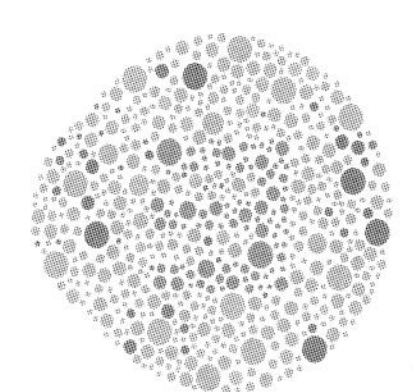

第一章　验光相关设备

第一节　视　力　表

视力表为对被测眼视觉功能定性定量的重要工具，通过视力表的测试可以量化评价被测眼的视觉功能水平，或者量化评价各种光学眼镜对于使用眼的矫正质量。因此视力表的标准化至关重要，只有同类视力表所释放出的测试信息相对一致，不同的测试个体或者同一测试个体多次测试的结果才具有可比性和参考价值。

一、远用视力表

学习目标

1. 掌握：测试视标的类型和用途。
2. 熟悉：合格视力表的标准。
3. 了解：远视力视标的设计原理和记录方法。

由于5m的目标对于注视眼所释放的调节和聚散信息已经很小，故视光学将5m视为无限远，据此将测试距离为5m的视觉测试结果称为远视力，用于测试远视力的设备称为远用视力表。

（一）基本结构

远用视力表的基本测试形式为在固定的距离设置量化尺寸的视标和量化照明的条件，由被测眼对于视标进行观察注视和判断分析。经过长期的发展和演化，从形式上大致分为印刷视力表、投影视力表和视频视力表等。

1. 印刷视力表

（1）纸质视力表：早期的视力表为将测试视标印刷在白色纸质背景上，利用自然光线照明或在视力表旁侧安放适度荧光灯照明进行测试。在检测室面积不够大时，可以采用平面反光镜来缩短测试距离，即将视力表设置于被测者旁侧，平面反光镜悬挂在被测者对侧2.5m处，这样视力表视标发出的光线投射平面反光镜后再折返至被测眼，行程仍然可维持5m。

（2）灯箱视力表：为了使视力表的照明条件标准化，将视力表制成箱体，内置标准功率的荧光灯进行照明，另将印有视力表视标的乳白色透光塑料板设置为灯箱面板。近来由于照明技术的改进，已经有视力表灯箱改为采用LED光源照明，使灯箱亮度均匀、稳定，提高照明效率，减少输出能量，且因光源的改进使产品体积缩小、重量减轻。

2. 投影视力表　为了配合综合验光仪测试，投影视力表除视力视标以外，还设置有大量测试视标。

（1）投影仪视力表：投影仪视力表由投影仪、反射板和遥控器组成。

1）投影仪：投影仪的外观如图1-1所示，主要部件包括电源开关、投影镜头、遥感屏和调焦手轮，遥感屏用于接收视标遥控器的指令，调焦手轮用于调试视标投照到反射板后的影像清晰度。

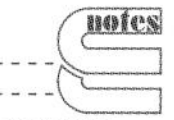

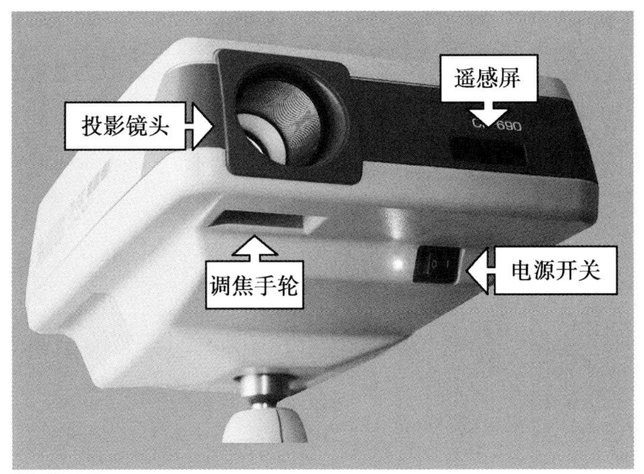

图 1-1　视力表投影仪

在检测室面积不够大时，通常不采用平面反光镜来缩短测试距离，而是将投影仪与反射板的间距缩短，然后调试调焦手轮，改善反射板上的视标投影的清晰度，当视标投影清晰时，则在不同距离视标对被测眼所张的视角不变，视标的视标值也不变。

然而当测试距离小于 5m 时，视标对于被测眼所释放的调节和聚散信息，以及瞳孔缩小产生的景深变化已经不能被忽视，测试的结果就不能算是真正意义上的远视力，所以不推荐缩小视力表投影仪的测试距离。

2）遥控器：视力表投影仪的各项测试功能以功能键的形式排列在遥控器上，测试者可根据测试的需要揿动功能键，从而选择投影视标（图 1-2）。

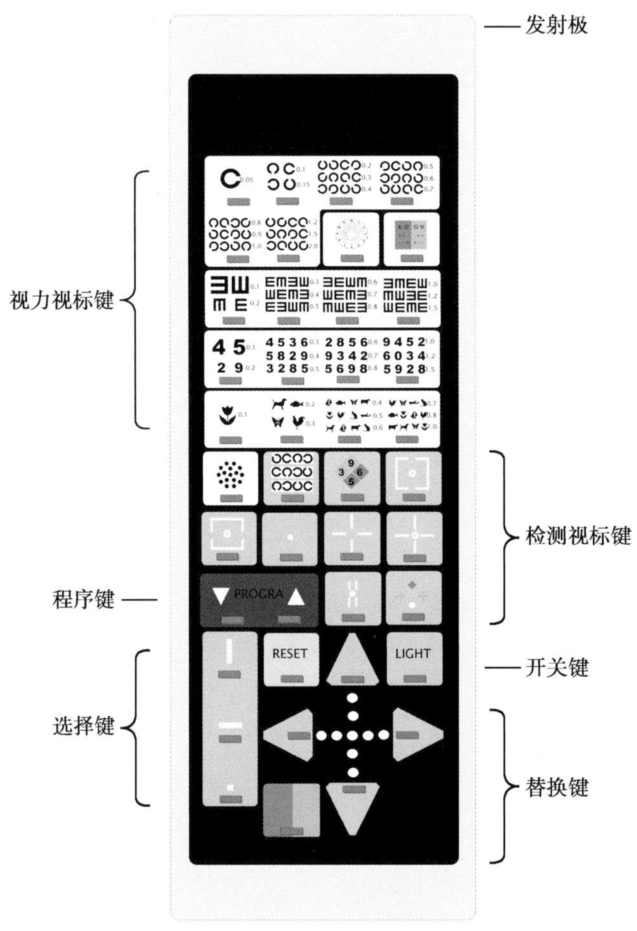

图 1-2　遥控器

①发射极：采用红外线遥感技术将指令信息传递到视标投影仪。

②开关键(light)：用于开启遥控器电源，通常在接通后显示0.1视标。

③视力视标键：用于测试远视力，键旁侧标有该键所显示视力视标类型及视标值。

④选择键：根据需要选择性地显示整帧视力视标上的部分视标，如选择显示一行、一列或单一的视力视标。

⑤替换键：依照键位所提示的方向依次替换显示紧邻的视力视标。如替换显示紧邻的一行、一列或单一的视力视标。

⑥检测视标键：用于屈光测试或视功能检查，键旁侧标有该键所显示的视标图示。

⑦红绿键：在整帧投影视标的后方显示左右等大的红绿双色背景。

⑧复原键(reset)：视标遥控器程序化处理以后，揿复原键可使检查步骤恢复显示程序的初始测试视标。

⑨程序键：包括进帧键(program ↑)和退帧键(program ↓)，依次向前或后退显示程序化测试步骤。

3）反射板：反射板为灰色亚光面质金属板，大小约为42cm×38cm，由于板面的特殊处理，对于白炽光投射反光发生起偏作用，使综合验光仪的偏振滤镜可以对反射光选择性检偏，从而达到双眼分视的测试目的。故将投影视标投照在白色的墙壁或幻灯屏幕上无法进行偏振测试。

（2）投影视标

1）常规屈光测试视标

①视力视标：配合球柱镜验光试片，单眼或双眼测试，测试裸眼视力或矫正视力。有E视标、环形视标、字母视标、数字视标和图形视标多种形式(图1-3A)。

②散光盘视标：配合圆柱透镜验光试片，单眼测试，用于定量分析被测眼散光所在的轴向和焦量(图1-3B)。

③红绿视标：配合球镜验光试片，单眼测试，用于定量分析球性屈光不正的矫正水平(图1-3C)。

④远交叉视标：配合±.50内置辅镜和球镜验光试片，单眼测试，用于定量分析球性屈光不正的矫正水平(图1-3D)。

⑤斑点状(蜂窝状)视标：配合镜片交叉圆柱透镜和圆柱透镜验光试片，单眼测试，用于精细定量分析柱镜验光试片的轴位和焦量(图1-3E)。

⑥偏振平衡视力视标：配合偏振滤镜和球镜验光试片，双眼测试，用于定量分析被测双眼戴验光试片后视力是否平衡(图1-3F)。

⑦偏振红绿视力视标：配合偏振滤镜和球镜验光试片，双眼测试，用于定量分析被测双眼戴验光试片后视力是否平衡(图1-3G)。

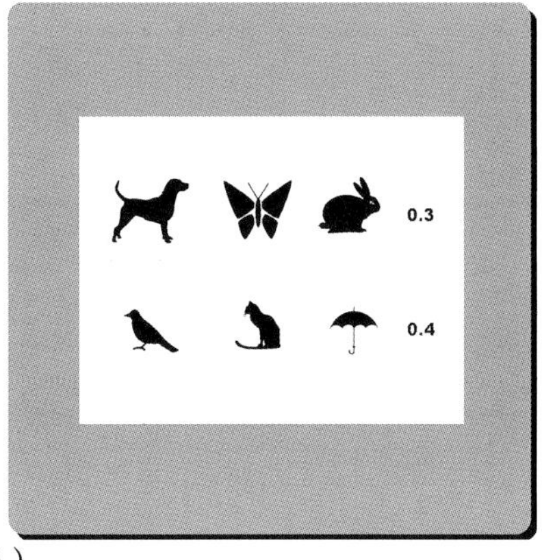

（A）

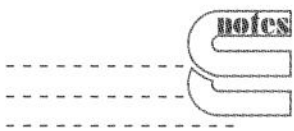

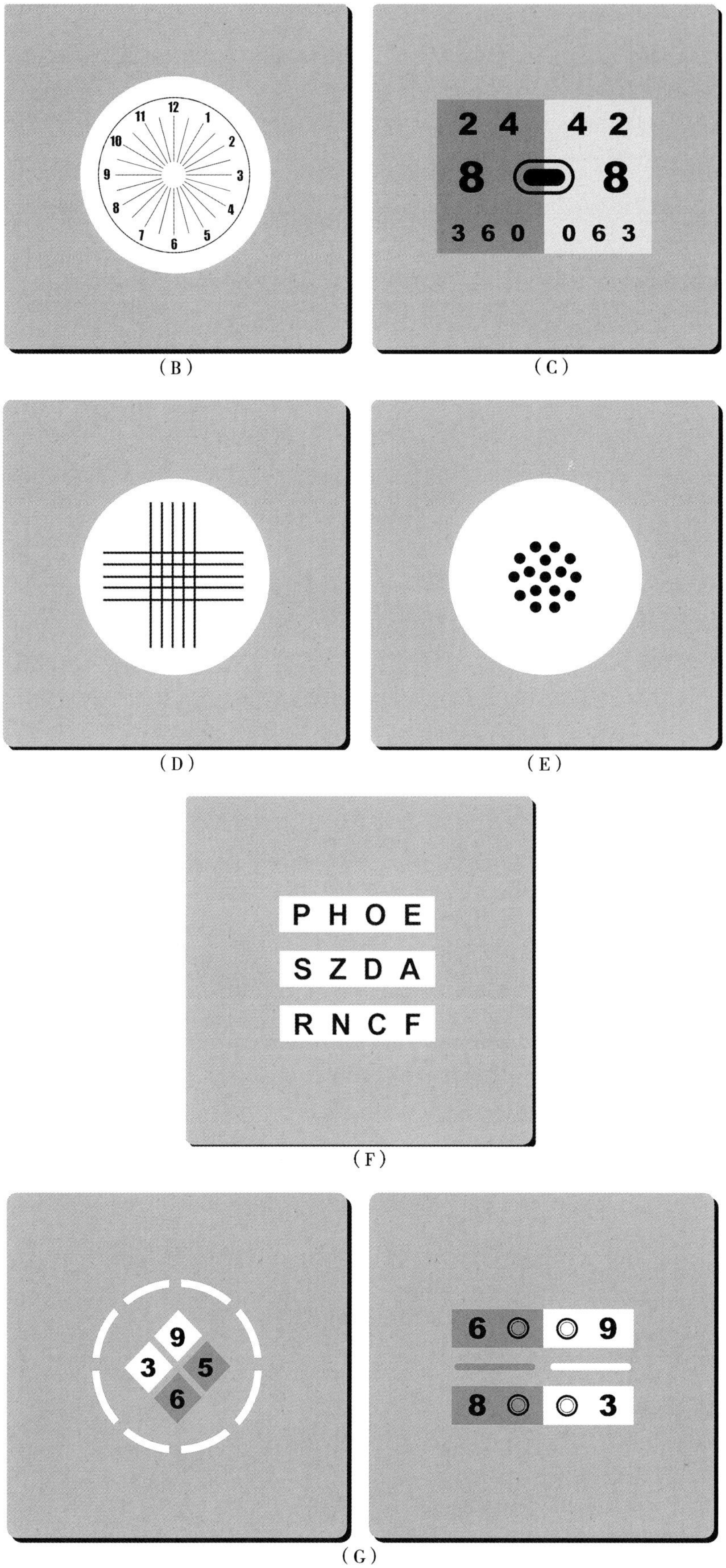

（B）　　（C）

（D）　　（E）

（F）

（G）

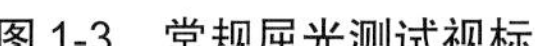

图 1-3　常规屈光测试视标

2）双眼视觉测试视标

① Worth 四点视标：配合红色滤光镜和绿色滤光镜，双眼测试，用于定性分析被测双眼同时视功能及融像功能（图 1-4A）。

②立体视觉视标：配合偏振滤镜，双眼测试，用于定性定量分析被测眼立体视觉功能，并辅助诊断隐性斜视（图 1-4B）。

③水平对齐视标：配合偏振滤镜，双眼测试，用于定性定量分析双眼水平向影像不等（图 1-4C）。

④垂直对齐视标：配合偏振滤镜，双眼测试，用于定性定量分析双眼垂直向影像不等（图 1-4D）。

⑤马氏杆视标：配合垂直向或水平向马氏杆透镜联合外置旋转棱镜，双眼测试，用于定量分析隐性斜视（图 1-4E）。

⑥十字环形视标：配合红色滤光镜、绿色滤光镜，双眼测试，用于定性定量分析隐性斜视（图 1-4F）。

⑦偏振十字视标：配合偏振滤镜联合旋转棱镜，双眼测试，用于定性定量分析隐性斜视（图 1-4G）。

⑧注视差异视标：配合偏振滤镜联合旋转棱镜，双眼测试，用于定性分析被测双眼注视差异，定量分析被测双眼相联性斜视（图 1-4H）。

⑨钟形盘视标：配合偏振滤镜，双眼测试，用于定性定量分析被测眼旋转性斜视（图 1-4I）。

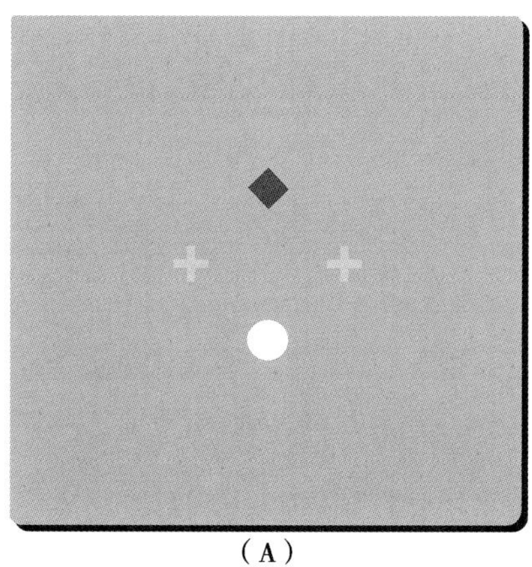

（A）

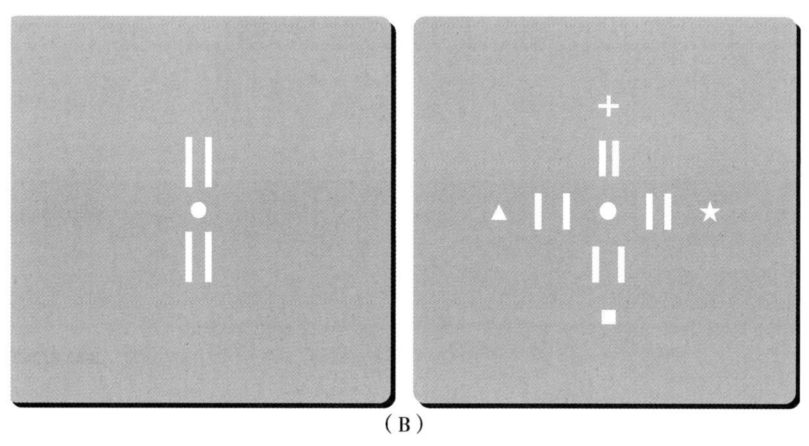

（B）

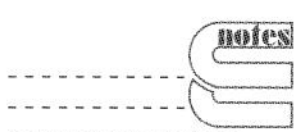

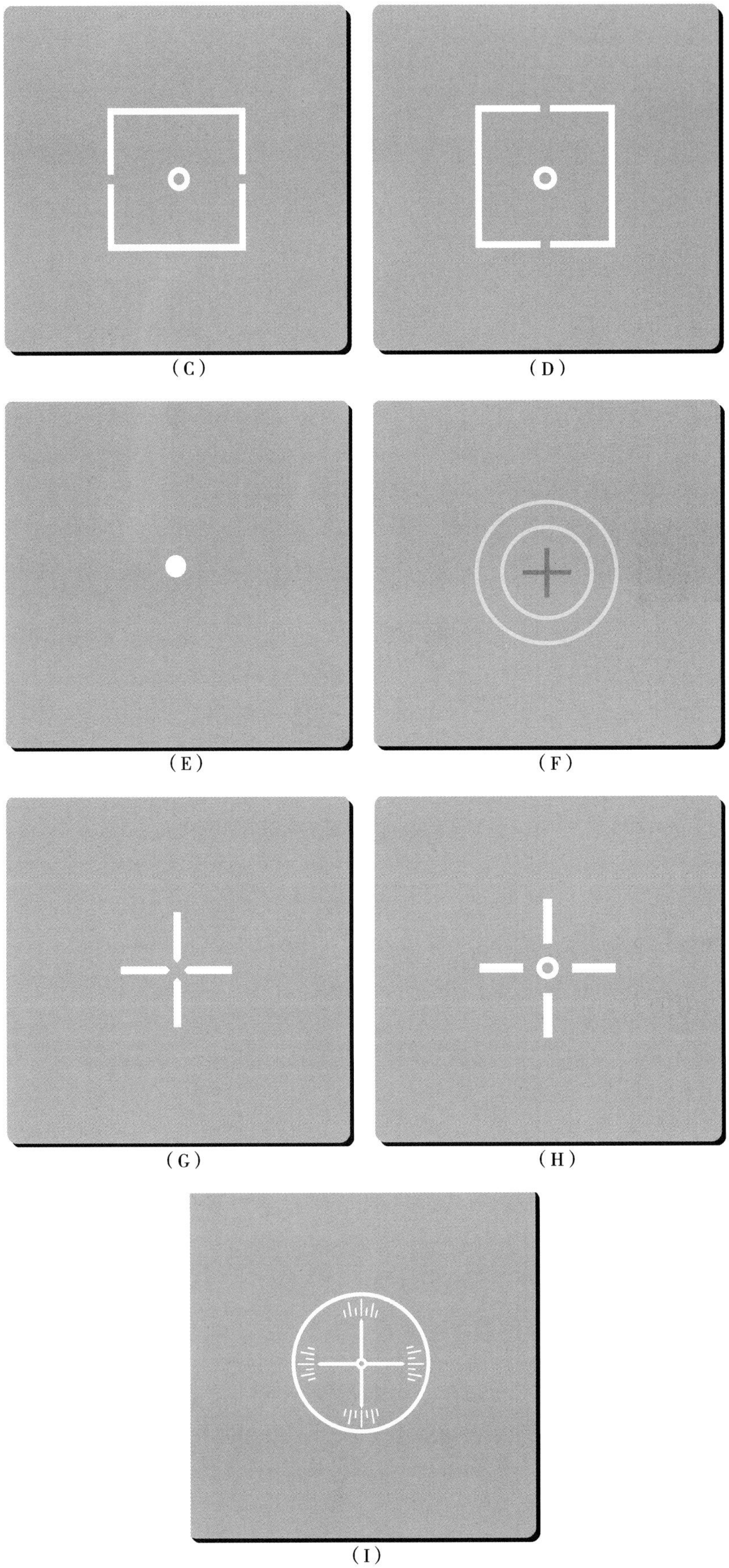

（C）

（D）

（E）

（F）

（G）

（H）

（I）

图 1-4 双眼视觉测试视标

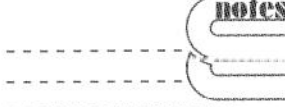

（3）内置式视力表：内置式视力表为改进型投影视力表，将投影仪内置于测试装置的箱体内，投射出的视标影像通过三棱镜反复折射，最终投照在反射板上，被测眼可以从测试装置上方的测试窗口观察到视标影像（图 1-5）。由于投影视标发出的光线在测试装置的箱体内的折射路程占去大部分测试距离，故内置式视力表标准的远视力测试距离仅为 1.2m，较之投影仪视力表大大缩短，有效地节约了检测室面积。内置式视力表所采用的遥控器和视标同于投影仪视力表。

3. 视频视力表　由于数码技术的迅速发展，以计算机屏幕为测试界面的视力表一经出现，立刻被广泛应用（图 1-6）。不仅在于计算机液晶屏的亮度、对比度和色彩可以根据需要进行调整，更重要的是视标的尺寸、类型、灰度和视标间距可以随心所欲地变化，甚至可以根据需要设置动态的视标。一度因为液晶显示屏无法进行偏振分视测试而受到诟病，然而很快就获得了解决，采用明亮背景和灰色视标可以形成良好的双眼偏振分视视标。

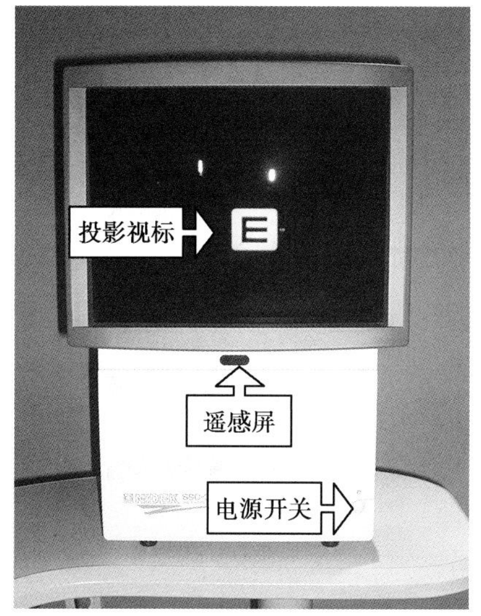

图 1-5　内置式视力表

图 1-6　视频视力表

视频视力表的主要问题在于常规液晶显示屏的解像度尚不能支持精确形成视力表中的小尺寸视标。采用常规液晶显示屏制作视力表，其分辨率为 1 024×768 像素，以检测距离为 5m 的 E 视标为例，1.0 级别或更小的视标，由于视标的三线所包含的像素线数不同，且不为整数，可导致视标边缘模糊或视标三线粗细不等、间隔不等。上述缺陷在缩短测试距离，同时缩小视标尺寸时表现尤为严重。经研究得知只有当液晶显示屏的分辨率提高到 1 600×1 200 像素以上，测试距离维持在 5m 时，方可克服液晶元件分辨率带来的困扰。

屏面视力表与投影仪视力表的主要功能相近，只是根据显示屏软件的特点增加了亮度键、反白键等功能键。

（二）设计原理

1. 视力视标的设计

（1）视标尺寸的计算方法：视标的标高 h 等于视标对眼所张视角 α 的正切与测试距离 d 的乘积，计算公式如下：

$$h=\tan\alpha\times d \tag{1-1}$$

当测试距离 d 为 5m 不变时，眼睛能分辨的最小视标对眼所张的视角 α 决定视标 h 的尺寸大小；当视角 α 为 5′ 不变时，眼睛能分辨的最小视标距离被测眼的距离 d 决定视标 h 的尺寸大小（图 1-7）。

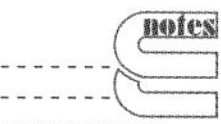

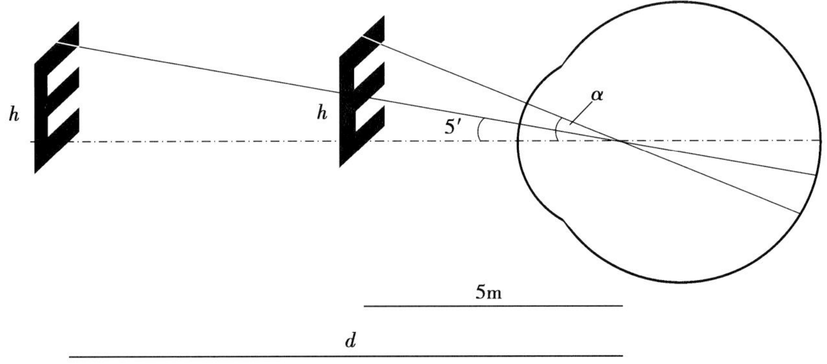

图 1-7　标高的设计方法

简便的计算方法为：将小数视力化为分数视力，用分数视力的分母乘以 tan 5′（常数 0.001 454），即可得 E 视标的标高。E 视标由上而下为黑白 5 均等条线组成，故将视标的标高值除以 5 即为视标每边的宽度。

例如：0.5 视标的分数视力为 5/10，即标准检测距离为 5m 的视力表，0.5 的视标在 10m 处对被测眼张 5′ 视角，将 d 等于 10m 代入式（1-1）进行计算。

$$h=\tan\alpha\times d=0.001\,454\times 10=0.014\,54\,(\text{m})=14.54\,(\text{mm})$$

$$14.54/5=2.91\,(\text{mm})$$

则 0.5 的 E 视标的标高为 14.54mm，每线宽度为 2.91mm。

（2）视力表的视标的级次增率分析：视力视标的种类很多，但都是遵循视标刺激强度按照等比级数增量，眼的视觉感量按照等差级数递增，眼的视觉感量与视标刺激强度的对数成比率。故将视力表的视标排列采用每 10 行相差 10 倍，每行增率为 $10^{0.1}$ 倍，即上一行视标的标高比下一行大 1.258 925 倍。如果了解上述原理，则无论采用何种视力表，视标标高不变，视标的评定级次不变，视力应该大致相同。

（3）常用视力视标

1）E 视力表：E 视标为正方形，三线等长，线宽与线距相等，视标分为 5 等分。设计为上、下、左、右 4 种辨认方向。E 视标视力表是目前我国应用最为普遍的视力表，标准对数视力表就是该种视力表，自 0.1 至 2.0 共计 14 个级次（图 1-8A）。

2）环形视力表（Landolt 视力表）：环形视标为带有缺口的正圆环形，环的外径为线宽的 5 倍，缺口尺寸与线宽相等，有上、下、左、右、右上、右下、左上和左下 8 个辨认方向，自 0.1 至 1.0 共计 11 个级次，采用对数视标增率（图 1-8B）。

3）字母视力表：世界上最早的视力表就是字母视力表，字母视标的标高为笔画宽度的 5 倍。现在常用的视力表为 Sloan 视力表，仍保留自 0.1 至 1.0 共计 8 个级次，改为对数视标增率，视标选择 C、D、H、K、N、O、R、S、V、Z 等字母（图 1-8C）。

另一种较流行的字母视力表为 Edtrs 视力表，自 0.32 至 2.0 共计 9 个级次，采用对数视标增率，每行 5 个视标，横向间隔宽度为一个视标，纵向行距为下一行视标的标高，视标旁侧不标定视标值，仅在 0.5 视标旁标双线，1.0 视标旁标单线，帮助测试者推算视标值（图 1-8D）。

4）数字视力表和图形视力表：视标的标高参照同一视角级别的其他视力表，线宽的要求不高，主要用于不能辨认其他视标的儿童或智障人群（图 1-8E）。

2. 视力的记录方法

（1）分数法：欧美国家习惯用分数法记录视力，分子为测试距离，分母为该视标对被测眼张 5′ 视角时距离被测眼结点的距离。例如测试距离为 20ft（1ft=0.304 8m），被测眼能看清

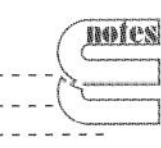

的最小视标在距离被测眼 40ft 处对被测眼张 5′ 视角，则分数视力为 20/40；测试距离为 6m，被测眼能看清的最小视标在距离被测眼 24m 处对被测眼张 5′ 视角，则分数视力为 6/24。

（2）小数法：小数视力为分数视力的比值，例如分数视力为 20/40，小数视力为 0.5。小数视力也可以用视标在标准测试距离对于被测眼所张视角的倒数来表征，例如被测眼能看清的最小视标在标准测试距离对被测眼张 2′ 视角，则该视标为 0.5。

（3）5 分法：先确定视标在标准测试距离对于被测眼所张视角 MAR（即小数视力的倒数），计算该视角的常用对数值 logMAR，然后用 5 减去视标的 logMAR 计算值。例如：0.5 视标的倒数为 2，lg2=0.3，5 减去 0.3 等于 4.7；0.2 视标的倒数为 5，lg5=0.7，5 减去 0.7 等于 4.3。

4.0 (0.1)
4.1 (0.12)
4.2 (0.15)
4.3 (0.2)
4.4 (0.25)
4.5 (0.3)
4.6 (0.4)
4.7 (0.5)
4.8 (0.6)
4.9 (0.8)
5.0 (1.0)
5.1 (1.2)
5.2 (1.5)
5.3 (2.0)

（A）

4.0 (0.1)
4.1 (0.12)
4.2 (0.15)
4.3 (0.2)
4.4 (0.25)
4.5 (0.3)
4.6 (0.4)
4.7 (0.5)
4.8 (0.6)
4.9 (0.8)
5.0 (1.0)

（B）

K H R 20/200
D N V 20/100
H S C Z 20/66
N H V D K 20/50
O C R Z S H 20/40
V H N D K Z C R 20/33
K Z V R N H O S 20/25
V R N H C S K O 20/20

（C）

N K O D Z
V Z R N H
K C H O R
N S K V C
H O R S V
D K Z O S
Z V S C D
K O H R N
S N D O V

（D）

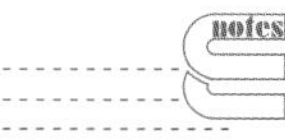

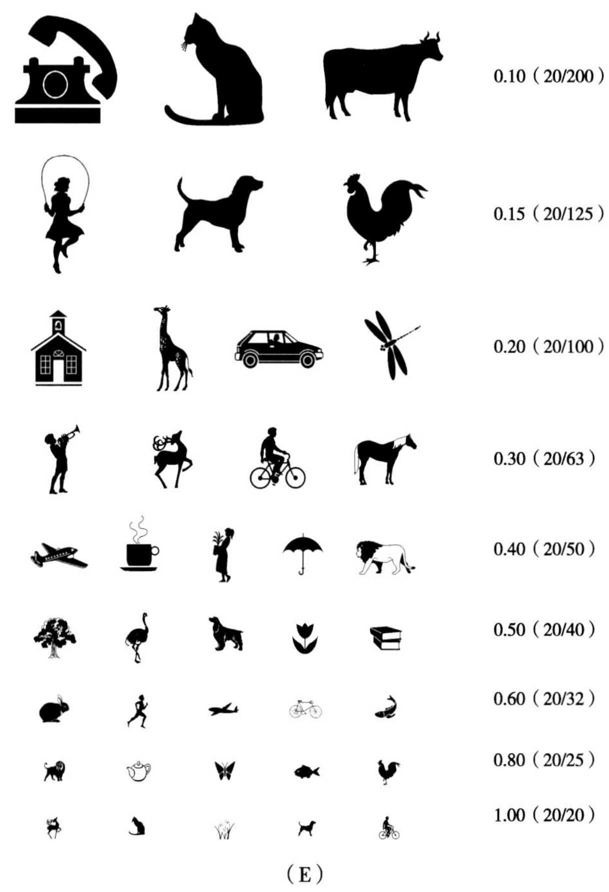

（E）

图 1-8　常用视力表范例

现将各种视力表达方式不同级次视标值的互换关系列表如下（表 1-1）。

表 1-1　各种视力表达方式不同级次视标值的互换关系表

小数视力	分数视力	5 分视力
0.1	20/200	4.0
0.125	20/160	4.1
0.15	20/125	4.2
0.2	20/100	4.3
0.25	20/80	4.4
0.3	20/63	4.5
0.4	20/50	4.6
0.5	20/40	4.7
0.6	20/32	4.8
0.8	20/25	4.9
1.0	20/20	5.0
1.2	20/16	5.1
1.5	20/12.5	5.2
2.0	20/10	5.3

3. 视力表的测试

（1）投影视标的成像：将印有测试视标的微型胶片固定在电机控制的轮盘上，测试时将选定的视标面幅调至投照孔，采用光学投照系统使测试视标的影像投照在反射板上

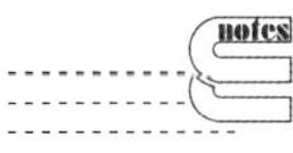

（图 1-9），要求反射板所见视标的亮度、对比度、清晰度、偏振光折射向和红绿单色光的波长均符合测试规范。

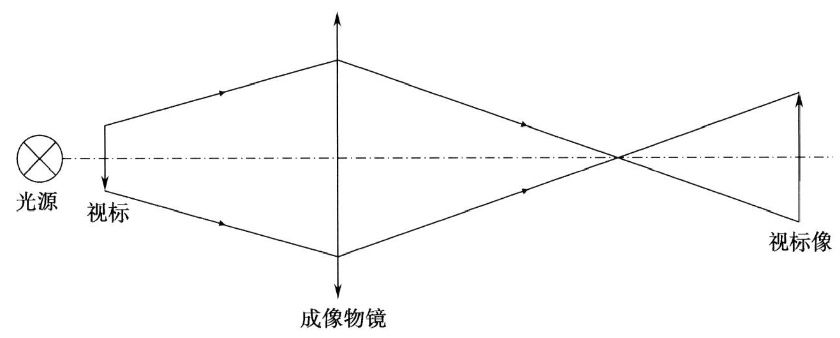

图 1-9 投影仪视力表的成像原理

（2）亮度：视力表的亮度是影响视力测试的主要因素，国际标准规定视力表的亮度为（200±120）cd/m^2，实验证实即使在标准量度范围内，亮度不同的 100cd/m^2 与 300cd/m^2 的测试结果平均相差 1.4 行。为了使测试结果具有较好的复现性，在进行临床研究时，建议将视力表的亮度控制在（200±30）cd/m^2。

（3）对比度：在亮度稳定不变的情况下，视标与背景的对比度是影响视力测试的另一主要因素，通常对比度采用视标反光与背景亮度的百分比来表征，现有的视力表产品中灯箱视力表的对比度最好，通常小于 5%，视频视力表次之，投影仪视力表则因反射板对于白炽光的反射不彻底，对比度最差，视力测试结果与亮度相同的灯箱视力表平均相差 0.3～0.5 行。在进行临床研究时，建议将视力表的对比度控制在 10%±5%。

测试环境的照度对于视力表的对比度影响颇大，但始终没有控制环境光线的统一规定，因此建议在测试环境中无人工照明光线，并采用深色避光窗帘控制外界光线。

（4）测试距离：远视力不可能在无限远进行测试，由于目标离开被测眼一定距离时，对于被测眼释放的近目标信息可以忽略，故常规将远视力表的测试距离定为 5m（在欧美国家将测试距离定为 6m 或 20ft）。

（三）测试方法

1．准备工作

（1）开启检测室总电源，检视设备正常接电，若使用综合验光仪，应开启控制视力表的电源开关。

（2）若使用投影视力表，应观察视标的清晰度，必要时调试投影视标的焦距。

（3）注意控制测试距离或经平面镜反射后的测试距离为 5m。

（4）注意控制被测眼的高度与投影仪视力表反射板或视频视力表的中点齐平。若使用视力表灯箱，被测眼的高度应大致与 0.5 视标齐平。

2．操作步骤

（1）视力视标测试从大视标逐步向小视标依次辨认，依次测试右眼、左眼和双眼视力，记录能够辨认的最小视标值。

（2）测试视标配合辅助透镜进行测试，方法见本教材相关内容。

3．注意事项

（1）视力视标的检测时可配合使用指示棒、激光笔等工具指定测试视标，也可用遥控器显示单个视标，但应注意仅显示单个视标会消除视标间拥挤效应，可能获得较好的视力。

（2）视力表使用完毕应注意切断电源，待冷却后覆盖防尘罩。

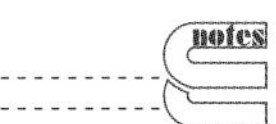

二、近用视力表

学习目标

1. 掌握综合验光仪近视力表的视标类型和用途。
2. 熟悉常用近视力表的类型和设计原理。
3. 了解测试近视力的注意事项。

注视距离在5m以内的视力均为近视力，故近视力的特点在于测试距离不定，测试距离可设置为40cm、30cm或25cm等，视标的尺寸根据标准测试距离进行计算。

（一）基本结构

近视力的测试不如远视力受重视，绝大多数屈光测试以后并不进行近视力的测定。实际上被测眼在注视近目标时会发生调节、聚散和瞳孔缩小等近反射，尤其是配戴远用框架眼镜看近时，双眼视线经过眼镜透镜光学中心的内下方，均可能给近视力的测试结果带来影响，理应与远视力同样受到重视。

1. 印刷近用视力表　近用视力表因为面积小，可以很容易通过计算机打印或胶版印刷制作，制作质量以最小视标清晰可辨为成功标准，重视者放入镜框或进行热压过塑。测试时用自然光线或工作灯具照明，测试距离控制则不够严格。

2. 灯箱近用视力表　有生产商仿照远用灯箱视力表的方式将近用视力表印刷在乳白色透明塑料板上制作近用灯箱视力表，很好地控制了近用视力表的亮度。近来又出现LED照明光源的近用视力表，以可充式锂电池为电源，又将不同空间频率的视标制作成不同对比度，使近用视力表的工艺发展到很高的水平。

3. 综合验光仪近视力表　因为屈光检查的需要，更多的近视力是在综合验光仪上完成的，所有的综合验光仪均附带近视标尺、近视标盘和近工作灯。使近视力表的亮度和测试距离获得较为统一的控制。

（1）近工作灯：近工作灯为白炽灯或荧光灯，照度设置为（450±250）lx，由蛇形管控制投照角度。

（2）近视标尺：近视标尺竖直固定于综合验光仪验光盘上方，近距离检测时翻下，附有公制及英制的长度单位刻度，近视标盘可沿着刻度杆前后移动，从而精确控制测试距离，近视标尺除了用于控制近视力的测试距离，也用于测试调节幅度等近距离视觉功能测试项目（图1-10A）。

（3）近视标盘：为一具孔双层纸板，纸质近视标卡夹于纸板中间，可通过旋转近视标卡使不同的近视标面幅自纸板夹的孔隙中露出，供近距离检测时使用（图1-10B）。

（4）近视标：为了配合综合验光仪测试，近视标盘不仅设有近视力视标，同时包括部分近测试视标。

1）近视力视标：配合远距离球柱镜试片组合或老视附加焦度试片，双眼测试或单眼测试，定量测试裸眼视力及近矫正视力。多为字母视标形式，采用对数增率级次（图1-11A）。

2）近交叉视标：配合远距离球柱镜试片组合、交叉柱镜辅镜和球镜试片，双眼测试或单眼测试，定量测试被测眼调节幅度、调节滞后及适宜的老视处方（图1-11B）。

3）近十字视标：配合远距离球柱镜试片组合和球镜试片，双眼测试或单眼测试，定量测试被测眼调节幅度及相对调节等（图1-11C）。

4）近散光盘视标：配合远距离球柱镜试片组合和柱镜试片，单眼测试，定量分析被测眼近距离散光的轴位和焦度（图1-11D）。

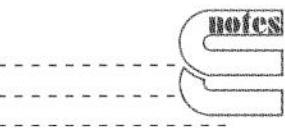

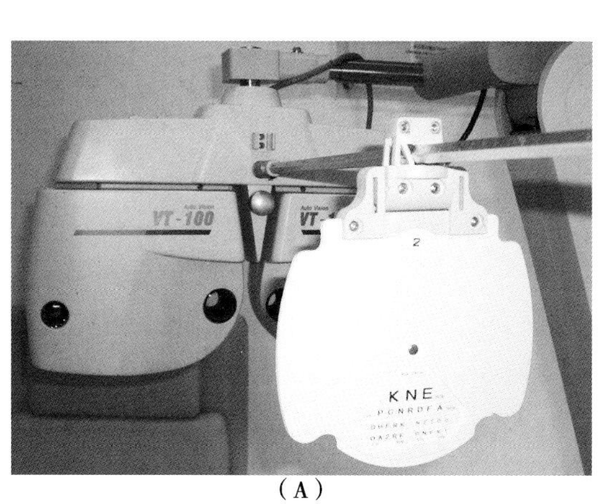

（A）

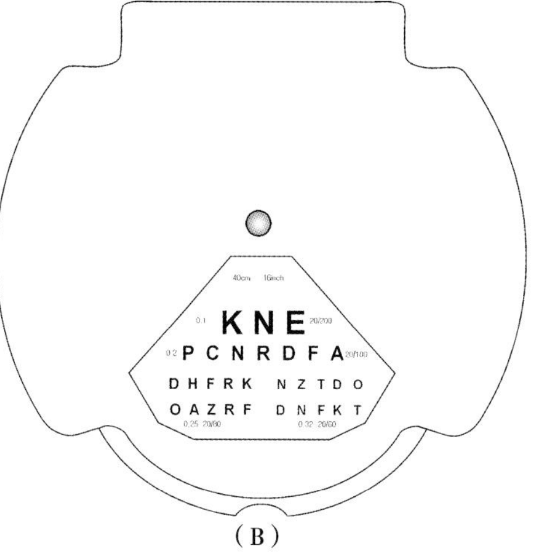

（B）

图 1-10　近视标尺和近视标盘

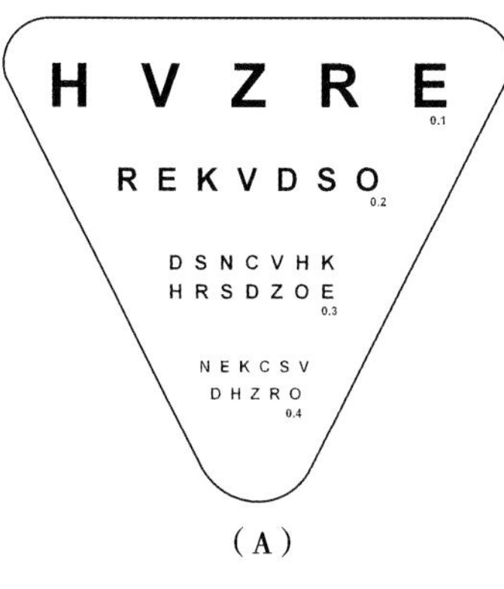

（A）

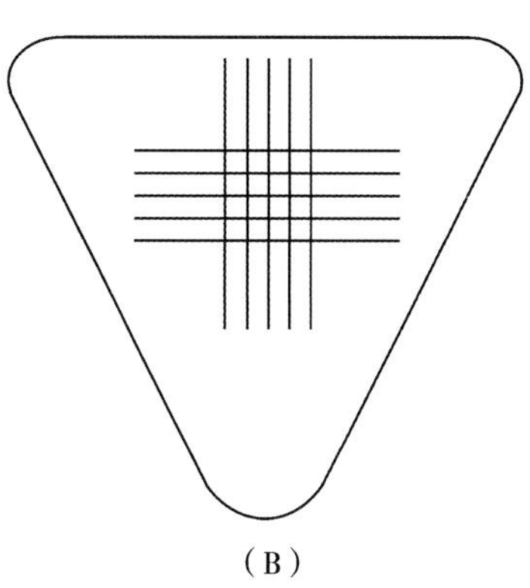

（B）

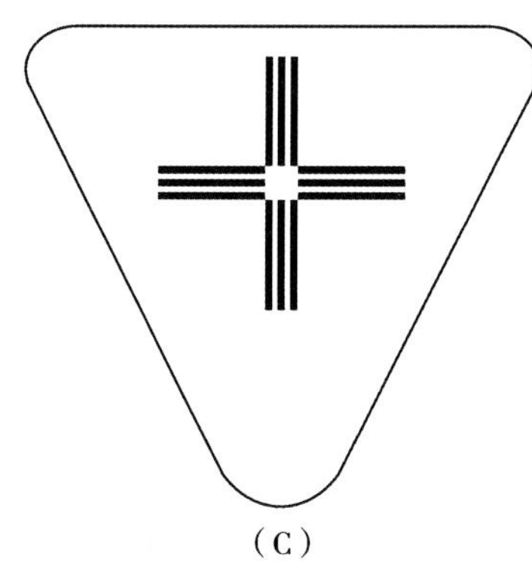

（C）

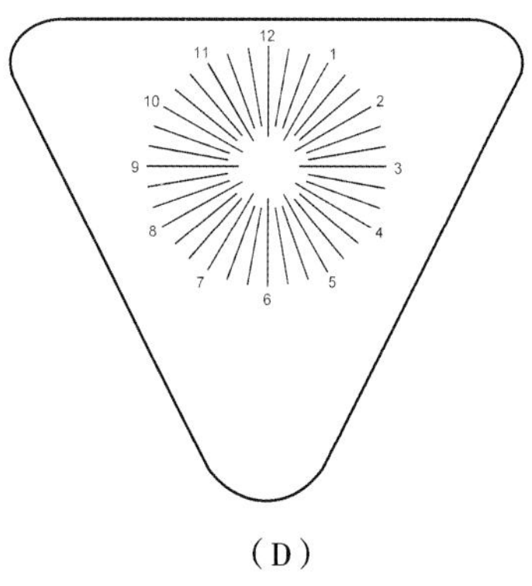

（D）

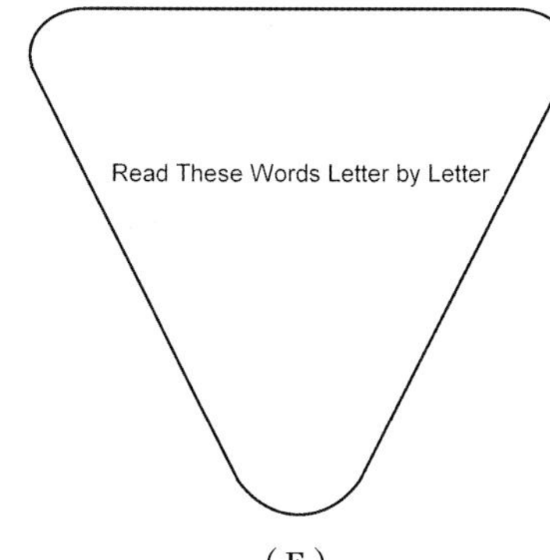

（E）

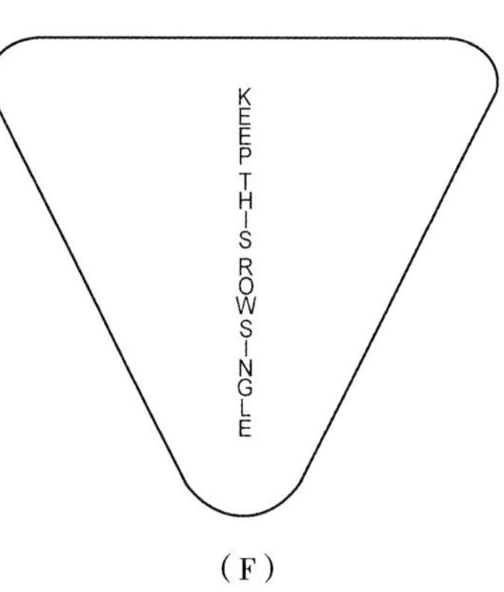

（F）

图 1-11　综合验光仪配套的近视标

5）近单行视标：配合远距离球柱镜试片组合和 $6^{\triangle}$底向上三棱镜辅镜及旋转棱镜，双眼测试，定量分析近距离水平向隐性斜视及 AC/A 比率等（图 1-11E）。

6）近单列视标：配合远距离球柱镜试片组合和 $10^{\triangle}$底向内三棱镜辅镜及旋转棱镜，双眼测试，定量分析融像储备、相对聚散和近垂直向隐性斜视等（图 1-11F）。

（二）设计原理

1. 对数近视力表　近视力表由远视力表发展而来，近视标可设计为 E 视标、环形视标、字母视标和数字视标等。视标的行数和增率均仿照对数远视力表，常用检测距离为 40cm、30cm 或 25cm，根据不同的检测距离确定视标的标高，称为等价对数近视力表（图 1-12）。

小数视力	对数视力
0.1	1.0
0.12	1.1
0.15	1.2
0.2	1.3
0.25	1.4
0.3	1.5
0.4	1.6
0.5	1.7
0.6	1.8
0.7	1.85
0.8	1.9
0.9	1.95
1.0	2.0
1.2	2.1
1.5	2.2

图 1-12　对数近视力表

2. 点近视力表　点近视力表的视标为阅读文字，视标值用“点”来表示，英文单位记为“N”，相当于计算机办公软件输入文字的字号，每一点相当于 1/72in，即 0.353mm，视标大小设计为从 16N 至 1.6N 计 11 行，分别为 16N、13N、10N、8N、6.6N、5N、4N、3.3N、2.5N、2N 和 1.6N，标准检测距离为 40cm。

3. M 近视力卡　M 阅读近视力卡的视标为高对比阅读文字，共分 10 节，视标值用节系数表示，表示在节系数值（以 m 为单位）的位置，视标的标高对被测眼张 5′ 视角，标准测定距离为 40cm。M 阅读视力卡的节系数值分别为 4.0M、2.5M、2.0M、1.6M、1.2M、1.0M、0.8M、0.6M、0.5M 和 0.4M（图 1-13）。

兹将对数近视力表、点近视力表和 M 近视力卡的视标值的对应关系列表如下（表 1-2）。

4. Jaeger 视力表　Jaeger 视力表为由 Snellen 视力表发展而来的近视力表，采用字母视标，从 J1 至 J8 共 8 个级次，视标增率为调和级数，即 J1 视标的标高比 J2 大 1 倍，比 J8 大 8 倍。自从对数近用视力表流行以来，Jaeger 视力表已经较少使用。

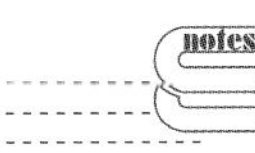

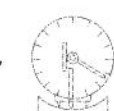

4.0M (0.1)

旅夜书怀
细草微风岸，危樯独夜舟。
星垂平野阔，月涌大江流。
名岂文章著，官应老病休。
飘飘何所似，天地一沙鸥。

2.5M (0.16)

送友人
青山横北郭，白水绕东城。
此地一为别，孤蓬万里征。
浮云游子意，落日故人情。
挥手自兹去，萧萧班马鸣。

2.0M (0.2)

送杜少府之任蜀州
城阙辅三秦，风烟望五津。
与君离别意，同是宦游人。
海内存知己，天涯若比邻。
无为在歧路，儿女共沾巾。

1.6M (0.25)

春望
国破山河在，城春草木深。
感时花溅泪，恨别鸟惊心。
烽火连三月，家书抵万金。
白头搔更短，浑欲不胜簪。

1.2M (0.3)

题破山寺后禅院
清晨入古寺，初日照高林。
竹径通幽处，禅房花木深。
山光悦鸟性，潭影空人心。
万籁此俱寂，但馀钟磬音。

1.0M (0.4)

望月怀远
海上生明月，天涯共此时。
情人怨遥夜，竟夕起相思。
灭烛怜光满，披衣觉露滋。
不堪盈手赠，还寝梦佳期。

0.8M (0.5)

登岳阳楼
昔闻洞庭水，今上岳阳楼。
吴楚东南坼，乾坤日夜浮。
亲朋无一字，老病有孤舟。
戎马关山北，凭轩涕泗流。

0.6M (0.6)

山居秋暝
空山新雨后，天气晚来秋。
明月松间照，清泉石上流。
竹喧归浣女，莲动下渔舟。
随意春芳歇，王孙自可留。

0.5M (0.8)

0.4M (1.0)

图 1-13　M 近视力卡

表 1-2　各种近视力表不同级次视标值的对应关系表（测试距离 40cm）

小数对数视力视标	点近视力视标（N）	M 近视力视标（M）
0.1	16（40/400）	4.0（0.4/4.0）
0.125	13（40/320）	
0.16	10（40/250）	2.5（0.4/2.5）
0.2	8（40/200）	2.0（0.4/2.0）
0.25	6.6（40/160）	1.6（0.4/1.6）
0.32	5（40/125）	1.2（0.4/1.2）
0. 4	4（40/100）	1.0（0.4/1.0）
0.5	3.3（40/80）	0.8（0.4/0.8）
0.66	2.5（40/60）	0.6（0.4/0.6）
0.8	2（40/50）	0.5（0.4/0.5）
1.0	1.6（40/40）	0.4（0.4/0.4）

（三）测试方法

1. 准备工作

（1）开启光源，使视力表获得均匀良好的照明。

（2）若测试矫正视力，应事先在试镜架或验光盘置入被测眼配戴适用的远用瞳距和验光试片组合，以及近用附加焦度试片。

（3）注意控制测试距离为视力表规定的距离。

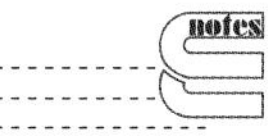

2. 操作步骤

(1) 视力测试从大视标逐步向小视标依次辨认，测试单眼和双眼视力，记录能够辨认的最小视标值。

(2) 测试视标配合辅助透镜进行测试，方法见本教材相关内容。

3. 注意事项

(1) 近视力的测试受环境光线的影响很大，须注意每次测试的光照条件大致相同。

(2) 老视对于近视力测试的影响很大，为 40 岁以上的被测者测试近视力均应考虑适量置入老视附加焦度。

(3) 近视眼测试裸眼近视力，其调节远点有可能在测试距离以内，则视力表处于被测眼的明视范围以外。例如测试距离为 40cm，而 −3.00D 近视眼的调节远点在眼的主点轴面前方 33cm 处。遇这种被测者建议配戴合适的远用矫正眼镜进行近视力测试。

三、低视力专用视力表

学习目标

1. 掌握低远视力表和低近视力表的视标级次。
2. 熟悉测试距离改变后低视力的记录方法。
3. 了解低视力的测试方法和注意事项。

采用常规视力表为低视力患者测试视力，往往患者只能看到上方的几行大视标，绝大多数小视标用不上，而当患眼不能分辨 0.1 视标时，便无法进行测试。于是根据低视力患者常见的残余视力范围开发了低视力专用视力表。

（一）基本结构

1. 印刷视力表　低视力专用视力表不如常规视力表应用广泛，通常只有低视力门诊采用纸质印刷的低远视力表和低近视力表，附加适度照明。有将低远视力表制成正方体，六个面每面张贴一个 0.05～0.2 不同级次的视标，测试时由视光师任意调换视标朝向，使视力表便携、易于保管，对于低视力筛查起到很大帮助作用（图 1-14A）。

2. 灯箱视力表　低远视力表仿照常规视力表制作的灯箱视力表，为了适应低视力的特点，灯箱的光源的亮度设计为可调控型，调节幅度在 450～4 500lx 之间；灯箱的底座设计为可移动型，可以根据需要缩短测试距离。

（二）设计原理

1. 低远视力表　常用的对数远视力表不适用低远视力的检测，因为 0.1 以下无视标，而低视力常见于矫正后的残余远视力≤0.1，不便于对低远视力细致定量分析。0.1 级次只有 1～2 个视标，0.1～0.25 各级次每行只有 2～3 个视标，容易被患者记忆。

对数低远视力表的视标设计为 E 视标、字母视标、数字视标或图形视标等类型，视标尺寸参照常规视力表对数增率，即标高按 $10^{0.1}$ 倍或 1.258 9 倍递变，以相应的小数视力或分数视力标定视标值，视标设计为 0.05～0.32 之间共 9 行，分别为 0.05、0.06、0.08、0.1、0.125、0.16、0.2、0.25 和 0.32（图 1-14B）。检测距离为 6m（20ft）。

2. 低近视力表　低近视力的提高可使患者获得更为理想的生活能力，故通常低视力患者更为注重低近视力的康复。通常的对数近视力表不便于对低近视力进行细致的定量分析，常用的低近视力表有对数低近视力表和点阅读近视力表等。

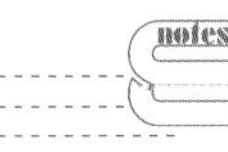

(1) 对数低近视力表：近视标为 E 视标、字母视标、数字视标或图形视标等类型，视标尺寸增率和视标值的标定方法同于低远视力表，视标级次同样为 0.05～0.32 之间共 9 行，常

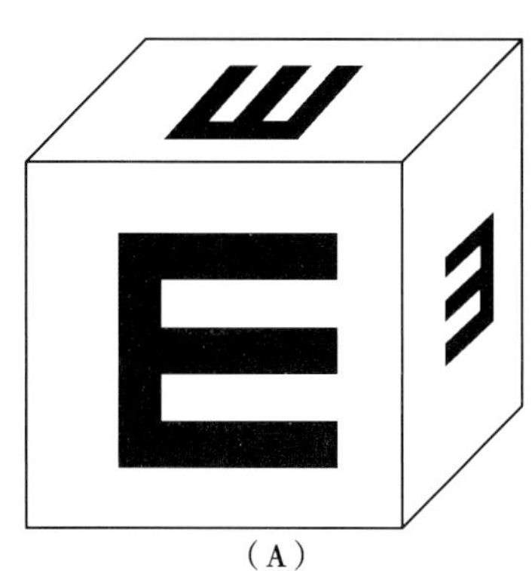

(A)

(B)

图 1-14　低远视力表

用标准检测距离为 40cm、30cm 或 25cm，根据不同的检测距离确定视标的标高（图 1-15A）。

（2）点阅读近视力表：近视标为中文阅读材料，仿照常规点近视力表，视标值用“点”来表示，视标级次设计仿照对数低近视力表为 32N～5N 之间共 9 行，分别为 32N、26N、20N、16N、13N、10N、8N、6.6N 和 5N，标准检测距离为 40cm（图 1-15B）。

对数近视力表（检测距离40cm）

0.05（40/800）

0.05（40/667）

0.08（40/500）

0.1（40/400）

0.126（40/317）

0.16（40/250）

0.2（40/200）

0.25（40/160）

0.32（40/125）

(A)

点视标阅读视力表（检测距离40cm）

33（0.05）　无限的神秘，

26（0.06）　何处寻它？微笑之后，

20（0.08）　言语之前，便是无限的神秘了。

16（0.1）　创造新陆地的，不是那滚滚的波浪，

13（0.126）却是它底下细小的泥沙。弱小的草呵！骄傲些吧，

10（0.16）　只有你普遍的装点了世界。真理，在婴儿的沉默中，

8（0.2）　不在聪明人的辩论里。言论的花儿开得越大，行为的果儿结得越小，

6.6（0.25）　心灵的灯，在寂静中光明，在热闹中熄灭。童年呵，是梦中的真，是真中的梦，

5（0.32）　是回忆时含泪的微笑。青年人呵，为着后来的回忆，小心着意的描你现在的图画。我的心，孤舟似的，穿过了起伏不定的时间的海。

(B)

图 1-15　低近视力表

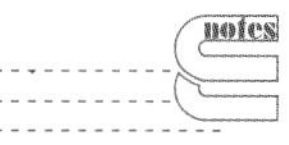

由于对数低近视力表的级次与对数低近视力表相同，兹将对数低远视力表、低近视力表与点阅读近视力表视标值的对应关系列表如下（表 1-3）。

表 1-3　对数低远视力表与点阅读近视力表视标值的对应关系表（测试距离 40cm）

对数低视力小数视标值	对数低视力分数视标值	点阅读低近视力视标（N）
0.05	20/400　40/800	33
0.062	20/320　40/640	26
0.08	20/250　40/500	20
0.1	20/200　40/400	16
0.125	20/160　40/320	13
0.16	20/125　40/250	10
0.2	20/100　40/200	8
0.25	20/80　40/160	6.6
0.32	20/62.5　40/125	5

3．低视力测试距离的讨论

（1）低远视力检测：标准检查距离规定为 6m，若在 6m 处不能辨认 0.05 视标，低远视力的标准检查距离可以改为 3m 或 1m，检查距离缩短后，视力的记录方法如式（1-2）所示：

$$V = M\text{v} \times \frac{X}{6} \tag{1-2}$$

式中，V 为低远视力，Mv 为能看到的最小视标值，X 为实际检测距离（单位为 m）。例如被测者在 3m 处看清 0.05 视标，则被测眼低远视力可计算如下：

$$V = M\text{v} \times \frac{X}{6} = 0.05 \times \frac{3}{6} = 0.025$$

（2）低近视力检测：标准检查距离定为 40cm，若在 40cm 处不能辨认 0.05 视标，低近视力的检查距离可以改为 30cm、20cm 或 10cm。检查距离缩短后，视力的记录方法如式（1-3）所示：

$$V = M\text{v} \times \frac{X}{40} \tag{1-3}$$

式中，V 为低近视力，Mv 为能看到的最小视标值，X 为实际检测距离（单位为 cm）。例如被测者在 30cm 处看清 0.05 视标，则被测眼低远视力可计算如下：

$$V = M\text{v} \times \frac{X}{40} = 0.05 \times \frac{30}{40} = 0.037\,5$$

（三）测试方法

1．低远视力测试

（1）准备工作

1）事先经过手术或药物治疗，确认被测者低视力病情已相对稳定。

2）调试视力表光源，使视力表达到患者适应的亮度。

（2）操作步骤

1）视力测试从大视标逐步向小视标依次辨认，测试单眼和双眼视力，记录能够辨认的最小视标值。

2）视力测试项目包括裸眼视力、屈光矫正视力和助视器康复视力。

3）除记录低远视力，还应记录测定视力的距离，因缩短距离后测得的视力性质已发生变化，矫正方法不同于 6m 距离所测得的低远视力。

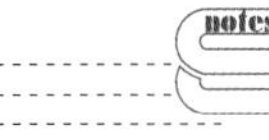

（3）注意事项

1）低视力的视力测试辨认时间不限，允许被测者眯眼、头位偏斜，并予以记录，为下一步屈光矫正提供线索。

2）对于0.3以下的视标，被测眼每行只要认对一个就应如实记录，因低远视力常须反复检查，故可将多次测得的同一行视力的辨认成绩进行对照。

2. 低近视力测试

（1）准备工作

1）经远视力检查，被测者已大致确诊为低视力。

2）照明可根据被测者的需要进行调节，务求检出最佳视力。

3）屈光不正或老视被测者应该当附加合适的矫正眼镜进行测试。

（2）操作步骤

1）嘱被测者从阅读或辨认最大（0.05）的视标开始，然后逐行逐个辨认视标，直至不能辨认，记录能清晰辨认的最小视标。

2）低近视力只记录被测眼能看清的最小视标的行序视标值，不记录单个视标。

3）视力测试项目包括裸眼视力、屈光矫正视力和和助视器康复视力。

（3）注意事项

1）近视力通常只检测并记录双眼视力，若盲眼对双眼视力有所干扰，则可遮盖盲眼，测试单眼视力，并记录盲眼对双眼视力干扰的结果。

2）被测眼在5cm距离不能辨认0.05视标，可测试并记录数指、手动和光感的检测结果。

3）通常低视力矫正后达到0.4即判定为康复。

四、对比敏感度视力表

学习目标

1. 掌握：对比敏感度视力表的设计原理。
2. 熟悉：各类型对比敏感度视力表的基本结构。
3. 了解：对比敏感度视力表的测试方法和注意事项。

常规视力表由不同尺寸的高对比度的视标组成，所测试的视力是高对比度条件下眼的视觉分辨功能，该测试方法对于屈光不正导致的离焦性模糊所引起的视觉分辨能力下降非常敏感；然而却不能测出其他非离焦性的视觉分辨功能异常，对比敏感度的测量在一定程度上弥补了这一不足。

（一）基本结构

1. 纸质对比敏感度视力表　早期对比敏感度的测试均采用VCTS系列纸质对比敏感度视力表。远距离测试采用VCTS6500对比敏感度视力表，检测距离为3m，近距离测试采用VCTS6000对比敏感度视力表，检测距离为40cm。视标由上而下分为A、B、C、D、E五行，空间频率依次递增，每行8个圆形正弦波条纹图，从左至右对比度依次递降，第9图为无条纹空白对照图，条纹分为垂直、右斜和左斜3种，测试时被测者作左、中或右三者选择（图1-16）。

对比敏感度视力表配套的对比敏感度记录纸，横坐标为视标的空间频率，纵坐标为对比敏感度和对比敏感阈值，记录时通常将表格顺时针旋转90°，使之符合VCTS对比敏感度视力表的设置形式（参见图1-19）。

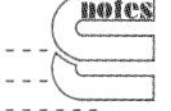

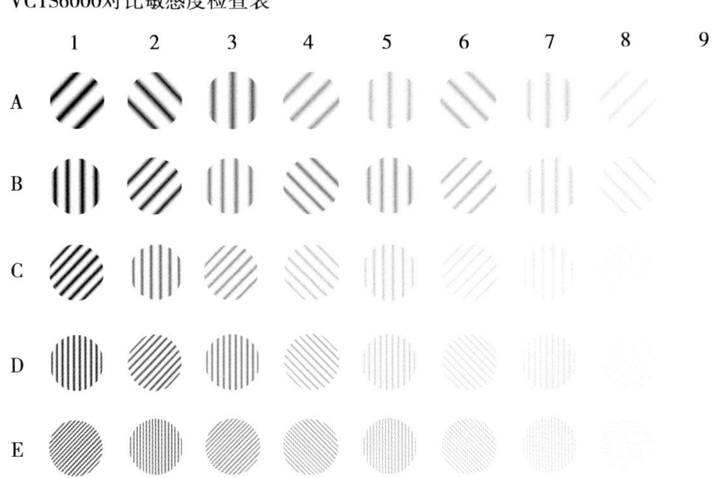

图 1-16　VCTS-6000 对比敏感度视力表

2. CSV-1000 眩光对比敏感度视力表　CSV-1000 对比敏感度视力表仿照灯箱视力表，将对比敏感度测试视标印刷在乳白色透明灯箱片上，内置照明附带亮度自我校准，通过红外遥控器选择照亮测试区域。灯箱左右外置照度可调的眩光灯。视标的设置与 VCTS 对比敏感度视力表相近，由上至下空间频率分为 A、B、C、D 四区，空间频率依次递增；每行 8 个圆形正弦波条纹图，从左向右对比度依次递降，用数字 1～8 表示对比度由高到低的量级，每一个对比度量级分为上下两行视标，统一设计为垂直正弦条纹，随机出现在上行或下行，测试时被测者作上或下两项选择（图 1-17），记录方法略同于 VCTS 对比敏感度视力表。

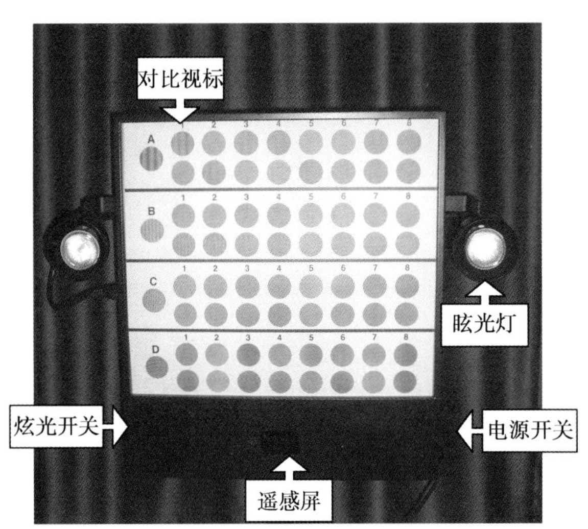

图 1-17　CSV-1000 对比敏感度视力表

3. 眩光对比敏感度视力仪　眩光对比敏感度视力仪设计为流线型箱体（图 1-18），电源开关设置于左端。

（1）测试端：测试端在左侧面，中心为测试孔，孔前有试片架，可以置入合适的屈光矫正透镜。孔上方为两个弧形额托，测试右眼时，被测者额部固定于左侧额托，测试左眼时，被测者额部固定于右侧额托。右侧额托设置清除键，测试左眼时，由于测试者额部触及清除键，设备储存右眼测试结果，同时向左眼释放一组新的测试视标信息。

（2）工作面：设备正面为工作面，设有控制屏面和打印装置。控制屏面下方有 START、AGE、CANCEL、PRINT 和 MANU 等功能键。

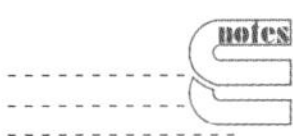

1）START 键：按键后设备开始释放测试视标信息，屏幕可用于监视测试过程。

2）AGE 键：按键后依次选择被测者年龄为<40 岁、40～60 岁或>60 岁。

3）CANCEL 键：按键后清除本次测试的资料。

4）PRINT 键：按键后打印对比敏感度测试结果函数曲线。

5）MANU 键：按键后可调节是否采用眩光测试，选择视标出现的持续时间和间隔时间等。

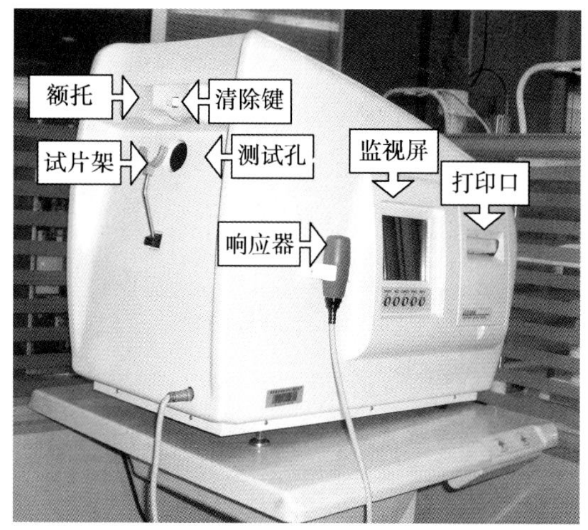

图 1-18　眩光对比敏感度视力仪

（3）对比敏感度视标：仪器将测试视标设计为双环形，环线宽度和环间距相等，设计为 5 个级次正弦波空间频率，环线和间距的对比度设计为 8 个级次。测试时视标随机出现在测试孔视野中，另设置手持式响应键，被测者看到视标即按下键钮，则设备软件记录测试结果。

（二）设计原理

1. 对比度和对比敏感度

（1）对比度：是由物体亮度对比背景亮度来决定的，如式（1-4）所示。

$$C_t = \frac{L_{max} - L_{min}}{L_{max} + L_{min}} \tag{1-4}$$

式中，C_t 为对比度，L_{max} 为视标亮度，L_{min} 为背景亮度。

（2）对比敏感度：是指被测眼对于视标对比度的敏感性，与对比度呈线性负相关，见式（1-5）。

$$C_s=1/C_t \tag{1-5}$$

式中，C_s 为对比敏感度。

2. 对比敏感度视力的计量方法

（1）正弦波条纹：正弦波条纹图为循环出现的模糊明暗条纹图形，之所以对比敏感度视力选择采用正弦波图形，是因为模糊视标的明暗信息不受屈光性离焦的影响。

（2）空间频率：以测试距离为半径画圆，在圆周上每一个圆周度范围之内，条栅循环出现的数量称为空间频率，单位为 c/d。

（3）对比敏感度曲线：对比敏感度视力的定量由视标尺寸和视标对比度两个变量，通常用对比敏感度曲线来表示对比敏感度功能。横坐标为空间频率，由左至右分为 1.5c/d、3.0c/d、6.0c/d、12.0c/d 和 18c/d 等级次，纵坐标为对比度和对比敏感度，自下而上对比度从 50% 至 0.33% 递减，对比敏感度从 2 至 300 递增。

对于不同的空间频率，测试出被测眼能辨认的对比敏感度，就可以描记出对比敏感度曲线，用于表示对比敏感度功能，通常将双眼测试结果分别描记在比敏感度视力记录纸上，图中阴影部分为正常值范围（图 1-19）。

（三）测试方法

1. 印刷对比敏感度视力表测试

（1）准备工作

1）充分矫正被测眼屈光不正，近距离测试应适当矫正老视。

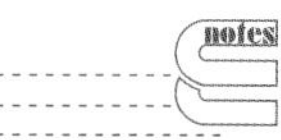

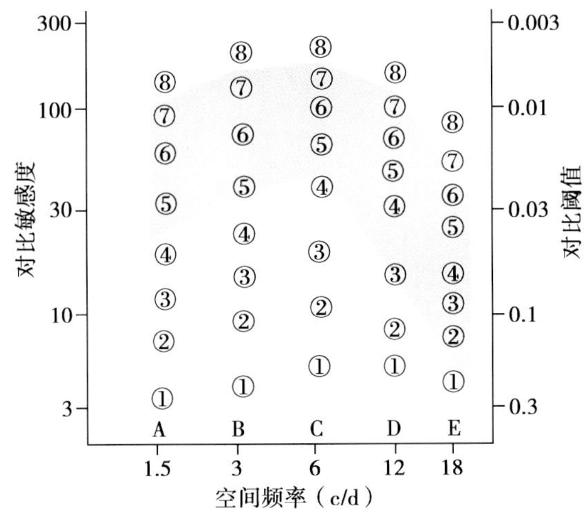

图 1-19　对比敏感度函数曲线的描记方法

2）测试前用测光表测定测试卡表面照度，标准照度在 330～760lx 之间。

3）根据被测眼的条件选择使用或不使用眩光。

4）控制测试距离符合对比敏感度视力表规定的距离。

5）向被测试者介绍测试方法。

（2）操作步骤

1）测量顺序从 A 行空间频率开始，依次辨认不同对比敏感度视标，直到被测者无法辨认，记录出错前的对比敏感度级次，如法测试其他各行。

2）测试完毕后，在记录纸上将不同空间频率能辨认的最高对比敏感度级次连线，获得对比敏感度曲线。

（3）注意事项

1）对比敏感度检查受环境光线照射的影响颇大，因此除控制视力表亮度以外，尚需使用深色避光窗帘，使环境测试相对较暗。

2）屈光不正对于对比敏感度视力的测试结果有很大的影响，在检查前应进行正规屈光测试和矫正。

3）眩光对某些眼疾的对比敏感度视力影响很大，可通过对照眩光前后的测试结果进行诊断分析。

2. 眩光对比敏感度视力仪

（1）准备工作

1）根据屈光测试结果在测试孔前的试片架上置入远用或老视矫正透镜。

2）向被测试者介绍测试方法，以及响应键的使用方法。

（2）操作步骤

1）开启电源。

2）按 MANU 键，选择是否采用眩光模式。

3）按 AGE 键，选择适合被测者年龄的测试模式。

4）按 START 键，开始测试，从监视屏观察测试过程。

5）按 PRINT 键，打印测试结果。

（3）注意事项

1）测试左眼时，注意让被测者额部顶住额托上的清除键。

2）测试完毕后切断电源，待设备冷却后覆盖防尘罩。

实训1-1：了解眩光对比敏感度视力仪

1. 实训要求 熟悉和保养眩光对比敏感度视力仪。

2. 实训学时 2学时。

3. 实训条件

（1）环境准备：低照度视光实训室。

（2）设施准备：眩光对比敏感度视力仪1台。

（3）实验者准备：着工作服、口罩及帽子。

4. 实训步骤

（1）熟悉工作面

1）揿动屏面下方AGE键，选择设置年龄。

2）揿动MANU键，选择采用眩光测试。

3）揿动START键，选择释放视标。

（2）熟悉测试孔

1）额部固定于左侧额托，用右眼观察测试视标。

2）手持式响应键，看到视标即按下键钮。

3）模拟测试左眼，用额部触及清除键，观察设备释放一组新的测试视标。

（3）熟悉打印分析

1）揿动PRINT键，打印测试结果。

2）分析阅读对比敏感度报告，熟悉对比敏感度曲线。

3）揿动CANCEL键，清除测试数据。

5. 实训善后

（1）认真核对操作过程，确保准确无误，填写实训报告。

（2）整理及清洁实训用具，及时关闭视力表电源，物归原处。

6. 复习思考题

（1）试讲解介绍眩光对比敏感度视力仪的各个功能部件。

（2）试分析对比敏感度报告的各项指标。

第二节 屈光测试设备

屈光测试是判断分析视觉功能异常的主要手段之一，测试工具包括检影镜、验光仪等客观验光设备，综合验光仪、验光试片箱等主观验光设备，以及瞳距测试等辅助设备。

一、瞳距尺和瞳距仪

学习目标

1. 掌握瞳距尺和瞳距仪的测试方法的要领。
2. 熟悉瞳距尺和瞳距仪的设计原理。
3. 了解瞳距尺的各种延伸功能。

双眼瞳孔径的几何中心间距称为瞳距，框架眼镜两透镜光学中心的间距称为光心距，在看远时为了使双眼的视线能通过眼镜透镜的光学中心，应尽量使眼镜的光心距趋近于双眼瞳距，通常须在验光之前精确定量测试双眼远用瞳距。

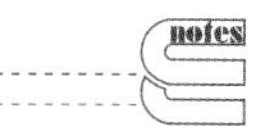

（一）基本结构

1. 瞳距尺 瞳距尺为普通的直尺，格值为 1mm，量程为 150mm 左右，在 0 位处设置缺口，或设置向上的垂直凸起，类似枪口上的准星，目的在于形成与被测眼瞳孔缘的纵向切线，从而提高测试精度。

在实践中，瞳距尺有了多种延伸功能，多数瞳距尺在无刻度的一侧开一 V 形槽，槽顶部设置 0 位，槽两侧设置 17～45mm 的刻度，用于测试双侧半瞳距，为定配渐变焦眼镜服务。V 形槽边缘设置 12～24mm 刻度，用于测试鼻梁间距，为眼镜鼻托的校配提供依据。有的瞳距尺一端设置 5°～20° 量角线，用于测试眼镜的前倾角（图 1-20A）。有的瞳距尺在边缘刻度下方另设一组刻度瞳高数据，在瞳距尺在边缘刻度上找出镜框总高度，就能在下方相应的刻度位置确定合适的瞳高数据，也是为定配渐变焦眼镜服务（图 1-20B）。

有的瞳距尺适用于接触镜验配，在瞳距尺无刻度的一侧设置 3～12mm 的半圆形标记，用于测试被测眼瞳孔直径或虹膜水平径。另设置 5～12mm 的不同格值，用于测试被测眼的睑裂线性宽度。

更有渐变焦眼镜生产者将瞳距尺发展为眼镜测量卡，根据校配合适的镜架衬片上标定的配镜中心的位置即可在眼镜测量卡上测试单侧瞳距和瞳高（图 1-20C）。

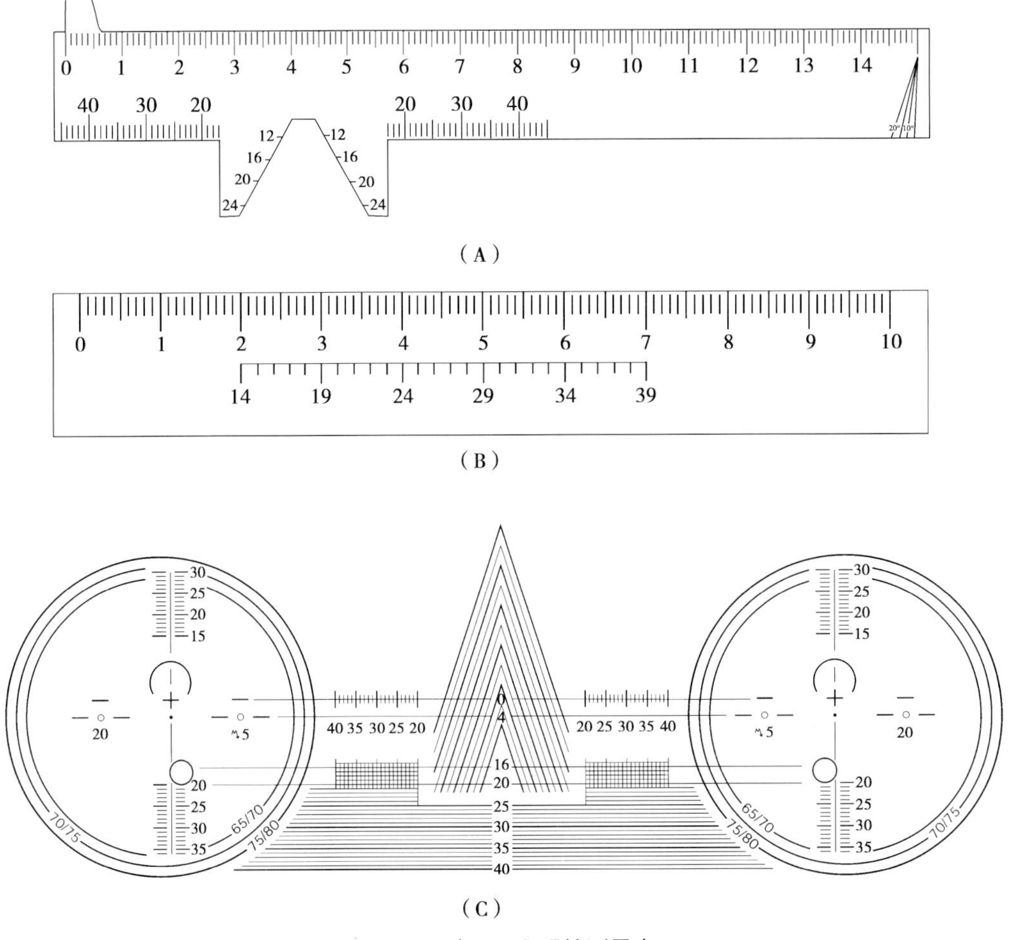

图 1-20 瞳距尺和眼镜测量卡

2. 瞳距仪 瞳距仪一侧对着被测眼，设有鼻托、额托和注视视窗，上方面板设有左侧和右侧测试键、左侧和右侧瞳距参数屏、双眼瞳距参数屏，以及测试距离旋钮等（图 1-21A）。另一侧对着视光师，设有测试孔（图 1-21B）；下方面板设有眼别手柄，可以控制遮盖被测右眼或左眼的注视视标，进行单侧瞳距测试（图 1-21C）。

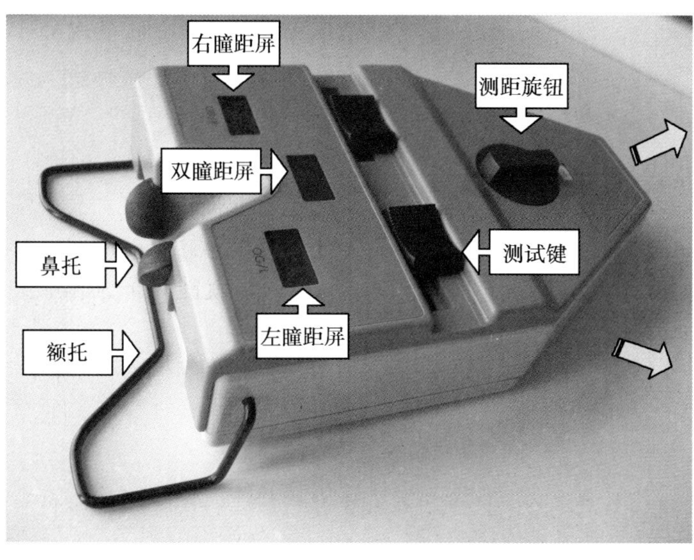

（A）

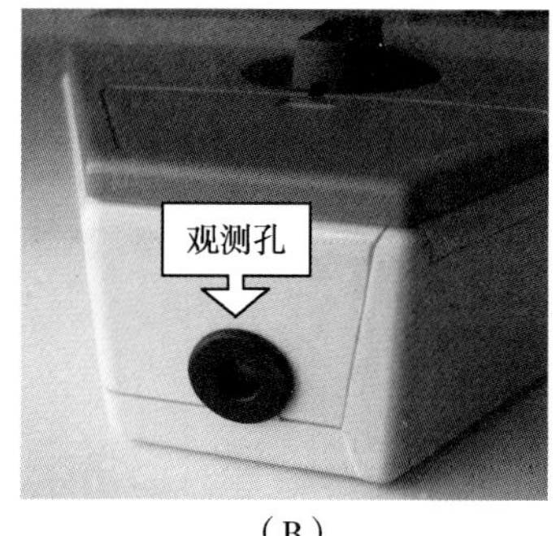

（B）

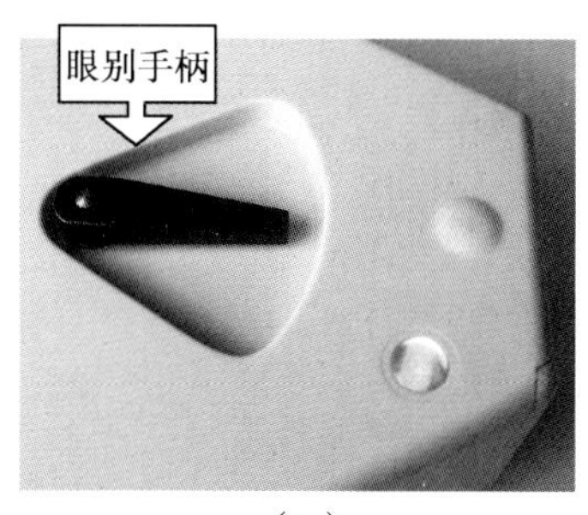

（C）

图 1-21　瞳距仪

（二）设计原理

1. 瞳距尺　以直观的方式度量双眼瞳孔径几何中心的间距，测试值为双眼直视无限远时双眼回旋点的间距，为物理量值。在实际视觉活动中，由于 Kappa 角的存在，双眼在注视 5m 以外时，视线与眼镜的交点间距会略小于瞳距尺的测试值。

2. 瞳距仪　设备内置左右两个点状光源，以平面反光镜控制两个光源像的间距，模拟无限远或 50cm 以内的定量注视距离（图 1-22）。双眼在注视光源像时，角膜映光点可以理解为视线与角膜的交点，推移左、右测试键，使测试线与角膜映光点重合，与测试键关联的液晶屏就可以显示被测眼的双眼瞳距或单眼瞳距。

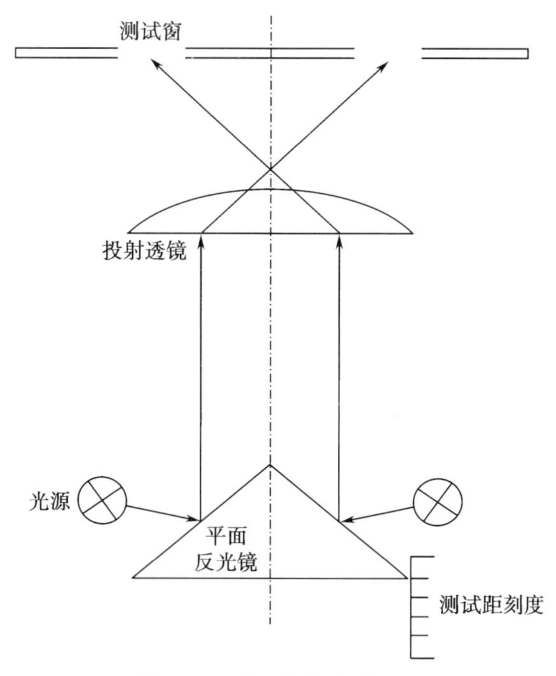

图 1-22　瞳距仪的光学原理

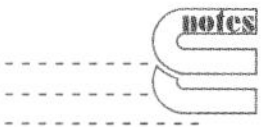

（三）测试方法

1. 瞳距尺

（1）与被测者对坐，保持视光师与被测者的面部高度一致，相距40cm左右。

（2）右手4个手指握住瞳距尺的上缘，拇指卡住带有刻度的瞳距尺下缘。将瞳距尺水平向放置于被测者鼻梁前与镜眼距相等的距离，注意避免水平倾斜。

（3）嘱被测双眼注视视光师左眼。

（4）视光师闭上右眼，以左眼观察，将瞳距尺的0位"准星"对准被测右眼瞳孔内缘。

（5）保持瞳距尺位置不变，嘱被测双眼注视视光师右眼。

（6）视光师闭上左眼，以右眼观察，瞳距尺对准被测左眼瞳孔外缘的刻度即为瞳距测定值。

2. 瞳距仪法

（1）调试测试距离旋钮，将无限远（∞）或者近距离测试距对准定标线。

（2）开启电源开关，有新型瞳距仪进入测试状态则电源自动开启。

（3）将瞳距仪鼻托、额托对准被测者鼻梁和前额，让被测者双手自行固定测试位置。

（4）调试眼别手柄，选择测试右眼、左眼或双眼瞳距。

（5）嘱被测者双眼自注视视窗注视光标。

（6）推移左、右测试键，使测试线与角膜映光点重合。

（7）记录被测眼的双眼瞳距和单眼瞳距。

实训1-2：了解瞳距尺和瞳距仪

1. 实训要求 熟悉瞳距尺和瞳距仪的功能和用法。

2. 实训学时 2学时。

3. 实训条件

（1）环境准备：常光实训室。

（2）设施准备：瞳距尺1把、眼镜测量卡1张、瞳距仪1台，带衬片镜架若干、油性记号笔1只。

（3）实验者准备：着工作服、口罩及帽子。

4. 实训步骤

（1）熟悉瞳距尺延伸功能

1）观察V形槽，并了解如何利用V形槽测试双侧半瞳距。

2）观察V形槽，并了解如何利用V形槽测试鼻梁间距。

3）观察量角线，并了解如何利用量角线测试眼镜的前倾角。

4）观察瞳高刻度，并了解如何根据镜圈高度推算瞳高。

（2）熟悉眼镜测量卡测试单侧瞳距和瞳高

1）为被测者戴上带衬片镜架，用记号笔确定配镜中心。

2）熟悉眼镜测量卡定量被测者的双眼单侧瞳距和。

（3）熟悉瞳距仪的功能部件

1）观察测试端，熟悉鼻托、额托和注视视窗。

2）观察上方面板，熟悉左侧和右侧测试键、左侧和右侧瞳距参数屏、双眼瞳距参数屏，以及测试距离旋钮等。

3）观察下方面板，熟悉眼别键。

4）调试测试距离旋钮，开启电源开关，将瞳距仪鼻托、额托对准被测者鼻梁和前额，让被测者双手自行固定测试位置。从测试孔观察并推移左、右测试键，使测试线与被测者角

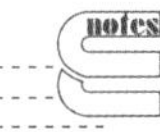

膜映光点重合。反复测试，比较多次测试结果。

5. 实训善后

（1）认真核对操作过程，确保准确无误，填写实训报告。

（2）整理及清洁实训用具，及时关闭视力表电源，物归原处。

6. 复习思考题

（1）试讲解介绍瞳距仪各个功能部件。

（2）试介绍瞳距仪的测试要点。

二、检影镜和模拟眼

学习目标

1. 掌握检影镜的测试原理。
2. 熟悉检影镜的测试方法和注意事项。
3. 了解检影镜的基本结构。

检影镜为客观验光设备，根据视网膜反射光移动性质来定量被测眼的屈光状态，该种测试方法在很大程度上依赖视光师的技术和经验，同时需要被测者配合，测试结果并不能直接开具处方，须经试片验证才能定制眼镜。尽管如此，在现代先进设备如林的时代，检影验光仍然能够为许多疑难案例提供有价值的参考处方。

（一）基本结构

1. 检影镜　检影镜主体结构分为投照系统、观察系统和调试系统。

（1）投照系统：包括光源、聚光镜、光阑、投射镜等部件（图 1-23）。

1）光源：为直流 6V、5W 卤光白炽灯。

2）聚光镜：常态下灯源位于聚光镜主焦点，则射出聚光镜的光线为平行光线。

3）光阑：为圆形或窄长缝隙，将射出光线塑造为点状或带状光。

4）投射镜：为平面反光镜，可以将聚光镜的射出光线折射 90°，投射被测眼。

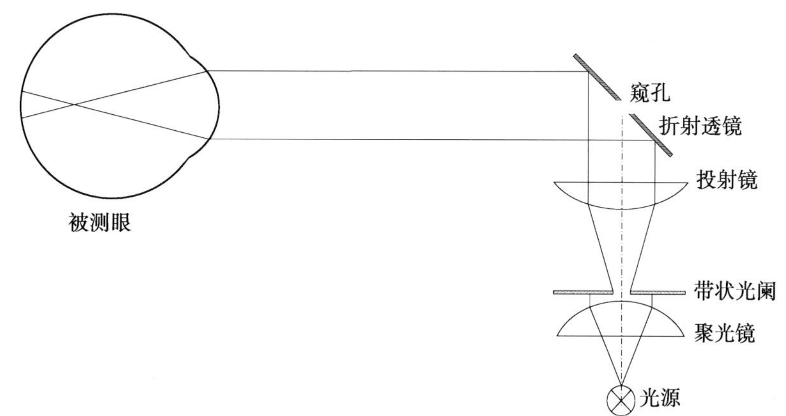

图 1-23　检影镜的投照系统

（2）观察系统：为投射镜上的孔隙，称为窥孔，供视光师从投射镜背面观察被测眼视网膜的反射光。

（3）调试系统：为附设于光源射出路径上的控件，包括聚散手柄和轴向手柄（图 1-24）。

1）聚散手柄：推拉聚散手柄可以改变聚光镜与光源的间距，使射出光线会聚或者散开。

2）轴向手轮：旋动轴向手轮可以使投射光带在被测眼入瞳平面上向各方向转动。

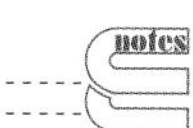

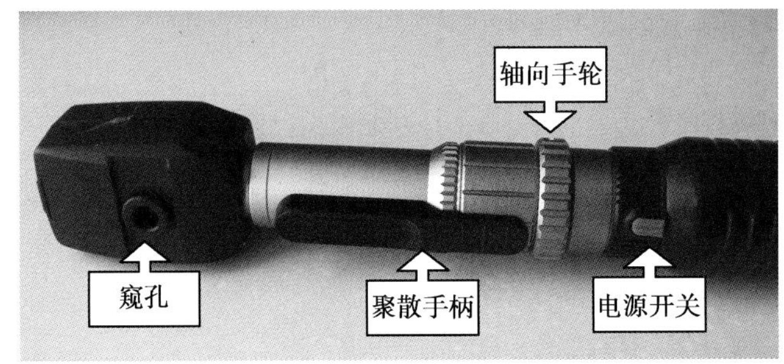

图 1-24　检影镜的观察系统和调试系统

2. 模拟眼　检影镜测试在很大程度上依赖视光师的技术和经验，通常采用配套的模拟眼进行大量练习和考核。

（1）主体暗筒：为直径约 50mm，长约 50mm 的封闭金属筒，外表漆成哑光黑色，模拟眼球。暗筒前面中央具孔，孔径约 8mm，镶嵌 +20.00D 凸透镜，模拟人眼的屈光系统。暗筒内侧后壁覆盖平滑橙红色树脂层，模拟人眼视网膜（图 1-25）。

图 1-25　模拟眼

（2）配套结构

1）瞳孔手柄：暗筒前面下方有一半圆形手柄，左右拨动可以选择将孔径为 2mm、4mm 或 6mm 的金属片调整到暗筒前透镜的中央，用于模拟人眼不同瞳孔直径。

2）轴向刻度：暗筒前面印有放射状的 0°～180° 的圆周角刻度，用于检影测试时定量柱镜子午轴向。

3）片槽：暗筒前面下方有三层弧形片槽，用于安放模拟透镜和检影镜片（图 1-26A）。

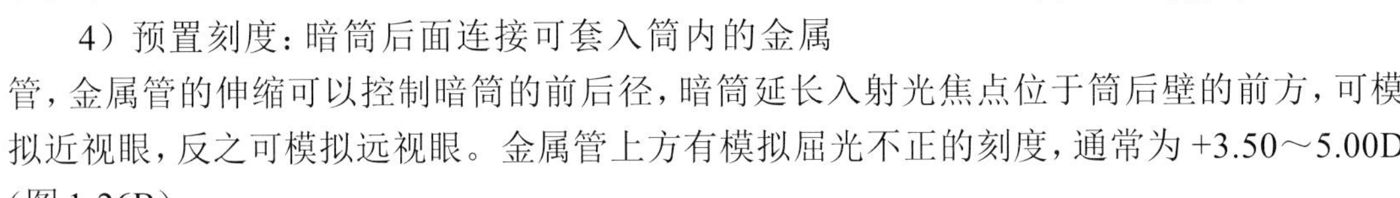

4）预置刻度：暗筒后面连接可套入筒内的金属管，金属管的伸缩可以控制暗筒的前后径，暗筒延长入射光焦点位于筒后壁的前方，可模拟近视眼，反之可模拟远视眼。金属管上方有模拟屈光不正的刻度，通常为 +3.50～5.00D（图 1-26B）。

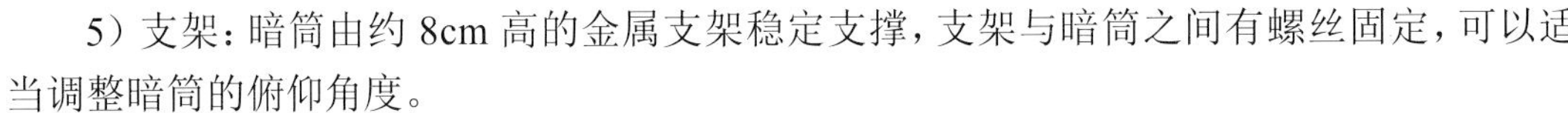

5）支架：暗筒由约 8cm 高的金属支架稳定支撑，支架与暗筒之间有螺丝固定，可以适当调整暗筒的俯仰角度。

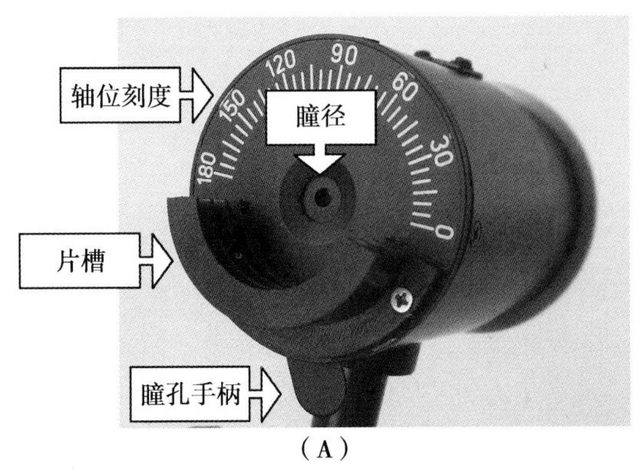

（A）

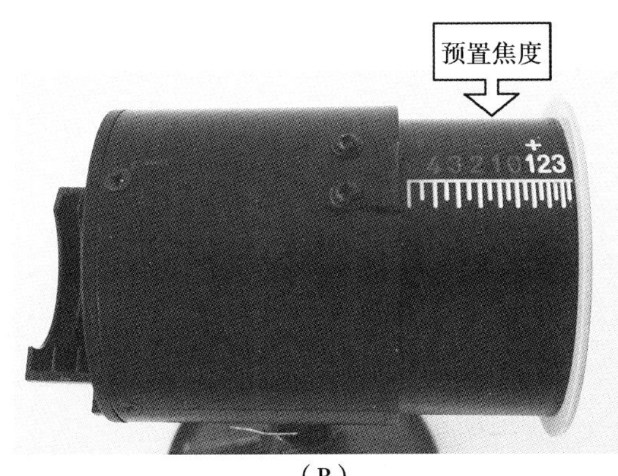

（B）

图 1-26　模拟眼配套结构

（二）设计原理

1. 检影镜

（1）检影镜光线的投射与反射：经过平行调整的正弦波光源，经 45° 斜置的平面镜反射到被测眼瞳孔内，被测眼的眼底视网膜被照亮后发出橙红色的反射光。平面镜上有一圆孔，可供视光师从平面镜背面观察被测眼瞳孔内发出的反射光。采用点状投射光检影镜，反射光呈斑点状，称为反射光斑。采用带状投射光检影镜，反射光则呈一条光带，称为反射光带。

（2）视网膜反射光的移动规律：视网膜反射光通过被测眼的屈光间质射出，若将眼的屈光系统看成透镜，受眼的屈光系统折射的影响，必然在被测眼的远点聚焦，近视眼发生会聚，远视眼发生散开，正视眼则平行传播（图 1-27）。

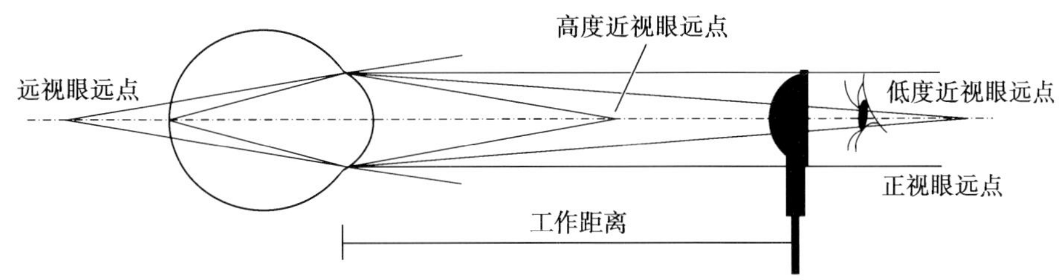

图 1-27 视网膜反射光焦点位置的分析

若将被测眼看成未知透镜，在水平或垂直移动透镜时，分析通过透镜看到的目标与透镜之间的相对移动特点，就可以推断目标在透镜的焦距范围之内，还是在透镜的焦距范围之外。由于被测眼不能移动，则代之移动检影镜射出的光源，促使视网膜反射光发生移动，观察投射光与反射光的相对移动特点，仍然可以判断被测眼远点所在范围，被测眼远点位于被测眼与检影镜之间，两者发生逆向移动；被测眼远点位于被测眼之后或检影镜之后，两者发生同向移动；被测眼远点位于检影镜窥孔上，反射光不移动（图 1-28）。用增减被测眼前方附加透镜的方式调整被测眼视网膜反光的焦点位置，将焦点调整到位于检影镜窥孔的已知位置上，通过对被测眼前方的附加透镜进行定量分析就可以推定被测眼的屈光状态。

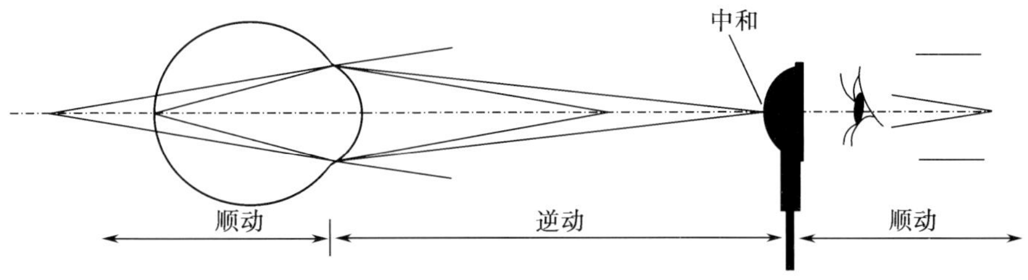

图 1-28 视网膜反射光移动特点的分析

（3）视网膜反射光移动性质的光学原理

1）顺动：当被测眼为远视眼、正视眼或远点距离大于检影工作距离的近视眼时，被测眼的反射光在工作距离以内无实焦点、焦点落在检影镜的后方或落在被测眼后方。被测眼反射光到达检影镜时尚未聚焦，此时将检影镜的平面镜向下倾转时，反射光的上方被平面镜圆孔的上缘遮盖变黑，似乎形成反射光下移的现象（图 1-29A），由于反射光移动的方向与平面镜倾转的方向相同，故称为顺动。

2）逆动：当被测眼为远点距离小于检影工作距离的近视眼时，被测眼的反射光焦点落在检影镜与被测眼之间，被测眼的反射光在到达检影镜之前先聚后散，此时将检影镜的平面镜向下倾转时，被测眼内的反射光的下方被平面镜圆孔的上缘遮盖变黑，似乎形成反射

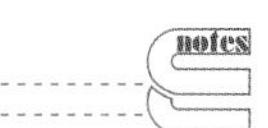

光上移的现象（图 1-29B），由于反射光移动的方向与平面镜倾转的方向相反，故称为逆动。

3）中和：当被测眼反射光（或通过被测眼前方附加透镜的调整）的焦点距离等于检影工作距离时，则被测眼的反射光以尖锐的焦点落在检影镜平面镜的圆孔之内。此时将检影镜的平面镜向下倾转时，被测眼的反射光不被遮盖，表现为明亮的橙红色反射光充满被检眼瞳孔区，这种现象称为中和（图 1-29C）。

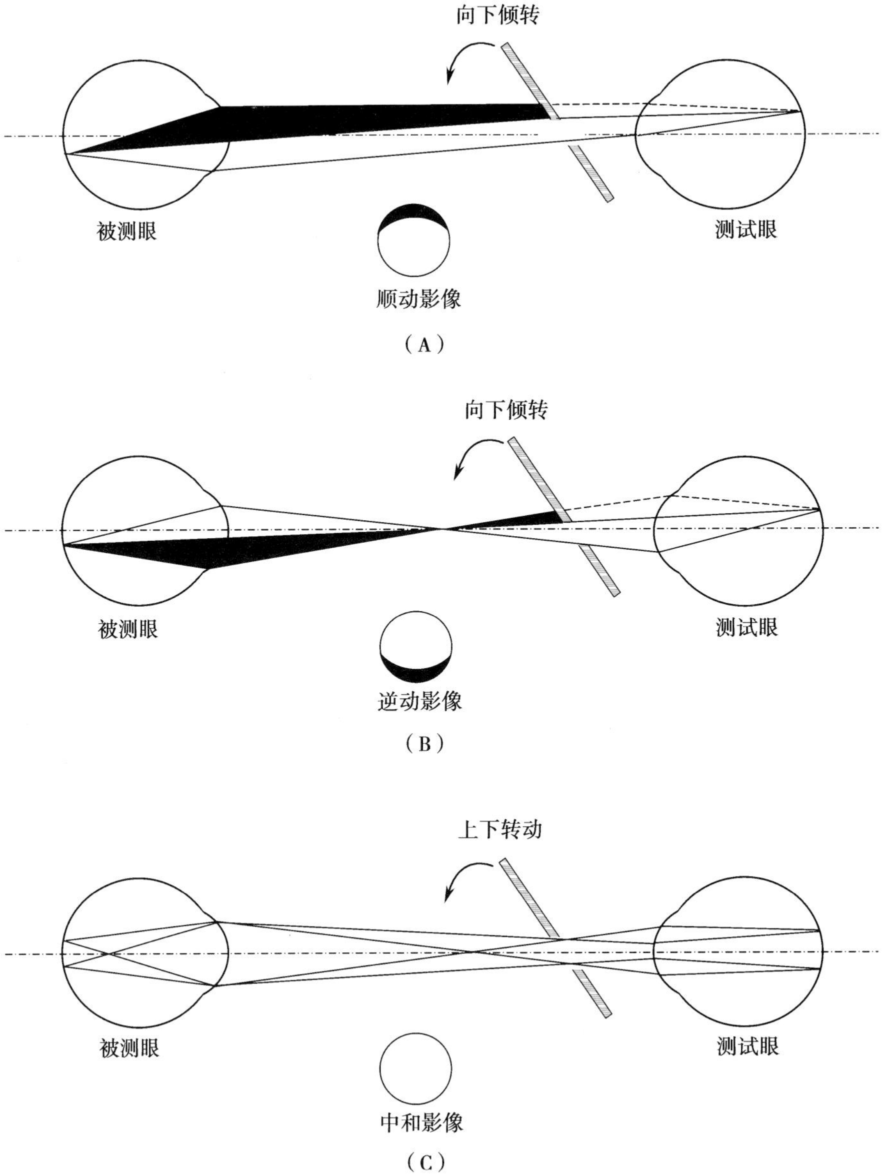

图 1-29　视网膜反射光移动性质的光学原理

（4）工作距离的换算

1）换算原理：通常把综合验光仪的验光盘置于操作者手臂的长度范围内，这样可以一手操作视网膜检影镜，另一手更换被测眼前的透镜试片。从被测眼主点轴面至检影镜窥孔之间的距离称为工作距离。

可以想象，假定工作距离为 1m，当达到中和时，被测眼的远点在 1m 处，表示在中和时被测眼屈光状态为 1.00D 近视。因此不管被测眼前的试片是多少焦度，处方都必须加上 −1.00D，称为工作距离的补偿，经过补偿后，被测眼的远点就从 1m 处移到无限远了。

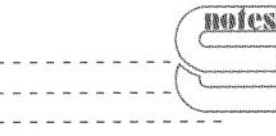

因为必须从测试结果（即检影镜所测得的中和焦度）中增减工作距离所形成的屈光等

值，从而换算出被测眼实际的屈光不正的焦度，为了便于计算，所以通常该距离的倒数要选择一个整数（如 100cm 、67cm 或 50cm）。

工作距离对检影结果的影响可以用公式计算如下：

$$D = D_r - \frac{1}{d_w} \qquad (1\text{-}6)$$

式中，D 为处方焦度，D_r 为检影中和焦度，d_w 为工作距离（以 m 为单位）。

由式（1-6）可知：

①工作距为 1m，则处方焦度为中和焦度减 +1.00D 或加 −1.00D。

②工作距为 2/3m，则处方焦度为中和焦度减 +1.50D 或加 −1.50D。

③工作距为 1/2m，则处方焦度为中和焦度减 +2.00D 或加 −2.00D。

2）工作透镜

①工作透镜的使用方法：综合验光仪附设有标为 R 的功能辅镜，通常为预加 +1.50D 的正球面透镜，在 67cm 的工作距离进行检影时，中和焦度即为处方焦度，可省去对工作距离换算的麻烦。

②工作透镜的原理：若在被测眼前预置 +1.50D 正球面透镜，则在 67cm 处进行检影时就等于预先加了 +1.50D，或者预先投放 −1.50D 负球性透镜将其抵消，等于已预加了 −1.50D，故无须进行工作距离换算（图 1-30）。

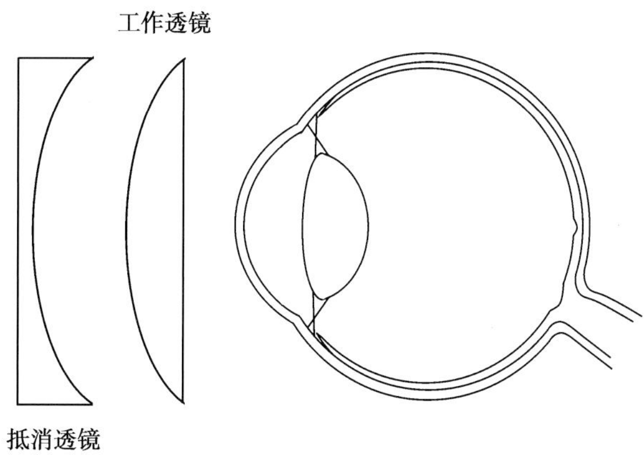

图 1-30 工作透镜的光学原理

2．模拟眼 在模拟眼预置刻度设为 0 位时，检影镜光线经由暗筒前方透镜聚合后在暗筒内侧后壁聚焦，并有橙红色反光射出，通过检影镜窥孔可观察到模拟中和状态的反光。在伸缩模拟眼暗筒长度或在模拟眼片槽安放球柱预置透镜时，模拟眼可模拟各种类型的屈光不正，通过检影镜窥孔可观察到模拟不同子午轴线的顺动或逆动反光。将模拟眼预置刻度设为 +1.00D 或 +1.50D，可以选择 1m 或 67cm 进行检影练习，不必进行工作距离换算。

（三）测试方法

1．检影镜

（1）投射光带移动方向：带状光检影镜应该在与其投射光带相垂直的方向移动测试，即水平的投射光带沿垂直向移动测试，垂直的投射光带沿水平向移动测试。

（2）顺动检影

1）初步中和：比较顺动和逆动反射光的中和过程，可以发现反射光从顺动过渡到中和较易辨认，故通常利用顺动反射光来进行检影测试。

①将投射光带沿水平、垂直、45° 和 135° 等 4 个方向交替移动，判断反射光带的基础移动性质。

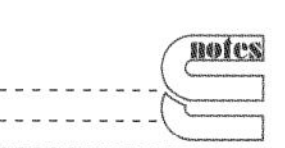

②若反射光带均显暗淡，则酌量递增投放正负透镜试片，直至 4 个方向反射光带转为明亮。

③若反射光带的移动性质各向均呈顺动，可不作调整，寻找并记住 4 个方向中哪个方向反射光带最为明亮宽大。

④若 4 个子午方向出现逆动，递增投放负透镜试片，直至上述 4 个子午方向的反射光带均明确地成为顺动状态，且记住 4 个方向中哪个方向反射光带最为明亮宽大。

2）判断轴位：旋转投射光带，使投射光带的子午向与 4 个方向中反射光最为明亮的方向一致起来，例如基础测试时，投射光带在 90° 方向移动，可见到一个横向的明亮宽大的反射光带，就把投射光带转向 90°，下拉聚散手柄，将投射光带适当调细，通过微调旋转手轮，使投射光带与反射光带方向一致，此时投射光带所指的子午向即为柱镜轴向，记录柱镜轴向。

3）判断球镜：再次旋转投射光带，使投射光带与已确定的柱镜轴向垂直，沿柱镜轴向的方向移动，逐量递增正球镜试片，直至中和。计算并记录试片总和（尽量换成单一镜片），即为球镜焦度。

4）判断柱镜：将投射光带旋转 90° 进行移动测试，逐量递增正球镜试片，中和另一主子午线的焦度，所增加的试片焦度为柱镜焦度，记录柱镜焦度。

5）记录处方：仅将球镜焦度进行工作距离换算，柱镜和轴位不变，书写处方。若采用工作透镜进行检影测试，则无需工作距离换算，可直接书写处方。

（3）检影举例

1）初步中和：工作距离设为 67cm，将投射光带沿水平和垂直、45° 和 135° 四个方向移动，各方向均为逆动，当试片加到 −4.00D 时各子午线均为顺动，其中沿 135° 方向移动测试发现反射光最为明亮宽大（图 1-31A）。

2）判断轴向：旋转投射光带，使之接近 135° 方向，将投射光带适当调细，经过微调反射光带大约在 125° 方向最细而清晰，则 125° 记为柱镜轴位（图 1-31B）。

3）判断球镜：使投射光带在 125° 方向上移动测试，当试片加到 +0.50D 时反光中和，将第一试片 −4.00D 和第二试片 +0.50D 联合为 −3.50D，则 −3.50D 记为球镜焦度。

4）判断柱镜：使投射光带在 35° 方向上移动测试，当试片加到 +0.75D 时，反光中和，则 +0.75D 记为柱镜焦度。

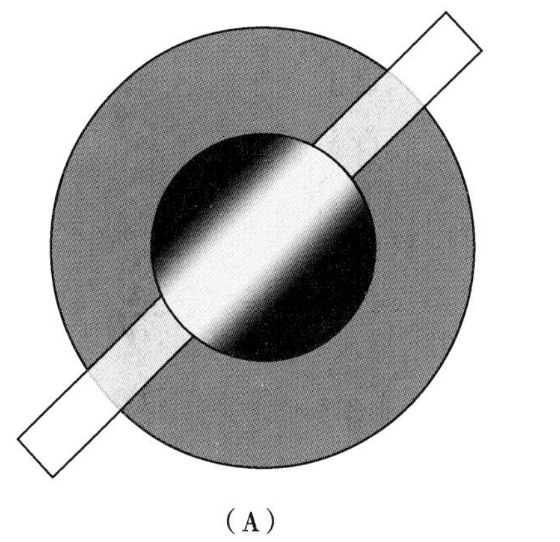

（A）

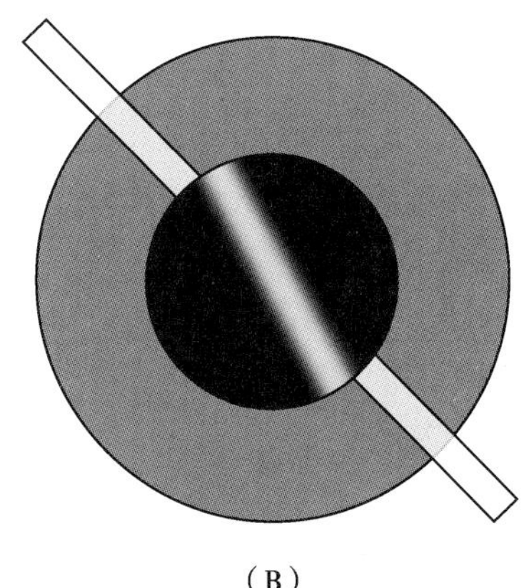

（B）

图 1-31　检影举例

5）记录处方

①工作距离换算后球镜焦度为 −3.50+（−1.50）=−5.00D。

②柱镜为 +0.75D。

③轴位为 125°。

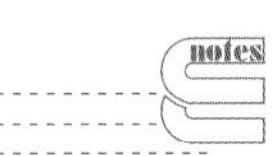

④处方为 -5.00+0.75×125，或写成 -4.25-0.75×35。

2. 模拟眼

（1）模拟透镜：实验室常备适量不同规格的练习透镜，直径与模拟眼片槽吻合，供学习者练习检影测试。正球柱镜模拟近视性屈光不正，负球柱镜模拟远视性屈光不正，混合散光透镜则模拟混散性屈光不正。

（2）检影练习：将模拟眼暗筒长度调整为 +1.00D 或 1.50D，将练习透镜安放于模拟眼片槽内槽，用试片箱镜片进行检影测试，并记录处方（图 1-32）。

图 1-32　模拟眼检影练习

实训 1-3：了解模拟眼和检影镜

1. 实训要求　熟悉模拟眼和检影镜的功能部件和用法。

2. 实训学时　4 学时。

3. 实训条件

（1）环境准备：低照度视光实训室。

（2）设施准备：检影镜 1 只、模拟眼 1 只、验光试片箱 1 套。

（3）实验者准备：着工作服、口罩及帽子。

4. 实训步骤

（1）熟悉检影镜和模拟眼的功能部件

1）熟悉检影镜的电源开关和窥孔的位置。

2）掌握检影镜轴向手轮和聚散手柄的操作方法。

3）熟悉模拟眼片槽和轴位刻度的位置。

4）掌握模拟眼瞳孔手柄和预置刻度的操作方法。

（2）认识检影过程中视网膜反射光的中和

1）开启检影镜电源。

2）将模拟眼预置刻度调整到 +1.00；或将模拟眼预置刻度调整到 0 位，在模拟眼后片槽放置 +1.00D 球镜验光试片。

3）在距模拟眼 1m 的位置用检影镜垂直、水平、45° 和 135° 光带进行移动观察。

4）将模拟眼预置刻度调整到 +1.50，或将模拟眼预置刻度调整到 0 位，在模拟眼后片槽放置 +1.50D 球镜验光试片。

5）在距模拟眼 67cm 位置用检影镜垂直、水平、45° 和 135° 光带进行移动观察。

6）认识检影过程中视网膜反射光的中和。

（3）认识检影过程中视网膜反射光的顺动和逆动

1）将模拟眼预置刻度调整到>+1.00；或将模拟眼预置刻度调整到 0 位，在模拟眼后片槽放置>+1.00D 球镜验光试片。

2）在距模拟眼 1m 位置用检影镜垂直、水平、45° 和 135° 光带进行移动观察。认识检影过程中视网膜反射光的逆动。

3）将模拟眼预置刻度调整到<+1.00 或负刻度；或将模拟眼预置刻度调整到 0 位，在模拟眼后片槽放置<+1.00D 球镜验光试片或负焦度球镜验光试片。

4）在距模拟眼 1m 位置用检影镜垂直、水平、45° 和 135° 光带进行移动观察，认识柱镜视网膜反射光的顺动。

5. 实训善后

（1）认真核对操作过程，确保准确无误，填写实训报告。

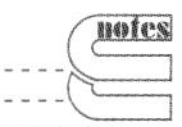

（2）整理及清洁实训用具，及时关闭检影镜电源，物归原处。

6. 复习思考题

（1）试讲解介绍检影镜和模拟眼各个功能部件。

（2）试讲解检影过程中视网膜反射光的移动规律。

三、验光仪

学习目标

1. 掌握：红外线验光仪的测试原理。
2. 熟悉：电脑验光仪的键盘操作和菜单调试。
3. 了解：不同类型主观和客观验光仪的测试原理。

人们试图将屈光测试程序化、机械化，使之脱离过分依赖技术和经验，长期以来各种验光仪层出不穷，均不能达到使测试结果具备稳定的复现性水平，自微机问世以来，验光仪的改进获得迅速发展，终于出现了使验光工作变得简单易行的电脑自动验光仪。然而验光仪的测试结果仍然有可能受到各种因素的干扰，发生无关偏差，故不能直接开具处方，须经主觉试片验证才能定制眼镜。

（一）基本结构

验光仪自问世以来有着从简单到复杂的发展轨迹，现仅介绍目前最有代表性的电脑自动验光仪。

1. 主体结构　分为测试箱、控制分析部件和支架部件（图 1-33）。

（1）测试部件：位于仪器上部，为一具孔暗箱，内设红外线发射和接收原件，以及起到固定视线和雾视作用的可见光视标。对着被测者方向有一测试圆孔，供被测眼接受测试光信号，并注视雾视视标。

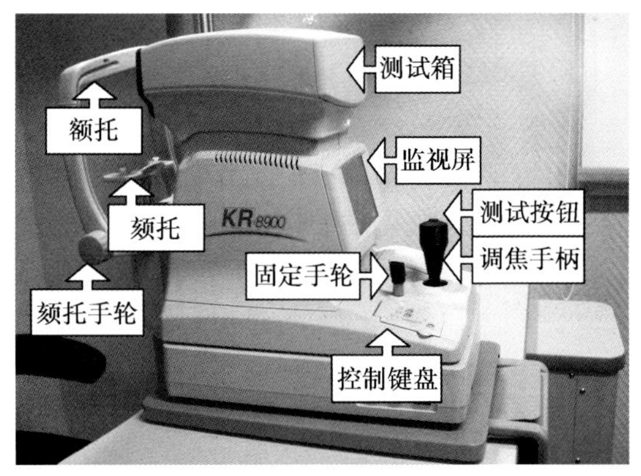

图 1-33　电脑验光仪

（2）控制分析部件

1）监视屏幕：为一液晶显示屏，用于监控测试过程，并确认控制键的菜单设置。

2）控制键盘：用于对仪器的测试功能进行设置。

3）调焦手柄：参考监视屏幕的提示对测试光的焦距进行调试，用于保证每次测试的可重复性。调焦手柄的顶端设有测试按钮，供手动测试时使用。

4）打印装置：安置热敏打印纸。

（3）支架部件：包括颏托、颏托手轮和额托等。

2. 控制键盘　电脑验光仪的各项测试功能均由控制键盘设置。

（1）A 组键盘：关闭键盘封盖显示 A 组键盘（图 1-34A）。

1）打印键：打印测试结果。

2）菜单键：监视屏显示设置菜单。

3）人工晶状体键：选择在被测者需要植入人工晶状体时使用。

4）模式键：选择测试屈光处方（R）、测定曲率处方（K）或二者均测试。

（2）B 组键盘：打开键盘封盖显示 B 组键盘（图 1-34B）。

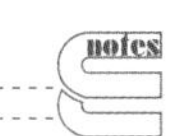

1）图形键：选择在打印报告上添加屈光状态示意图。

2）自动键：选择自动测试（AS）或手动测试（M）。

3）影像键：选择在屏幕显示储存的影像资料。

4）亮度键：切换固视视标的亮度。

5）直径键：用于测试角膜直径。

6）柱镜符号键（CYL）：选择柱镜为正值或负值。

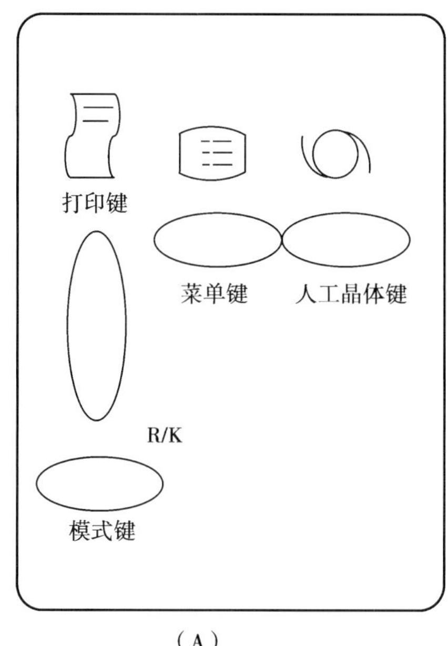

（A）

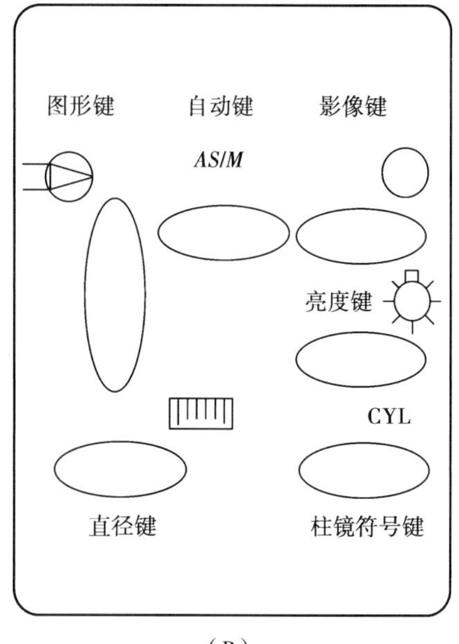

（B）

图 1-34　控制键盘

3. 菜单调试

（1）操作方法：揿动菜单键，按打印键上端或下端选择菜单，按调焦手柄的顶端测试按钮，选择菜单设置（图 1-35）。操作完毕后，按打印键选择退出（EXIT），按测试按钮即恢复测试界面。

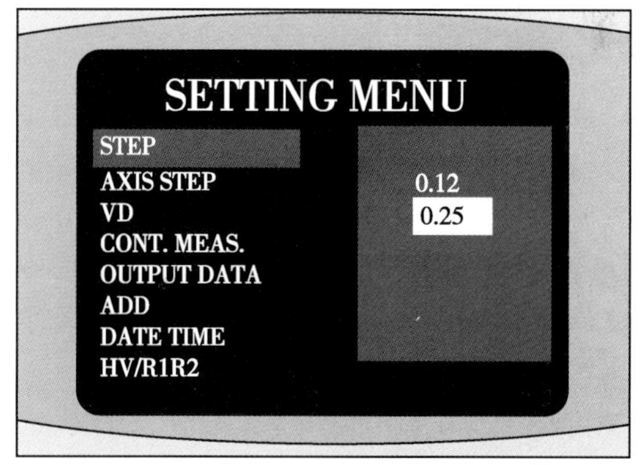

图 1-35　功能菜单

（2）主要菜单

1）STEP：设置球镜步距为 0.12D 或 0.25D。

2）AXIS STEP：设置柱镜轴位步距为 1° 或 5°。

3）VD：设置镜眼距为 0（用于接触镜测试）、12.00mm 或 13.75mm。

4）CONT MEAS：设置连续测试与否，连续测试即在焦面合适时连续采集测试数据。

5）OUTPUT DATA：设置数据输出与否，若仪器与自动综合验光仪联动，则可将客观检测数据置入综合验光仪视孔。

6）ADD：根据被测者年龄选择年龄菜单，监视屏可同步显示老视附加焦度参考值。

7）DATE TIME：设置日期程序，监视屏可同步显示测试当天日期。

8）HV/R1R2：选择角膜曲率测试值单位为焦度（D）或曲率半径（mm）。

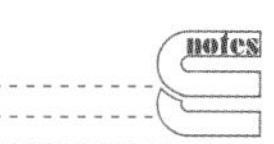

（二）设计原理

验光仪为何能报告被测眼的屈光处方，这是人们始终感到好奇的问题，现将不同类型验光仪的测试原理简单介绍如下：

1. 主观验光仪

（1）单片仪

1）原理：被测眼通过单片固定位置和固定焦度的凸透镜观察一可以前后移动的视标板，视标板下方有滑动脚板，可以在标有屈光刻度的标尺上移动。测试时由被测者前后移动视标板，直至视标清晰，从视标板停留处的标尺刻度读出被测眼的屈光焦度（图 1-36）。

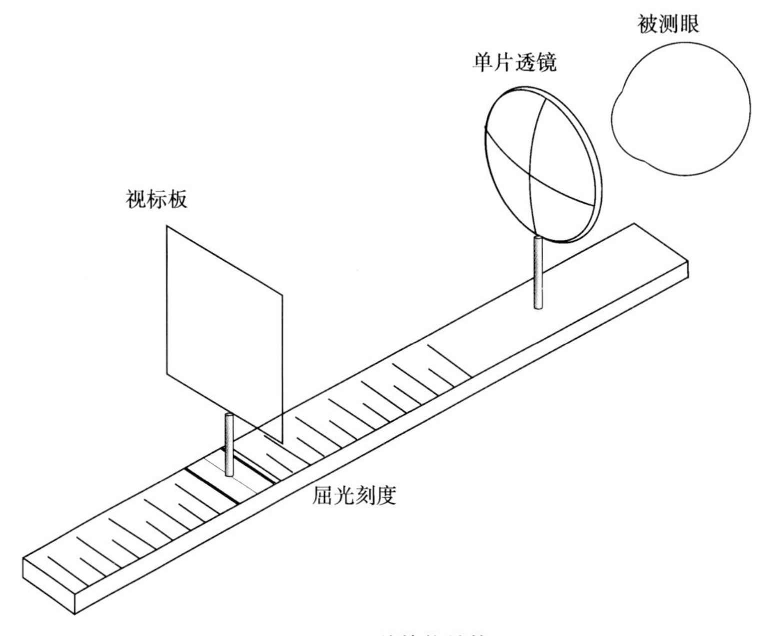

图 1-36　单片仪结构

①若被测眼为正视眼，视标清晰时恰位于刻度尺的 0 位上，此时视标发出光线的离散度恰被凸透镜聚合为平行光线，平行光线入眼后焦点应恰好落在正视眼的视网膜上。

②若被测眼为近视眼，视标清晰时必须适量沿刻度尺向靠近凸透镜移位，视标发出的光线离散度增大，通过凸透镜仍有一定离散度，则离散光线入眼焦点恰好落在近视眼的视网膜上。

③若被测眼为远视眼，视标清晰时必须适量沿刻度尺向远离凸透镜移位，视标发出的光线离散度缩小，通过凸透镜后仍有一定聚合度，聚合光线入眼焦点恰好落在远视眼的视网膜上（图 1-37）。

2）评价：单片仪未能普遍推广，主要的不足在于：①近目标测试结果受被测眼调节影响很大；②近目标诱发眼的焦深增大，使视标清晰范围增大；③不能定量测试散光。

（2）Young 验光仪

1）原理：采用 Scheiner 盘原理，被测眼通过一水平分置的双孔盘和一片固定焦度的凸透镜观察一可前后移动的点光源视标，点光源视标下方有滑动脚板，可以在标有屈光刻度的标尺上移动。测试时由被测者前后移动点光源视标，直至所看到的两光源像点重合，从视标板停留处的标尺刻度读出被测眼的屈光焦度（图 1-38）。

①若被测眼为正视眼，光标位于刻度尺的 0 位上时，光标光线的离散度被凸透镜聚合为平行光线，平行光线被 Scheiner 盘分离成两股旁轴平行光线，两光线像点恰好在正视眼的视网膜上合为一点。

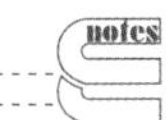

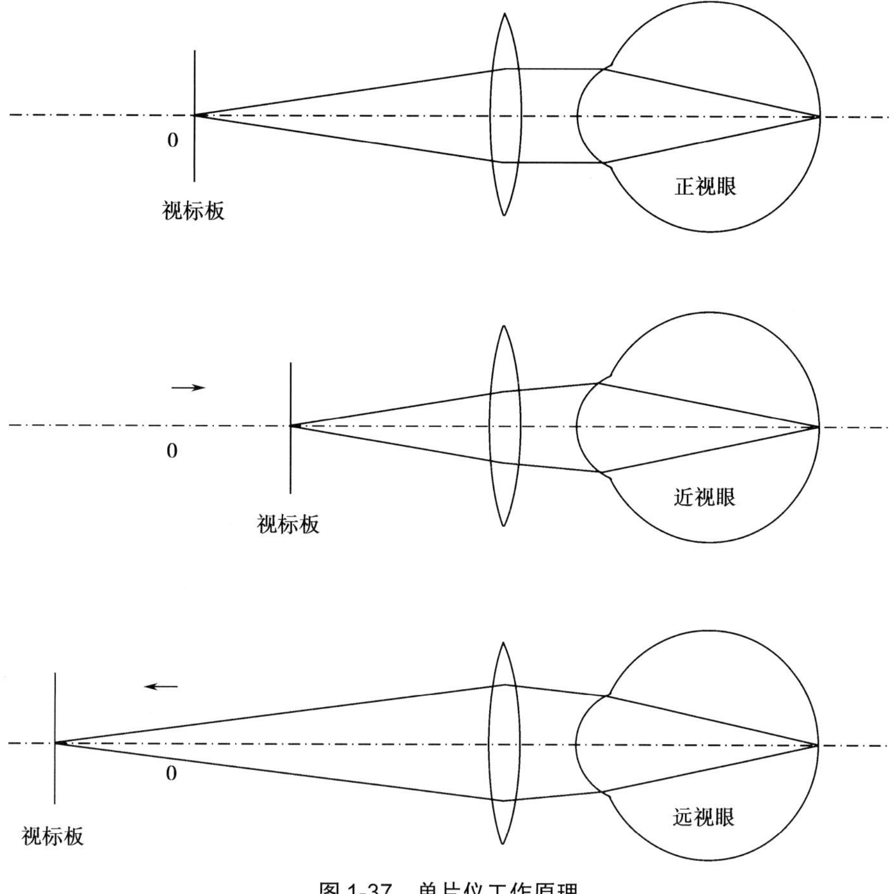

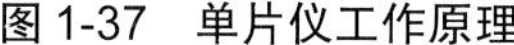
图 1-37　单片仪工作原理

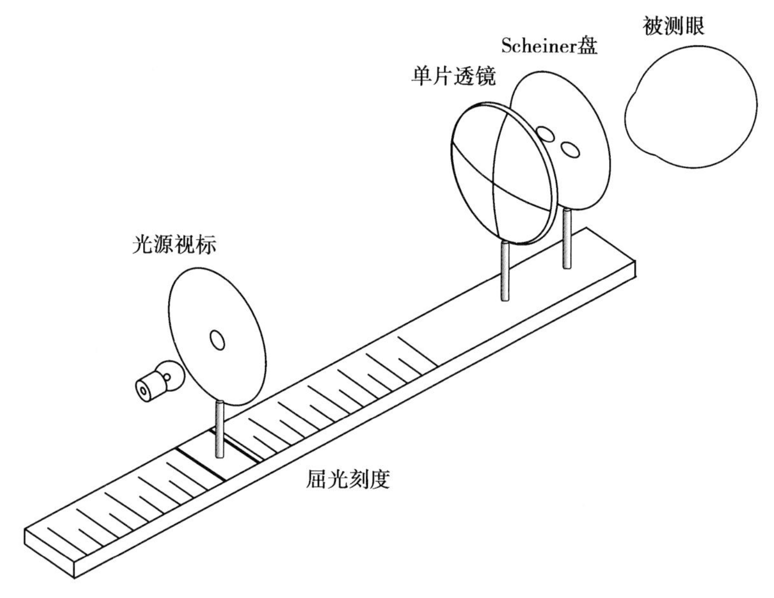

图 1-38　Young 验光仪结构

②若被测眼为近视眼，光标位于刻度尺的 0 位上时，光标光线的离散度被凸透镜聚合为平行光线，平行光线被 Scheiner 盘分离成两股旁轴平行光线，两光线像点在近视眼的视网膜前聚合，而后在视网膜上形成分离的双像，故光标必须适量沿刻度尺向靠近凸透镜移位，使光标发出的光线离散度增大，通过凸透镜后仍保持一定离散度，则两股离散光线入近视眼，

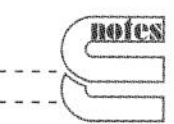

焦点恰好在眼的视网膜上重合。

③若被测眼为远视眼，光标位于刻度尺的0位上时，光标光线的离散度被凸透镜聚合为平行光线，平行光线被Scheiner盘分离成两股轴旁平行光线，两光线像点在远视眼的视网膜后方重合，事先在视网膜上形成分离的双像，故光标必须适量沿刻度尺向远离凸透镜移位，使光标发出的光线离散度减小，通过凸透镜后仍产生一定聚合度，则两股聚合光线入远视眼，焦点恰好在眼的视网膜上重合（图1-39）。

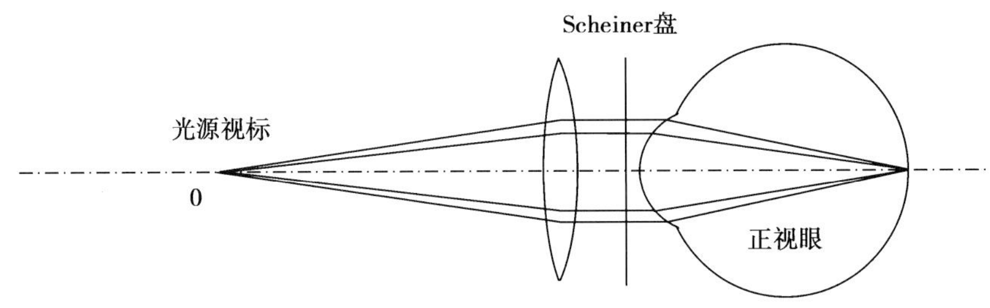

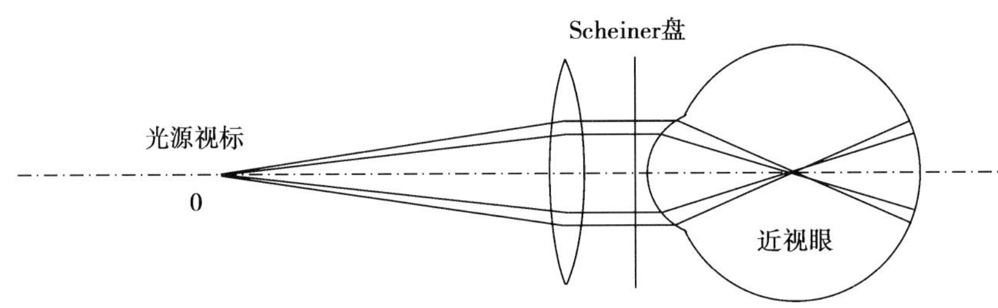

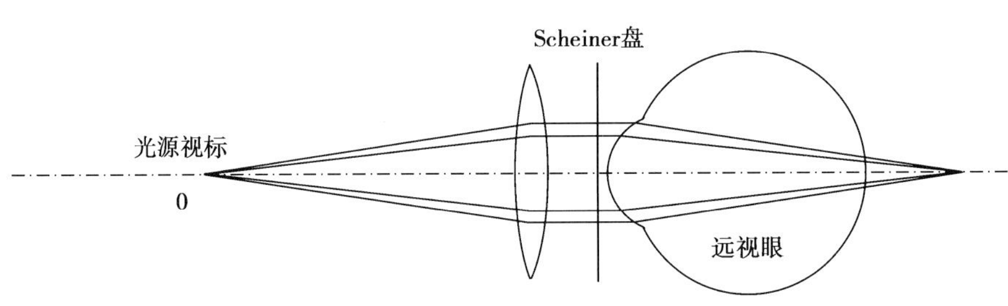

图1-39 Young验光仪工作原理

2）评价：Young验光仪为现代验光仪的雏形，优点是双像合一的方法使检测灵敏度提高，消除了焦深范围的影响，若定量双孔连线的轴向，能够定量散光的轴位和焦度，主要不足仍是近目标测试结果受被测眼调节的影响。

（3）Guyton验光仪

1）原理

①球镜测试：将照亮的视标通过棱镜折射到被测眼，通过前后移动棱镜来改变视标对眼的聚散度，嘱被测者自行调整棱镜的位置，使焦像清晰，棱镜的移轨有屈光刻度，从而测出球镜焦度。

②柱镜测试：视标光线通过三片柱镜组，中间柱镜与上下柱镜的轴向互为正交，嘱被测者自行将柱镜组绕光轴旋动，消除视标倾斜，可以测定柱镜轴向；单独上下移动中位柱镜，可改变柱镜的焦量，从而测定柱镜焦度（图1-40）。

2）评价：复杂主觉验光仪的优势在于定量测试柱镜较精确，主要不足仍是近目标测试球镜结果受被测眼调节的影响。

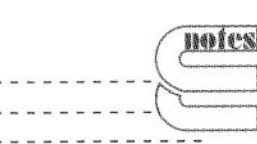

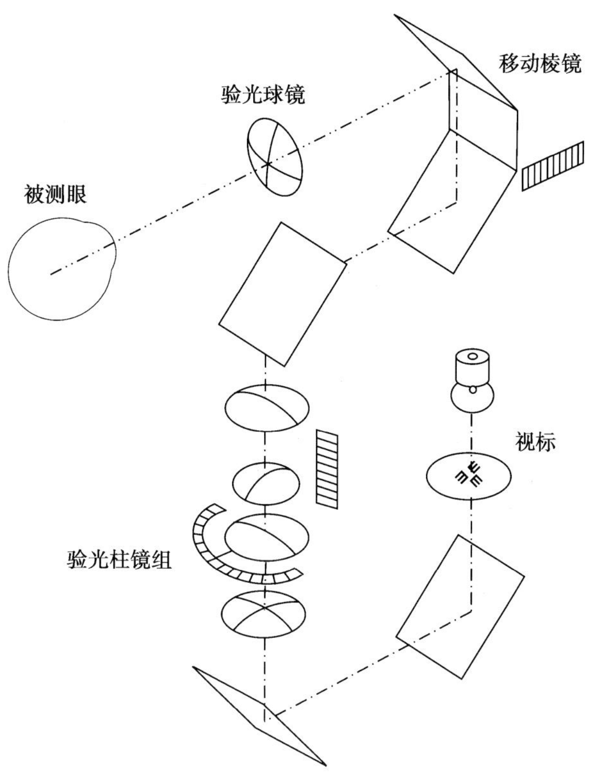

图 1-40　Guyton 验光仪工作原理

2. 客观验光仪

（1）Astron 验光仪

1）原理：基本原理同直接检眼镜，投照系统为一可移动的光标，光标的移动可改变入眼光线的聚散度。由视光师前后移动光标的位置，当光标在视网膜成像时，聚散度恰抵消被测眼的屈光不正，移动后光标在刻度板的位置即为测试结果。观察系统的透镜组盘可补偿被测眼和观察眼的屈光不正，使观察眼可清晰看到被测眼的眼底光标像（图 1-41）。

2）评价：不足之处在于：①近目标测试结果仍受调节影响；②观察眼焦深较大，使得视标像清晰范围较大；③角膜反光的屏蔽影响观察。

（2）Rodenstock 验光仪

1）原理：基本原理同间接检眼镜，环形光阑 1 视标通过多重棱镜折射到被测眼，通过移动棱镜位置来改变视标对被测眼的聚散度，利用光标的聚散度抵消被测眼的屈光不正。调整观察系统的目镜焦度，可补偿观察眼的屈光不正，从而清晰看到视标像（图 1-42）。移动多重棱镜与观察系统透镜组成的机械耦合，在调节棱镜位置使光标在被测眼清晰结像时，观察系统获得同步调焦，维持观察眼清晰地看到视标像，观察系统的光阑 2 限制了旁轴发射光，从而回避了角膜反光。柱镜的轴位可由视标上的刻度标尺定量。

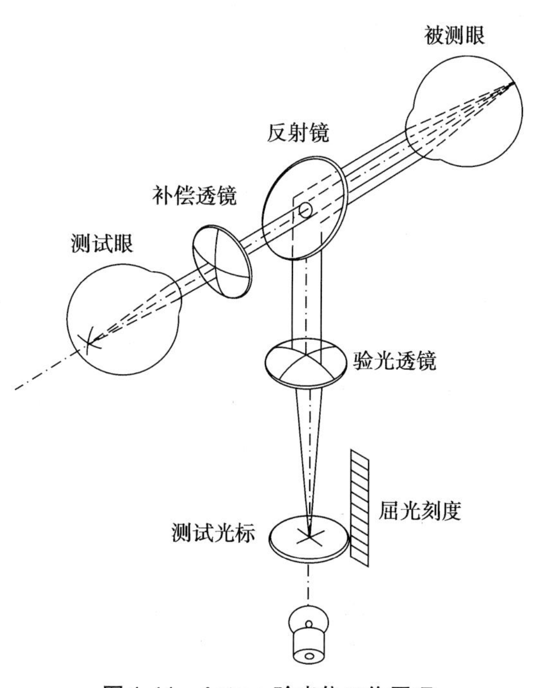

图 1-41　Astron 验光仪工作原理

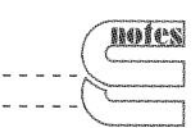

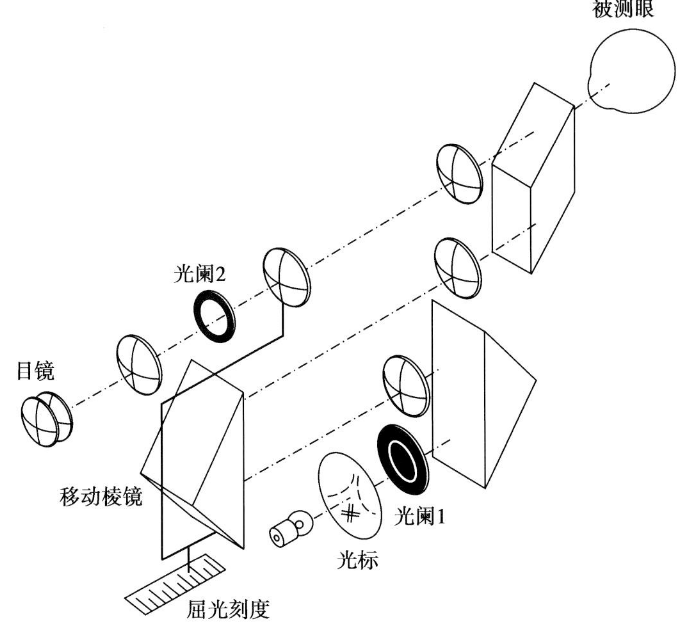

图 1-42　Rodenstock 验光仪工作原理

2）评价：同 Astron 验光仪，但克服了角膜反光对于观察的影响。

（3）Hartinger 验光仪

1）原理：采用投射光将透明板上的视标投射于被测眼视网膜，并通过观察系统对于被测眼底视网膜的视标像进行分析。透明平板上设置垂直向三线视标，视标下半部附着水平底向三棱镜，由于棱镜分视作用，正视眼视网膜上的视标像上三线与下三线左右分离，前后调整视标板位置，使上、下三线对齐，将视标板位置所对的刻度定为零位（图 1-43A）。测试时若为近视眼，上、下三线视标交叉分离，若为远视眼上、下三线视标同侧分离，前后移动视标板，直至上、下三线对齐，视标板所对的刻度位置即为被测眼屈光状态（图 1-43B）。

2）评价：以往的验光仪依赖分析视标在视网膜上聚焦质量，而 Hartinger 验光仪则采用视标对齐的方法，使测试精度有了很大提高。

3．红外线验光仪

（1）Dioptron 验光仪

1）原理：采用条栅原理，可见光源的光线通过滤片形成不可见的红外线，透过条栅鼓视标投照视网膜，视网膜反射光经过条栅模板过滤被光敏电管接收。测试时，条栅鼓匀速旋转，投照视网膜的红外线时有时无，形成波动信号。只有当条栅鼓影像聚焦视网膜时，反射光最强，光敏电管接收到的信号波峰最大。光敏电管根据信号量的大小通过电机耦合移动验光镜片，改变入眼红外线的聚散度直到形成最大的信号波峰。按同样的方式测定 6 条间隔均匀子午方位的屈光状态从而测定散光的焦量和轴方位（图 1-44）。

2）评价：由于红外线视标替代了可见光视标，验光仪实现了对于被测眼调节的规避，测试结果的可信度有了长足的改进。条栅验光仪的准确率达到 60% 以上，另有 30% 误差在 0.50D 以内。

（2）Ophthalmetron 验光仪

1）原理：采用检影镜原理，主光源光线通过滤片形成不可见的红外线，通过聚光镜、Chopper 鼓进入被测眼，另有一路次光源将背景视标投入被测眼，用于固定视轴，使检测结果稳定。测试时 Chopper 鼓以 720 相 /s 匀速旋转，Chopper 鼓的透明相营造检影镜光带移动的效果，视网膜反射光被一对光敏电管接收，输入电子时相鉴别器，鉴别反射光是顺动还是

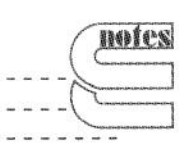

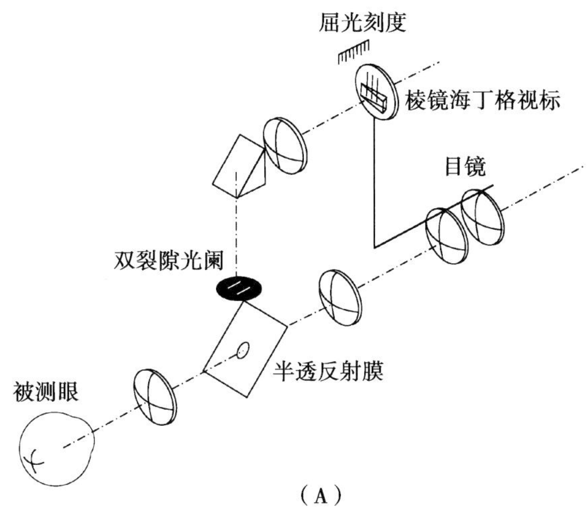

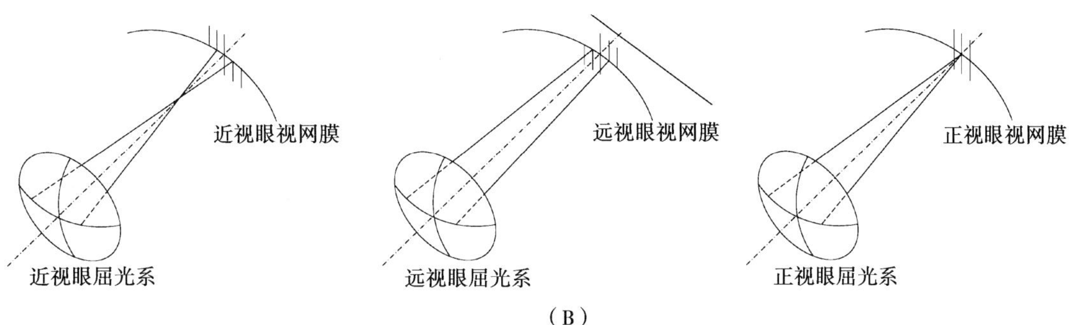

图 1-43　Hartinger 验光仪工作原理

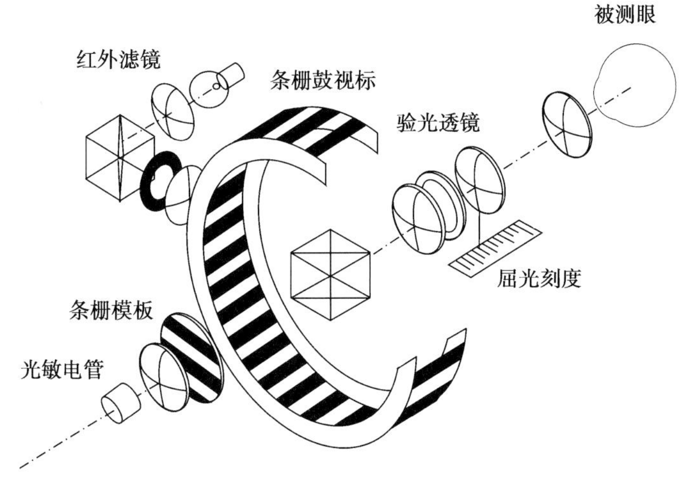

图 1-44　Dioptron 验光仪工作原理

逆动，鉴别信号通过电机耦合移动验光镜片，直至视网膜反射光中和。双光敏电管可以沿光轴旋转，测试 8 个子午方向的屈光焦度，以判断柱镜的轴位和焦度（图 1-45）。

2）评价：由于背景视标的引入，使被测眼调节适度放松，检测准确率进一步提高。不足之处为需要被测者配合注视双光电管，否则就不能测试成功。

（3）Scheiner 验光仪

1）原理

①基本部件：采用 Scheiner 盘原理，两个稍稍偏离被测眼视轴的红外线发光点发出的

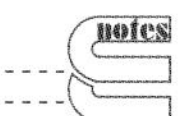

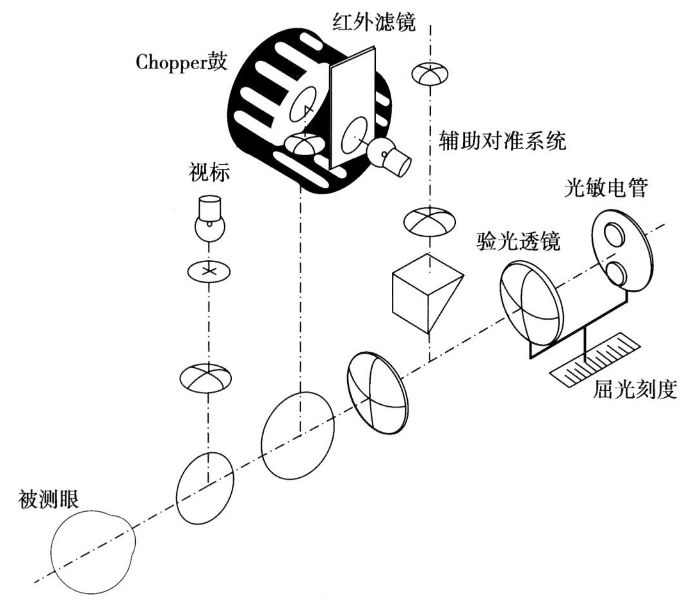

图 1-45　Ophthalmetron 验光仪工作原理

光线同时投射被测眼，光路上设置一个可沿光路前后移动的光阑。检查过程中嘱被测眼始终注视暗绿色光标，借以缓解眼的调节。

②球镜测试：当光阑界面发出的光线通过被测眼的屈光系不能与视网膜焦面共轭，则产生两个焦像（图 1-46A），探测系统自动前后移动光阑，直至视网膜双像合一，光阑的移动位置在屈光刻度标尺上提示了球镜屈光状态（图 1-46B）。

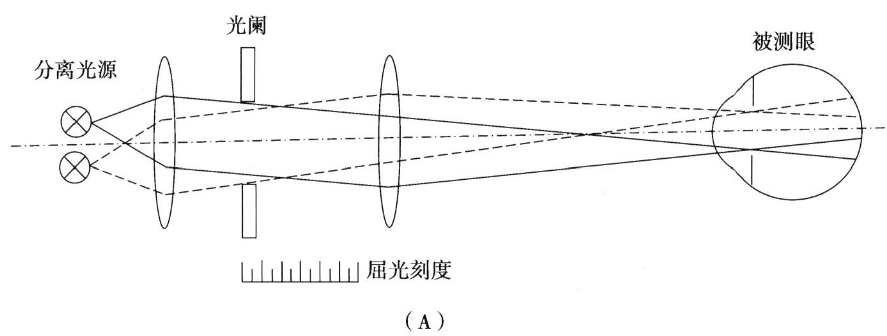

（A）

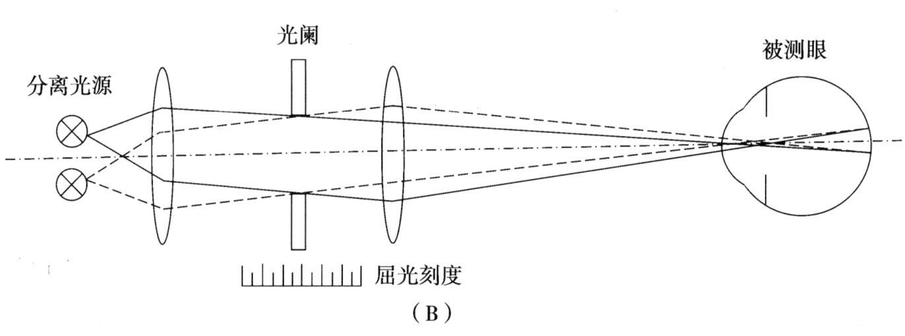

（B）

图 1-46　Scheiner 盘验光仪工作原理

③柱镜测试：设置另外两个光源，分离方向与前一对光源垂直，两对光源交替闪亮，若被测眼有散光，而光源的分离方向不在主子午线上，则视网膜上两个光源像的分离方向提示了散光的轴向，探测系统感知后，自动将光源分离方向转向主子午线轴向。明确主子午

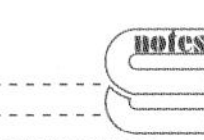

线轴向后，探测系统自动在两个主子午方位移动光阑，分别定量两个主子午方位的屈光状态，并换算为屈光处方。

2）评价：该测试原理被各品牌验光仪普遍采用，测试误差在 ±0.50D 以内，柱镜轴向误差<10°。

（4）Humphrey 验光仪

1）原理：采用 Foucault 刀刃测试法，红外线发光点发出的光线投射被测眼，视网膜反射光通过聚合透镜被光敏电管接收并进行分析。在聚合透镜的焦点上放置一与光轴垂直的刀刃，若被测眼为正视眼，反射光线达到刀刃时为锐利的焦点，散开后形成圆形影像；若被测眼为远视眼，反射光线达到刀刃时尚未聚焦，离开刀刃的影像下方被遮黑；若被测眼为近视眼，反射光线达到刀刃之前聚焦，离开刀刃的影像上方被遮黑。当光敏电管接收到被遮黑的影像，通过传感系统控制刀刃沿着光轴前后移动，直到反射光焦点的位置移到刀刃，光敏电管接收到圆形影像，则刀刃移动位置在屈光刻度标尺上提示了被测眼的屈光状态（图 1-47）。

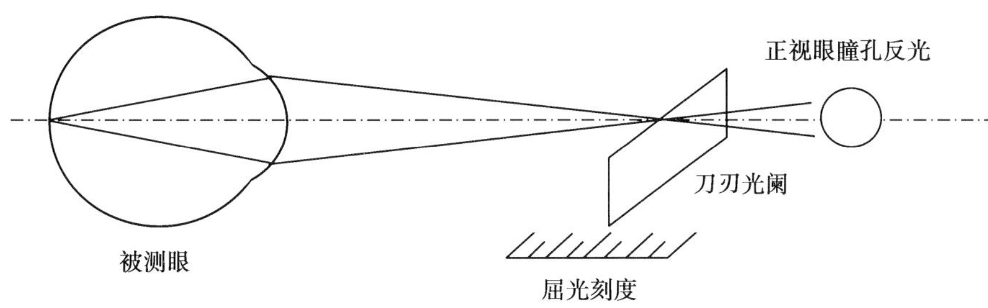

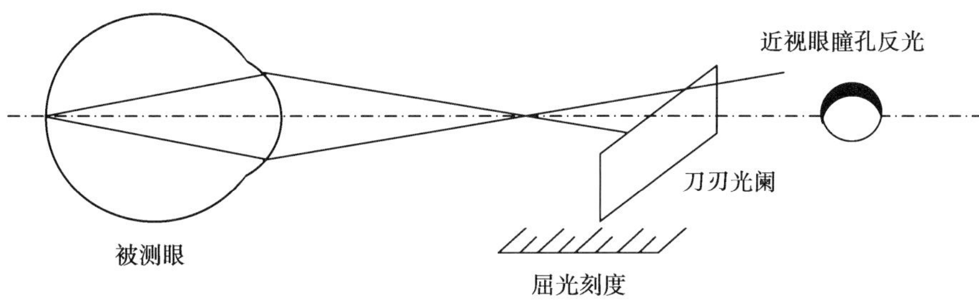

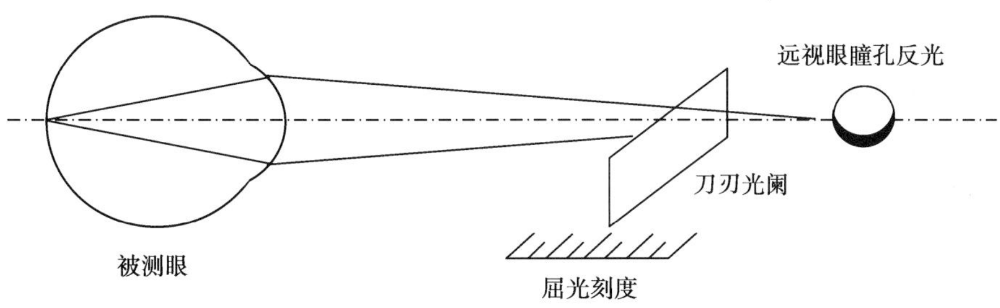

图 1-47　Humphrey 验光仪工作原理

2）评价：采用该测试原理设计的验光仪精度很高，且测试很容易成功。

（三）测试方法

1. 准备工作　嘱被测者坐在检测位，升降工作台，使被测者能将颏部放入颏托，额部顶

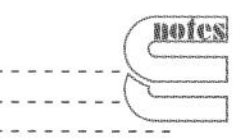

住额托，头位固定。

2. 操作步骤

（1）开启电源，嘱被测者注视雾视视标。

（2）旋动颏托手轮，调整颏托高度，使被测眼位于监视屏中部，注视雾视视标。

（3）推拉控制杆，使机位前后移动，直至被测眼清晰聚焦。

（4）调试控制杆，使机位上下左右微量移动，直至监视屏光标纳入被测眼瞳孔中心。

（5）揿下控制杆端的测试键，监视屏显示测试处方。自动验光仪则在焦距对准后，监视屏自动显示测试处方（图 1-48）。

（6）打印检测报告。

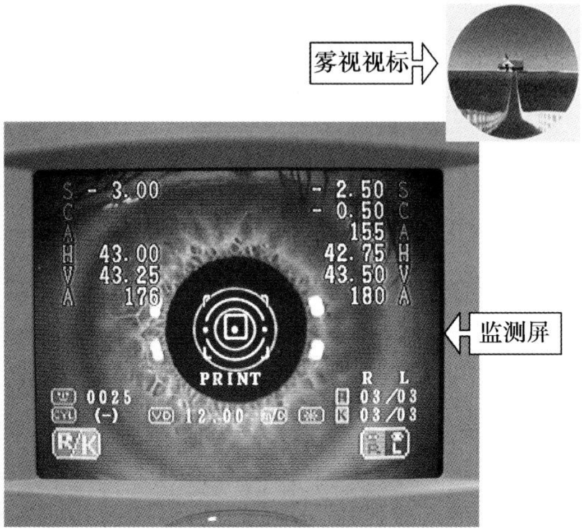

图 1-48　电脑验光仪验光

3. 注意事项

（1）嘱测试中被测者头部放正，尽量少眨眼，尽少转动眼球。

（2）每只眼测量至少 3 次，取中值。

（3）每次使用后切断电源，覆盖防尘罩，保持仪器防潮防震。

（4）测试结果显示“E”或者“ERROR”，表示测试失败，提示可能被测眼患有不规则散光、角膜瘢翳、白内障等症或被测者不能配合测试。

实训 1-4：熟悉电脑验光仪

1. 实训要求　熟悉电脑验光仪功能部件和调试方法。

2. 实训学时　4 学时。

3. 实训条件

（1）环境准备：低照度视光实训室。

（2）设施准备：电脑验光仪 1 台。

（3）实验者准备：着工作服、口罩及帽子。

4. 实训步骤

（1）熟悉电脑验光仪的功能部件

1）熟悉电脑验光仪的电源开关位置。

2）掌握电脑验光仪的检测台升降的操作方法。

3）熟悉电脑验光仪的监视屏的主要内容，包括屈光处方、曲率处方、瞳距和镜眼距参数的位置。

4）掌握电脑验光仪测试时被测者头位固定的方法，掌握采用颏托升降控制眼位，并在监视屏将测试光标纳入被测眼瞳心。

5）掌握采用调焦手柄调试被测眼清晰聚焦。

6）掌握打印测试报告的方法。

（2）认识电脑验光仪的控制键盘

1）可采用模式键选择测试屈光处方（R）或测定曲率处方。

2）可采用图形键选择在打印报告上添加屈光状态示意图。

3）可采用直径键测试角膜直径。

4）可采用亮度键切换固视视标的亮度。

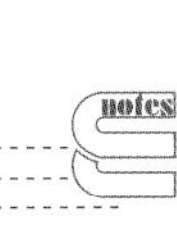

5）可采用柱镜符号键（CYL）选择柱镜为正值或负值。

6）可采用自动键选择自动测试（AS）或手动测试（M）。

（3）认识电脑验光仪的菜单功能

1）可采用菜单键在监视屏显示设置菜单。

2）控制 STEP 菜单设置球镜步距为 0.12D 或 0.25D。

3）控制 AXIS STEP 菜单设置柱镜轴位步距为 1° 或 5°。

4）控制 VD 菜单设置镜眼距为 0（用于接触镜测试）、12.00mm 或 13.75mm。

5）控制 OUTPUT DATA 菜单设置数据输出与否，若仪器与自动综合验光仪联动，则可将客观检测数据置入综合验光仪视孔。

6）控制 ADD 菜单根据被测者年龄选择年龄菜单，监视屏可同步显示老视附加焦度参考值。

7）控制 DATE TIME 菜单设置日期程序，使监视屏同步显示测试当天日期。

8）控制 HV/R1R2 菜单选择角膜曲率测试值单位设为焦度（D）或曲率半径（mm）。

5. 实训善后

（1）认真核对操作过程，确保准确无误，填写实训报告。

（2）整理及清洁实训用具，及时关闭电脑验光仪电源，物归原处。

6. 复习思考题

（1）试讲解介绍电脑验光仪各个功能部件的部位。

（2）试讲解电脑验光仪的键盘和菜单功能选择。

四、手动综合验光仪

学习目标

1. 掌握：手动综合验光仪的主要结构。
2. 熟悉：手动综合验光仪的调试方法。
3. 了解：手动综合验光仪的主要测试程序。

综合验光仪将各主要屈光定量和双眼视检查项目集中设置于一套设备上，取其使用方便，规范精密。该仪器的制式相对统一，包括支架结构、座椅和验光盘等，核心部件为验光盘，俗称“肺头”或“牛眼”（图 1-49）。

（一）基本结构

1. 视孔　位于验光盘的最内侧，左右各一，为被测眼视线穿过的通道，视孔周边附有柱镜轴向刻度和柱镜轴向游标（图 1-50）。

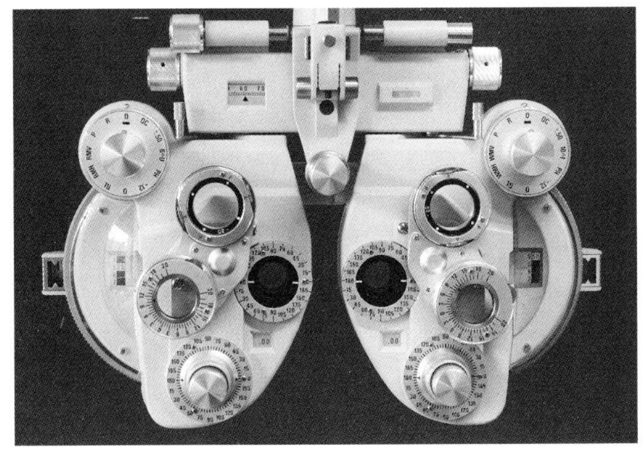

图 1-49　验光盘

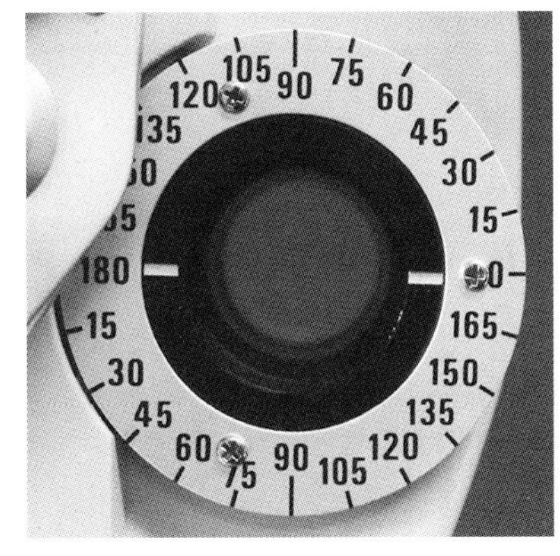

图 1-50　视孔

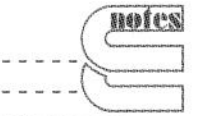

2. 主透镜组　由球镜、柱镜组成。

(1) 球镜

1) 焦度范围：-20.00D～+20.00D。

2) 步距：0.25D。

3) 调节方法：球镜粗调手轮位于内置辅镜功能盘的外环，每旋一档增减 3.00D 球镜焦度（图 1-51A）。球镜细调轮盘位于验光盘的最外侧，每拨一档增减 0.25D 球镜焦度，球镜焦度读窗位于球镜细调轮盘内侧（图 1-51B）。

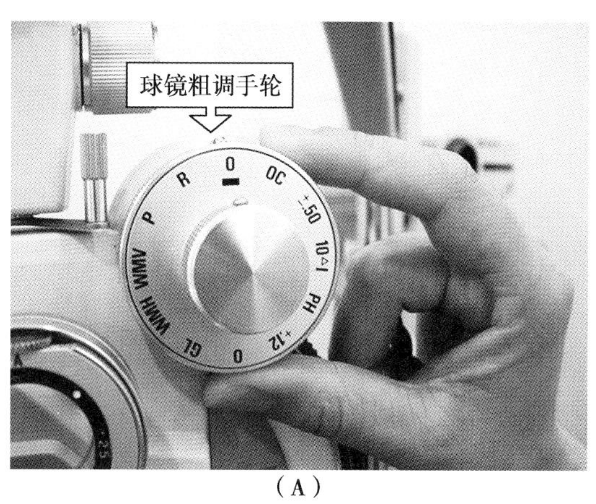

(A)

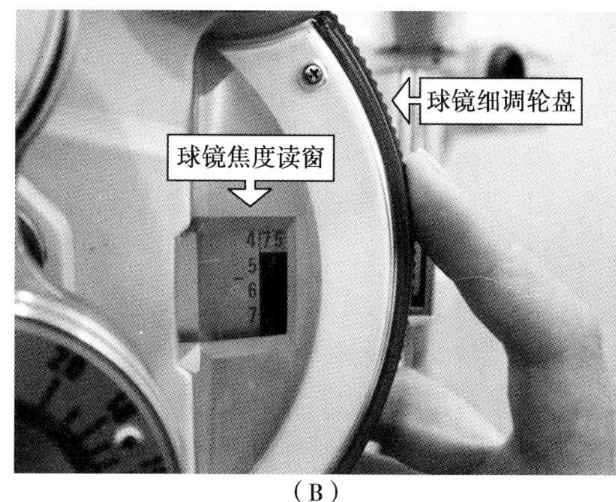

(B)

图 1-51　球镜组

(2) 柱镜

1) 焦度范围：0～-6.00D。

2) 级差：-0.25D。

3) 轴向：0°～180°。

4) 调节方法：柱镜焦度手轮位于验光盘的最下方，每旋一档增减 -0.25D 柱镜焦度，柱镜焦度读窗位于柱镜手轮内上方（图 1-52A）。柱镜轴向手轮位于柱镜焦度手轮外环，柱镜轴向手轮的基底部可见柱镜轴向游标和柱镜轴向刻度盘，旋动柱镜轴向手轮，可将游标调整指向预期的轴向刻度（图 1-52B）。旋动柱镜轴向手轮时可见视孔缘的柱镜轴向游标发生联动，两游标指向的轴向刻度一致。

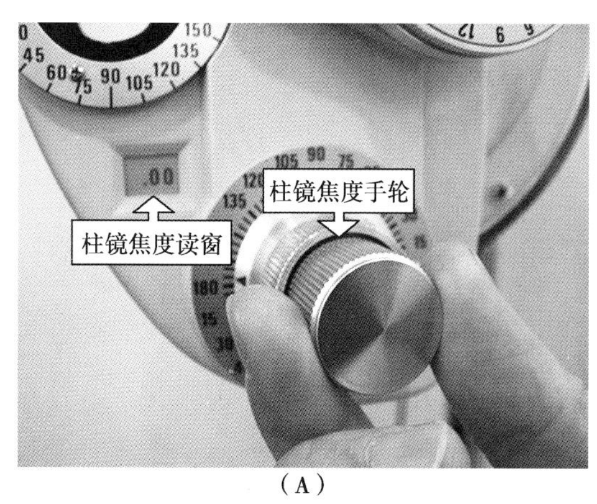

(A)

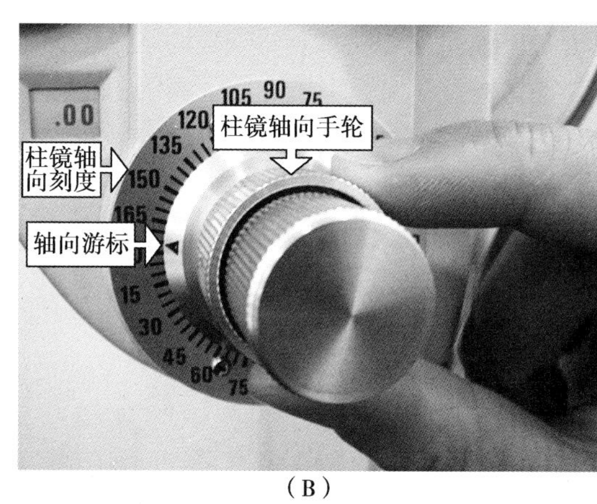

(B)

图 1-52　柱镜组

3. 内置辅镜　内置辅镜手轮位于验光盘外上方，每旋动一档视孔内更换一种功能镜片。内置辅镜功能盘位于内置辅镜手轮基底部，标有各种辅镜功能英文缩写的轮盘，调整

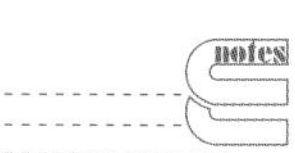

内置辅镜手轮，使选中的英文缩写位于垂直向，则视孔内便置入相应的内置辅镜（图 1-53），英文缩写大致如下：

（1）O、O：表示无镜片或平光镜片。

（2）OC：表示遮盖片。

（3）R：表示视网膜检影镜片，通常为 +1.50D 的透镜，适用于工作距为 67cm 的检影测试。

（4）+.12：表示焦度为 +0.12 的球面透镜，用于对 0.25D 球面透镜半量调整。

（5）PH：表示 1mm 直径小孔镜片，用于排除被测眼非屈光不正性视力不良。

（6）P135：表示 135° 偏振滤镜，用于验证双眼矫正视力是否平衡；测试隐性斜视、注视差异、影像不等和立体视觉等。

（7）P45：表示 45° 偏振滤镜，与 135° 偏振滤镜同时使用，功能相同。

（8）RL：表示红色滤光镜，用于测试双眼同时视功能、平面融像功能及隐性斜视等。

（9）GL：表示绿色滤光镜，与红色滤光镜同时使用，功能相同。

（10）±.50：表示 0.50D 交叉柱镜，用于定量调节滞后、调节幅度和老视的附加屈光度。也用于定量分析远距离验光试片矫正焦量。

（11）RMH：表示红色水平马氏杆透镜，用于测试远距离和近距离水平向隐性斜视及 AC/A 比率。

（12）RMV：表示红色垂直马氏杆透镜，用于测试垂直向隐性斜视。

（13）WMH：表示无色水平马氏杆透镜，功能同红色水平马氏杆透镜。

（14）WMV：表示无色垂直马氏杆透镜，功能同红色垂直马氏杆透镜。

（15）6△U：表示 6△底向上三棱镜，与旋转棱镜配合进行 von Graefe 测试，定量远距离和近距离水平向隐性斜视及 AC/A 比率。

（16）10△I：表示 10△底向内三棱镜，与旋转棱镜配合测试远距离和近距离垂直向隐性斜视。

4. 外置辅镜

（1）交叉圆柱透镜

1）外环标有 P 和 A 两字母，P 表示焦力轴向，A 表示翻转手轮轴向。

2）内环内镶交叉柱镜，边缘标有红点和白点，红点表示负柱镜轴向，白点表示正柱镜轴向。

3）翻转手轮位于外环 A 字母处，旋动翻转手轮，可见内环围绕手轮所在的轴向翻转（图 1-54）。

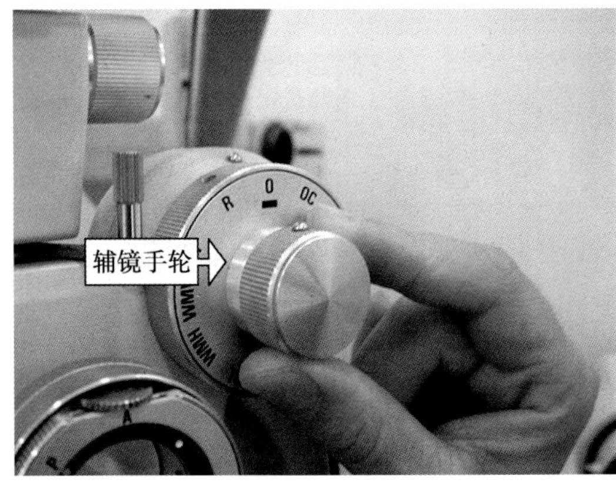

图 1-53 内置辅镜

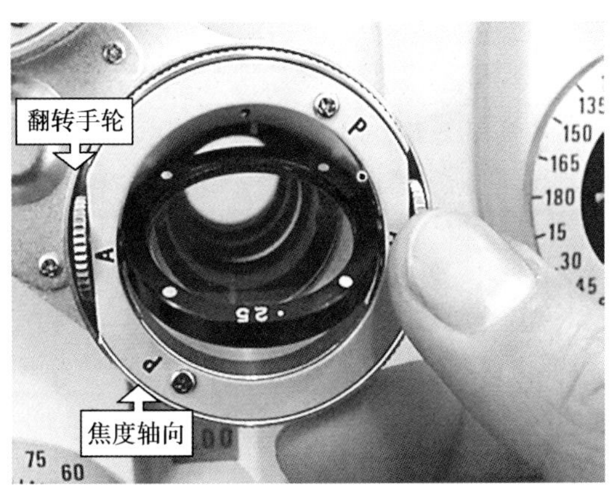

图 1-54 交叉圆柱透镜

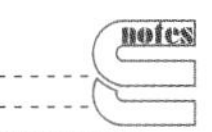

（2）旋转棱镜

1）内环内镶三棱镜透镜（图1-55）。

2）外环为棱镜底向和棱镜度刻度盘，通常将刻度盘的0位对准垂直向或水平向，用于定位三棱镜底向。

3）测试手轮位于外环边缘，测试时旋动手轮，可见内环的发生转动，内环边缘上的棱镜游标指向外环的刻度提示的棱镜度测定值。

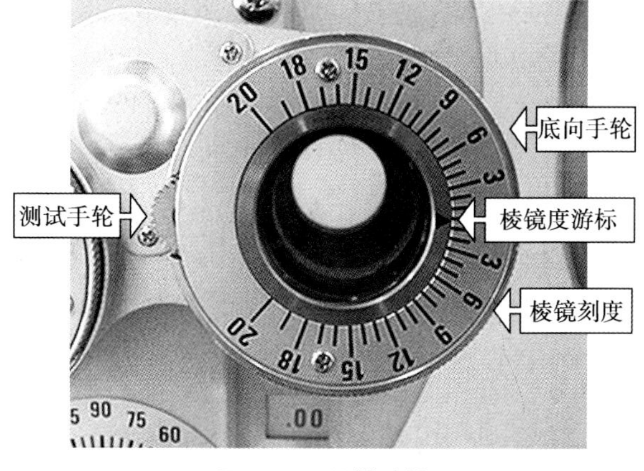

图1-55　旋转棱镜

5. 调整部件

（1）垂直平衡手轮及垂直平衡游标，用于使双视孔透镜的光学中心与双被测眼瞳孔中心垂直向对齐。

（2）光心距手轮及光心距读窗，用于测定当双视孔透镜的光学中心与双被测眼瞳孔中心水平向对齐时，双侧透镜光学中心之间的距离，单位为mm。

（3）额托手轮及镜眼距读窗，用于调整并测定被测眼的前主点与试片透镜后顶点的间距。

（4）集合掣用于调整双侧验光盘的集合角度及双侧视孔透镜的近用光心距，仅在测试老视附加焦度时使用。

（二）设计原理

1. 工艺原理　综合验光仪的工艺原理主要为机械齿轮联动。

2. 工作原理　综合验光仪各项检测的光学原理见于本教材相关章节，兹不赘述。

（三）测试方法

1. 准备工作

（1）开启电源：开启电源总掣，分别检视投影视标、近读灯、座椅升降键是否接电。

（2）视孔基础状态回归0位：综合验光仪的基础回零至少包括以下5项。

1）球镜回零，检视球镜读窗，旋动双侧球镜焦度手轮，使之归零。

2）柱镜焦度回零，检视柱镜读窗，旋动双侧柱镜焦度手轮，使之归零。

3）柱镜轴位对准垂直向，旋动双侧柱镜轴位手轮，使视孔轴位游标对准轴位刻度盘90°位置，为调整远用光心距作准备。

4）内置辅镜回零，旋动双侧内置辅镜手轮，使“0”标记对准垂直向。

5）集合掣回零，拨动双侧集合掣手柄，使集合掣停留在远距离检测状态。

（3）调整验光盘高度：嘱被测者取舒适姿态坐于测试座椅，揿动升降按钮升降验光盘，使验光盘视孔与被测者眼位相对（图1-56）。

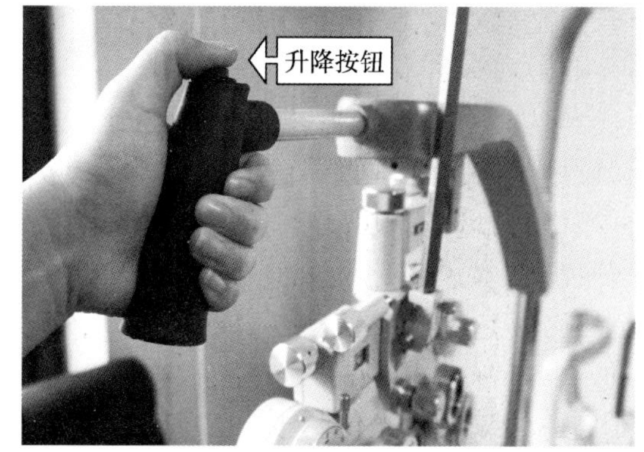

图1-56　调整被测眼高度

（4）调整视孔位置

1）调整垂直平衡：旋动垂直平衡手轮，观察被测双眼与视孔垂直向相对位置，使视孔透镜的中心与被测眼瞳孔中心在垂直向对齐，综合验光仪内置辅镜附设十字镜片，有助于调整垂直平衡。通常使平衡标管（或

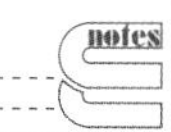

平衡标槽）中的气泡居中（图 1-57）。

2）调整光心距：旋动光心距手轮，将测得的远瞳距数值置入光心距读窗。然后微量旋动光心距手轮，使被测眼瞳孔中心与视孔柱镜游标呈直线对齐。调整完毕后，可于光心距读窗读取并记录眼镜处方远用光心距数据，单位为mm（图 1-58）。

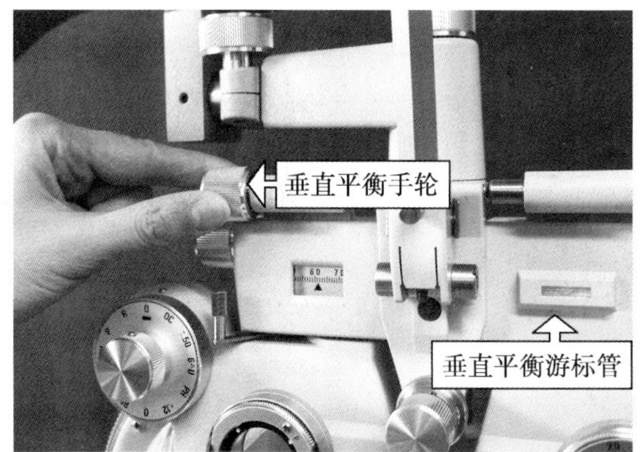

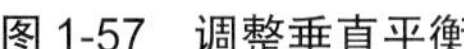

图 1-57　调整垂直平衡

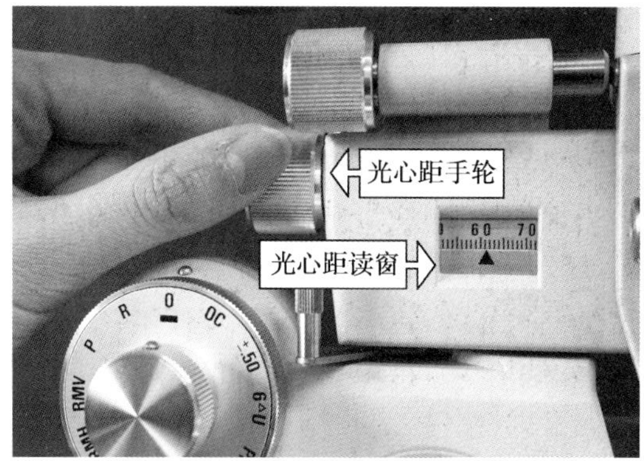

图 1-58　调整光心距

3）调整镜眼距：嘱被测者的额部与额托紧密稳定接触，检测者可从镜眼距读窗观察被测眼角膜顶点的位置，观察距离约为 20cm。使读窗内的长线恰好落在读窗外框中央的突角连线上（图 1-59A）。若被测眼角膜前顶点与读窗的中央长线刻度相切，则提示镜眼距为 13.75mm。长线刻度的眼侧有数条短线刻度，每刻度的间隔为 2mm。旋动额托手轮可控制被测眼与视孔试片透镜后顶点的间距（图 1-59B）。

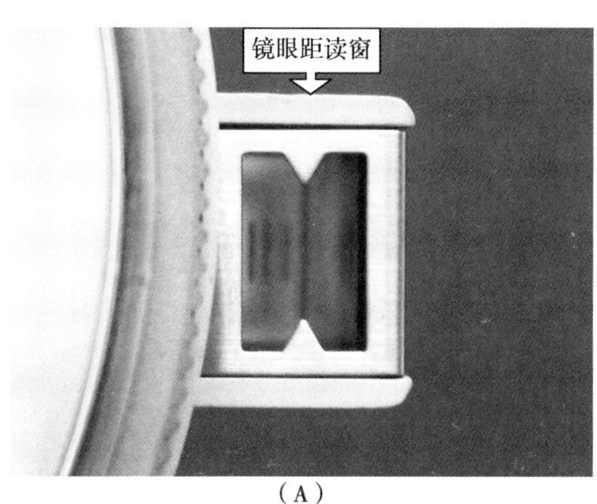

（A）

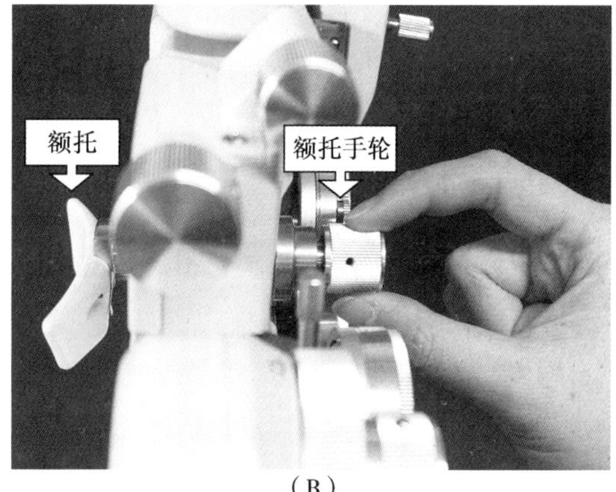

（B）

图 1-59　调整镜眼距

（5）调整集合：在进行老视定量测试时，被测双眼必须同时内收才能注视同一近目标，矫正试片必须适当等量向内倾转，以保证被测眼视线能垂直通过视孔试片透镜的光学中心。可通过调整集合掣使视孔试片向内倾转，在调整集合掣时可见光心距读数发生改变（图 1-60）。

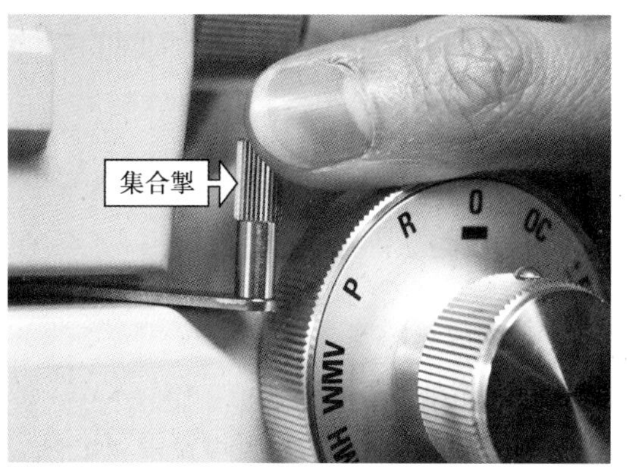

图 1-60　调整集合掣

2. 操作步骤　在准备工作完成后，即可进行手动综合验光仪的常规屈光测试和双眼视功能测试，因详细操作步骤已经见于本

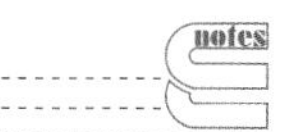

系列教材相关教材，本节仅简要罗列测试内容。

（1）常规屈光测试

1）置入客观验光数据。

2）远雾视处理。

3）右眼散光盘视标测试。

4）右眼红绿视标测试。

5）右眼交叉柱镜测试柱镜试片轴向。

6）右眼交叉柱镜测试柱镜试片的焦度。

7）左眼测试，参照右眼测试程序。

8）双眼视力平衡测试。

9）测定矫正视力。

10）确定老视附加焦度。

（2）感觉性融像测试

1）Worth 四点视标测试。

2）立体视觉视标测试。

3）双眼影像不等检测。

（3）主观眼位测试

1）马氏杆透镜测试水平向和垂直向眼位。

2）十字环形视标测试。

3）偏振十字视标测试。

4）von Graefe 水平向和垂直向眼位测试。

5）近距离眼位的测试。

6）钟形盘视标测试或双马氏杆检测。

7）注视差异测试。

（4）调节测试

1）调节幅度的测试。

2）相对调节的测试。

（5）聚散测试

1）集合幅度的测试。

2）融像储备测试、相对聚散和融像性聚散测试。

（6）AC/A 比率测试。

实训 1-5：熟悉手动综合验光仪

1. 实训要求　熟悉手动综合验光仪功能部件和操作方法。

2. 实训学时　8 学时。

3. 实训条件

（1）环境准备：低照度视光实训室。

（2）设施准备：手动综合验光仪 1 台，配套投影视力表 1 台。

（3）实验者准备：着工作服、口罩及帽子。

4. 实训步骤

（1）熟悉手验光盘的功能部件

1）熟悉球镜粗调手轮、球镜细调轮盘和球镜焦度读窗位置。

2）熟悉柱镜焦度手轮、柱镜焦度读窗的位置。

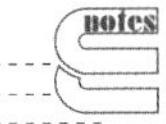

3）熟悉柱镜轴向手轮、柱镜轴向游标和刻度的位置。

4）熟悉内置辅镜手轮的位置。

5）掌握内置辅镜 O、O、OC、R、+.12、PH、P135、P45、RL、GL、±.50、RMH、RMV、WMH、WMV、6△U 和 10△I 的功能和用法。

6）掌握外置交叉圆柱透镜 A 和 P 标记的含义，红点和白点标记的含义。

7）掌握外置旋转棱镜底向手轮、棱镜刻度和游标、测试手轮的位置。

（2）认识手动综合验光仪初步调试

1）开启电源总掣，检视接电。

2）掌握视孔基础状态回归 0 位。

3）掌握调整验光盘高度，嘱被测者取舒适姿态坐于测试座椅，揿动升降按钮升降验光盘，使验光盘视孔与被测者眼位相对。

4）掌握调整垂直平衡，旋动垂直平衡手轮，观察被测双眼与视孔垂直向相对位置，使视孔透镜的中心与被测眼瞳孔中心在垂直向对齐。

5）掌握调整光心距，旋动光心距手轮，使被测眼瞳孔中心与视孔柱镜游标呈直线对齐。

6）掌握调整镜眼距，从镜眼距读窗观察被测眼角膜顶点的位置，观察距离约为 20cm。使读窗内的长线恰好落在读窗外框中央的突角连线上。旋动额托手轮可控制被测眼与视孔试片透镜后顶点的间距。

7）掌握调整集合掣，可通过调整集合掣使视孔试片向内倾转，在调整集合掣时可见光心距读数发生改变，为近距离检测做准备。

（3）认识手动综合验光仪的配套投影视标

1）认识并介绍常规屈光测试视标的功能和配套测试透镜。包括多种形式视力视标、散光盘视标、红绿视标、远交叉视标、斑点状（蜂窝状）视标、偏振平衡视力视标、偏振红绿视力试标等。

2）认识并介绍检测视标的功能和配套测试透镜。包括 Worth 四点视标、立体视觉视标、水平对齐视标、垂直对齐视标、马氏杆视标、十字环形视标、偏振十字视标、注视差异视标、钟形盘视标等。

3）熟悉视力视标选择键和替换键的用法。

（4）认识手动综合验光仪的配套近用视标，并介绍近视力视标、近交叉视标、近十字视标、近散光盘视标、近单行视标、近单列视标的功能和配套测试透镜，了解近读灯的开启。

5. 实训善后

（1）认真核对操作过程，确保准确无误，填写实训报告。

（2）整理及清洁实训用具，及时关闭投影视力表和近读灯的电源，物归原处。

6. 复习思考题

（1）试讲解介绍手动综合验光仪的透镜组、内置辅镜、外置辅镜的功能。

（2）试讲解介绍手动综合验光仪配套投影视力表和近用视力表的使用方法。

五、电动综合验光仪

学习目标

1. 掌握电动综合验光仪的键盘和显示屏的基本设置。
2. 熟悉电动综合验光仪的操作方法。
3. 了解根据需要选择调整电动综合验光仪的设置项目菜单。

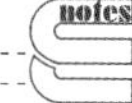

电动综合验光仪虽制式繁多，但总体应包括视孔盘、控制台（含键盘、调节手轮和显示屏）和配套视力表等部件。由于经验的总结，工艺的改进，高科技手段的介入，电动综合验光仪的结构、原理及操作方式仍在不断变化，本文介绍的仅为目前常用电动综合验光仪的制式，仅供参考。

（一）基本结构

1. 概述　手动综合验光仪升级为电动综合验光仪以后，将复杂的操作功能设置于一台类似笔记本电脑的设备上，键盘和触摸显示屏置于工作台面上，工作台高度适合验配师取坐位操作，其主要优点体现在降低了验光的工作密度，并有效地节约了验光工作的时间。

（1）调节手轮和键盘的设置：调节手轮类似电脑的鼠标，通过调节手轮和键盘上的功能键可控制单侧或双侧视孔球镜试片透镜的焦度、柱镜试片透镜的焦度及轴位、棱镜试片透镜量值及底向的递变增减。如此操作者可以不必实际旋动手动综合验光仪复杂的控制手轮。

（2）触摸屏的设置：将测试视标的控制键设置在触摸式屏面上，当选定视标键时，不仅能在配套视力表上显示相应的视标，且通过电机耦极的连锁控制，使测试视孔也同时切换相应的功能辅镜。省去了投放视标与置入辅镜的手动关联操作，且不易疏漏出错。同时在触摸屏上完整地显示测试处方的各项参数，便于验配师及时直观地监控阅读测试结果。

2. 客观测试处方参数关联的设置　通过操作键盘，可将关联的电脑验光仪或者焦度计测试所得的客观屈光定量处方试片透镜直接置入视孔，并在触摸屏测试区自动输入相应的客观处方参数。节约了验配师置入客观测试处方的时间，并避免了操作上人为的差错。

3. 视孔盘及附件

（1）视孔盘：电动综合验光仪的视孔盘类似于手动综合验光仪的验光盘，因无多种调节手轮，仅设视孔，故更名为视孔盘（图1-61）。视孔盘内置球镜组、柱镜组和辅镜组等各种测试透镜，规格和功能与手动综合验光仪大致相同。

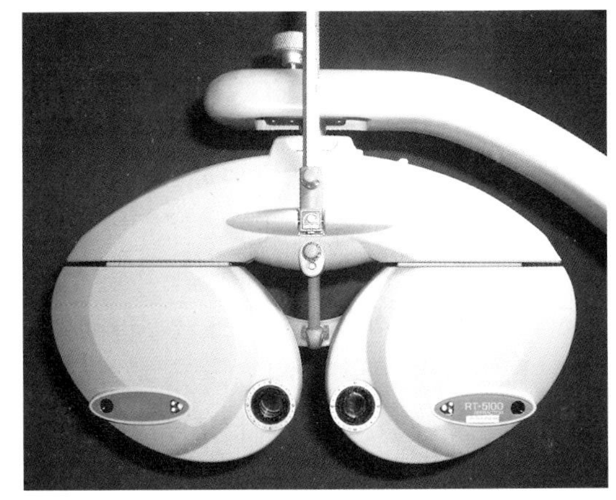

图1-61　视孔盘

（2）视孔盘附件：视孔盘的调试部件的操作方法与手动综合验光仪略同。

1）调试垂直平衡：视孔盘上方附有垂直平衡手轮和水平仪，用于控制视孔试片透镜的光学中心与被测双眼瞳孔几何中心在垂直方向的相对位置（图1-62A）。

2）调试镜眼距：视孔盘中央前方附有额托手轮，后方附有额托、颊托，左右下方附设镜眼距读窗，旋动额托手轮可控制被测眼至试片透镜的间距。额托手轮的下方有额托指示灯，测试时被测者前额紧密接触额托，指示灯熄灭，若指示灯开启，提示被测者前额脱离额托，镜眼距的改变会影响测试结果（图1-62B）。

3）近测试附件：视孔盘上方附有近测试尺和纸质近距离视力表，与手动综合验光仪相似，在视孔盘下方两侧有近读灯，与近距离视力表高度相对应（图1-62C）。

4. 键盘　键盘的功能键主要包括调节手轮键组、参数键、处方键、程式键、视力视标替换键、辅助键和侧菜单键等（图1-63）。

（1）调节手轮键组

1）调节手轮：调节手轮为电动综合验光仪的定量工具，每调节一个梯度时手轮发出“哒”声，同时在显示屏界面输入调整后的参量。

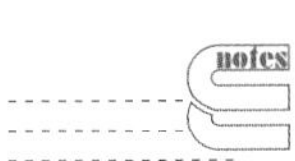

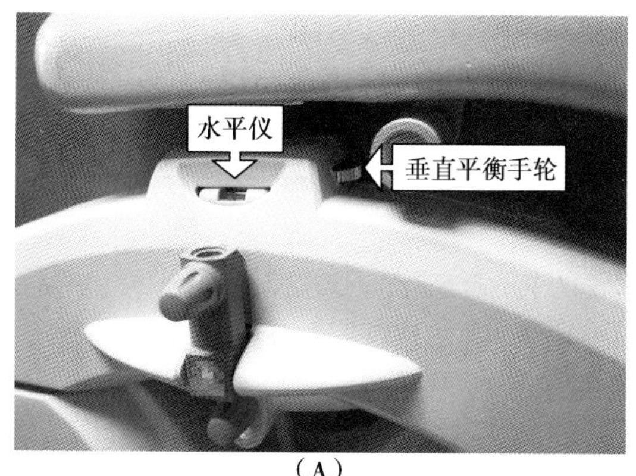

（A）

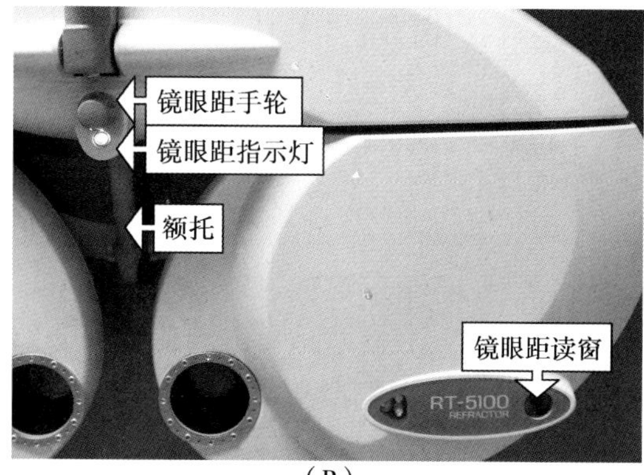

（B）

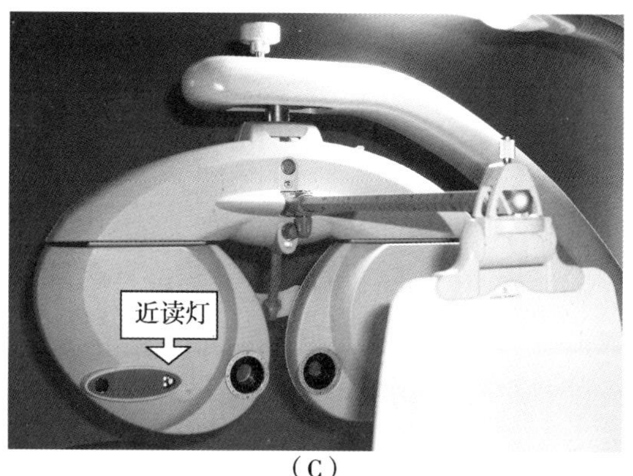

（C）

图 1-62　视孔盘调试部件

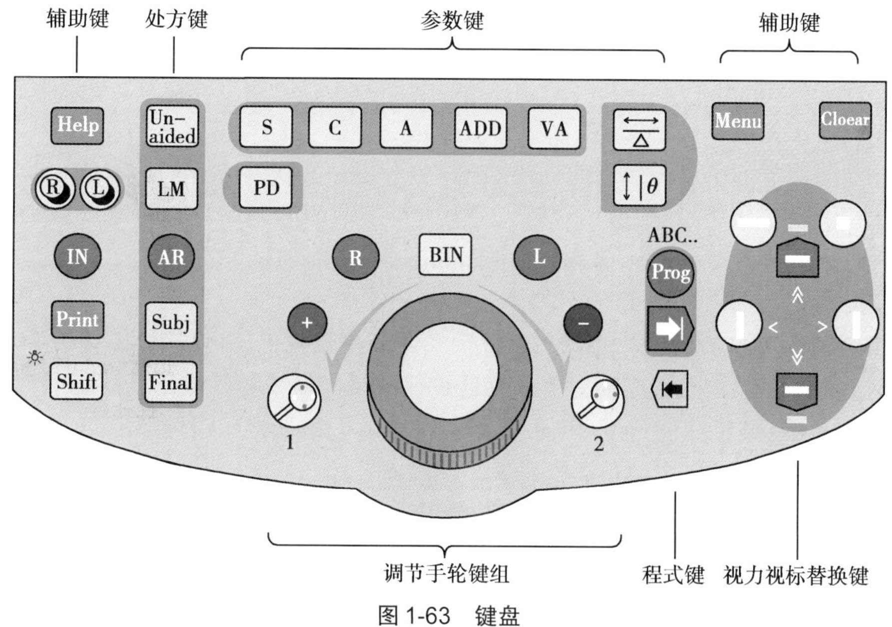

图 1-63　键盘

2）+/− 键：在调节手轮的左侧有绿色的“+”号标记，提示向左旋动调节手轮，参量递增（或负性焦度递减），在调节手轮的右侧有红色的“−”号标记，提示向右旋动调节手轮，参量递减（或负性焦度递增）。揿动“+”号或“−”号，可微量修正测试参数。

3）快捷键：调节手轮中心有快捷键按钮，揿一下切换为调节柱镜试片透镜焦度参量（C），揿两下为调节柱镜试片透镜轴向参量（A），揿三下回归调节球镜试片透镜参量（S）。操作设备的手可以不必离开调节手轮，直接切换常用试片透镜参数。

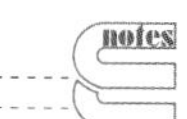

4）R/L/BIN 键：位于调节手轮上方，揿动 R 键，屏面视孔标记右眼开启，左眼关闭；揿动 L 键，屏面视孔标记左眼开启，右眼关闭；揿动 BIN 键，屏面视孔标记双眼开启。

5）交叉柱镜键：分为 1 键（）和 2 键（），交替揿 1 键和 2 键相当于翻转交叉柱镜两个不同的面向。

（2）参数键

1）S 键：表示球镜键，揿动球镜键，则屏面被选中的球镜试片焦度参数（S）反白。旋动调节手轮，以向右旋增加负球镜试片焦度（或减少正球镜试片焦度），向左旋增加正球镜试片焦度（或减少负球镜试片焦度），常规增减步距为 0.25D。

2）C 键：表示柱镜键，揿动柱镜键，则屏面被选中的柱镜试片焦度参数（C）反白。旋动调节手轮，以向右旋增加负柱镜试片焦度，向左旋减少负柱镜试片焦度，常规增减步距为 −0.25D。在测试远视眼时，可选择设置正柱镜试片。

3）A 键：表示轴位键，揿动轴位键，则屏面被选中的试片柱镜轴位参数（A）反白。旋动调节手轮，以向左旋增加柱镜试片轴位参量，向右旋减少柱镜试片轴位参量，常规增减步距为 5°。

4）ADD 键：表示附加近用焦度键，揿动附加焦度键，双侧附加焦度试片参数 ADD 反白，而视孔不置入交叉柱镜辅镜，可选择单眼测试。旋动调节手轮可在原处方基础上加减球镜焦度，向左旋逐量增加正球镜试片焦度，向右旋动调节手轮逐量增加负试片焦度，常规增减步距递量为 0.25D。可调整为 0.12D，用于精细调试近用附加焦度，测试相对调节和调节幅度，或在屈光定量处方试片透镜的基础上微量增减焦度，观察矫正视力变化。

5）VA 键：表示视力键，在视力测试完毕后揿动该键，屏幕显示矫正视力参数，并在打印处方上记录矫正视力。

6）PD 键：表示瞳距键，揿动该键时瞳距参数反白，设备默认远用瞳距为 64.0mm。旋动调节手轮，以左加右减的方式置入事先测试的远用瞳距参数，常规增减为 1.0mm 步距递量，参数范围为 50～80mm。

7）↔△键：表示水平棱镜键，揿动该键双侧水平棱镜参数 0 位反白，视孔不预置测试棱镜。向右旋动调节手轮逐量递增底向外（BO）的棱镜试片透镜参量，向左旋动调节手轮逐量递增底向内（BI）的棱镜试片透镜参量，常规单眼棱镜试片透镜增减为 0.5△步距递量，可调整为 0.1△。用于测试融像储备、融像性聚散，在测试多向性隐性斜视时，该键测试值表征隐性斜视极坐标棱镜绝对值。

8）↕|θ键：表示底向角度键，揿动该键底向角度 θ 参数 0 位反白（在垂直棱镜参数位置），视孔不预置测试棱镜。向右旋动调节手轮逐量递减极坐标棱镜底向角度，向左旋动调节手轮逐量递减极坐标棱镜底向角度，常规增减步距递量为 5°，也可以调整为 1°。

（3）处方键

1）Un-aided 键：表示裸眼视力键，揿动该键后右侧视孔开启，测试右侧裸眼视力，再揿动该键测试左眼裸眼视力。

2）LM 键：表示焦度计客观测试处方键，依次揿动 IN 键和 LM 键可将关联的焦度计测试获得原戴眼镜的处方试片透镜参数置入双侧视孔，并在主测试区两侧上方录入客观屈光定量的测试参数。

3）AR 键：表示电脑验光仪客观测试处方键，依次揿动 IN 键和 AR 键可将关联的电脑验光仪测试获得的处方试片透镜置入双侧视孔，并在主测试区两侧录入客观屈光定量的测试参数。

4）Subj 键：表示主观测试键，主观验光操作前揿动该键，仪器记录主测试区的测试参数，同时开始计时，记录验光操作时长。

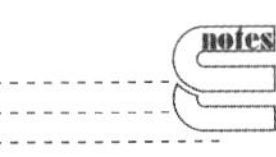

5）Final 键：表示最终处方测试键，验光操作结束后，揿动该键，在主测试区两侧下方录入主观屈光定量的测试参数，以备打印书面主观测试处方。

（4）程控键：验光工作包括屈光不正定量、老视附加定量、感觉性融像测试和运动性融像测试等项内容，操作人员可将上述程式套路编入电动综合验光仪的程序化控制系统，在实际操作时就可无需记忆和思考操作步骤和顺序，只要一次次揿动程控操作键，就可以准确无误地完成验光操作的程式套路。

1）Prog 键：表示程式选择键，按住 Shift 键，反复揿动该键可依次选择不同的验光操作程式套路，通常仪器最多可编入 A、B、C、D、E 等五种常用的验光操作程式套路。

2）程控操作键：每揿动一次➡|键，即自动生成当前程式中下一步的操作视标、视孔辅镜和显示屏界面。

（5）视力视标替换键组：位于键盘的右下方，键动单行视标键视力表生成单行远视力视标，键动单列视标键视力表生成单列远视力视标，键动单个视标键视力表生成单个远视力视标，键动上下左右键，可上下左右逐行、逐列或逐个替换已生成的远视力视标。按住 Shift 键，揿上方单行键选择视力表最上方单行视标，揿下方单行键选择视力表最下方单行视标；按住 Shift 键，揿左侧单列键，选择视力表最左侧单列视标。

（6）辅助键

1）Help 键：表示帮助键，揿动该键屏面出现对于当前测试的简要注解，并举例分析，再次揿动该键，退出帮助界面。

2）视孔键：键上标有Ⓡ和Ⓛ标记，代表右侧视孔和左侧视孔。揿动视孔键可以选择单独开启右侧视孔或左侧视孔。

3）IN 键：表示置入键，揿动该键后再揿 LM 键或 AR 键可将客观屈光定量参数置入视孔。

4）Print 键：表示打印键，测试完毕以后，揿动打印键，可将主观屈光定量处方打印输出，包括屈光不正定量参数、老视附加定量参数、附加棱镜参数、远距离瞳距、调节测试参数、聚散测试参数、AC/A 比率以及矫正视力等项内容。

5）Shift 键：表示切换键，按住该键同时揿动其他功能键，可变更测试参数步距、不同的验光操作程式套路或视力视标的选择。

6）Clear 键：表示复位键，测试完毕以后，揿动复位键，可将视孔试片透镜和屏面测试参数清零，为下一次测试作准备。Clear 键与 LM 键或 AR 键同时揿下，可清零客观屈光定量参数。

7）Menu 键：表示主菜单键，揿该键屏面进入菜单界面，菜单键区包括仪器的各种初始预置项目，可用触笔选择需要调整菜单项目，旋动调节手轮修改仪器的各种设置，再次揿动揿菜单键可保存设置并退出菜单界面。若不进行菜单键的操作，则仪器默认供应商出厂的设置，通常在出厂后不建议自行修改设置。

（7）侧菜单键：位于键盘侧面下方，左右各一，触按该键屏面出现功能菜单，再次触按可退出菜单。

1）右侧菜单键：触按右侧菜单键，屏幕显示“Other Setting（其他设置）”菜单（图 1-64A）。

① F/N（远近键）：用于选择远距离测试或近距离测试，数据清零后设备默认远距离测试。触键后选择近距离测试，集合掣和瞳距均可自动调整为近距离测试。

② C+/−（柱镜符号键）：用于选择采用负性柱镜或正性柱镜进行屈光定量测试。

③ ID No.（编号键）：用于修改打印处方的编号。

2）左侧菜单键：触按左侧菜单键，屏幕显示“Other Controls（其他控制）”菜单（图 1-64B）。

① Ch. Lamp（视力表键）：用于开启配套视力表电源。

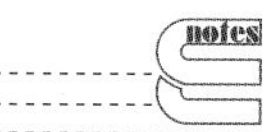

②Near Lamp（近读灯）：用于开启近读灯。

③Link off（断联键）：用于选择断开视标与辅镜的关联设置，断开调节手轮对于球镜、柱镜焦度和柱镜轴向的切换功能等。

④Level（水平键）：用于调整关联视力表视标的水平高度。

⑤Glare（眩光键）：选择开启并调整眩光源的亮度。

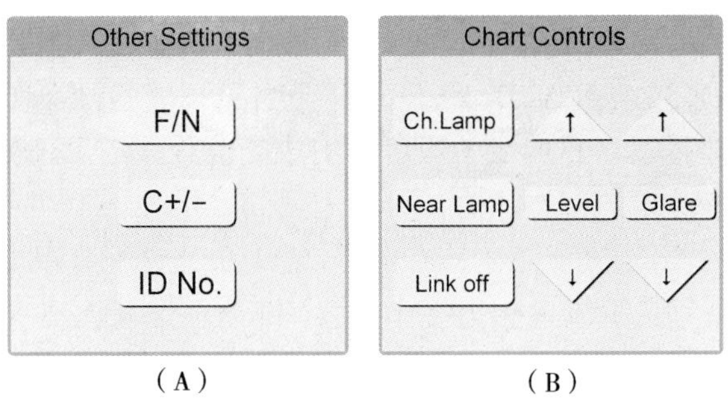

图 1-64　侧菜单键

5．显示屏　屏面大致分为测试区、视标区和菜单区三部分（图 1-65A），由触笔选择点击图标进行操作（图 1-65B）。

（1）测试区：位于屏面左侧，包括视孔区、参数区和处方区。

1）视孔区：位于测试区上方，提示左、右视孔处于开启或遮盖状况，视孔内置辅镜的性质，远距离测试或近距离测试，以及瞳距参数等。

2）参数区：位于视孔区下方，提示置入视孔的球镜试片透镜焦度、柱镜试片透镜焦度、柱镜试片透镜轴位、老视附加焦度、矫正视力、水平棱镜试片透镜棱镜度和垂直棱镜试片透镜棱镜度等。

3）处方区：位于参数区两侧，上方为关联设备客观屈光定量处方，下方为主观屈光定量测试完毕后的最终处方。最上方记录测试日期和测试用时。

（2）视标区：位于屏面的右侧，类似于视力表遥控器的功能，包括视力视标和测试视标两类。采用触笔点击视标，远视力表生成远测试视标，同时屏面左下方的视标框内显示当前视标，相应的测试参数反白，视孔同步置入相应的测试辅镜。部分测试步骤在视标框左侧有提示框，提示调节手轮的调试方向或向被测者发问的内容。

1）视力视标：包括 E 视标（0.2～1.5）、数字视标（0.2～1.5）、字母视标（0.05～1.5）和图形视标（0.2～1.0）等 4 套。

2）测试视标：又分为屈光定量视标和双眼视测试视标。

①屈光定量视标：包括散光盘视标、红绿视标、斑点状视标、偏振平衡视标、偏振红绿视标，融像性交叉柱镜视标和远矫正视力视标等。

②双眼视测试视标：包括偏振十字视标、立体视觉视标、影像不等视标、十字环形视标、Worth 四点视标、马氏杆视标、注视差异视标、单列视标和单行视标等。

（3）菜单区：位于屏面最下方，由测试视标进行控制。

1）轴位菜单：屈光不正定量测试时，菜单区左侧为 0°、45°、90° 和 135° 柱镜轴位图标，点击选择接近处方的轴位可节省调节手轮的旋程；右侧为球、柱镜试片透镜焦度或柱镜试片透镜轴位的步距图标，点击焦度步距图标可选择一次调试 0.25D 或 0.12D，点击轴位步距图标可选择一次调试 5° 或 1°。

2）老视附加定量时菜单区显示被测者年龄图标，点击选择 45、50、55、60、65 或大于 66，则视孔置入常规的老视附加焦度（图 1-65C）。

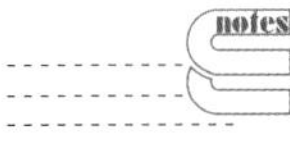

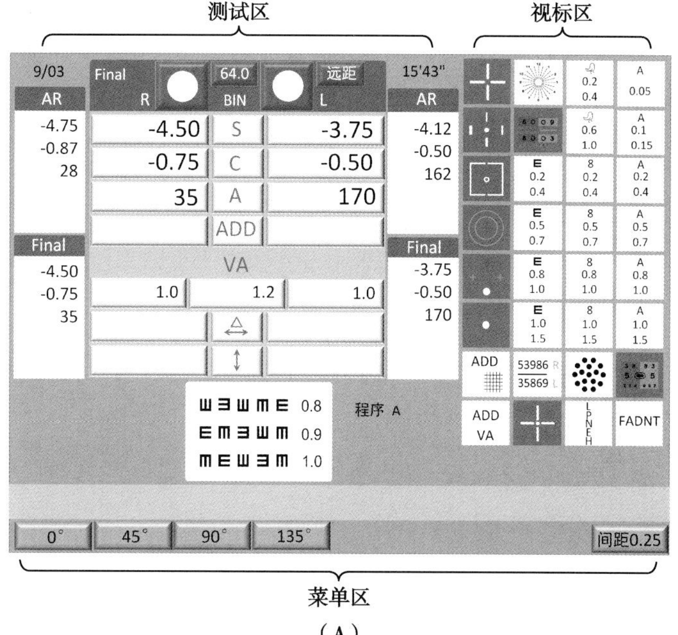

（A）

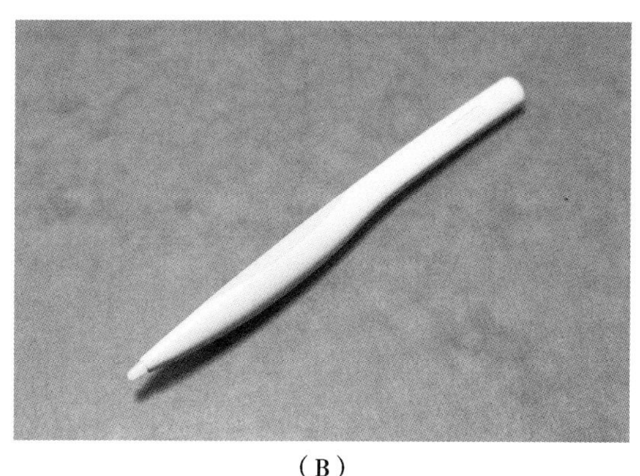
（B）

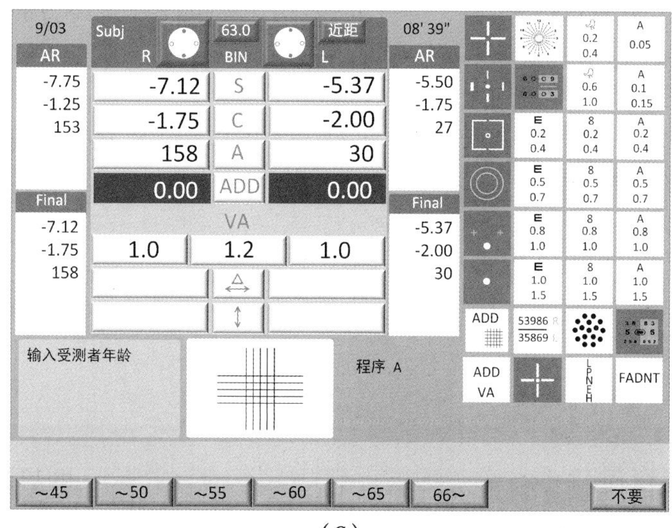

（C）

图 1-65　显示屏和触笔

6. 近视标　电动综合验光仪的近视标为独立部件，与键盘、显示屏及视孔盘不发生联动，在使用时须由验配师根据需要临时进行手工操作。近视标包括近视力视标、近交叉视

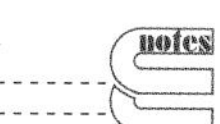

标、近十字视标、近散光盘视标、近单行视标和近单列视标等与手动综合验光仪略同。测试时开启近读灯，给予近视标以适度的照明条件。

（二）工艺原理

电动综合验光仪的工艺原理大部分与手动综合验光仪相同，主要为机械齿轮联动，但操作者并不直接操作各种手轮，而是通过揿动键盘、触击屏面图标上的命令键或旋动调节手轮发出的指令接通相应电路，并通过操控电机来置入或切换视孔的试片透镜、功能辅镜和视力表的测试视标。同时将上述测试信息以数字的形式输入微机，在屏面还原为显示屏界面。其深入工艺原理与验光技术无关，兹不赘述。

（三）测试方法

电动综合验光仪由手动综合验光仪升级而来，其主要测试方法与手动综合验光仪大致相同，具体操作见本教材相关部分。

实训 1-6：熟悉电动综合验光仪

1. 实训要求　熟悉电动综合验光仪功能部件和操作方法。

2. 实训学时　8 学时。

3. 实训条件

（1）环境准备：低照度视光实训室。

（2）设施准备：电动综合验光仪 1 台，配套投影视力表 1 台。

（3）实验者准备：着工作服、口罩及帽子。

4. 实训步骤

（1）熟悉视孔盘附件

1）调试视孔盘垂直平衡，了解垂直平衡手轮和水平仪的位置和调试方法。

2）调试视孔盘镜眼距，了解额托手轮、额托、颊托和镜眼距读窗的位置和调试方法。了解额托指示灯的功能。

3）调试近测试附件，了解近测试尺和近距离视力表和近读灯的位置。

（2）熟悉键盘

1）熟悉调节手轮键组，了解 +/− 键、快捷键、眼别键和交叉柱镜键的位置和功能。

2）熟悉参数键组，了解 S 键、C 键、A 键、ADD 键、VA 键、PD 键、$\overset{\leftrightarrow}{\triangle}$键、↕|θ键的位置和功能。

3）熟悉处方键组，了解 Un-aided 键、LM 键、AR 键、Subj 键、Final 键的位置和功能。

4）熟悉视力视标替换键组，了解选择键和替换键的位置和功能。

5）熟悉辅助键组，了解 Help 键、视孔键、IN 键、Print 键、Shift 键和 Clear 键的用法。

6）熟悉侧菜单键组，了解 F/N 键、C+/− 键、ID No 键、Ch. Lamp 键、Near Lamp 键、Link off 键、Level 键、Glare 键的用法。

（3）熟悉显示屏

1）熟悉测试区，了解视孔区、参数区、处方区的位置和内容。

2）熟悉视标区，了解视力视标，包括 E 视标、数字视标、字母视标和图形视标的位置和内容。了解屈光定量视标，包括散光盘视标、红绿视标、斑点状视标、偏振平衡视标、偏振红绿视标，融像性交叉柱镜视标和远矫正视力视标的位置和内容，了解测试视标：包括偏振十字视标、立体视觉视标、影像不等视标、十字环形视标、Worth 四点视标、马氏杆视标、注视差异视标、单列视标和单行视标的位置和内容。

3）熟悉菜单区，了解轴位菜单、老视附加菜单的用法。

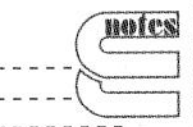

（4）熟悉近视标，包括近视力视标、近交叉视标、近十字视标、近散光盘视标、近单行视

标和近单列视标等。了解测试时开启近读灯的方法。

5. 实训善后

（1）认真核对操作过程，确保准确无误，填写实训报告。

（2）整理及清洁实训用具，及时关闭投影视力表和近读灯的电源，物归原处。

6. 复习思考题

（1）试讲解介绍电动综合验光仪的视孔盘的调试方法。

（2）试讲解介绍电动综合验光仪的键盘主要结构和功能。

（3）试讲解介绍电动综合验光仪显示屏的主要内容和功能。

六、验光试片箱

学习目标

1. 掌握：验光试片箱内的试片类型。
2. 熟悉：试戴评价综合验光仪测试结果。
3. 了解：试镜架结构和操作方法。

将验光过程中所需各种镜片按顺序安放在试片箱内的片槽内，可使操作者使用方便，提高工作效率。试镜箱镜片的焦度、柱镜的轴位和棱镜度要求较为精确，其允差值应比市售眼镜镜片小得多，才能对验光结果作出准确的评价。验光试片箱包括光学透镜试片和试镜架两部分。

（一）基本结构

1. 试片箱（图 1-66）

（1）正负球面透镜试片

1）焦度范围：±0.12D～±20.00D。

2）透镜数量：每种相同焦度镜片 2 片，计 68 对，136 片。

3）步距递量：<±1.00D，递增梯度为 ±0.12D；±1.00D～±3.75D，递增梯度为 ±0.25D；±4.00D～±5.50D，为 ±0.50D 递增梯度；±6.00D～±11.00D，递增梯度为 ±1.00D；±12.00D～±20.00D，递增梯度为 ±2.00D。

（2）正负圆柱透镜试片

1）焦度范围：±0.12D～±6.00D。

2）透镜数量：每种相同焦度镜片 2 片，计 48 对，96 片。

3）步距递量：<±1.00D，递增梯度为 ±0.12D；±1.00D～±3.75D，递增梯度为 ±0.25D；±4.00D～±6.00D，递增梯度为 ±0.50D。

（3）三棱镜试片

1）棱镜度范围：0.5^{Δ}～10.0^{Δ}。

2）透镜数量：计 14 片。

3）步距递量：<1.0^{Δ}，递增梯度为 0.5^{Δ}；1^{Δ}～5.5^{Δ}，递增梯度为 1^{Δ}；≥6.0^{Δ}，递增梯度为 2^{Δ}。

（4）辅助镜片

1）交叉圆柱透镜：由两个顶焦度绝对值相等（通常为 ±0.25D），符号相反且轴位互相垂直的合成柱镜组成。镜柄装在两轴中点，与两轴分别成 45° 夹角。

2）红色滤光片、绿色滤光片：圆形透明染色平光镜片，红色滤光镜波长 700nm±20nm，绿色滤光镜波长 510nm±20nm。

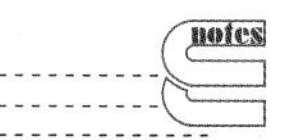

3）裂隙片：为圆形黑片，设置一条过圆心裂隙，宽度为 1.0mm，长度 2.5mm。

4）小孔片：为圆形黑片，圆心部设置个直径为 1.0mm 小孔。

5）遮盖片：为圆形黑片。

6）平光片：为无色透明焦度为 0 的试片。

7）十字片：为平光镜片，几何中心刻印醒目十字。

2. 试镜架　试镜架的主要结构部件包括镜框、轴位刻度、镜腿、鼻梁、前镜槽、后镜槽；调试部件包括瞳距旋键、瞳高滑键、前倾角手轮、弯点长滑键等（图 1-67），也有简易试镜架瞳距、瞳高、前倾角和镜腿长度不可变动，制作成不同的瞳距供视光师选择。

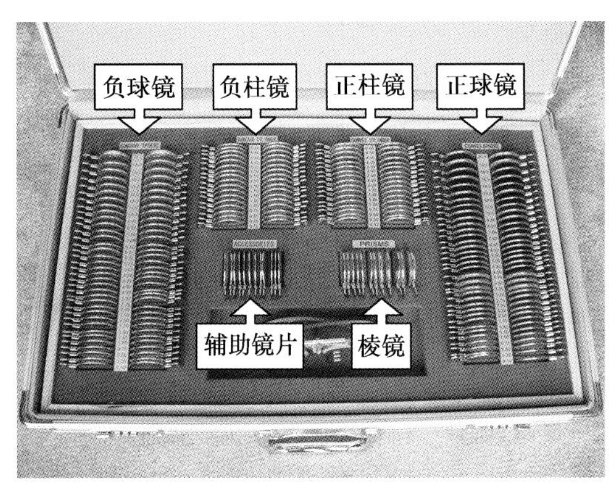

图 1-66　验光试片箱

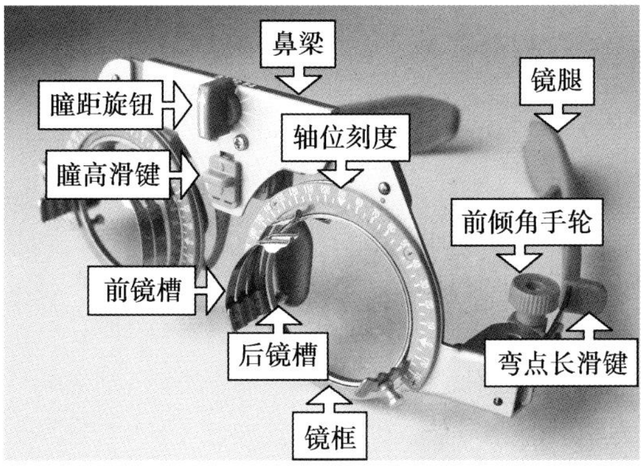

图 1-67　试镜架

（二）设计原理

验光试片箱是确定验光处方的最后一道程序，即无论采用何种先进的验光设备测得的结果都必须经过试戴的评价，才能开具处方。故验光试片的种类包括球镜、柱镜和棱镜等多种透镜，满足被测眼的各种屈光不正和双眼视异常的矫正需求；试镜架设计为可以调节瞳距、瞳高、镜眼距和前倾角，以适应被测者的各种不同的面型。

（三）测试方法

1. 屈光测试

（1）将检影验光或电脑验光仪的测试结果置入试镜架。

（2）调试试镜架，使被测者视线点通过试片透镜的光学中心。

（3）双眼雾视 3～5 分钟。

（4）进行右眼散光盘视标测试或裂隙片测试，初步测试柱镜轴位和焦度。

（5）进行右眼红绿视标测试，初步测试球镜焦度。

（6）用交叉柱镜精细调试右眼柱镜轴位和焦度。

（7）进行左眼测试，参照右眼测试程序。

（8）进行双眼视力平衡测试。

（9）测试右眼、左眼和双眼视力。

（10）进行试戴。

2. 试戴评价综合验光仪测试结果

（1）置入球镜，将主球镜置入后镜槽，将球镜余量置入前镜槽内层，例如 −4.25D，将 −4.00D 置入后镜槽，−0.25D 置入前镜槽内层。

（2）置入柱镜，将柱镜置入前镜槽中层。

（3）置入瞳距参数，并根据被测者面型调整试镜架。

（4）测试右眼、左眼和双眼视力。

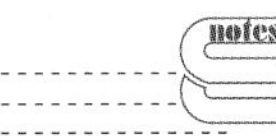

（5）嘱被测者注视 0.8 视标，在前镜槽外层增减 0.25D，进行片上验光。

（6）嘱被测者戴镜进行远近视力体验。

（7）若被测者诉眼涨、头晕、疲劳或影像畸变，可依次进行以下调试。

1）向中心轴位（180° 或者 90°）调整 5°～10° 柱镜轴位。

2）减去 0.50D 柱镜焦度，增加 0.25D 等效球镜。

3）将辅助眼减去 −0.25D 或加上 +0.25D。

4）近读疲劳者，可试行相对调节的测试，若正相对调节不足，适量降低远用负球镜，并监测远视力。

实训 1-7：熟悉验光试片箱和试镜架

1. 实训要求　熟悉验光试片箱和试镜架的配置和操作方法。

2. 实训学时　2 学时。

3. 实训条件

（1）环境准备：常光实训室。

（2）设施准备：验光试片箱 1 套，配套试镜架 1 只。

（3）实验者准备：着工作服、口罩及帽子。

4. 实训步骤

（1）熟悉验光试片箱

1）了解正负球面透镜试片的焦度范围、透镜数量、不同规格的步距递量。

2）了解正负圆柱透镜试片的焦度范围、透镜数量、不同规格的步距递量。

3）了解三棱镜试片的棱镜度范围、透镜数量、不同规格的步距递量。

4）了解辅助镜片的种类和功用，包括交叉圆柱透镜、红色滤光片、绿色滤光片、裂隙片、小孔片、遮盖片、平光片、十字片等。

（2）熟悉试镜架，了解镜框、轴位刻度、镜腿、鼻梁、前镜槽、后镜槽、瞳距旋键、瞳高滑键、前倾角手轮、弯点长滑键的位置和使用方法。

5. 实训善后

（1）认真核对操作过程，确保准确无误，填写实训报告。

（2）整理及清洁实训用具，物归原处。

6. 复习思考题

（1）试讲解介绍验光试片箱各类试片的规格和功用。

（2）试讲解介绍试镜架的结构和调试方法。

扫一扫，测一测

（齐　备）

参考文献

1. 齐备. 实用验光学. 北京：中国轻工业出版社，2014
2. 虞启琏. 验光与配镜. 天津：天津大学出版社，1990
3. 吕帆. 眼视光器械学. 北京：人民卫生出版社，2004
4. William J. B. Clinical Refraction. Philadelphia：W. B. Saunders Company，1998

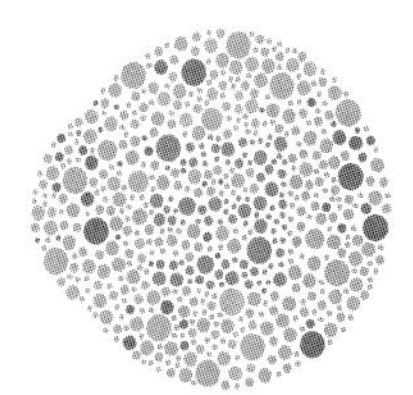

第二章　检测相关设备

第一节　框架镜检测设备

一、焦度计

学习目标

1. 掌握：手动调焦式焦度计和自动对焦式焦度计检测方法和操作步骤。
2. 熟悉：手动调焦式焦度计和自动对焦式焦度计的工作原理和检测原理。
3. 了解：手动调焦式焦度计和自动对焦式焦度计的基本结构。

焦度计主要用于测量眼镜片（包括角膜接触镜片）的球面度数、柱面（散光）度数、散光轴位、棱镜度和确定镜片的光学中心等，是视光学重要的检测设备。焦度计又称屈光度计、查片机、镜片测度仪等。

焦度计按显示方式分为连续显示式与数字舍入式两大类。连续显示式焦度计是一种连续刻度的焦度计，数字舍入式焦度计是将测量值经四舍五入成为最接近的增量值的一种数字显示式焦度计。

焦度计根据工作原理又分为手动调焦式焦度计和自动对焦式焦度计（俗称电脑焦度计）两种。

（一）手动调焦式焦度计

基于调焦成像原理的焦度计，根据观察方式的不同又分为目视式与投影式两种。目视式焦度计是利用读数望远系统进行观察；而投影式焦度计则是利用投影物镜和投影屏进行观察。

1. 手动调焦式焦度计的基本结构

（1）主要部件：目视式焦度计的主要部件包括带标记分划板的准直物镜和望远镜系统（图 2-1，图 2-2）。

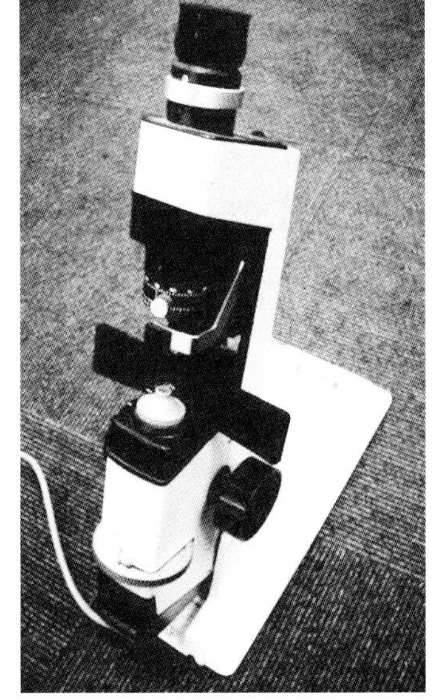

图 2-1　目视式焦度计的外观图

投影式焦度计的主要部件包括聚焦系统和观察系统两个部分。聚焦系统由光标、标准透镜、视标屏、测座及固定装置组成；观察系统由光学望远装置、焦度手轮、轴向手轮、棱镜手轮、定中心装置和光心高测定装置等组成。仪器结构如图 2-3 所示，外观如图 2-4 所示。

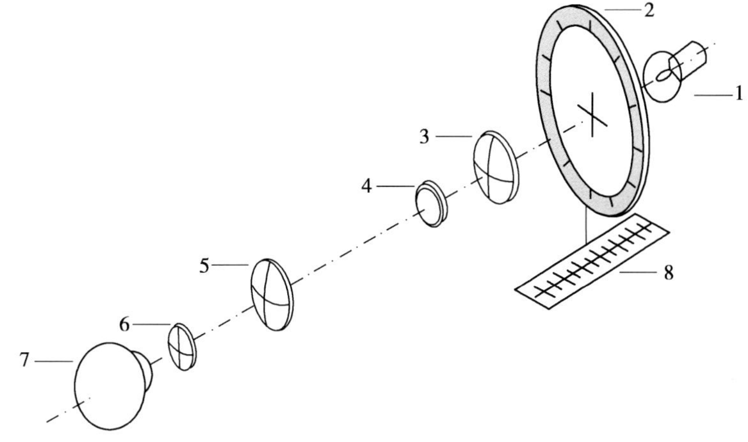

图 2-2　目视式焦度计的仪器结构
1- 光源；2- 光标；3- 标准镜度；4- 测座；5- 观察物镜；6- 观察目镜；7- 观察眼；8- 焦刻度

图 2-3　投影式焦度计的外观

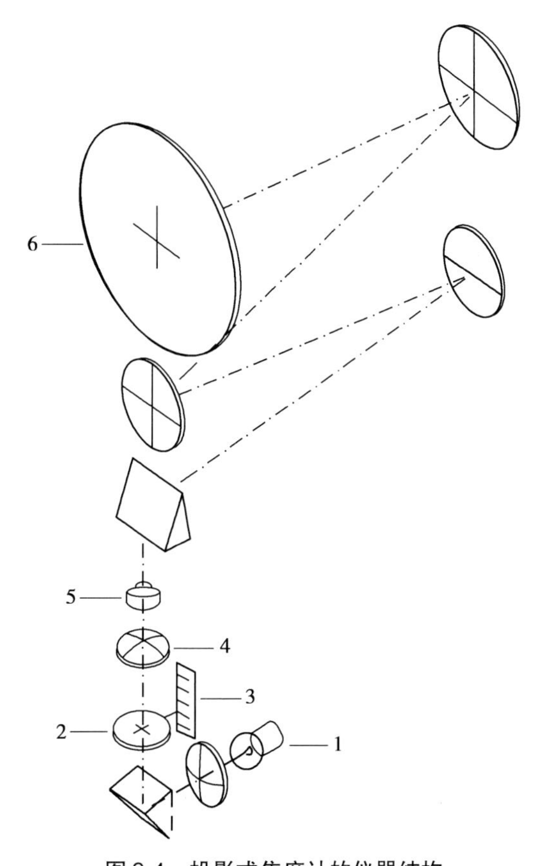

图 2-4　投影式焦度计的仪器结构
1- 光源；2- 光标；3- 焦刻度；4- 标准镜度；5- 测座；6- 投影观察屏

（2）视标屏的参照刻度：视标屏是整个仪器的测定平台，设有视场横线和视场纵线，用于控制光标像定位，另设有焦度刻度，棱镜刻度和轴底向刻度，分别用于测定主子午线顶焦度、棱镜轴位、棱镜度和底向（图 2-5）。

（3）光学结构

1）聚焦系统：聚焦系统为光学准直系统，即光标在正焦度标准透镜的第一主焦点上，光标与透镜的间距所产生的离散度恰好等于透镜的会聚度，故标准透镜可将光标成像于无限远。若透镜焦度设计为 27.00D，光标与标准透镜光学中心的间距应为 1/27m，约为

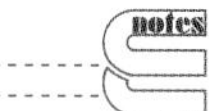

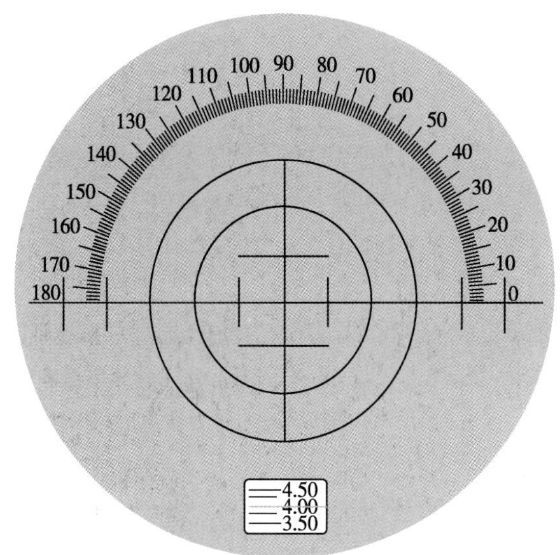

图 2-5　视标屏的参照刻度

37.04mm；若透镜焦度设计为 22.00D，光标与标准透镜光学中心的间距应为 1/22m，约为 45.45mm。

2）观察系统：望远观察系统为平行调整系统，光标像发出的平行光线为无限远，经过望远镜的物镜和目镜后的出离光线仍然为平行光线，由于角性放大作用，观察眼可看清放大的光标像（图 2-6）。

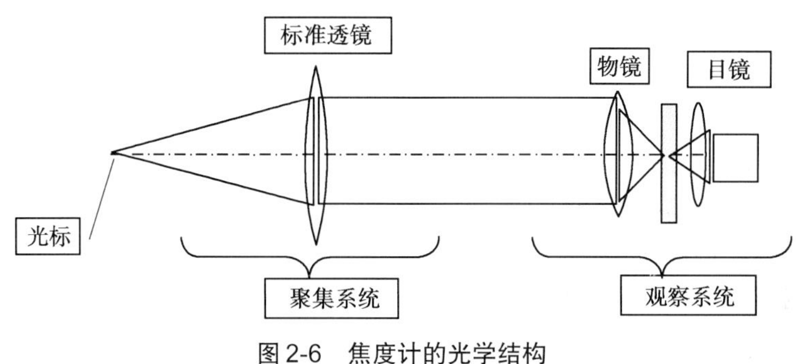

图 2-6　焦度计的光学结构

2. 检测原理　光标的零位位于标准透镜第一主焦点 O 上，测试时，镜片置于标准透镜第二主焦点 L 上。

（1）测试正透镜：要使光标发出的光线透过标准透镜，再透过正光度被测试镜片后，仍然为平行光线，从而让光学望远镜清晰看见，光标须自零位 O 向标准透镜移近，增加光标对于标准透镜的离散度（图 2-7）。

（2）测试负镜度：要使光标发出的光线透过标准透镜，再透过负光度被测试镜片后，仍然为平行光线，从而让光学望远镜清晰看见，光标须自零位 O 向标准透镜移远，增加光标对于标准透镜的会聚度（图 2-8）。

（3）光标移位的定量：若光标移动距离为 x，标准透镜的焦距为 f，被测镜片的焦距为 f'。

由牛顿公式可知

$$xf'=f^2 \tag{2-1}$$

若被测镜片的焦度为 D，则 $f'=1/D$，代入式（2-1）中，得

$$x=Df^2 \tag{2-2}$$

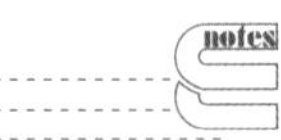

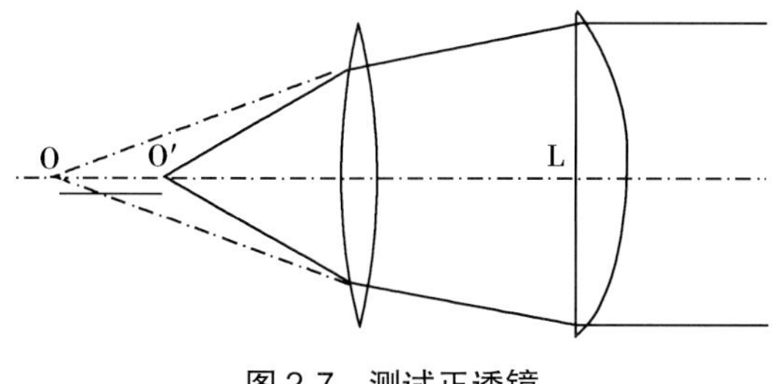

图 2-7 测试正透镜

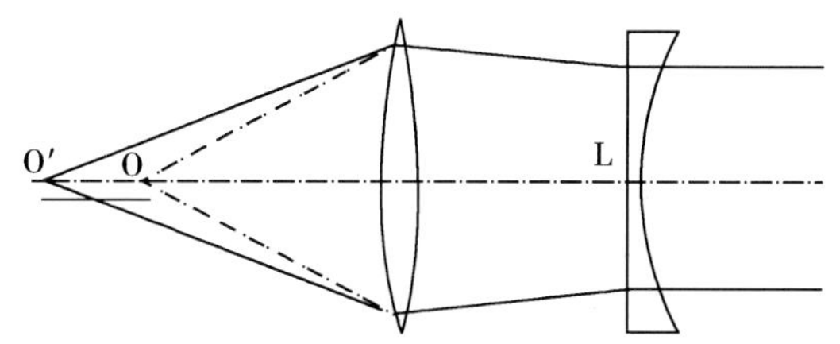

图 2-8 测试负透镜

那么在式（2-2）中，标准镜片的焦距 f 为已知常数，光标移动的距离 x 与被测镜片的焦度 D 呈线性正相关关系，将光标与刻度盘用机械齿轮连接，光标移动的距离 x 则可以焦度的形式体现在刻度盘上。

（4）刻度盘的定标方法

1）理想的近轴光线的定标方法

设：被测透镜每增加 1.00D，光标移动 x_1。代入式（2-2），得 $x_1=f^2$

设：标准透镜的焦度为 27.00D

$x=0.037^2=1.37$（mm），即光标每移动 1.37mm，透镜的测定值增加 1.00D。

设：标准透镜的焦度为 22.00D

$x=0.045^2=2.03$（mm），即光标每移动 2.03mm，x_1 透镜的测定值增加 1.00D。

2）非近轴光线的标定方法：实际上焦度计测座的孔径相当大，故测定值并非近轴光，因此通常需制作标准计量透镜组。标准透镜焦度值的计算公式如下：

$$D=D_1+D_2-t/n(D_1D_2) \tag{2-3}$$

标准计量透镜组共计 8 只透镜，量值为 ±5.00、±10.00、±15.00 和 ±20.00，将计量透镜依次放到焦度计上调清光标像，并以计量标准透镜所表征的焦度值标定空白刻度盘。实际检测时，被测镜片的测量值是以标准计量透镜的当量值来表征的，同时为了避免焦度计本身的误差，并将仪器示值与标准值进行比较，差值就是修正值。以后测量时只要在测量值上再加上修正值就可得到较正确的数值了。

3. 检测方法

（1）操作准备：调试焦度计仪器。

1）开启电源。

2）测试人员应先进行视力矫正。

3）每个测试人员都必须针对自己的眼睛对焦度计望远镜目镜进行调焦（利用非仪器的光照明，单向旋进目镜，至目镜的分划板十字线清晰）。

4）将焦度手轮刻度回零。

5）检视零位十字清晰，若不清晰则须校准仪器。

6）将棱镜手轮刻度回零，检视十字形光标中心应位于视屏中心，若不位于视屏中心须校准仪器。

（2）操作步骤：测试球面透镜焦度。

1）将眼镜片内曲面向下，眼镜下侧向着检测挡板放置于测座上，上提片夹手柄，轻轻放下固定片，将眼镜片固定于测座上（图 2-9）。

图 2-9 固定眼镜或镜片

2）旋动焦度手轮，使试标像清晰。

3）左右旋动镜片，使光标垂直线与视场

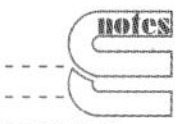

纵向中线重合。

4）用拇指推住眼镜上侧，使眼镜下侧紧贴检测挡板，拨动挡板手柄，使光标水平线与视场横向中线重合。

5）当十字光标与视场十字标线对齐时，微调焦度手轮，使视标像清晰，记录焦度刻度所显示的数值（图 2-10）。

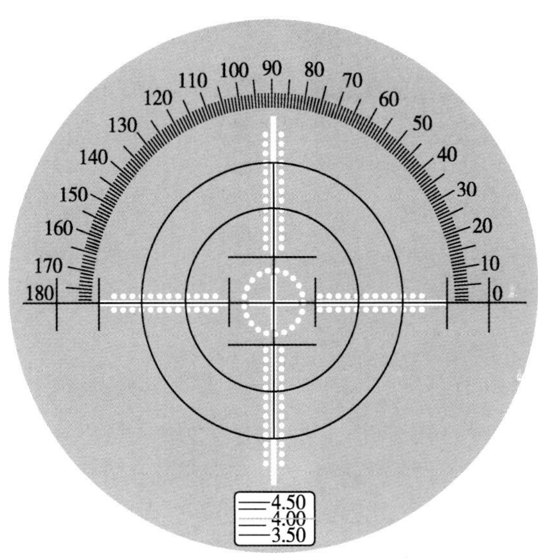

图 2-10　球面透镜焦度的检测光标

（3）测试球柱面透镜焦度：

1）将眼镜片固定于测座上。

2）旋动焦度手轮，使光标像的垂直线或水平线中任意一线清晰（图 2-11）。

3）若柱镜的轴位不在 180° 或 90°，可能水平或垂直光标像均不能调试清晰，须在旋动焦度手轮的同时旋动轴向手轮，求得垂直线或水平线中任意一线状光标像清晰。

4）微调轴向手轮，使清晰线两侧短线对称（图 2-12）。

图 2-11　焦度手轮

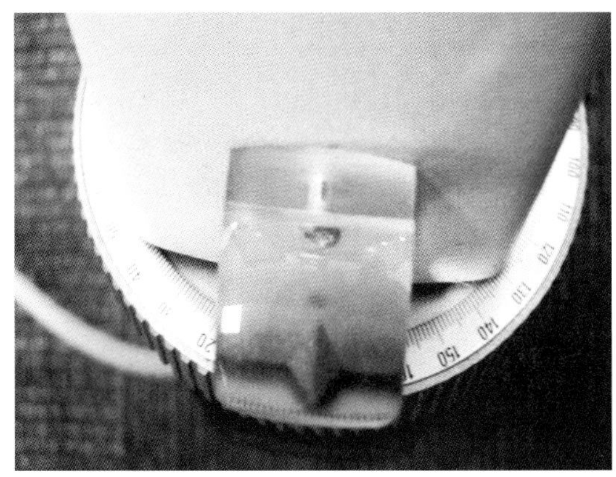

图 2-12　轴向手轮

5）移动镜片，使清晰线与模糊线的交叉点与视场中心标线对齐。

6）再次微调焦度手轮，使视标像清晰。

7）记录清晰线所指向的第一轴向，应认识该清晰线是由与之垂直的焦力所形成的，故须划出与第一轴向相垂直的第二轴向，并在第二轴向记录清晰线焦度。

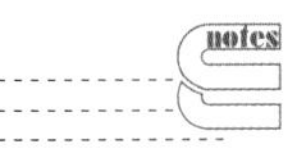

8）旋动焦度手轮，使光标像的另一线清晰，将另一线焦度记录在第一轴向。

9）记录处方。

①将两轴向中焦量小者记为球镜。

②向的焦量差记为柱镜。

③将两轴向中的焦量小者的轴向记为光轴。

例 1 已知：第一轴向为 125°，焦度为 −3.25D，应将 −3.25 记录在 35°，另一轴向为 35°，焦度为 −3.75D。

求：眼镜片处方。

解：焦度为 −3.25D，应将 −3.25 记录在 35°，焦度为 −3.75D，应将 −3.75 记录在 125°。因此得到眼镜片处方：

$$-3.25/-0.50\times35°$$

（4）光学中心定位：

1）移动被测镜片，使光标像中心对准视场中心。

2）将定心手柄掀起，使定心记号笔触及被测镜片（图 2-13）。

3）镜片上留下三点记号，中心为光学中心。

4）三点连线为水平基准线。

5）当被测镜片的下侧顶紧检测挡板时，从瞳高刻度可测定眼镜的光心高度（图 2-14）。

图 2-13　镜片的光学中心定位

图 2-14　焦度计光心高刻度

（5）棱镜测定：

1）标定双侧眼镜片的配镜十字。

2）将配镜十字放置于测座中心，观察光标像是否位于视场中心。

3）若光标像不位于视场中心，则须测定镜片的棱镜。

A. 棱镜测定方法 1

a. 确定棱镜底向所在象限。

b. 旋动底向手轮，使视场中央横线穿过视标像中心，从视场中央横线的指向的方位读出棱镜底向（图 2-15）。

c. 从视场棱镜刻度读出棱镜度数，图 2-16 所示棱镜度数为 $1.5^{\triangle}$ IU30°。

B. 棱镜测定方法 2

a. 确定棱镜底向所在象限。

b. 拨动棱镜手轮的轴方位，可见视标像向中央纵线移动。

c. 旋动棱镜手轮，可见视标像向中央横线移动。

d. 反复进行（2）（3）两步骤，直至视标像的中心对准视场中央。

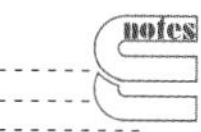

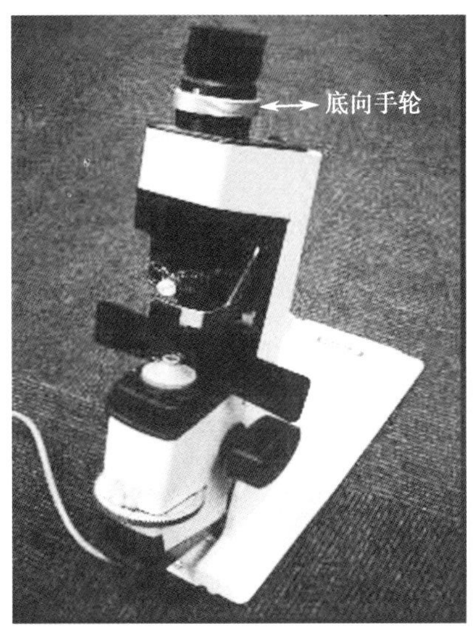

图 2-15　焦度计的底向手轮

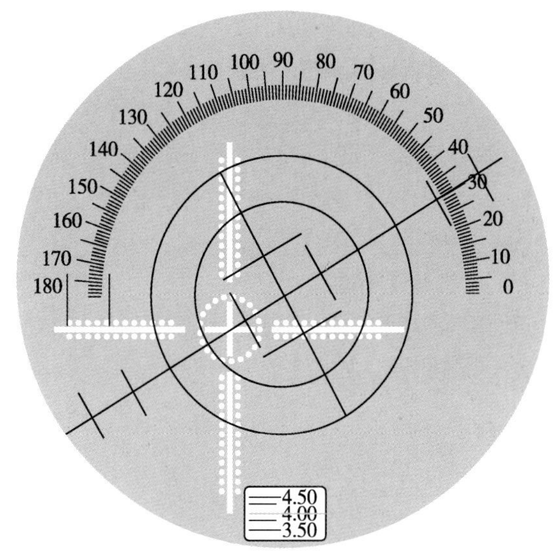

图 2-16　焦度计的棱镜测定

e. 棱镜手轮侧线上方所指刻度为棱镜底向，棱镜手轮侧线下方所指刻度为棱镜度数（图 2-17）。

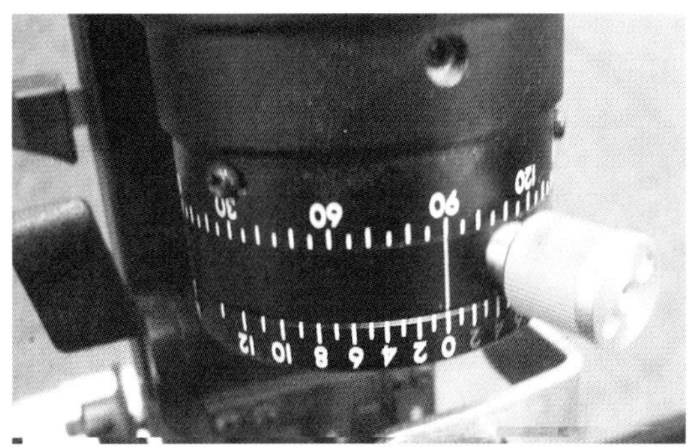

图 2-17　焦度计的棱镜手轮

（二）自动对焦式焦度计

自动对焦式焦度计即自动焦度计，由于其操作的简便，在镜片测量中占主流地位。市场上有多种型号的自动焦度计，不同型号的自动焦度计的结构安排略有不同，但原理基本相同。

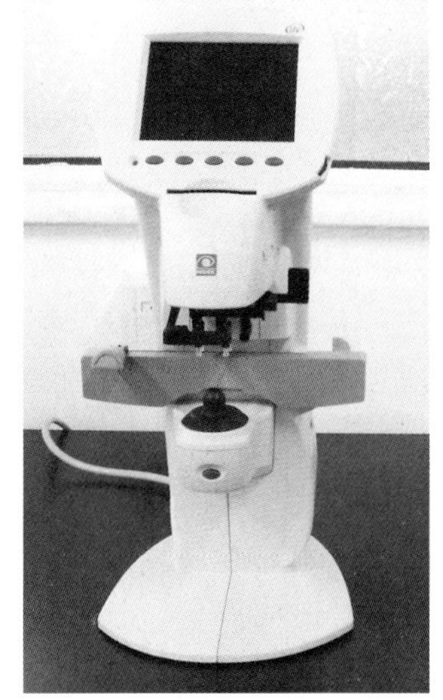

图 2-18　自动焦度计的外观图

1. 基本结构　自动焦度计的主要结构包括监视器、镜片台、镜片支架、镜片固定器、打印机等部件（图 2-18）。

2. 工作原理　在自动焦度计的光学示意图上，四个对称的光点处于聚光镜的焦平面上，以一定的频率轮流点亮，始终只有一个点光源发光。反光镜 1 仅是为了缩小仪器的体积而设置，光线经聚光镜后成平行光，因点光源不在光轴上，故形成 4 个不同方向但与光轴夹角相同的平行光，该平行光照射到可沿轴向移动的视标上（视标上的图案是透明的），此时视标即为成像系统中的物。

物镜 1 和物镜 2 组成一个望远系统，在两个物镜重合焦点处放置测试样品，反光镜 2 与反光镜 1 的作用相同。分光棱镜是由同种玻璃材料制成的，只是在两个的分界面上镀半透明

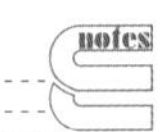

反光膜（亦有仪器用一平板单面镀半透明半反光膜，平板以 45° 角安装），目的是将成像光束均匀地分为两束，两束光的成像功能是一样的，只是光束强度为原来的一半，因为两个方向的线状 CCD 不能交叉地置于同一平面（如果用面状 CCD 可以不用分光棱镜，此时 CCD 只要一个就能满足测量要求）。

CCD 是一接收元件。它与电路配合能分辨图像是否清晰，四个像（因四束光形成四个像）是否对称，即镜片的光学中心是否处于仪器的光轴上。视标由一步进电动机驱动。当 CCD 上成像不清晰时，步进电动机会驱动视标沿轴向移动至 CCD 判定像清晰，同时将步进数传至电路，电路能将步进数换算成顶焦度，再由显示器显示。

3. 检测原理　如图 2-19 所示：

$$\frac{h}{h'}=\frac{l'_F-\Delta x-x}{l'_F-\Delta x}$$

则

$$l'_F=\frac{xh+\Delta x(h-h')}{h-h'}$$

根据顶焦度定义可得：

$$D=\frac{1}{l'_F}=\frac{h-h'}{xh+\Delta x(h-h')}$$

因$\triangle x$、h、x 已知，测出 h' 后，焦度计将自动给出被测镜片（顶）焦度的量值。

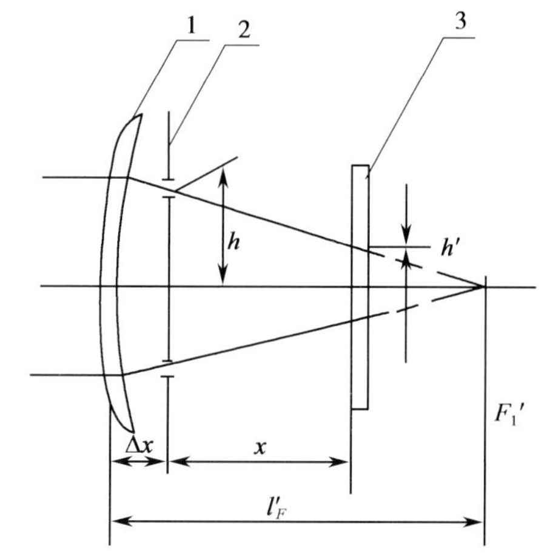

1.被测镜片；2.带孔光阑；3.光电位置探测器面阵CCD

图 2-19　自动焦度计光学原理图

4. 检测方法

（1）操作准备

1）开启电源，显示屏变为测量显示画面。

2）如果在测量显示画面出现之前已在鼻垫座上安上镜片，则取下镜片，再次开启电源。

（2）操作步骤

1）双光镜片测定：测量双光镜片（或三光镜片）按照远用部分→近用部分的顺序进行测量（对于三光镜片，按照远用部分→中间部分→近用部分的顺序进行测量）（图 2-20）。

①将镜片远用部分置于鼻垫座上。

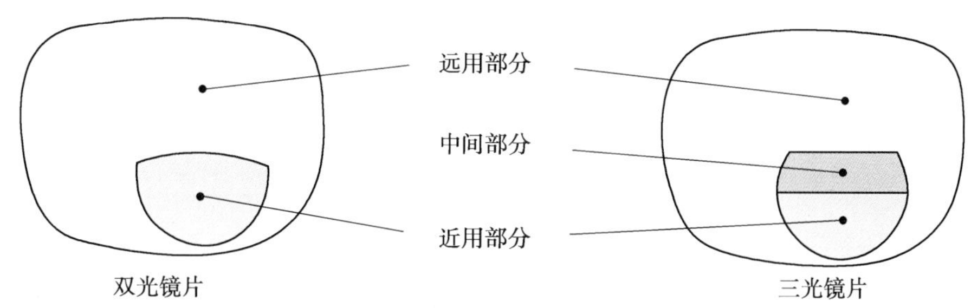

图 2-20　双光镜片和三光镜片

②测量远用部分度数，瞄准视标由○变至 +，按下读取键。

③测量近用部分下加焦度（Add），将镜片向自己方向移动使近用部分置于鼻垫座上，确定下加度的测量数据，按下读取键（图 2-21）。

2）渐进多焦点镜片测定

①将渐进多焦点镜片远用部分置于鼻垫座上，瞄准视标由○变至 +，按下读取键。

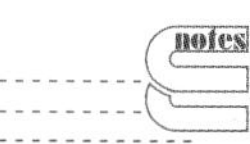

②然后将含有子镜片的那个面(一般为前表面)朝向焦度计的支撑座，瞄准视标对准近用顶焦度测定点N(图2-22)。

③若生产商没有说明N点的位置，应选择子镜片的顶端往下5mm为N点。

④对于圆形的子镜片，可以找到它的光学中心，使之对中即可。

⑤对于那些子镜片小于半个圆的，可能找不到它的光学中心，可根据标明的测量基准点位置，使之左右保证对中。

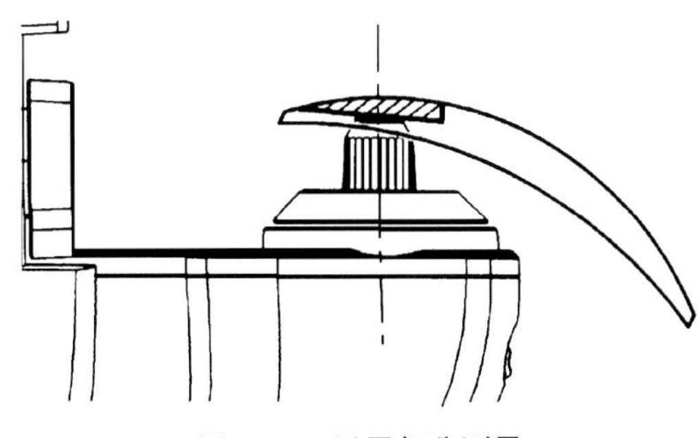
图2-21　近用部分测量

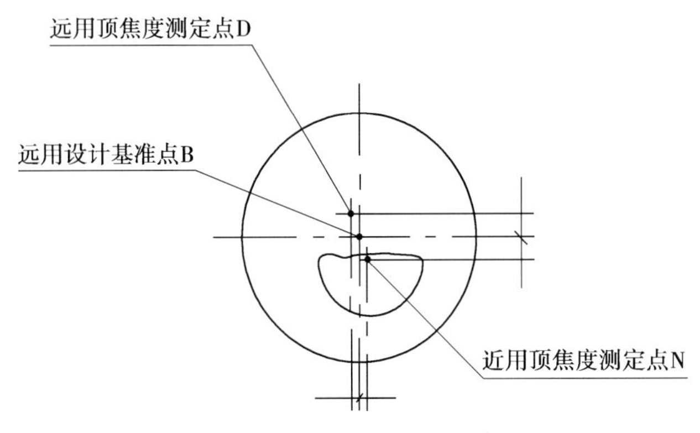

图2-22　渐变多焦点镜片

3）角膜接触镜测定

①操作准备

a. 配备有接触镜片专用支座的焦度计，支座见图2-23。

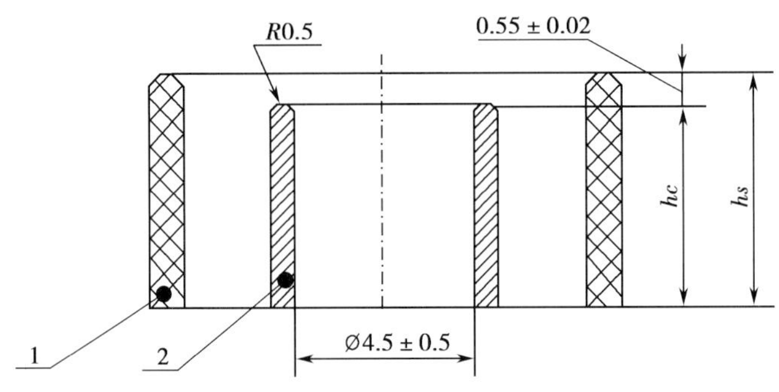

1—框架镜测座
2—接触镜专用测座
d_c=4.50mm ± 0.50mm

图2-23　角膜接触镜专用支座

图中标注：1# 框架镜片测座，高度为hs；2# 角膜接触镜测座，高度为hc

b. 对于硬性接触镜，在(20±5)℃温度下存放30分钟。

c. 对于软性角膜接触镜，将镜片浸入装有标准盐溶液的小瓶，并在(20±5)℃下存放30分钟。

d. 用光阑孔径为4mm±0.5mm，格值为0.02D的聚焦式顶焦度仪进行检验。

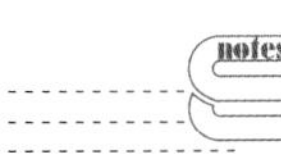

②检验步骤

Ⅰ. 软性角膜接触镜

a. 用一只镜片钳子把镜片转移到脱脂绵纸上。

b. 用二层绵纸吸干镜片的表面水，除去所有可见的表面液体。

c. 确信镜片没有外翻。

d. 将镜片的后表面放在支架的中心位置，调节焦距直到获得最清楚的像。

e. 如果成像不清楚，把镜片重新放回到标准盐溶液中，重复上述a～d步骤。

f. 单独读取五次屈光度的读数值。

Ⅱ. 硬性角膜接触镜

a. 用两层无纤维棉纸夹住镜片吸去表面可见的液体。

b. 把镜片后表面向下居中地放在接触镜片测座上，对焦度计调焦以获得最清楚的测标像，记录焦度计读数值。

c. 独立测试4次，计算算数平均值。

5. 注意事项

(1) 测量渐进多焦点镜移动镜片时，屏幕上渐进图标底部"+"字移动不能偏离坐标位置，否则测量不准确。

(2) 对于角膜接触镜顶焦度的检测，尽可能在最短时间内进行检验，避免镜片的脱水。

(3) 不同的焦度计功能基本相同，但测量方法有所区别。应根据不同的焦度计使用的具体方法去操作。

实训2-1：焦度计的使用方法

1. 实训要求

(1) 实训目的

1) 熟练掌握手动调焦式焦度计检测方法和操作步骤。

2) 熟练掌握自动对焦式焦度计检测方法和操作步骤。

(2) 实训方法

1) 教师示教手动调焦式焦度计和自动对焦式焦度计的操作步骤和注意事项。

2) 在教师指导下，学生分组练习，掌握两种焦度计的使用方法。

(3) 实训时间：2学时。

2. 实训程序

(1) 手动调焦式焦度计

1) 开启电源。

2) 操作前准备。

3) 测试球面透镜焦度，记录检测结果。

4) 测试球柱面透镜焦度，记录检测结果。

5) 光学中心定位。

(2) 自动对焦式焦度计

1) 开启电源。

2) 操作前准备。

3) 双光镜片测定，记录检测结果。

4) 渐进多焦点镜片测定，记录检测结果。

5) 角膜接触镜测定，记录检测结果。

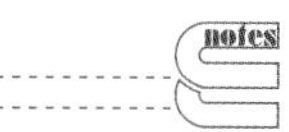

二、焦度表

学习目标

1. 掌握：焦度表的正确使用方法，能准确测量各类镜片的球镜焦度及柱镜焦度。
2. 熟悉：焦度表的检测原理。
3. 了解：焦度表的结构组成。

1. 基本结构　焦度表也称镜片测度表或眼表，由刻度盘、两个固定脚架和一个活动脚架构成（图 2-24）。

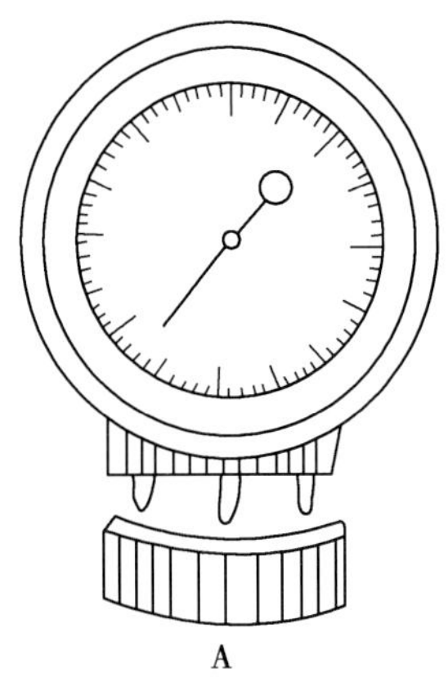

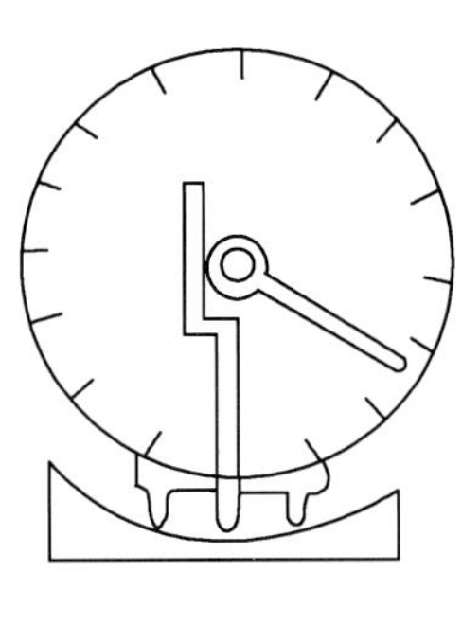

图 2-24　焦度表

2. 工作原理　通过把焦度表的 3 只脚架（即 3 个触针）放在透镜的表面，中央可动的触针即按照透镜的表面弯曲状态变长或变短地上下移动，并根据图 2-25 中的机械原理带动上面指针，将指针移动的距离（即镜面凹凸程度）换算为以屈光度为单位的焦度。

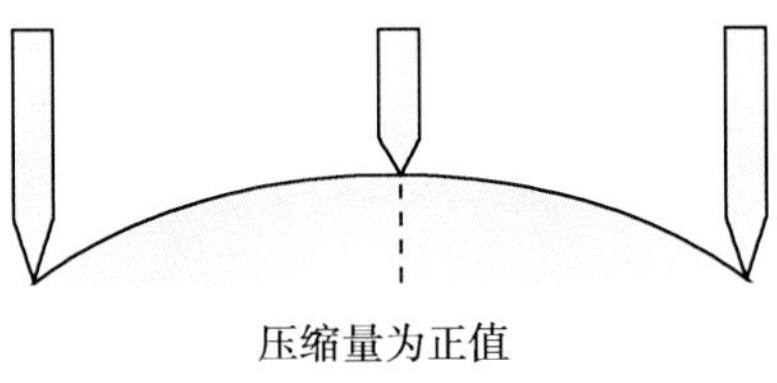

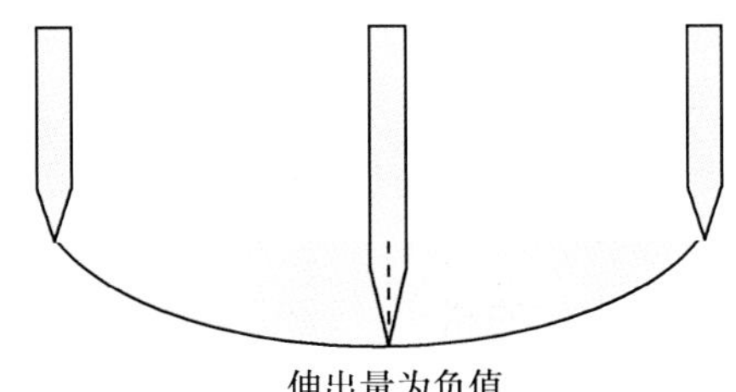

图 2-25　焦度表工作原理

如将 3 个触针的位置予以转动，即可测定透镜表面不同子午线的屈光度。根据各子午线上焦度的不同，即可算出透镜表面的散光度及其轴位。这种仪器的优点是简单方便。表上的分度大多是根据某一固定的折射率（n_T=1.523 或 n_T=1.530）为标准计算所得。任何其他折射率不同的透镜，如用这种仪器测定，都须附加校正。

3. 检测原理　镜片焦度表的测量原理是测量圆弧在固定间隔 y 上的矢高 s，再利用矢高和半径的几何关系，换算成半径或曲率的形式。

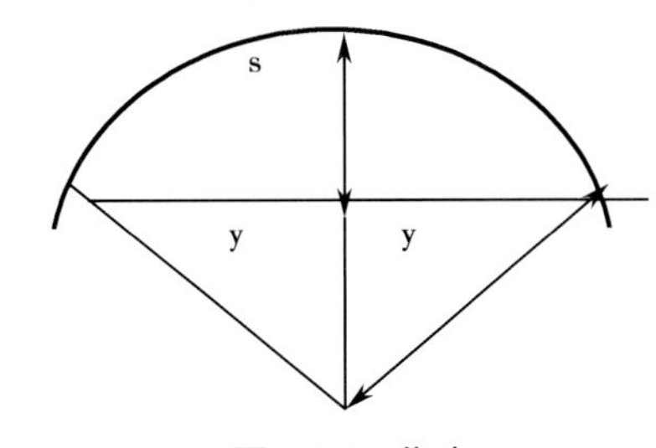

图 2-26　焦度

如图 2-26 所示，其中粗圆弧代表的一个曲面：以 r 代表曲面之曲率半径，y 代表透镜半径之半，s 即表征该圆弧的弧矢高度（矢高）。根据几何公式可得：

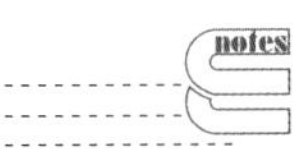

$$s = r - \sqrt{r^2 - y^2}$$

则

$$r = \frac{s}{2} + \frac{y^2}{2s}$$

式中，s——前曲面或后曲面的矢高；

$2y$——固定间隔（两固定触针之间隔）；

r——所测曲面之曲率半径。

镜面测度表将所测得半径值 r 再换算成面焦度，称为显示焦度 F_T，换算公式如下：

$$F_T = \frac{n_T - 1}{r} \tag{2-4}$$

通常焦度表按照被测镜片折射率为 1.523 设计，被测镜片折射率不为 1.523，须按以下公式换算：

$$\frac{F}{F_T} = \frac{n-1}{n_T - 1} \tag{2-5}$$

式中，F——被测镜片焦度；

n——为被测镜片的折射率；

n_T——焦度表折射率 1.523；

F_T——表上测定的焦度读数。

例 1 已知：镜片折射率 n =1.499，焦度表读数 D_0 =−5.22。求：镜片焦度 D。

解：根据式（2-5）可知

$$\frac{F}{F_T} = \frac{n-1}{n_T - 1}$$

=（0.499/0.523）×（−5.22）

=−4.98（D）

4. 检测方法

（1）操作准备：

1）焦度表一支，将焦度表三指针垂直指向一平面（玻璃或金属平板），看读数是否为零：若不为零，则应记为零位偏差。

2）分清正负读数：一般，焦度表在零位的两侧标有正负标记，但较老式的也有以颜色来表示正负的，大多以红色表示负，以黑色表示正，总之，凸面为正，凹面为负。

3）了解读数的格值：一般，焦度表的格值为 0.25D，可估读到二分子一的格值，即 0.12D，若熟练后，可估读到四分之一的格值，即 0.06D。

（2）操作步骤：

1）将所测镜片平放。

2）将焦度表垂直置于镜片表面（图 2-27）。

3）正确读出焦度表度盘上指针所指示的读数。

4）将镜片翻个面重复步骤 1）～3）。

5）将两个面的焦度值代数相加，若镜片的折射率与镜片焦度表所对应的折射率不同，则应按照公式 2 进行计算。

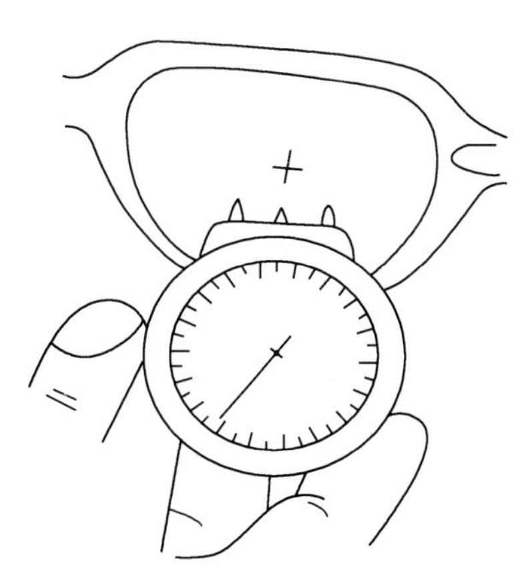

图 2-27　焦度表检测

5. 注意事项

（1）对于散光（球柱）镜片，可将 3 指针的位置予以转动，但是中心指针应保持通过镜片的光学中心，即可测

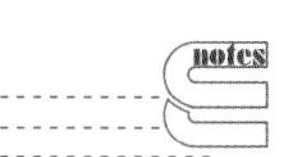

定透镜表面不同子午线上的焦度。

(2) 找出最大及最小的焦度值，它们的差值就是柱镜的焦度；被减数的测量方向就是该柱镜的轴位方向。

三、厚度计

学习目标

1. 掌握：厚度卡钳和镜片厚度测量仪的正确使用方法。
2. 熟悉：厚度卡钳和百分表的检测原理。
3. 了解：厚度卡钳和镜片厚度测量仪的结构组成。

厚度是镜片重要的物理性能之一。眼镜厚度可分为中心厚度(t)和边缘厚度(e)。在考虑镜片有足够的机械强度的条件下，应尽可能薄，镜片太厚不但不美观，而且戴起来还会感到很不舒适。眼镜片中，近视镜片中心比边缘薄，而远视镜片则中心比边缘厚，要控制镜片的厚度，一般只该控制其边缘厚度即可。对于镜片厚度的测量，中心厚度比较容易，可以直接用厚度卡钳以及厚度测量计来量度。根据 QB/T 2506—2017《眼镜镜片　光学树脂镜片》标准要求，眼镜基准点的厚度应不小于 1mm；基准点厚度偏差的极限值为 ±0.3mm。边缘厚度不能直接用仪器来测量，只有通过测镜片的中心厚度及两曲面的矢高来进行计算以得到镜片的边缘厚度。

(一) 厚度卡钳

1. 基本结构　镜片厚度卡钳的主要部件包括触针、卡爪、长短臂、刻度尺等部件(图 2-28)。

2. 检测原理　厚度卡钳是根据相似三角形对应边成比例的原理设计而成。L_1 和 L_2 是卡钳的两条杆，可以绕着 O 点转动，OI 段是杆的长臂，OJ 段是杆的短臂，通常短臂和长臂的长度为 1∶4。J 处的两触针是卡爪，S 是弧形刻度尺。由于短臂端点移动 1 单位，长臂端点则向相反方向移动 4 单位，换句话说，卡爪的触针尖移动 1mm，指针尖将向相反方向移动 4mm，所以在刻度尺上刻度的间隔为 4mm，但每一格表示测量厚度为 1mm。读数从 0 位至 15 位，最大可测量 15mm 的厚度。

3. 检测方法

(1) 操作准备：校正卡钳，让卡爪的两触针尖正对接触，刻度尺上的指针刚好正指 0 位。

(2) 操作步骤

1) 打点镜片的光学中心。

2) 将已打印光学中心的镜片置于卡爪的两针尖之间，让两针尖正对而轻触镜面(图 2-29)。

3) 在弧形刻度尺上读出指针停下所指的读数就是被测的厚度。

4. 注意事项　使用过程中，不要让卡爪的针尖在镜面上移动摩擦，以免损坏镜面及磨损针尖。

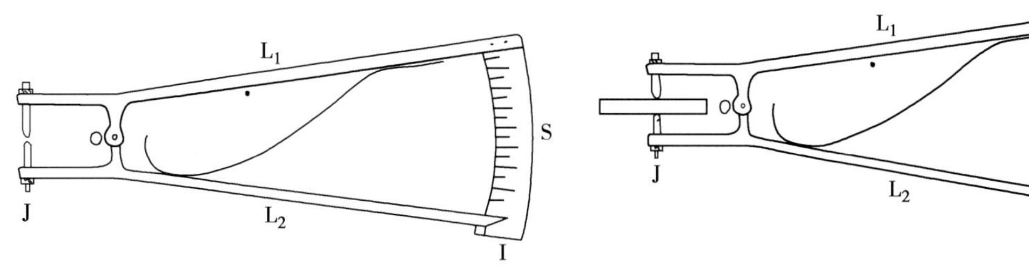

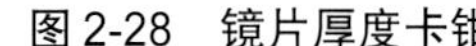

图 2-28　镜片厚度卡钳　　图 2-29　厚度卡钳测量

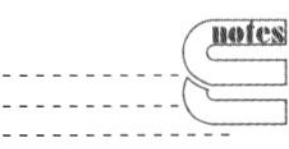

（二）镜片厚度测量仪

1. 基本结构　镜片厚度检测仪的主要部件包括百分表和支撑架。如图 2-30、图 2-31 所示，百分表是进行镜片厚度测量的主要结构。

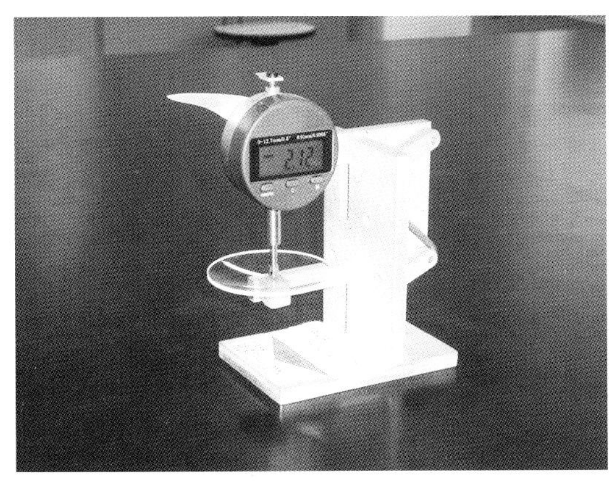

图 2-30　数显示厚度测量仪

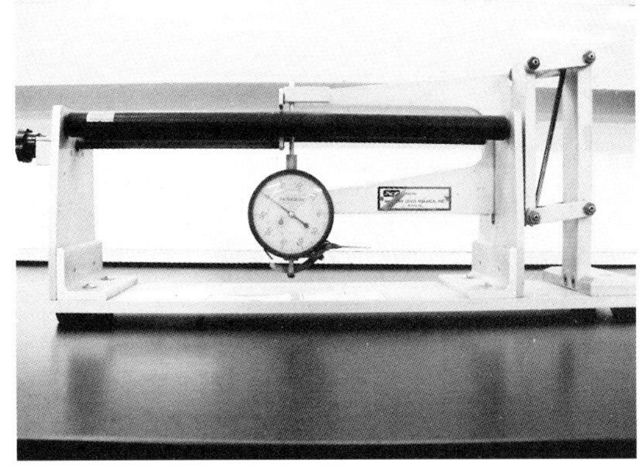

图 2-31　指针式厚度测量仪

2. 检测原理　在实际检测中，百分表可分为指针式和数显示两种，指针式百分表是利用齿条或杠杆与齿轮转动，将测杆的直线位移转变为指针角位移的计量器具（图 2-32）。数显式百分表是将测杆的直线位移以数字显示的计量器具（图 2-33）。

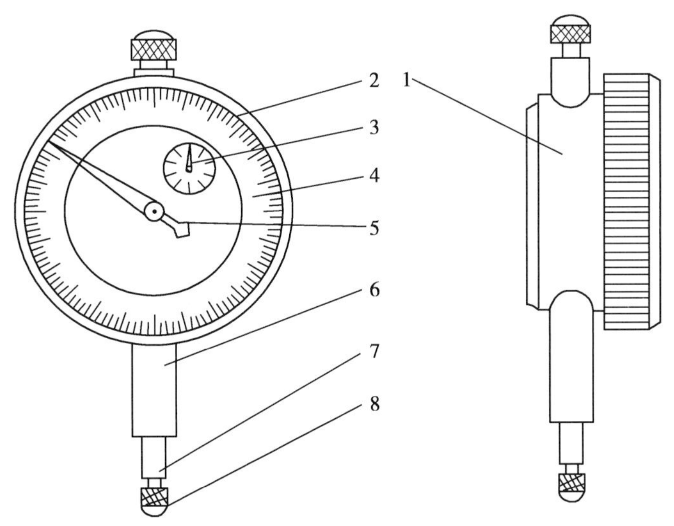

图 2-32　指针式百分表

1：表体；2：表圈；3：转数指针；4：刻度盘；5：指针；6：轴套；7：测杆；8：测头

一般而言，百分表计量分度值是 0.01mm，量程不大于 10mm。图 2-30 数显示百分表所测镜片中心厚度是 2.12mm。

3. 检测方法　以指针式厚度测量仪为例。

（1）操作准备：测量前，拨转百分表外圈，使百分表指针为零。

（2）操作步骤

1）将以打印光学中心的镜片置于托架上。

2）提上百分表测量杆，小心地将镜片置于测量位置。

3）使百分表的测量头对准镜片的光学中心。

4）轻轻放下测量杆，记录下百分表上的读数。

5）在百分表的内圈（小盘）中读出中心厚度的毫米值。

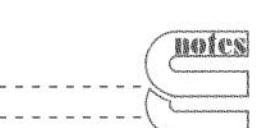

6）在百分表的外圈（大盘）中读出中心厚度的毫米值的尾数，读至 0.01mm。如图 2-34 所示，指针式百分表内圈 1，外圈为 40，所测镜片厚度为 1.40mm。

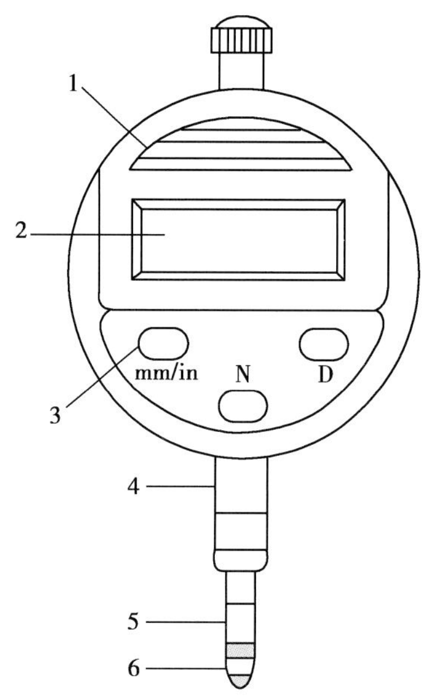

图 2-33　数显示百分表

1：表体；2：显示屏；3：功能键；4：轴套；5：测杆；6：测头

图 2-34　指针式百分表测量

4. 注意事项

（1）当镜片置入或取出测量位置时，不准碰击测量杆。

（2）在测量时，使镜片自然地平躺在托架上，不产生人为倾斜。

实训 2-2：厚度计的使用方法

1. 实训要求

（1）实训目的：熟练掌握镜片厚度测量仪检测方法和操作步骤。

（2）实训方法

1）教师示教镜片厚度测量仪的操作步骤和注意事项。

2）学生分组练习，掌握镜片厚度测量仪的使用方法。

（3）实训时间：1 学时。

2. 实训程序

（1）开启电源。

（2）操作前准备。

（3）放置测试镜片，不准碰击测量杆，镜片自然地平躺在托架上，不产生人为倾斜。

（4）分别读出百分表的内圈和外圈读数。

（5）记录测试结果，保留 1 位小数。

四、分光光度计

学习目标

1. 掌握：双波长分光光度计的工作检测原理。
2. 熟悉：双波长分光光度计的正确使用方法。
3. 了解：双波长分光光度计的结构组成。

透过眼镜镜片，人们观察外界环境时希望能够获得足够清晰明亮的光线，同时能阻隔包括紫外线等有害光线穿过镜片进入眼睛。透射比性能是眼镜镜片最重要的性能之一，其测量主要包括光透射比、紫外透射比、蓝光透射比、红外光谱透射比等透射参数。测量仪器通常为分光光度计。

按仪器使用光源波长分类：

①真空紫外分光光度计（0.1～200nm）。

②可见分光光度计（350～700nm）。

③紫外 - 可见分光光度计（190～1 100nm）。

④紫外 - 可见 - 红外分光光度计（190～2 500nm）。

按仪器使用的光学系统分类：

①单光束分光光度计。

②双光束分光光度计。

③双波长分光光度计。

④动力学分光光度计。

考虑到测量镜片不同焦度、曲率等影响因素，推荐使用配有积分球的双光束分光光度计进行测试，如图 2-35 所示。

双光束分光光度计具体介绍如下：

1. 基本结构　配有积分球的双光束分光光度计基本构造主要由光源、单色器、样品池（位置）、检测器和数据输出五大部分组成，积分球构造如图 2-36 所示。

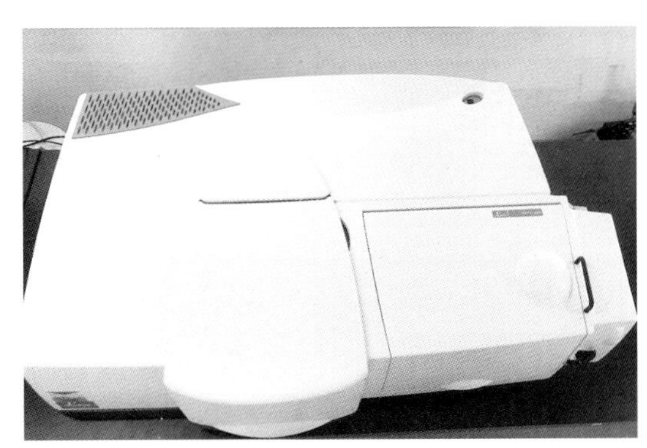

图 2-35　双光束分光光度计

图 2-36　积分球结构示意图

光源在整个紫外光区或可见光区可以发射连续光谱，具有足够的辐射强度、较好的稳定性、较长的使用寿命。可见光区常用的光源是钨灯或碘钨灯，波长范围是 350～1 000nm。在紫外区常为氢灯或氘灯，发射的连续波长范围是 180～360nm。

单色器是将光源辐射的复合光分成单色光的光学装置。它是分光光度计的心脏部分。单色器一般由狭缝、色散元件及透镜系统组成。关键是色散元件，最常见的色散元件是棱镜和光栅。

狭缝是将单色器的散射光切割成单色光。直接关系到仪器的分辨率。狭缝越小，光的单色性越好。

样品池（位置）一般在吸收池的基础上改造或者在光程上另寻位置。

检测器利用光电效应将透过吸收池的光信号变成可测的电信号，常用的有光电管、光

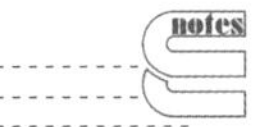

电倍增管、光电二极管、光电摄像管等。

数据输出上现行的分光光度计设备有相应的软件，需要电脑查看即可。

2．工作原理　由同一光源发出的光，经单色器分光后经反射镜分解为强度相等的两束光，一束通过参比池，一束通过样品池。光度计能自动比较两束光的强度，此比值即为试样的透射比，经对数变换将它转换成吸光度并作为波长的函数记录下来，如图 2-37 所示，包括双光束分光光度计在内的几种分光光度计的工作原理图。

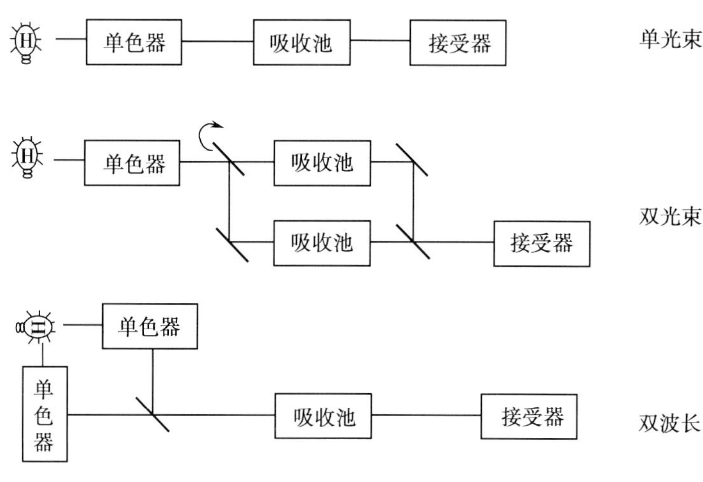

图 2-37　几种分光光度计的结构图

3．检测原理

（1）光透射比 τ_V（luminous transmittance）：镜片或滤光片的透射光通量与入射光通量之比。

$$\tau_V = \frac{\int_{380nm}^{780nm} \tau(\lambda) \cdot V(\lambda) \cdot S_{D_{65}}(\lambda) \cdot d\lambda}{\int_{380nm}^{780nm} V(\lambda) \cdot S_{D_{65}}(\lambda) \cdot d\lambda} \times 100\%$$

式中，$\tau(\lambda)$——镜片的光谱透射比；

$V(\lambda)$——日光下光谱光视效率函数；

$S_{D_{65}}(\lambda)$——CIE 标准照明体 D65 的光谱分布函数。

（2）太阳紫外 A 波段透射比 τ_{SUVA}（transmittance in the solar ultraviolet A spectrum）：315～380nm 之间光谱透射比的加权平均值。其加权函数由太阳辐射的光谱功率分布函数 $E_S(\lambda)$ 及紫外辐射的相对光谱伤害函数 $S(\lambda)$ 构成。

$$\tau_{SUVA} = \frac{\int_{315nm}^{380nm} \tau(\lambda) \cdot E_S(\lambda) \cdot S(\lambda) \cdot d\lambda}{\int_{315nm}^{380nm} E_S(\lambda) \cdot S(\lambda) \cdot d\lambda} \times 100\%$$

式中，$\tau(\lambda)$——镜片的光谱透射比；

$E_S(\lambda)$——太阳辐射的光谱功率分布函数；

$S(\lambda)$——紫外辐射的相对光谱伤害函数。

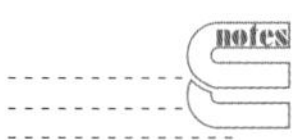

（3）太阳紫外 B 波段透射比 τ_{SUVB}（transmittance in the solar ultraviolet B spectrum）：280～315nm 之间光谱透射比的加权平均值。其加权函数由太阳辐射的光谱功率分布函数 $E_S(\lambda)$

及紫外辐射的相对光谱伤害函数 $S(\lambda)$ 构成。

$$\tau_{SUVB}=\frac{\int_{280nm}^{315nm}\tau(\lambda)\cdot E_S(\lambda)\cdot S(\lambda)\cdot d\lambda}{\int_{280nm}^{315nm}E_S(\lambda)\cdot S(\lambda)\cdot d\lambda}\times 100\%$$

式中，$\tau(\lambda)$——镜片的光谱透射比；

$E_S(\lambda)$——太阳辐射的光谱功率分布函数；

$S(\lambda)$——紫外辐射的相对光谱伤害函数。

（4）太阳蓝光透射比 τ_{sb}（solar blue-light transmittance）：在光谱范围 380～500nm，以海平面大气质量 2 时，太阳光谱功率分布函数 $E_S(\lambda)$ 和蓝光损伤函数 $B(\lambda)$ 为权重的光谱透射比的加权平均值。通常以百分数表示。

$$\tau_{sb}=\frac{\int_{380}^{500}\tau(\lambda)\cdot E_S(\lambda)\cdot B(\lambda)\cdot d\lambda}{\int_{380}^{500}E_S(\lambda)\cdot B(\lambda)\cdot d\lambda}\times 100\%$$

式中，$\tau(\lambda)$——镜片的光谱透射比；

$E_S(\lambda)$——太阳辐射的光谱功率分布函数；

$B(\lambda)$——蓝光损伤函数（见附录 B）。

（5）太阳红外透射比 τ_{SIR}（solar IR transmittance）：在光谱范围 780～2 000nm 之间，以太阳光谱功率分布函数 $E_S(\lambda)$ 为权重的光谱透射比的加权平均值。

$$\tau_{SIR}=\frac{\int_{780}^{2000}\tau(\lambda)\cdot E_S(\lambda)\cdot d\lambda}{\int_{780}^{2000}E_S(\lambda)\cdot d\lambda}\times 100\%$$

式中，$\tau(\lambda)$——镜片的光谱透射比；

$E_S(\lambda)$——太阳辐射的光谱功率分布函数。

4. 测试步骤

（1）打开仪器，预热 10 分钟，启动电脑。

（2）预热完毕后，点击电脑桌面测试程序，选择测试方法，进入程序后，设置测试参数，校准仪器。

（3）将光斑调节器放入样品仓中，调节光斑直径，关闭样品仓，进行波长校准。

（4）准备样品，将样品用眼镜布擦拭干净后，放进样品仓，开始测试镜片的光透射比，测量时间 2 分钟。

（5）当然对不同型号的分光光度计按照所需的数据，设置设备参数，放置样品，开始测试，等待测试完毕。因设备配套的软件不同，实际操作略有不同。

5. 维护和保养

（1）设备保存室温保持在 15～35℃，相对湿度宜控制在 45%～80%。

（2）防尘、防震、防电磁干扰，仪器周围不应有强磁场。不要暴露在阳光直射的地方，不要放在有腐蚀性气体或在 UV 波长范围内有吸收的有机和无机气体的环境内。

（3）光源寿命有限，如长时间不测量，建议关闭分光光度计。

（4）如果开机后光源未被点亮，首先检查保险丝，若断了应更换新的保险丝。注意更换保险丝时，关闭电源开关并切断电源。

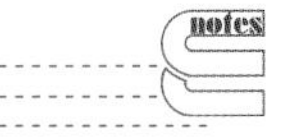

实训 2-3：分光光度计的使用方法

1. 实训要求

（1）实训目的：熟练掌握双波长分光光度计检测方法和操作步骤。

（2）实训方法：

1）教师示教双波长分光光度计的操作步骤和注意事项。

2）学生分组练习，掌握双波长分光光度计的使用方法。

（3）实训时间：4 学时。

2. 实训程序

（1）开启电源。

（2）预热仪器，打开测试软件。

（3）设置参数，做好仪器校准工序。

（4）完成可见光透射比项目测试，保留 1 位小数。

（5）完成蓝光透射比项目测试，保留 1 位小数。

（6）完成紫外透射比项目测试，保留 1 位小数。

（7）完成红外透射比项目测试，保留 1 位小数。

五、折射率仪

学习目标

1. 掌握：V 形棱镜折射仪的工作检测原理。
2. 熟悉：V 形棱镜折射仪的正确使用方法。
3. 了解：V 形棱镜折射仪的结构组成。

镜片折射率的测量方法是多种多样的，常见的测量方法主要是测角法中的全反射法（阿贝仪测量）、V 形棱镜折射仪法（V 棱镜测量）、最小偏向角法（精密测角仪测量）等。QB/T 2506—2017 中规定了应使用测量精度不低于 5×10^{-5} 的 V 棱镜折射仪或与 V 棱镜折射仪所述方法等效的测量装置。

折射率 $n(\lambda)$ 是指电磁波在真空中的速度与不同波长的单色辐射波在媒质中的相速度之比。实际应用中，用空气中的速度代替真空中的速度。光学材料的折射率通常用氦黄线 d（波长 λ_d 为 587.56nm）的折射率 n_d 或汞绿线 e（波长 λ_e 为 546.07nm）的折射率 n_e 来表示。

阿贝数 υ，又称色散系数，是表征光学材料色散现象的一种数学表达式，一般用 $v_d=\dfrac{n_d-1}{n_F-n_C}$ 或 $v_e=\dfrac{n_e-1}{n_{F'}-n_{C'}}$ 来表示。n_d 为氦黄线 d（波长 λ 为 587.56nm）的折射率；n_F 为氢蓝线 F（波长 λ 为 486.13nm）的折射率；n_C 为氢红线 C（波长 λ 为 656.27nm）的折射率；n_e 为汞绿线 e（波长 λ 为 546.07nm）的折射率；n_F' 为镉蓝线 F'（波长 λ 为 479.99nm）的折射率；n_C' 为汞红线 C'（波长 λ 为 643.85nm）的折射率。

这里我们主要介绍 V 形棱镜折射仪测量方法。

1. 基本结构（图 2-38）　光学系统结构主要由瞄准系统和读数系统两部分组成。一块带有 V 形缺口的长方形棱镜，由两块材料完全相同、折射率均为 n_0 的直角棱镜胶合而成，V 形缺口的张角为 90°，两个尖棱的角度为 45°。将被测样品磨出构成 90° 的两个平面放在 V 形缺口内，由于样品角度加工的误差，被测样品的两个面和 V 形缺口的两个面之间会有空隙，需要在中间填充一些折射率和被测样品折射率接近的液体，称为折射液。折射液作用是即使样品加工 90° 角不准确，加上折射液之后，近似于一个准确的 90° 角，还可防止光线在界面上发生全反射。测量范围：固体折射率：1.30～1.95；液体折射率：1.30～1.70；测量精度：5×10^{-5}。

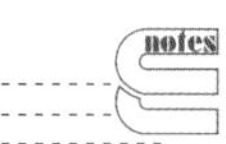

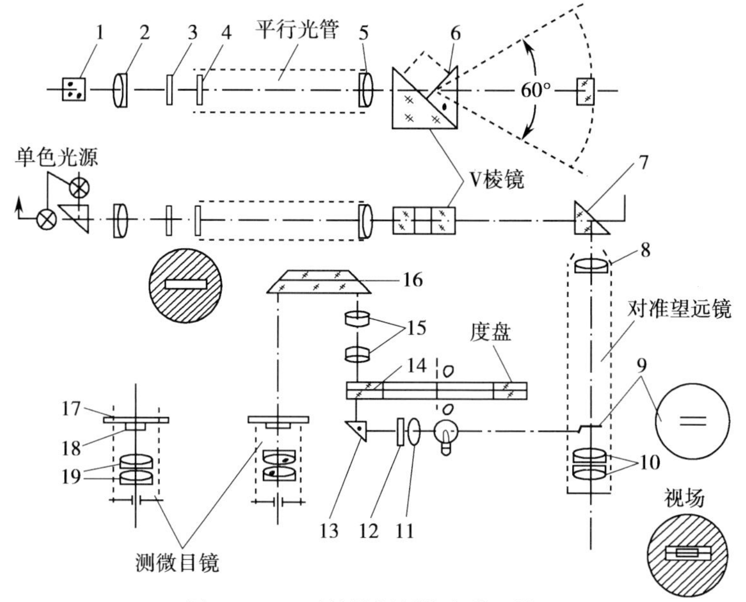

图 2-38　V 形棱镜折射仪光学系统图

1—光源棱境；2—聚光镜；3—滤光片；4—分化板；5—准直物镜；6—V 棱镜；7—直角模镜；8—望远物镜；9—分化板；10—目镜；11—聚光镜；12—毛玻璃；13—棱镜；14—度盘；15—读数显微镜物镜；16—棱镜；17—螺旋线分化板；18—固定分化板；19—目镜

2. 工作原理　当一束垂直于 V 棱镜入射面的平行光进入 V 棱镜后，如果被测样品的折射率 n 和已知的 V 棱镜折射率 n_0 相同，则整个 V 棱镜加上被测样品就像一块平行平板玻璃一样，光线在两接触面上不发生偏折，最后的出射光线也将不发生任何偏折。若被测样品的折射率 n_1 与 V 棱镜 n_0 有差异，光线遵守折射定律发生折射，取出射光线与入射光线的夹角为 θ 时，按照折射定律推导出 θ 和 n 之间的公式：

$$n_0\sin 45^\circ = n\,sin(\omega_1+45^\circ) \tag{2-6}$$

$$n\,sin(45^\circ-\omega_1) = n_0 sin(45^\circ-\omega_2) \tag{2-7}$$

$$n_0\sin\omega_2 = \sin\theta \tag{2-8}$$

计算得：

$$n^2 = n_0^2 \pm sin\,\theta\,(n_0^2 - sin^2\theta)^{1/2} \tag{2-9}$$

式中，n_0——V 棱镜的折射率；

n——被测样品的折射率；

θ——出射光线的偏折角；

当 $n>n_0$，式(2-9)中取正号，如图 2-39A 所示，

当 $n<n_0$，式(2-9)中取负号，如图 2-39B 所示。

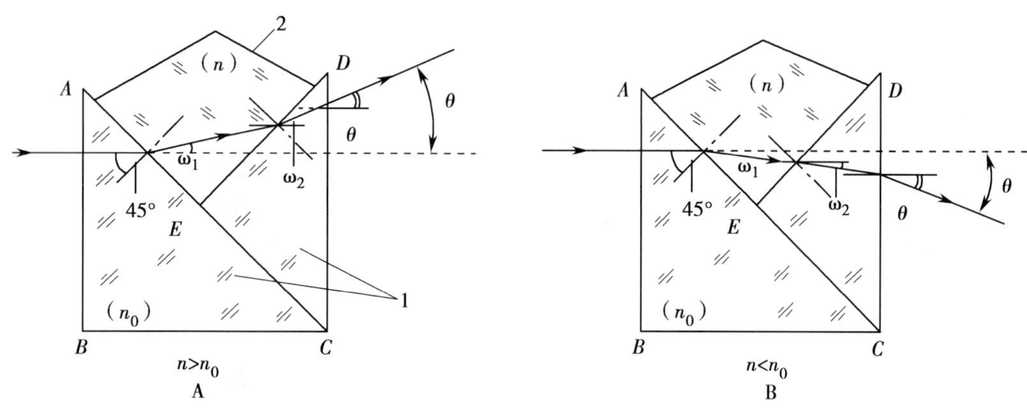

图 2-39　V 形棱镜折射仪测量原理图

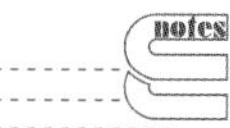

3. 检测方法

（1）样品制备：取待测材料割成直角棱镜，直角边长约20mm，厚约20mm，若材料尺寸不够时，应直角边至少大于8.5mm，厚约大于11mm，两直角面应细磨，如图2-40所示。

（2）操作步骤

1）加工样品，使其至少有两面相互垂直，直角精度为90°±1′。

2）将与V棱镜材料完全相同的标准块放入V形槽内，如图2-41所示。

3）转动望远镜使光轴对准出射光方向，从显微读数系统中读出零位角度数值θ_1。

4）换上样品，再次转动望远镜并使之对准光束方向，读取角度数值θ_2。

5）两次度数之差$\triangle\theta$（$\triangle\theta=\theta_2-\theta_1$），再查偏角$\theta$与折射率的换算表，就可得到样品的折射率值。

6）将不同波段对应的折射率值代入公式计算可得相应的阿贝数。

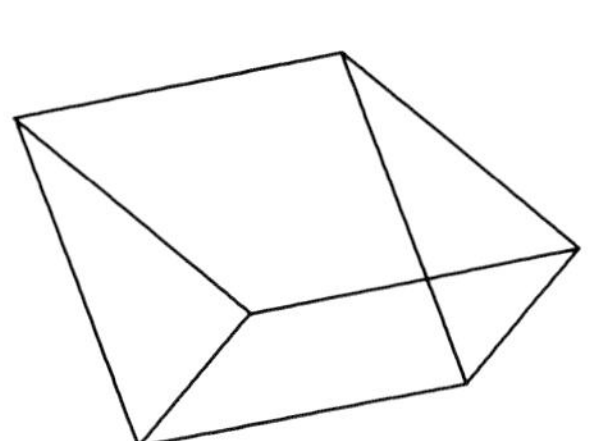
图2-40　被测样品示意图

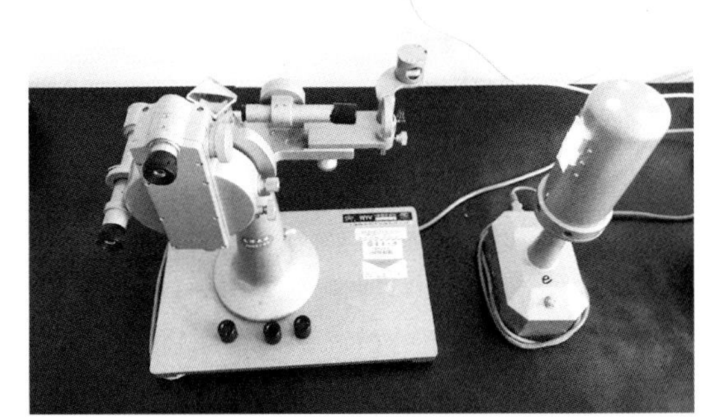
图2-41　V形棱镜折射仪的检测

4. 注意事项

（1）部分折射油有毒性，应遵循实验室安全管理条例，密封保存，配制和使用不要沾到手上或眼里。

（2）光源要明亮均匀，以便于观察。

实训2-4：V形棱镜折射仪的使用方法

1. 实训要求

（1）实训目的：熟练掌握V形棱镜折射仪检测方法和操作步骤。

（2）实训方法

1）教师示教V形棱镜折射仪的操作步骤和注意事项。

2）在教师指导下，学生分组练习，掌握V形棱镜折射仪的使用方法。

（3）实训时间：3学时。

2. 实训程序

（1）准备−4.00D以上镜片若干。

（2）用磨边机或其他仪器将镜片切割成标准直角。

（3）测试氦黄线d的折射率n_d，保留3位小数。

（4）测试氢蓝线F的折射率n_F，保留3位小数。

（5）测试氢红线C的折射率n_C，保留3位小数。

（6）测试汞绿线e的折射率n_e，保留3位小数。

（7）将上述不同波段对应的折射率值代入公式计算可得阿贝数υ_d，保留1位小数。

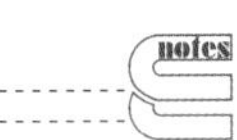

（8）操作过程中，部分折射油有毒性，配置和使用不要沾到手上或眼里，严格遵循实验

室安全操作和管理条例。

(9) 使用完后要用软湿布把仪器擦干净。

六、眼镜测量卡

学习目标

1. 掌握：眼镜测量卡的正确使用方法，能准确找出渐进多焦点镜片的隐性 / 显性标记，能准确测量渐进多焦点镜片的瞳距及瞳高。

2. 熟悉：眼镜测量卡的检测原理。

3. 了解：渐进多焦点镜片的设计分区。

眼镜测量卡最早用于辅助渐变焦眼镜的镜片参数核实，现也用于辅助检测各种眼镜。

1. 基本结构　测量卡的形式有多种，主要是在卡上标有不同内容的数字参考线，方便渐变焦眼镜的比对测量（图 2-42）。测量卡中间呈山峰的区域为镜间距对照区，折线可供直接对照宽度为 30～35mm；测量卡中间区域中横列数字，为在对眼镜架进行整体测量时，显示的是单侧镜片距镜间垂直平分线的距离。两组数字的用途：纵列数字用于量度瞳高；横列数字可用于标记光学中心位置，亦可量度光学中心移心量。测量卡左右各有一渐进镜片实际大小标记图，图中纵列数字与刻度，是距配镜十字中心的距离，显示的是瞳上距和瞳高的值。测量卡这部分亦可用于核对近用镜度区适配状况。

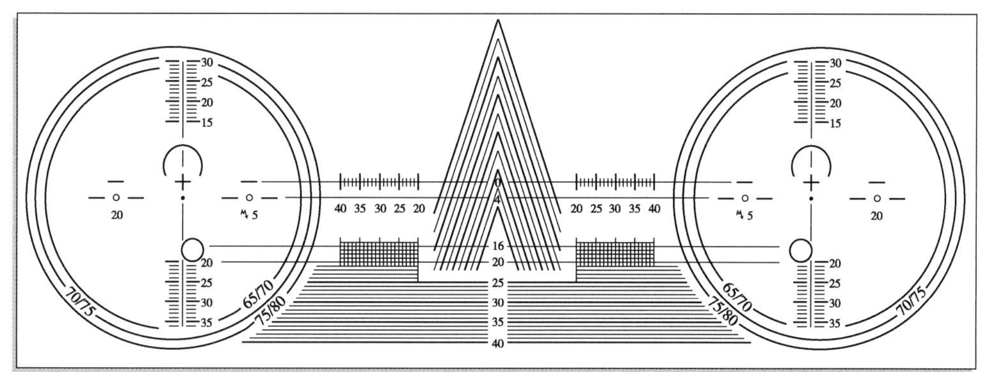

图 2-42　眼镜测量卡

2. 工作原理　眼镜测量卡的功能是提供镜片光学参数的位置测量。测量卡中间的斜线部分，可以将镜架鼻梁处居中放置，不同部位的尺寸标记可以测量镜片上各点尺寸。利用眼镜测量卡可以恢复渐变焦镜片上的各个暂时性标记，并定位显示永久性隐形标记，如隐形印记、配镜十字、远用 / 近用参考圈、棱镜参考点等（图 2-43）；可以利用眼镜测量卡上的标准刻度线测量镜片的单侧瞳距和瞳高；可以根据选定的镜架和被测者的单侧瞳距选择镜片的最小直径，尽量缩小镜片的直径，从而最大限度地降低镜片的厚度。

3. 检测方法

(1) 操作准备：眼镜测量卡 1 张，渐变焦眼镜 1 付或渐变焦镜片 2～3 片，记号笔 1 支。

(2) 操作步骤

1) 眼镜测量卡对显性标记消失的重新标定

①用透射法或哈气法找出渐进多焦点镜片表面的一对隐性印记并标记，同时找出镜片表面隐性商标，以确定选用相应厂商的眼镜测量卡；最后找出下加光隐性标记并记录下加光度。

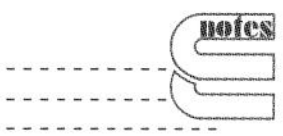

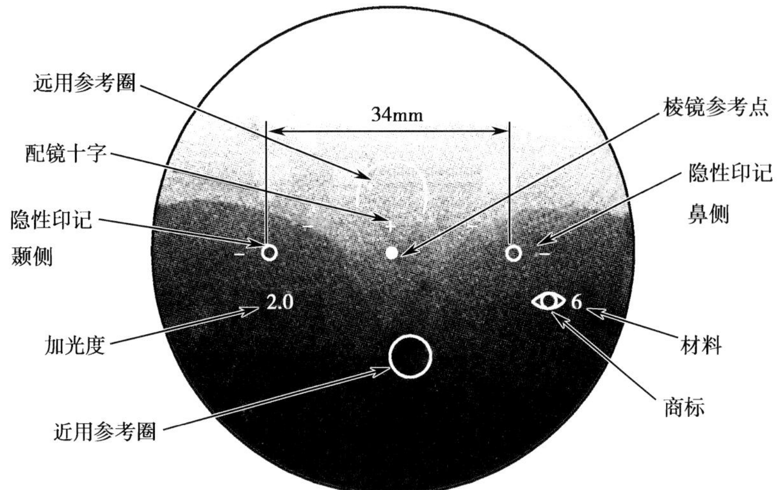

图 2-43　渐进多焦点镜片标记

②将镜片凸面朝下放在对应的渐进多焦点镜片测量卡上，使得镜片上的两个隐性印记与相应图标位置重合（图 2-44）。

③按照渐进多焦点镜片测量卡的提示，用记号笔在镜片凹面分别作配镜十字、棱镜参考点、远用/近用镜度参考圈标记。

④检查所作的标记是否与眼镜测量卡相应位置重合。

⑤完成显性标记重新标定。

图 2-44　显性标记标定

2）眼镜测量卡对人眼单侧瞳距的标定

①被检者戴上调整好的镜架与检查者相对而坐，两者视线保持在同一水平。

②打开笔试手电筒开关，放置在检查者的左眼下方，投照被检者右眼。

③让被检者双眼注视检查者的左眼。

④检查者闭上右眼，用左眼看被检者右眼的角膜反光点。

⑤用记号笔在与角膜反光点相应位置的眼镜衬片标记一个点或一条短的垂直线。

⑥同样的方法测量被检者左眼的单侧瞳距。

⑦取下镜架，将眼镜前表面向下放置在镜片测量卡上，鼻托对称置于中心斜线两侧，两个镜圈下缘与下方水平线对齐（图 2-45）。

⑧从中央的水平刻度线读出左右眼的单侧瞳距数据。

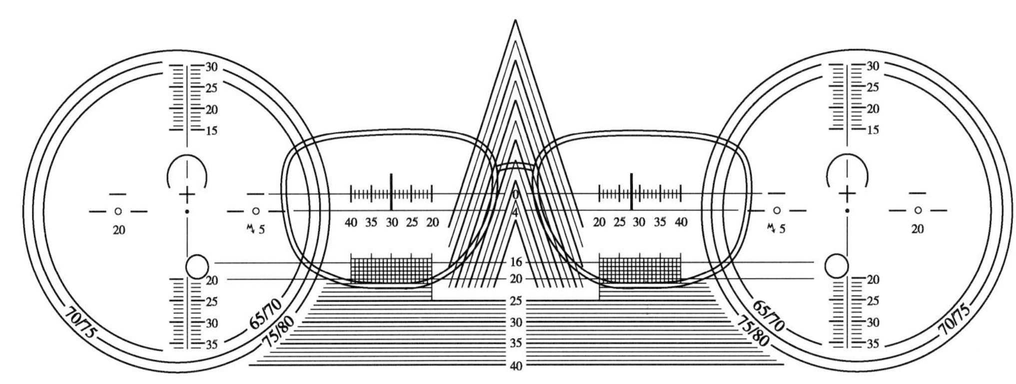

图 2-45　眼镜测量卡测量单侧瞳距

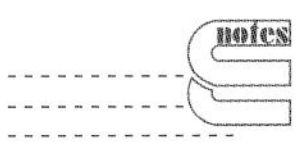

3）眼镜测量卡对人眼单侧瞳高的标定

①被检者戴上调整好的镜架与检查者相对而坐，两者视线保持在同一水平。

②用记号笔在与右眼瞳孔中心高度相应位置的眼镜衬片标记一个点或一条短横线。

③同样的方法测量被检者左眼瞳孔中心高度。

④取下镜架，将眼镜前表面向下放置在镜片测量卡上。

4）用镜片测量卡的镜圈测量图测量瞳高

①将镜架两镜圈下缘内槽与测量卡中央等高线0位水平线对齐（图2-46）。

②由测量卡的横线读出眼镜衬片标志位置的读数。

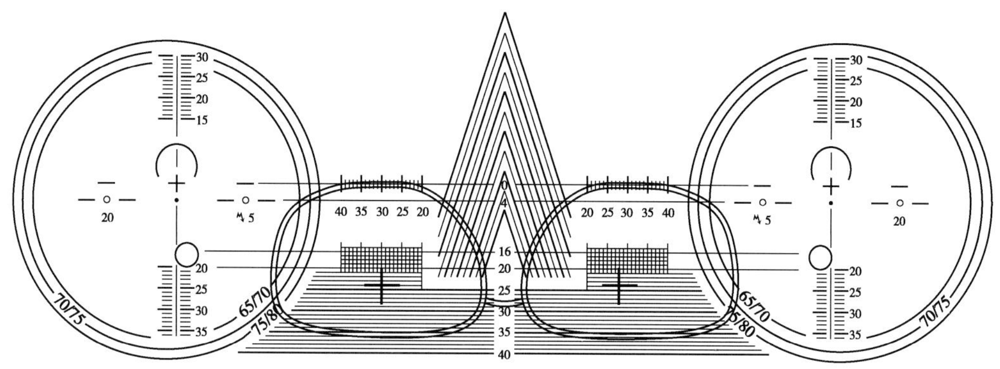

图2-46　眼镜测量卡镜圈测量图测量瞳高

5）用镜片测量卡的镜圈测量图测量瞳高

①将镜架右镜圈衬片的瞳孔中心标记与镜片测量图中的“+”符号对齐，注意左镜框下缘要与右镜框下缘在同一条等高线上。

②由“+”符号下的横线读出眼镜衬片标志位置的高度读数。

6）眼镜测量卡对已完成加工的镜片单侧光心距的标定

①将镜架以镜腿向上的方向放置在测量卡中央部分。

②使镜架鼻梁中点与测量卡“0”刻度重合。是测量卡中间的倒“V”从一个点发出的两条射线分别同镜架左右两个镜框鼻侧的边缘相切。

③根据测量卡倒“V”两侧垂直刻度，读出左右镜片配镜十字垂直线与水平轴的距离数据。

④记录左右镜片单侧瞳距数据。

7）眼镜测量卡对已完成加工的镜片单侧瞳高的标定

①将镜架以镜腿向上的方向放置在测量卡中央部分。

②使镜架鼻梁中点与测量卡“0”刻度重合。是测量卡中间的倒“V”从一个点发出的两条射线分别同镜架左右两个镜框鼻侧的边缘相切。

③根据测量卡倒“V”下半部分的水平刻度，读出从左右镜框最下缘内侧到配镜十字水平线的垂直距离数据。

④记录左右镜片单侧瞳高数据。

渐进多焦点眼镜的戴镜者的单侧瞳距和单侧瞳高要与渐进多焦点镜的单侧光心距及配镜十字高度相一致。使用渐进多焦点眼镜测量卡对单侧光心距、配镜十字高度的测量结果进行确定，能较有效地提高渐进多焦点眼镜的验配成功率，从而有助于减少对渐进多焦点眼镜验配的投诉。

4. 注意事项

（1）检查渐进多焦点镜片的标记时，注意隐性印记与显性镜片中心水平标线是否在同一水平线，若两者不在同一水平线，必定影响渐进多焦点镜片的装配及配眼镜质量。

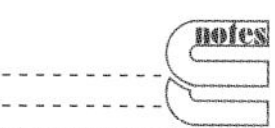

(2) 用镜片测量卡对镜架衬片的瞳距中心标记读出单侧瞳距，两侧的镜圈一定要对称。

(3) 用镜片测量卡对镜架衬片的瞳距中心标记读出瞳高，两侧的镜圈一定要水平。

七、游标卡尺

学习目标

1. 掌握：眼镜测量卡的正确使用方法，能准确找出渐进多焦点镜片的隐性/显性标记，能准确测量渐进多焦点镜片的瞳距及瞳高。

2. 熟悉：眼镜测量卡的检测原理。

3. 了解：渐进多焦点镜片的设计分区。

游标卡尺是一种测量长度、内外径、深度的量具。游标卡尺由主尺和附在主尺上能滑动的游标两部分构成。主尺一般以毫米为单位，而游标上则有 10、20 或 50 个分格，根据分格的不同，游标卡尺可分为十分度游标卡尺、二十分度游标卡尺、五十分度游标卡尺等，游标为 10 分度的有 9mm，20 分度的有 19mm，50 分度的有 49mm。根据结构的不同，游标卡尺又分为普通游标卡尺、带表游标卡尺和电子数显游标卡尺。通常，游标卡尺可测量工件的内径、外径、宽度和深度等，在眼镜产品测量中我们用游标卡尺测量镜片的直径、镜片镀膜区域直径、眼镜架尺寸等参数。

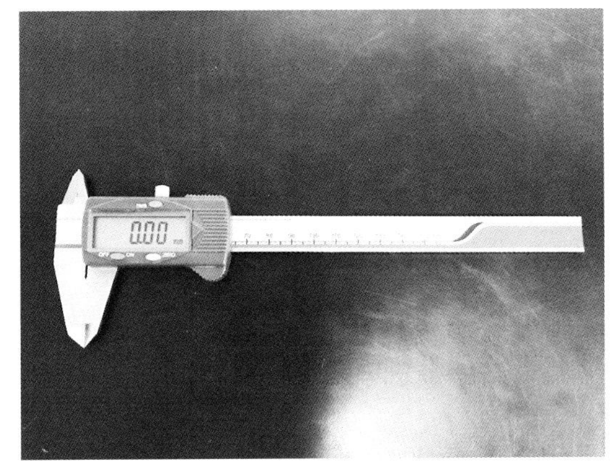

图 2-47　普通游标卡尺

1. 基本结构　普通游标卡尺构件包括主尺、深度尺、游标尺、内测量爪、外测量爪、紧固螺钉等，内测量爪通常用来测量内径，外测量爪通常用来测量长度和外径(图 2-47)。

2. 工作原理　普通游标卡尺的测距的原理是通过主尺与游标尺的差值来得到被测尺寸的值(图 2-48)。

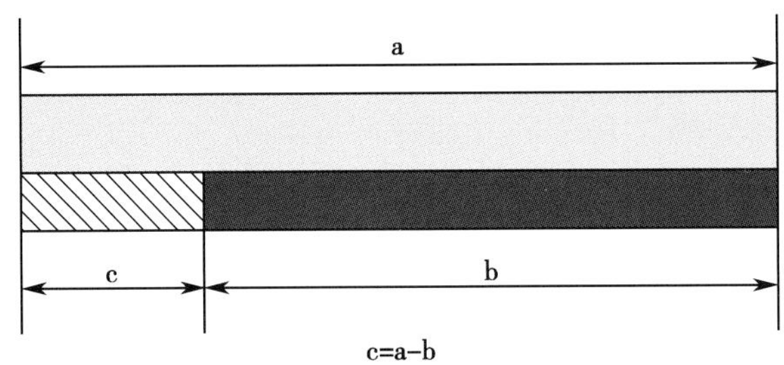

图 2-48　普通游标卡尺工作原理示意图

不管游标尺上有多少个小等分刻度，它的刻度部分的总长度比主尺上的同样多的小等分刻度少 1mm。常见的游标卡尺的游标尺上小等分刻度有 10 个的、20 个的、50 个的，见表 2-1：

表 2-1　三种分度游标卡尺对照表

	游标长度	游标尺等分刻度数	与主尺相差	精确度
10 分度	9mm	10	0.1mm	0.1mm
20 分度	19mm	20	0.05mm	0.05mm
50 分度	49mm	50	0.02mm	0.02mm

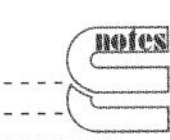

以精确度 0.02mm 的卡尺为例，图 2-49 是其初始状态的刻度线，根据主尺的刻度可以知道游标尺刻度总长 49mm，游标尺一共有 50 个格，则每个小格的值为 0.98mm，主尺最小刻度是 1mm，主尺的小格比游标尺的小格大 0.02mm。游标卡尺的小数部分的读数规律，就是游标尺的第几个格与主尺刻度线对齐，假设第 *n* 个格与主尺刻度线对齐，则小数部分的读数为 *n* 个大格减去 *n* 个小格，即 $n_x \times 0.02$，然后加上主尺上的整数部分，即为被测尺寸。以精确度 0.02mm 的卡尺为例，如图 2-49 是其初始状态的刻度线。

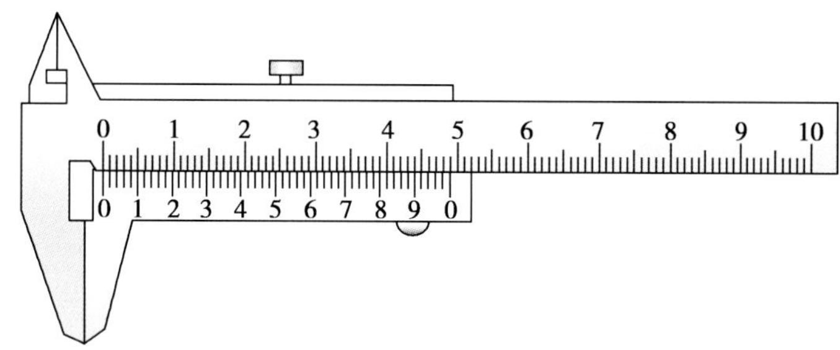

图 2-49　精确度 0.02mm 的游标卡尺

3. 检验步骤

（1）从主尺上读出主要部分，即游标尺的零刻度线对准的主尺上的刻度值 *A*（应以 mm 为单位）。

（2）找出从游标尺上的第 N 条刻度线与主尺上的某条刻度线对齐，然后根据游标尺的种类确定每分度的值 *u*（10 分度尺为 0.1mm，20 分度尺为 0.05mm，50 分度尺为 0.02mm），算出游标尺上计出的值 *B*：$B=N\times u$（mm）。

（3）求出最后结果：$X=A+B$（mm）。

4. 注意事项　使用游标卡尺时，不论多少分度都不用估读。20 度的游标卡尺，读数的末位数字一定是 0 或 5，3.50 分度的游标卡尺，读数的末位数字一定是 0 或偶数。

第二节　接触镜检测设备

一、表面分析仪

学习目标

1. 掌握：表面分析仪的工作检测原理。
2. 熟悉：表面分析仪的正确使用方法。
3. 了解：表面分析仪的结构组成。

角膜接触镜表面分析仪主要用来判断镜片表面光滑程度；判断新镜片的材料基质中有无不透明杂质、混浊及缺陷；观察陈旧镜片表面划痕、破损及沉淀物的程度和类型；抽检判断成品镜片的生产工艺质量。

测量接触镜表面质量有软质和硬质，主要侧重于后者。目前表面质量分析方法有普通手柄放大镜加光源照明、投影仪放大检测仪、裂隙灯显微镜等。

（一）普通手柄放大镜加光源照明

1. 基本结构　包括放大镜和检验灯，检验灯至少 450lm 的光通量：如 15W 的荧光灯和 2 只 8W 的荧光灯。

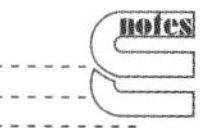

2. 工作原理　基于光学上的丁达尔现象，即粒子对光散射（光波偏离原来方向而发散传播）作用的结果。例如微尘在强光直射通过的情况下，人眼不能观察，若把光线斜射它，由于光的散射，微粒似乎增大了体积，为人眼可见。

3. 检测方法

（1）充分清洁冲洗镜片。

（2）左手用镊子夹住镜片的边缘，使光源侧照在镜片的外曲面。

（3）调暗室内光线，并置深色暗视场背景。

（4）右手持放大镜，凑近观察镜片，适当调整光源与镜片的角度及放大镜的焦距。

（5）观察并分辨镜片细部。

（二）投影放大检测仪

见本节“直径测试仪”部分，此处不再赘述。

（三）裂隙灯显微镜

见第三章第一节，此处不再赘述。

二、曲率测试仪

学习目标

1. 掌握：球径仪、投影检测仪的操作步骤。
2. 熟悉：球径仪操作时的注意事项。
3. 了解：球径仪、标准基弧组模及投影检测仪的工作原理和测试原理。

在角膜接触镜验配过程中，表面曲率的测量是非常重要的。目的是判定镜片基弧与设计值是否相符；在临床镜片验配不良时对镜片参数进行验证并为修改验配提供依据。

目前测量角膜接触镜包括软质和硬质，其镜片曲率的仪器种类比较多，这里我们主要介绍以下几种仪器方法：

（一）球镜仪

1. 基本结构　球镜仪的主要结构包括米字形光标、垂直双目显微镜、可升降的测座、刻度表和调节手轮等部件（图 2-50）。

2. 工作原理

（1）被照亮的米字形光标 T 发出的光线被半透明反射镜反射，沿光路管向下，被显微镜的物镜聚合后，在物镜的第一主焦点形成光标像 T'（图 2-51A）。

（2）若将被测镜片内曲面与光标像 T' 重合，光标像 T' 在镜片内曲面上成像的反射光线沿逆向光路上行，被显微镜的物镜聚合后投射于半透明反射镜，一路被半透明反射镜反射，返回原处与光标 T 重合，另一路穿过半透明反射镜，在物镜的第二主焦点 T'' 处形成共轭像，当目镜的第一主焦点与 T'' 重合时，观察眼即可看到清晰的光标像（图 2-51B）。

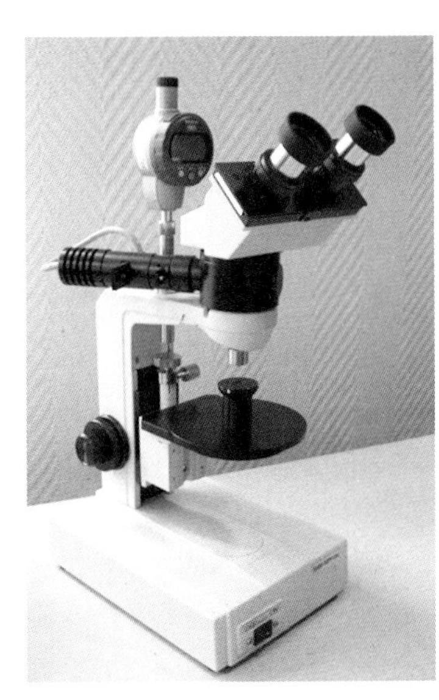
图 2-50　球镜仪的主要结构

（3）降低测座，逐量加大镜片与物镜的间距，当镜片的曲率中心 C 与物镜的第一主焦点 T' 重合时，来自光标 T 的光线被半透明反射镜向下反射，在物镜的第一主焦点 T' 聚焦，聚焦后散开投射于镜片内曲面，反射光线沿逆向光路上

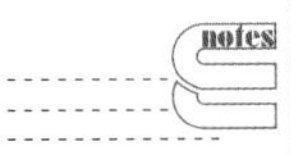

行聚焦成像于 C，并被显微镜的物镜聚合后穿过半透明反射镜，在 T'' 处形成共轭像，观察眼可再一次通过目镜看到清晰的光标像。测座降低的行程等于从镜片的内曲面至镜片的曲率中心，恰等于镜片的曲率半径（图 2-51C）。

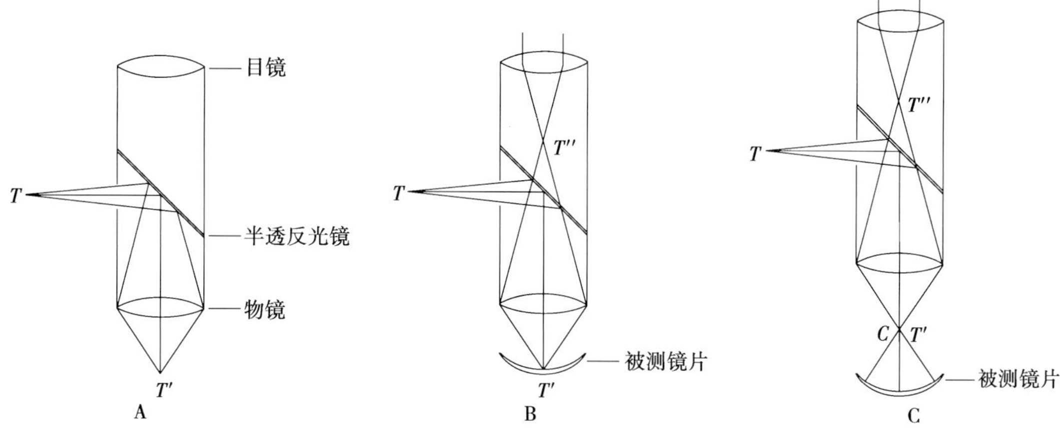

图 2-51　球镜仪的工作原理

3. 检测原理

（1）内曲面成像：光标成像于镜片内曲面反射面时，光标像 T' 的共轭焦点 T'' 可被显微镜清晰看到，同于显微镜的一般检测原理（图 2-52A）。

（2）曲率中心成像：根据 Drysdale 原理：次光轴反射光线均会聚到球面镜的曲率中心。测座降低后，光标像 T' 发出的散开光线以次光轴的形式投射于镜片的内曲面，这些次光轴反射光线必然会聚到镜片的曲率中心 C 成像。测座继续降低，镜片的曲率中心 C 也随之降低，一旦镜片的曲率中心 C 与物镜的第一主焦点 T' 重合，镜片内曲面的反射光标像 C 就会在物镜的第二主焦点 T'' 处形成共轭像，被目镜清晰看见（图 2-52B）。

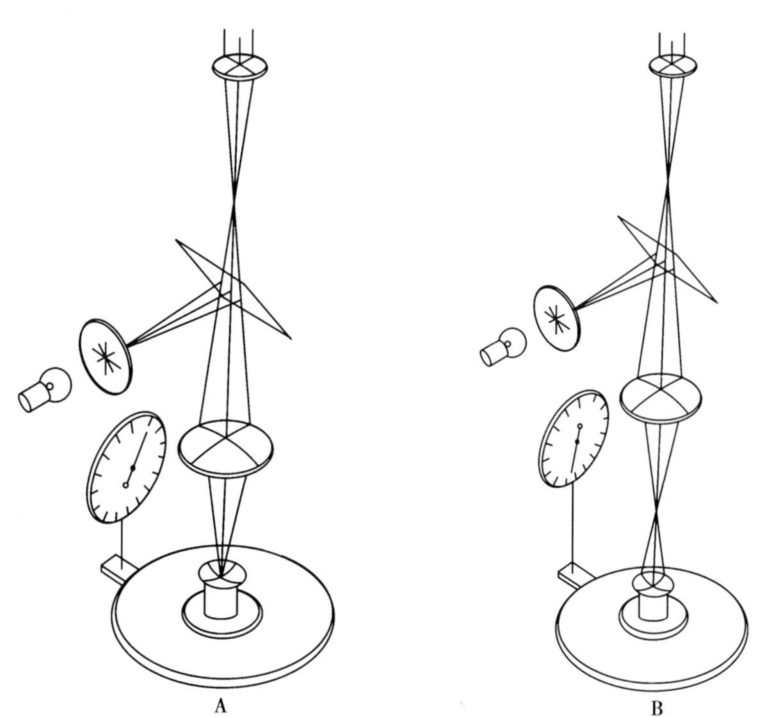

图 2-52　球镜仪的检测原理

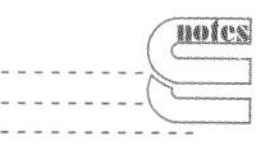

4. 检测方法

(1) 操作准备：球径仪 1 台、不同规格硬质角膜接触镜 5～10 片、生理盐水 1 瓶、专用收水盘 1 只、洗手设施、纸巾若干。

(2) 操作步骤

1) 将被测角膜接触镜清洁、冲洗放置于镜片盒中备用。

2) 开启球径仪光源(图 2-53A)。

3) 将 1 片被测镜片内曲面向上放置于测座置片槽中，尽量不使镜片倾斜(图 2-53B)。

4) 旋动调节手轮，使测座向上，与物镜距离镜片 1～2mm 为度(图 2-53C)。

5) 从显微镜观察镜片内曲面，旋动调节手轮，以极慢的速度逐量降低测座，直至看清鲜绿色米字光标像(图 2-53D)。

6) 调整目镜焦距，使光标像清晰(图 2-53E)。调整目镜间距，使双眼同时观察光标(图 2-53F)。

7) 调整零位按钮，将刻度表回零(图 2-53G)。

8) 旋动调节手轮，以缓慢的速度逐量降低测座，可看清灯丝像(图 2-53H)。

9) 继续降低测座，直至第二次看清绿色米字光标像(图 2-53I)。

10) 从刻度表上读出镜片的基弧曲率半径值。

11) 若刻度表为数码管或液晶屏显示，则可直接读取测定值(图 2-53J)。

12) 若为机械刻度表，则须先读小表盘中的个位数，然后读大表盘中的小数值。如小表盘指针为“7”，大表盘指针为 0.34，则镜片的基弧曲率半径为 7.34mm(图 2-53K)。

5. 注意事项

(1) 若初始调焦时找不到米字形光标，或只见到半个米字形光标，可试在测座平面内微量移动测座的位置，从显微镜里监视调整的方向和距离，使光标对准光路中心(图 2-54A)。

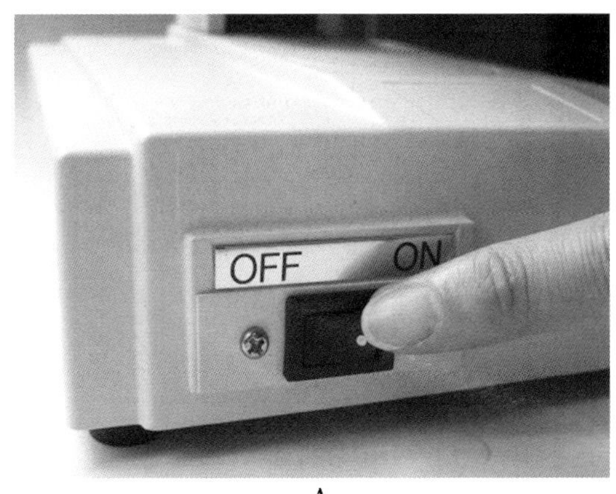

A

B

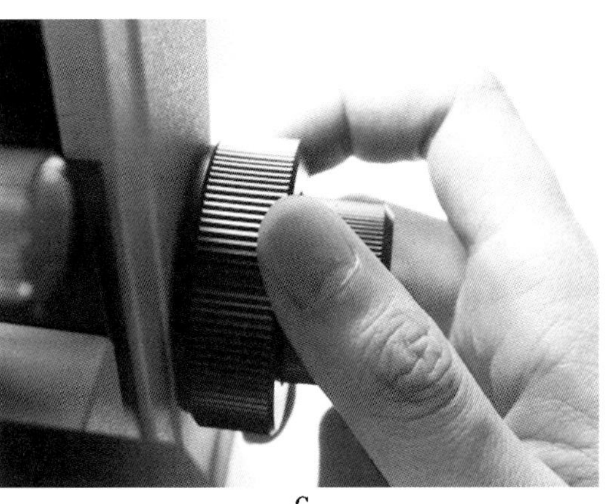
C

D

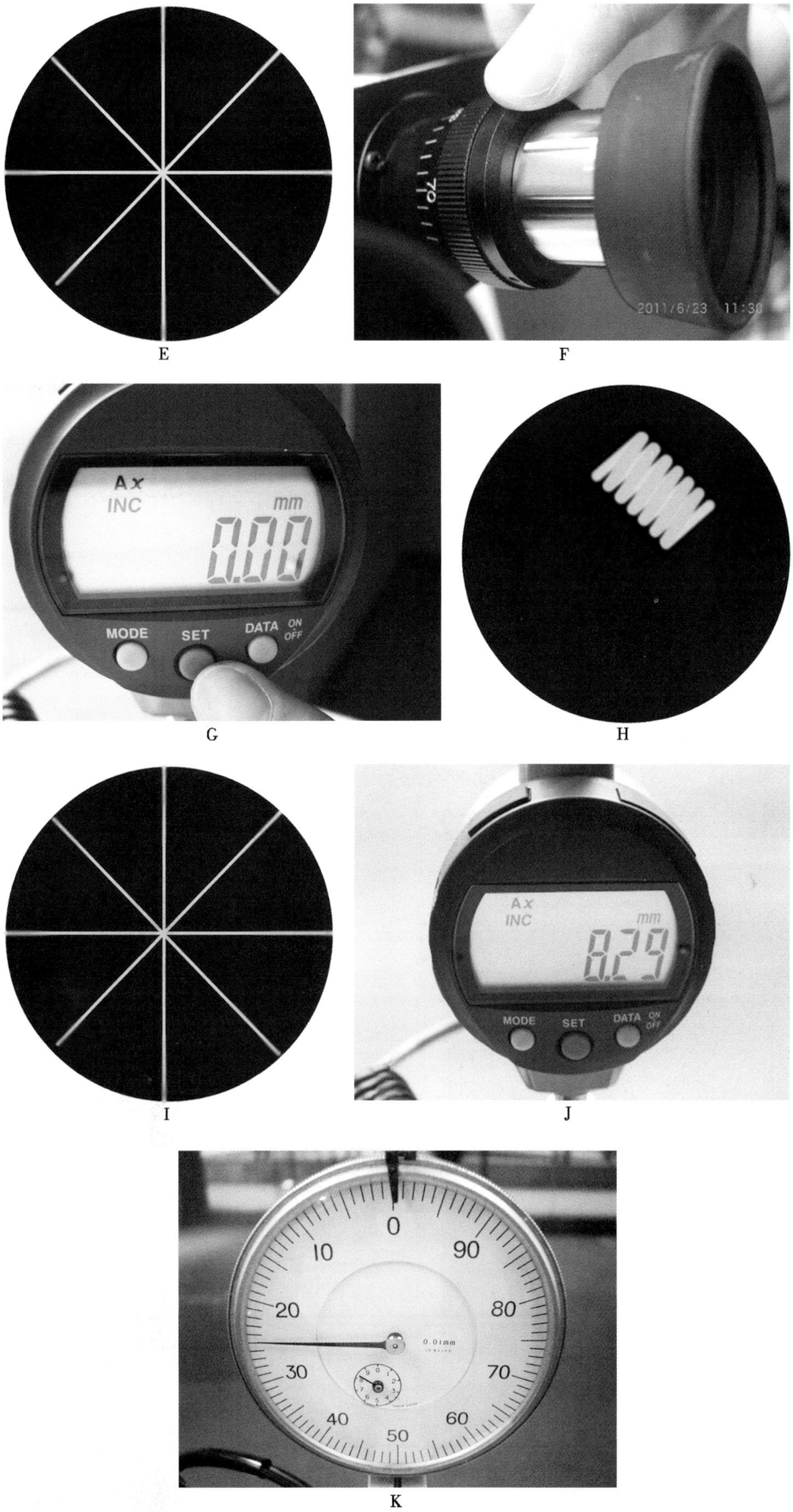

E　　F

G　　H

I　　J

K

图 2-53　球镜仪的检测步骤

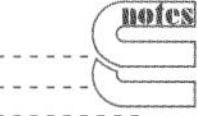

（2）若光标的亮度不够，可试旋动光标的亮度手轮，增加光源的亮度（图 2-54B）。

（3）必须确认第一个米字形光标非常清晰的情况下，才能将刻度表回零。

A

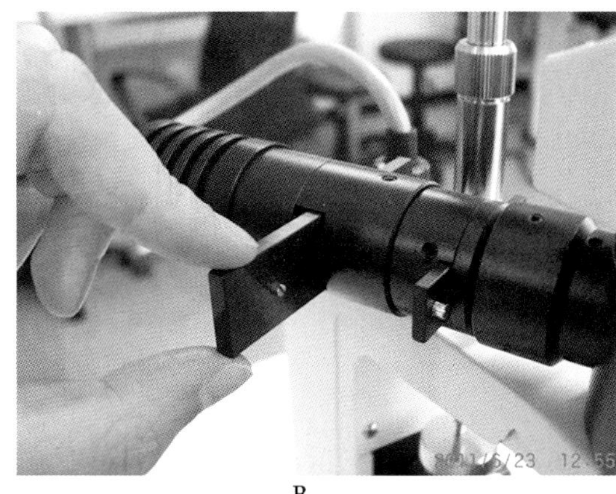
B

图 2-54　球镜仪的调试

（4）若为机械刻度表，回零的方向是使大表盘和小表盘的指针均按顺时针的方向转动回到零位，不要逆时针转动指针（图 2-55）。

（二）投影检测仪

软质角膜接触镜的基弧曲率可以用基弧组模和球镜仪进行直接检测，然而因为软质角膜接触镜离水后的含水量不定，检测结果可重复性不理想。因此对软质角膜接触镜的基弧曲率的测量，目前多采用间接检测方法进行定量，比如软质角膜接触镜投影检测仪。

1. 基本结构　投影检测仪的主要结构包括光源、聚光镜、刻度尺、检测槽、放大系统和投影观察屏等部件（图 2-56）。

图 2-55　球镜仪机械刻度表的回零方法

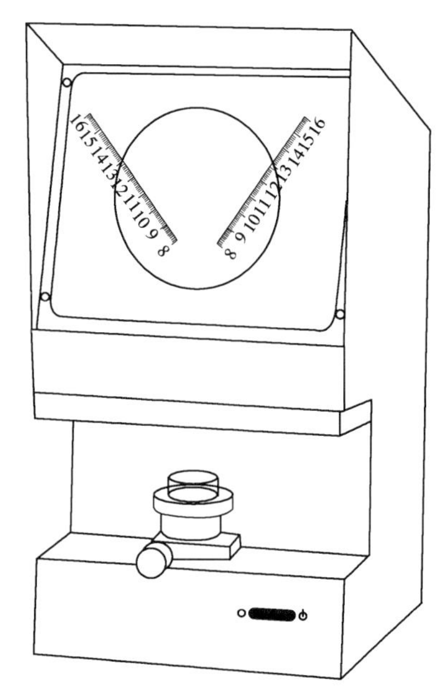

图 2-56　投影检测仪

2. 工作原理　检测时将被测镜片放置于盛有生理盐水的检测槽中，由聚合光线照亮镜片，通过放大系统将放大的镜片像聚焦于投影观察屏上。投影观察屏有白色斜面和磨砂玻璃两种，放大倍率有 ×15、×27 和 ×40 等多种（图 2-57）。

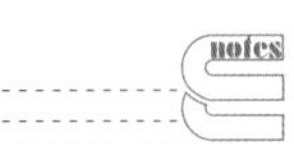

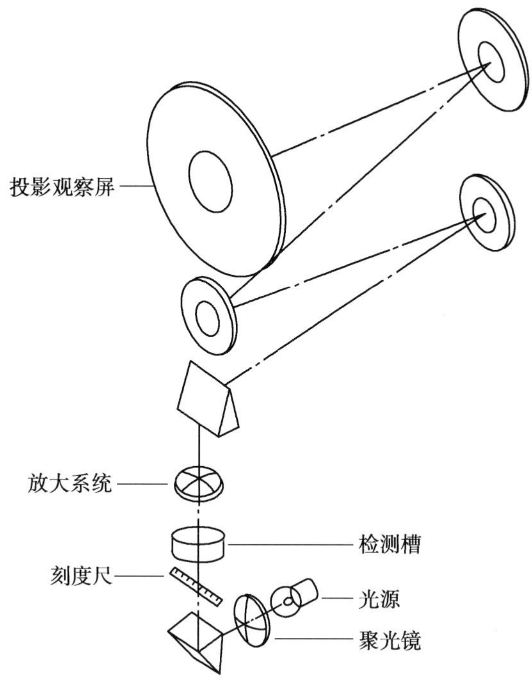

图 2-57　投影检测仪的工作原理

3. 检测原理　测定原理如图 2-58 所示，设镜片的线性半径为 d，矢深为 s，则镜片基弧的曲率半径计算公式可推导如下：

$$r^2-d^2=(r-s)^2$$

$$r^2-d^2=r^2-2rs+s^2$$

$$2rs=d^2+s^2$$

$$r=(d^2+s^2)/2s$$

式中，r——镜片的基弧曲率半径；

d——镜片的线性半径；

s——矢高。

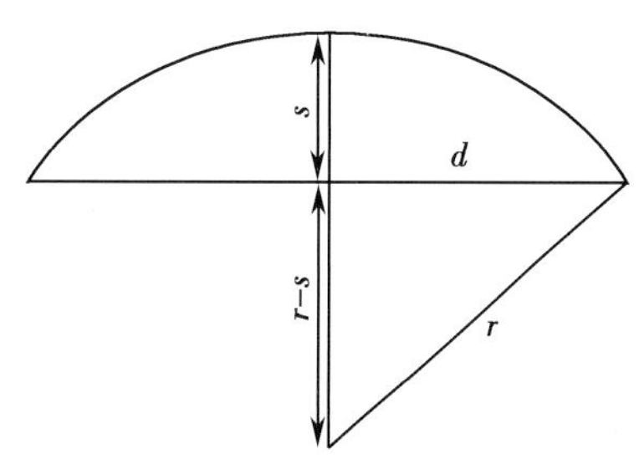

图 2-58　投影检测仪的检测原理

通过投影检测仪测定镜片的直径和矢高，从而给出镜片基弧的测定值(图 2-59)。

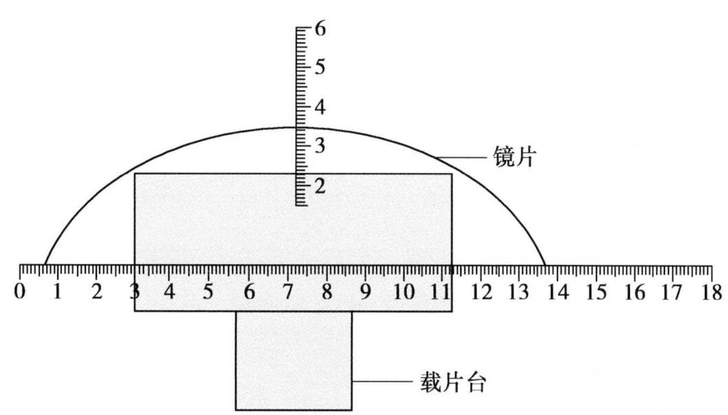

图 2-59　矢深和基弧曲率半径的检测

例 1　设：软质角膜接触镜的线性半径为 6.9mm，矢深 3.47mm。求：该镜片的基弧曲率半径。

解：$r=(d^2+s^2)/2s=(6.9^2+3.47^2)/(2\times3.47)=8.6$(mm)

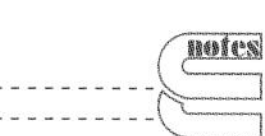

4. 检测方法

（1）操作准备：软质角膜接触镜投影检测仪 1 台、不同规格硬质角膜接触镜 5～10 片、生理盐水 1 瓶、专用收水盘 1 只、专用镊子 1 把、洗手设施、纸巾若干。

（2）操作步骤

1）将被测软质角膜接触镜清洁、冲洗后放置于收水盘中。

2）开启软质角膜接触镜投影检测仪电源。

3）预先在直径检测槽中注入适量生理盐水，将 1 片被测软质角膜接触镜放入直径检测槽的 T 形测座。

4）转动光源的投射角度，从侧面投照镜片，调整镜片在 T 形测座上的位置，直至镜片的前后边缘投射重叠，呈一条水平直线。

5）读出并记录镜片的基弧。

5. 注意事项

（1）检测用的生理盐水的渗透压应按标准配方配制，因生理盐水的渗透压不标准可影响材料的溶胀度，使检测结果发生误差。

（2）检测镜片基弧半径时，因镜片在 T 形测座上取倾斜位可在很大程度上影响检测结果，故务必反复调整，使镜片的前后边缘投影重叠，形成一条标准的水平直线。

（三）标准基弧组模

模板比较法是测量角膜接触镜曲率半径最简单的方法，也是一种比较粗糙的估计镜片曲率半径的方法。

1. 基本结构　一系列已知曲率半径的模板系列，即标准基弧组模（base curse gauging）。模板一排由 9 枚塑料短柱组成，柱顶端精确切割为不同的标准弧面，曲率半径依次为 6.9、7.2、7.5、7.8、8.1、8.4、8.7、9.0、9.3mm。

2. 检测原理　测量时，将角膜接触镜的基弧与标准基弧组模板逐一进行比较，与之匹配的模板的曲率半径就是该角膜接触镜的曲率半径（图 2-60）。

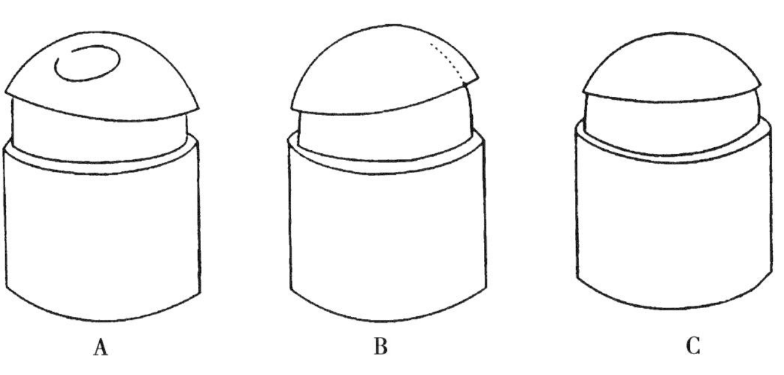

图 2-60　标准基弧组模原理

3. 检测方法

（1）操作准备：一系列已知曲率半径的标准基弧组模板、不同规格软质或硬质角膜接触镜 5～10 片、生理盐水 1 瓶、专用收水盘 1 只、牙膏 1 支、洗手设施、纸巾若干。

（2）操作步骤

1）将被测角膜接触镜清洁、冲洗放置于镜片盒中备用。

2）测量软质角膜接触镜时，将镜片依次套到模顶上，如镜片下中央有气泡提示镜片比模顶弯。应换小一号模顶。如镜片边缘下有缝隙，则提示镜片比模顶平，须换大一号模顶，直至镜片与模顶完全对齐，模顶的曲率半径即镜片的基弧。

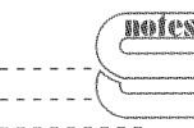

3）测量硬质角膜接触镜时，在镜片下涂少许白色膏剂（可用牙膏代），然后将镜片正位

放到模板的顶部，轻轻按压。若膏剂积在镜片中心部，则提示镜片比模板弯，应换小一号模板测量。反之若膏剂分散在镜片周边部，则提示镜片比模板平，应换大一号模板测量。

实训 2-5：球镜仪使用方法

1. 实训要求

（1）实训目的：熟练掌握球镜仪测试硬质角膜接触镜检测方法和操作步骤。

（2）实训方法

1）教师示教球镜仪的操作步骤和注意事项。

2）在教师指导下，学生分组练习，掌握球镜仪的使用方法。

（3）实训时间：2 学时。

2. 实训程序

（1）操作前准备。

（2）开启仪器光源。

（3）严格按照操作步骤测试镜片的基弧曲率半径值。

（4）测试过程中，初始调焦时找不到米字形光标，可在测座平面内微量移动测座的位置，从显微镜里监视调整的方向和距离，使光标对准光路中心。

（5）同时，确认第一个米字形光标非常清晰的情况下，才能将刻度表回零。

（6）使用完后要用软湿布把仪器擦干净。

三、直径测试仪

学习目标

1. 掌握：投影放大检测仪的操作步骤。
2. 熟悉：投影放大检测仪的工作原理。

投影放大检测仪

1. 基本结构　投影放大检测仪的主要部件包括刻度观察屏、镜片测座以及投影系统等结构（图 2-61）。

2. 工作原理　如图 2-62 所示，镜片 CL 放大后，投影于屏幕，并与经过校准的刻度尺进行比较，以此测定镜片的直径。接触镜测座 CV 水平放置，并可垂直升降调节。刻度观察屏 S 上刻度尺有至少 ×15 的线性放大倍率，且测量接触镜直径的精度为 0.05mm。在物镜 O 的后焦面上放置光栏 D，则装置就具有物方远心光路。

3. 检测方法

（1）操作准备：投影放大检测仪 1 台、不同规格角膜接触镜 5～10 片、生理盐水 1 瓶、专用收水盘 1 只、专用镊子 1 把、洗手设施、纸巾若干。

（2）操作步骤

1）将在适当温度下平衡好的接触镜置于镜片测座 CV（见图 2-62）上，并使接触镜的像位于刻度观察屏 S 的中心。

2）通过三次独立读数，测量接触镜的直径。

3）在测量过程中不要使接触镜变形，取三次读数的算术平均值作为接触镜的直径。

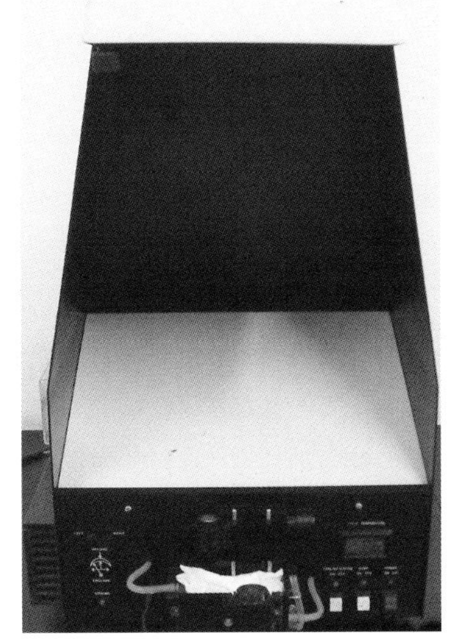

图 2-61　投影放大检测仪

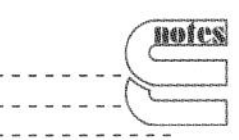

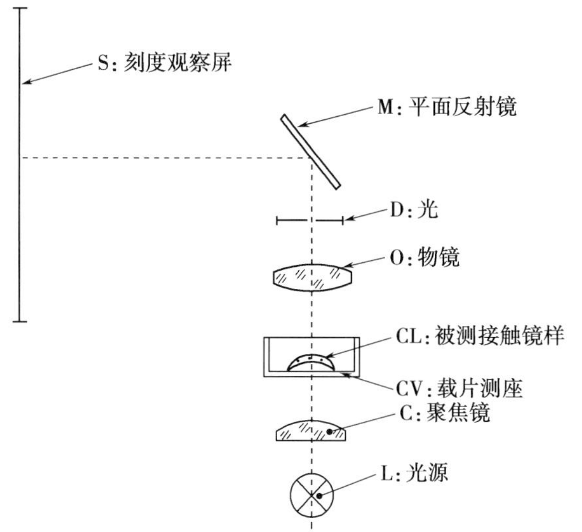

图 2-62　投影放大检测仪工作原理

投影放大检测仪测量角膜接触镜直径的方法，均可适用于软性或硬性角膜接触镜。除此之外，还可以用 V 形槽法来测定硬性角膜接触镜总直径。在 V 形槽法中，角膜接触镜镜片放置于 V 形槽内，镜片所停留的位置至槽顶点的距离是由盘片的直径和 V 形槽的角度决定的。镜片直径的读数可从接触镜的上边缘所对应的 V 形槽的中心或边缘上的刻度上读出。因为直径读数为目测镜片边缘与刻度接触点，所以精度一般由观测者的视力能力决定。此外，调整投影放大检测仪的照度和焦距，排除镜片的缺口、撕裂、毛边、缺圆、毛面小坑、颗粒、锈斑等缺陷，同时用镊子轻轻移动镜片，将上述缺陷部位与刻度线比对，测出它们的大小、长度与宽度。

四、角膜接触镜厚度计

学习目标

1. 掌握：硬性角膜接触镜厚度计和软性角膜接触镜厚度计的操作步骤。
2. 熟悉：软性角膜接触镜厚度计和软性角膜接触镜厚度计的工作原理。

（一）硬性角膜接触镜厚度计

在测量硬性角膜接触镜厚度中，通常用千分表来测量。

1. 基本结构　硬性角膜接触镜厚度计的主要部件包括千分表、基座和支撑架。如图 2-63，千分表是进行镜片厚度测量的主要结构。

2. 工作原理　因都是测量镜片的厚度，千分表和百分表的工作原理是相同的。通过将测杆的直线位移来获得角膜接触镜的厚度。

3. 检测方法

（1）操作准备：千分表 1 台、不同规格硬性角膜接触镜 5～10 片、生理盐水 1 瓶、专用收水盘 1 只、专用镊子 1 把、洗手设施、纸巾若干。

（2）操作步骤

1）校正千分表。

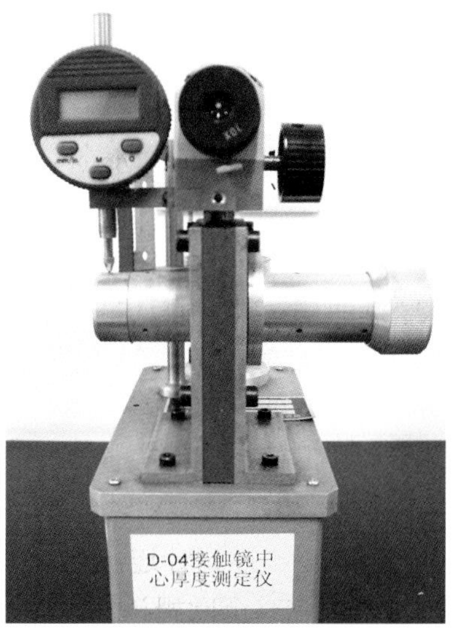

图 2-63　硬性角膜接触镜厚度测量计

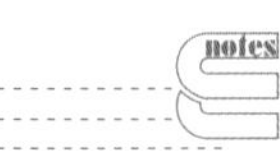

2）把千分表垂直固定于水平面上。

3）把千分表的测量头垂直对准水平面，记录初读数，或把读数调整至0刻度。

4）将接触镜的前表面向上水平放置在测座上，把测量头垂直放置于镜片的前表面上，记录读数（图2-64）。

5）上述两者读数的差值即为该镜片的厚度。

（二）软性角膜接触镜厚度计

1．基本结构　软性角膜接触镜厚度计的主要部件包括载片台、探头和压力表（图2-65）。

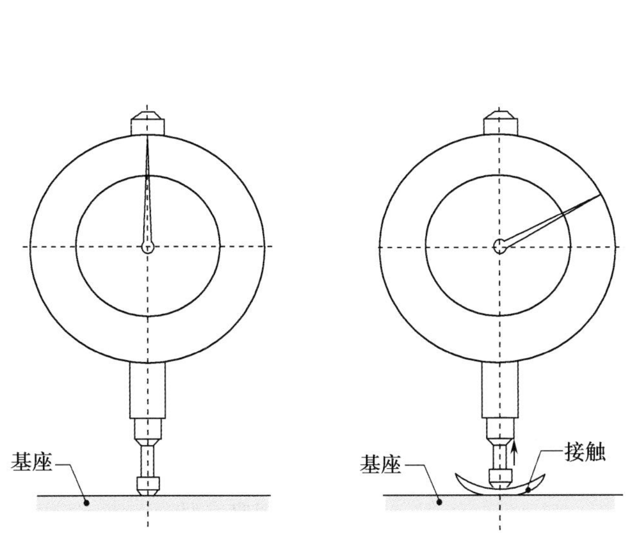

图2-64　硬性角膜接触镜厚度的测量

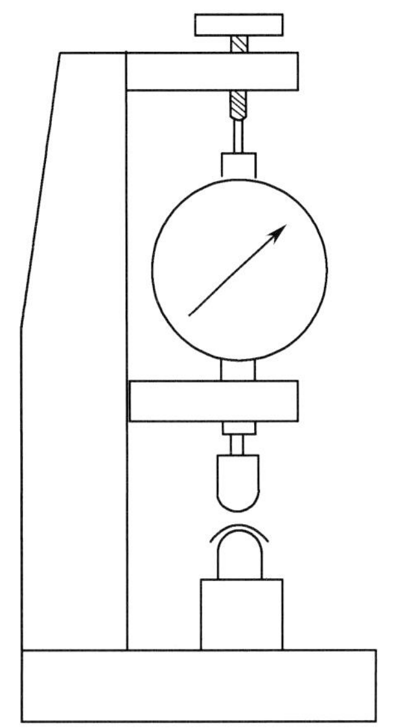

图2-65　软性角膜接触镜厚度计

2．工作原理　角膜接触镜厚度计下放为一弧顶状载片台，上方有一探头与弧顶紧密接触，探头较圆。探头与一感量极微的弹簧压力表相连。当探头与载片台接触时，压力表刻度为0，当载片台与探头之间夹入镜片时，探头相当于受到了压力，受力的大小与镜片厚度正相关。压力表的刻度用厚度单位mm来表示。也有将厚度的测值用数码管显示的方式直读。通常仪器的误差允许范围为±0.02mm，也可用于测量镜片的旁中心厚度和边缘厚度。

3．检测方法

（1）操作准备：软性角膜接触镜厚度计1台、不同规格软性角膜接触镜5～10片、生理盐水1瓶、专用收水盘1只、专用镊子1把、洗手设施、纸巾若干。

（2）操作步骤

1）校正压力表。

2）将软性角膜接触镜片上的多余水分吸去。

3）检测时，将探头稍稍提起，把镜片夹入探头下，试探头对准镜片的中心。

4）读取测量值。

另外，目前还出现了一种改良式毫米表（图2-66），该仪器是根据软镜的电传导性的原理而设计的，机械结构的载物台上有一个镜片托，该镜片托连接一个电极，电极和电线与一个欧姆计连接，当软镜置于该镜片托时，将表的上端下旋直至欧姆计的读数突然下降，此时从表中获得度数，该度数减去基数就是软镜的厚度。

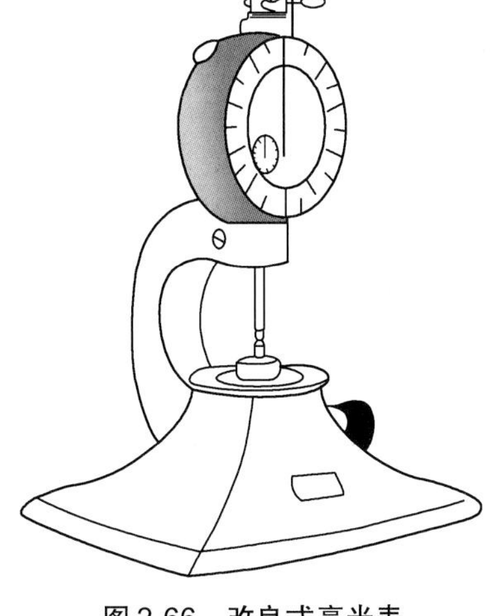

图2-66　改良式毫米表

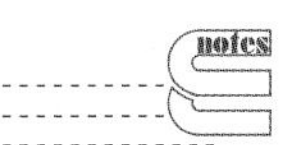

五、含水量测试仪

学习目标

1. 掌握：含水量折射测定仪的操作步骤。
2. 熟悉：含水量折射测定仪操作时的注意事项。
3. 了解：含水量折射测定仪操作时的注意事项。

含水量是角膜接触镜特别是软性角膜接触镜重要的材料参数之一，也是衡量角膜接触镜配戴舒适度的标准之一。含水量是指在所规定的温度条件下，亲水角膜接触镜在生理盐水中完全水合平衡时镜片中含水的总量（用质量百分数表示）。通常测量含水量的仪器有含水量折射测定仪、烘箱干燥、微波炉干燥等。本节中，我们主要介绍含水量折射测定仪。

1. 基本结构　含水量折射测定仪的主要部件包括三棱镜、平面玻璃、观察目镜等（图 2-67）。

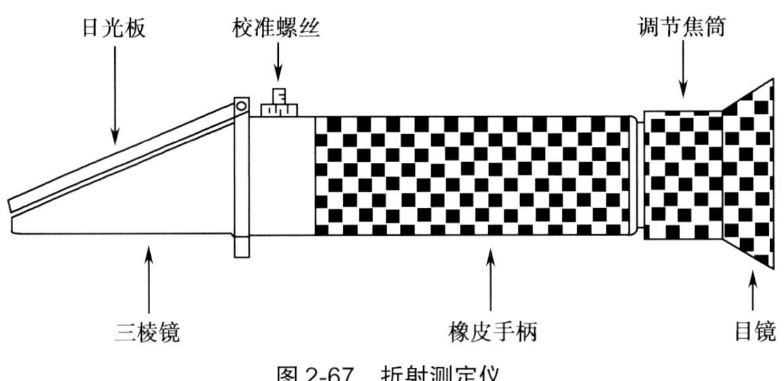

图 2-67　折射测定仪

2. 工作原理　亲水角膜接触镜材料的折射率是其含固量和含水量的函数，镜片的含水量与其折射率呈负相关，因而镜片的含水量决定了入射光线的折射角度。因此，我们可从光界在刻度平面镜上的位置直读镜片的含水量。

3. 检测方法

（1）操作准备：折射测定仪 1 台、不同规格软性角膜接触镜 5～10 片、生理盐水 1 瓶、专用镊子 1 把、洗手设施、纸巾若干。

（2）操作步骤

1）打开盖板，滴入 2～3 滴饱和盐水在棱镜表面上，合上盖板，让饱和盐水满整棱镜表面，不能留有气泡和空隙，让液体留在盖板上约 30 秒。

2）将折射仪置于光源下通过目镜，您将会看到一标有刻度的圆形区域（可通过调节焦筒使度线更清晰），区域上部分为蓝色，下面部分为白色。

3）用饱和盐水作为样品，往目镜看，并调节校准螺丝直至蓝色和白色区域交界线与“S”标记完全重合。此时调校完毕。

4）用柔软的不起绒头的薄布轻擦角膜接触镜镜片来去除多余的表面水分。打开日光板，轻轻地把镜片放在棱镜中心上，使镜片凸面向下，以便中央部分与棱镜表面相并列。

5）关闭日光板并用力压到板顶部以便镜片夹在日光板和棱镜之间。通过目镜观看读取蓝白分界线的刻度值，此刻度值即为该角膜接触镜镜片的含水量的准确值。如图 2-68 所示，镜片含水量为 55%。

4. 注意事项

（1）为了测量结果更加准确，请在使用前校准折射仪，并严格按照以上指示操作。

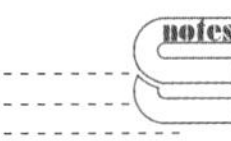

（2）折射仪不要在潮湿的环境中使用，不能浸泡在水中。

（3）不要用该仪器测量有磨蚀作用或腐蚀作用的液体，这将会损害棱镜。

（4）每次使用完后要用软湿布把仪器擦干净，否则会使测量结果不准确。

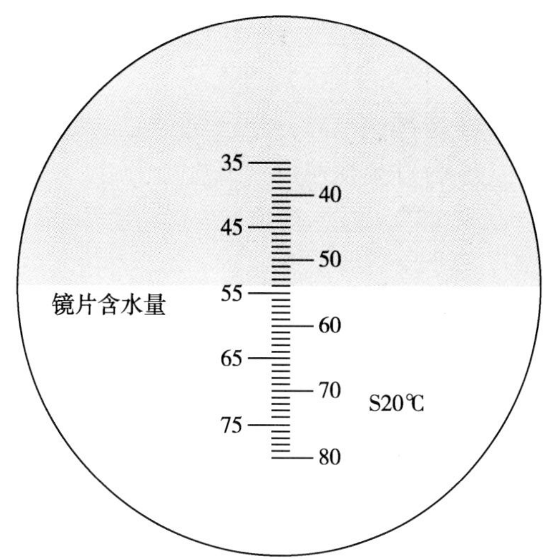

图 2-68　测试镜片含水量刻度值

实训 2-6：含水量折射测定仪的使用方法

1. 实训要求

（1）实训目的：熟练掌握含水量折射测定仪检测方法和操作步骤。

（2）实训方法

1）教师示教含水量折射测定仪的操作步骤和注意事项。

2）在教师指导下，学生分组练习，掌握含水量折射测定仪的使用方法。

（3）实训时间：2 学时。

2. 实训程序

（1）操作前准备。

（2）开启仪器电源。

（3）校准折射仪，确保测量结果更加准确。

（4）严格按照操作步骤测试镜片的含水量。

（5）通过目镜观看读取蓝白分界线的刻度值，即为镜片的含水量值。

（6）使用完后要用软湿布把仪器擦干净。

六、边缘分析仪

学习目标

1. 熟悉：角膜接触镜边缘分析仪的操作步骤。
2. 了解：角膜接触镜边缘分析仪的工作原理。

边缘轮廓是指角膜接触镜边缘的形状和厚度，它是角膜接触镜包括软镜和硬镜验配过程中要考量的重要参数之一，对于镜片配戴舒适有非常重要的影响。常见的角膜接触镜边缘轮廓验证方法或仪器有：边缘塑膜、镜片轮廓计、投影放大镜、测量显微镜、手掌试验、曲率计等。本节中我们介绍测量显微镜，主要用于测量软镜的边缘轮廓。

1. 基本结构　测量显微镜的主要部件包括灯源、旋转鼻轮、微处理器、目镜、物镜、载物台等（图 2-69）。

2. 检测方法

（1）操作准备：测量显微镜、不同规格软性

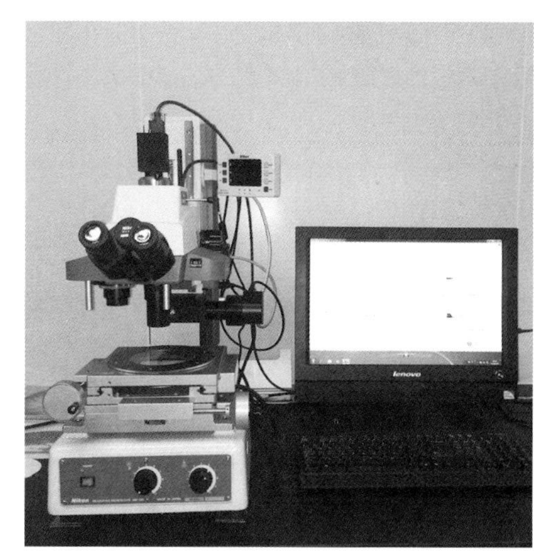

图 2-69　测量显微镜

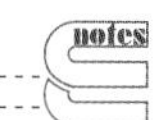

角膜接触镜、无棉纤纸巾、PBS 溶液、专用镊子、比色皿、2 号刀片、方格纸、硬塑板。

（2）操作步骤

1）清洗比色皿，用无棉纤纸巾擦净，加入 PBS 溶液。

2）打开显微镜电源开关。

3）切片，将方格纸放在硬塑板下面，取镜片置于硬塑板上面，刀片下落位置尽可能与镜片垂直。

4）将切片镜片置于比色皿中（图 2-70）。

图 2-70　比色皿平躺放置在载物台中央

5）调整光亮，旋转手轮，在 ×1 物镜下观察并找到切片。

6）打开摄像软件，使十字线位于屏幕中央。然后拉出光路切换杆，此时影像会显示在大屏幕上。

7）注视大屏幕，旋转调焦手轮，使切片清晰可见并对焦。然后转动载物台中间的圆盘，确保切片的方向大致水平，且在视野中间（图 2-71）。

8）转换成 ×10 物镜，调焦，找到切片，使测量槽中的切片清晰可见并对焦。

9）旋转载物台 X 轴手轮和 Y 轴手轮，并精确旋转载物台中间的圆盘，使切片尖端正好顶着红色十字线的垂直线，且切片的底端正好和红色十字线的水平线重合（图 2-72）。

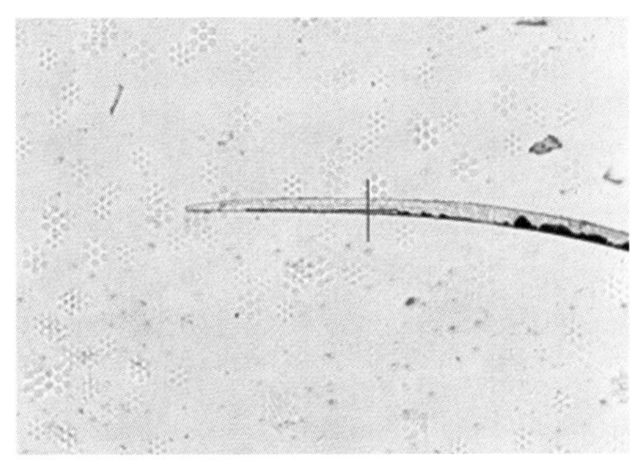

图 2-71　切片方向

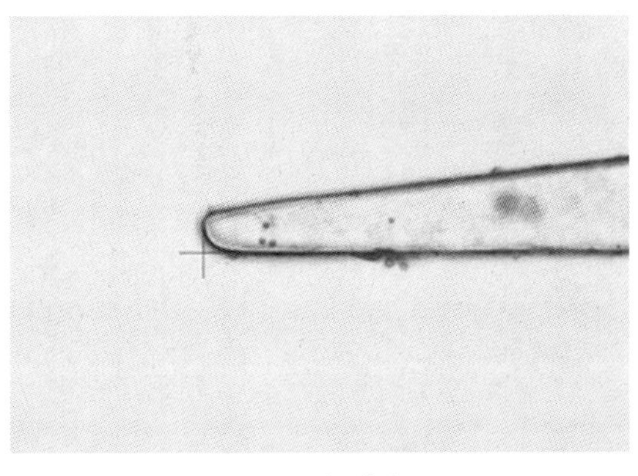

图 2-72　切片定位

10）按计数器上的 X 轴旁的“RESET”键，X 轴归零。旋转 X 轴手轮，使切片边缘穿过十字线，且计数器上 X 栏显示 0.050 时停止（忽略计数器上的正负号）。

11）重新调整 Y 轴方向的十字线的下沿，将计数器上的 Y 轴归零。

12）顺时针旋转 Y 轴手轮，红色十字线上升，直到十字线的交叉点和切片上边缘重合。

13）读取数据显示屏 Y 栏显示的数值，记录 Y1 值。

14）继续顺时针旋转 X 轴手轮，直到 X 栏显示 0.100。

15）逆时针旋转 Y 轴手轮，使得十字线的水平线回到切片的底边，重新归零计数器 Y 栏。

16）顺时针旋转 Y 轴手轮，红色十字线上升，直到十字线的交叉点和切片上边缘重合。

17）读取数据显示屏 Y 栏显示的数值，记录 Y2 值。

18）将边缘切面移动到 X 轴方向 0.5mm 的位置，捕获边缘切片的图像，以独有的文件编号将图像保存在特定的文件夹内。

19）重复 7)～18) 的测量并评估边缘轮廓。

扫一扫，测一测

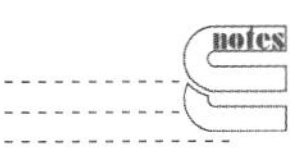

（叶佳意）

参考文献

1. 唐玲玲，叶佳意．眼镜镜片　光学树脂镜片：QB/T 2506—2017．北京：中国轻工业出版社，2017
2. 全国光学和光子学标准化技术委员会眼镜光学分技术委员会．眼科光学　术语：GB/T 26397—2011．北京：中国标准出版社，2011
3. 全国光学计量技术委员会．V棱镜折射仪检定规程：JJG 863—2005．北京：中国质检出版社，2005

notes

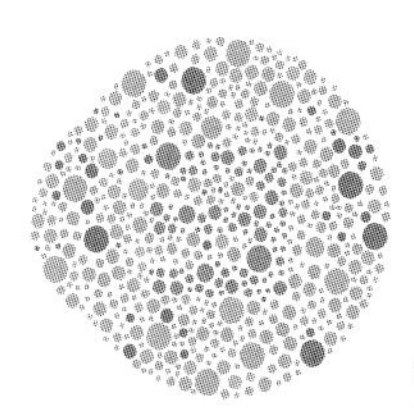

第三章　接触镜相关设备

接触镜因其良好的视觉矫正效果被越来越多地应用于眼视光诊疗中。如何选择接触镜适应证，如何监测接触镜治疗的安全性与有效性成为了接触镜治疗关注的重点。本章节讲述的接触镜相关设备的应用可以在临床操作中对上述问题给予很好的解答和帮助。

第一节　裂隙灯显微镜和泪液分析

一、裂隙灯显微镜及附属配件

学习目标

1. 掌握：裂隙灯显微镜的操作。
2. 熟悉：裂隙灯显微镜的各种照明方法及检查程序。
3. 了解：裂隙灯显微镜的照明及工作原理。

（一）基本结构

裂隙灯显微镜的主要结构包括目镜、投照系统、滑道、头位固定装置、工作台（或底座）等五大部件（图 3-1）。

（二）工作原理

裂隙灯显微镜的工作原理是基于"丁达尔效应"，即当一束光线透过胶体，从入射光的垂直方向可以观察到胶体里出现的一条光亮的"通路"。据此原理，裂隙灯工作时将具有高亮度的裂隙光（裂隙光源）通过不同的照明方法（即不同的角度）照射眼的被检部位，获得活体透明组织的光学切片，并通过不同放大倍数的双目立体显微镜观察被检眼睛各组织的细节。

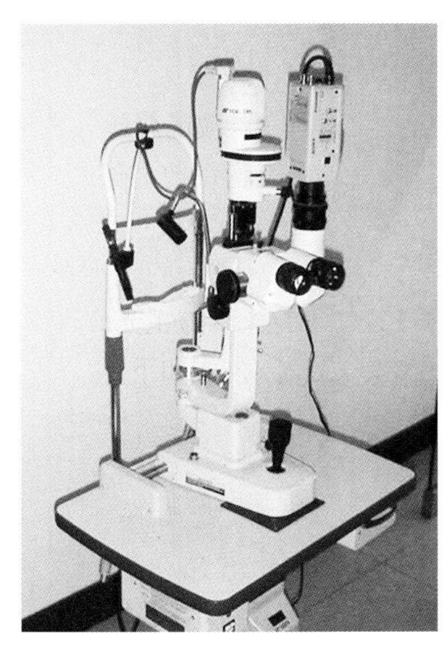

图 3-1　裂隙灯显微镜结构图

裂隙灯显微镜的主体部分是"裂隙灯"和"显微镜"，以下分别介绍两部分的工作原理。

1. 裂隙灯照明系统　眼视光器械常用照明方式分为三种类型（直接照明、临界照明、柯拉照明），其中柯拉照明方式具有以下特点：提供的光线具有高照明性、亮度均匀、投照边界清晰，可按需要调整投照区域大小、角度等。故柯拉照明方式被广泛应用于裂隙灯的照明系统。

2. 柯拉照明系统　由光源、聚光组镜、光阑、投射组镜等组成。光源的透射光本应聚焦于投射组镜，若将光

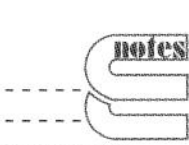

阑放置于聚光组镜与投射组镜之间，则通过光阑的光线经投射组镜的中间折射，最后在焦平面上形成清晰的光阑像（图 3-2）。

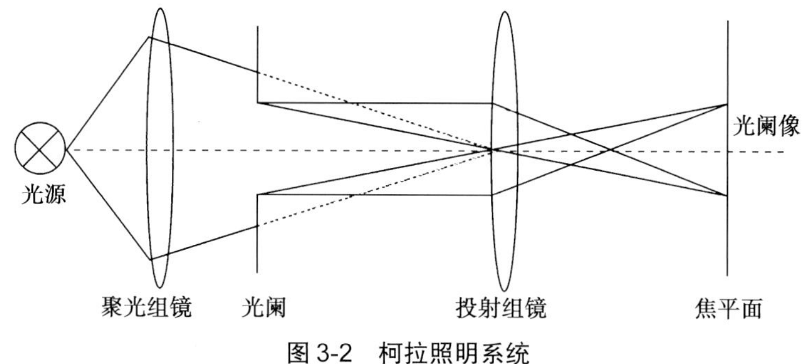

图 3-2　柯拉照明系统

3．显微镜观察系统　裂隙灯显微镜的观察系统是一个双目立体显微镜，由物镜、转像棱镜、目镜视场光阑和目镜组成（图 3-3）。

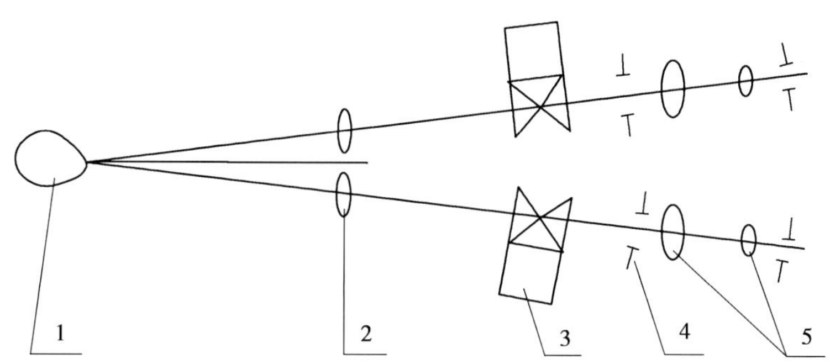

图 3-3　双目立体显微镜光学系统

1．被检眼；2．物镜；3．转像棱镜；4．目镜视场光阑；5．目镜

裂隙灯显微镜的观察系统应当满足一定的物镜距、放大倍率、分辨率等基本要求。

物镜距指显微镜的物镜和被测眼之间的距离，这个距离为检查者预留一定的检测或治疗操作空间，如翻眼睑或去除异物等，或者为裂隙灯显微镜仪器连接一些附属检测仪器，如眼压计、角膜厚度计、照相机等预留空间。

显微镜的放大倍率为物镜放大倍率与目镜放大倍率之积，通过范围为 ×6～×40，计算公式如下：

$$M = M_1 \times M_2$$

式中，M——显微镜总放大倍率；

M_1——物镜放大倍率；

M_2——目镜放大倍率。

裂隙灯显微镜的观察系统的分辨率应当适度，分辨率与孔径值成正相关。注视焦点到物镜边缘的连线与主光轴的夹角称为孔径角，通过孔径角和注视焦点的前介质折射率可以计算孔径值，公式如下：

$$N = n \cdot \sin\theta$$

式中，N——孔径值；

n——介质折射率；

θ——孔径角。

如图 3-4 所示，孔径角与物镜直径成正相关，与物镜距成负相关。裂隙灯显微镜的分辨率要求孔径值不小于 0.085，则可知裂隙灯为得到最小分辨率，孔径角应大于 4.88°。

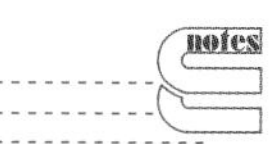

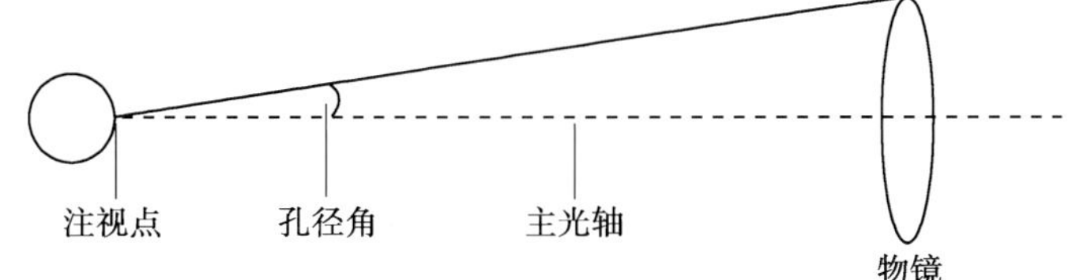

图 3-4　裂隙灯显微镜的观察系统的孔径角

（三）检测原理

裂隙灯显微镜可以用来观察眼部各组织的健康状况，由于裂隙灯光线投射方式和被检查部位（组织）不同，实际操作中采用以下几种检查方法：直接焦点照明法、间接照明法、弥散光线照明法、后部反光照明法、镜面反光照明法、角巩膜缘分光照明法、正切法和滤光照明等（图 3-5，图 3-6）。

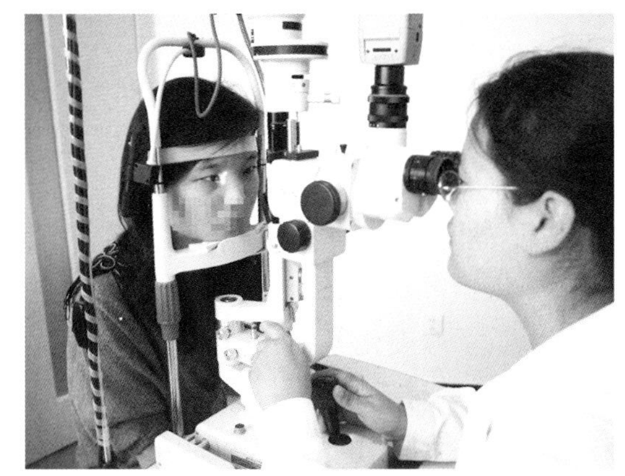

图 3-5　裂隙灯显微镜检查

1. 直接焦点照明法　裂隙灯光源发出的光束通过裂隙后，经成像镜、反射镜后直接在显微镜物镜的工作距离上成像。直接焦点照明法是裂隙灯最基本的照射方法，它经演变后形成其他几种照射方法。

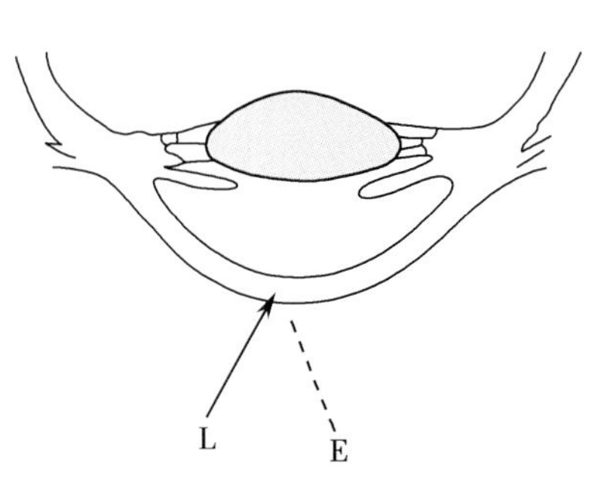

A. 直接焦点照射法

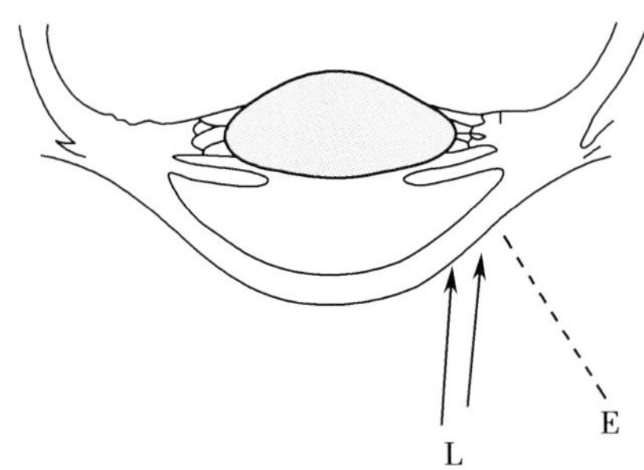

B. 间接照射法

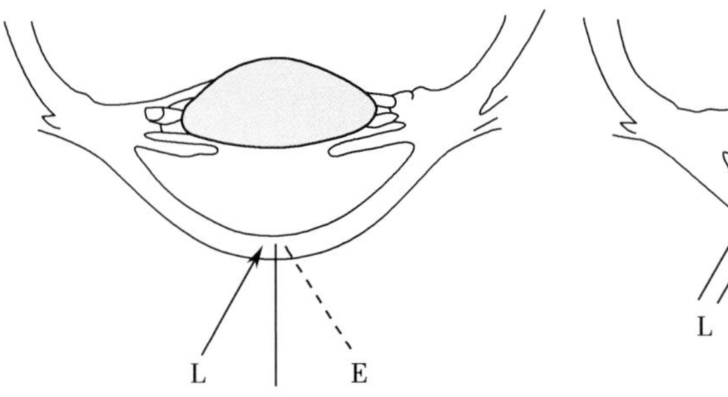

C. 镜面反光照射法

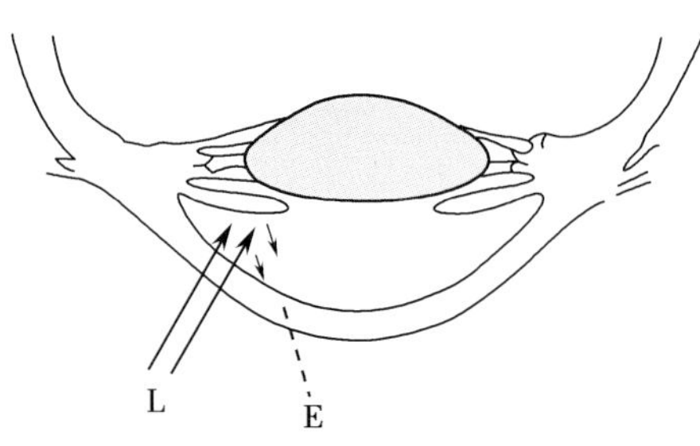

D. 后部反光照射法

图 3-6　裂隙灯显微镜主要检查方法

（1）特点：

1）照明系统与显微镜观察系统的焦点为同一点。

2）照明系统的照射角度可以变化，但照明系统和观察系统必须拥有共同的焦点。

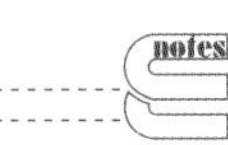

3）显微观察系统可改变不同放大倍率（常用 10～25 倍）来观察检查眼各组织。

4）改变光源宽度、高度和角度可形成不同的光学切面，可观察到光学平行六面体和圆锥光束。

（2）方法

1）宽光照明：采用 1.0～1.5mm 裂隙宽度的光线照射称为宽光照射。这种照射方法通过用于宏观观察结膜、角膜整体状况及虹膜、晶状体的表面状况，如：容易发现结膜有无炎性反应及其他异常，角膜上皮、基质等有无损伤及其他异常。此外该照射方法可观察接触镜的配适状态，接触镜片表面形态、洁净状况。

宽光照射在角膜上形成一个较宽视野的六面体三维空间，可观察角膜的三维图像，可进行角膜层的广泛检查：用中等放大率和光学平行六面体可观察点状角膜病变，用高放大率和光学平行六面体可观察角膜基质的神经纤维层。

2）窄光照明：利用裂隙宽度小于 0.2mm 的光线照射称为窄光照射，在角膜、晶状体、玻璃体上即形成“光学切面”，可以用来观察角膜弧度、厚度变化等（图 3-7）。

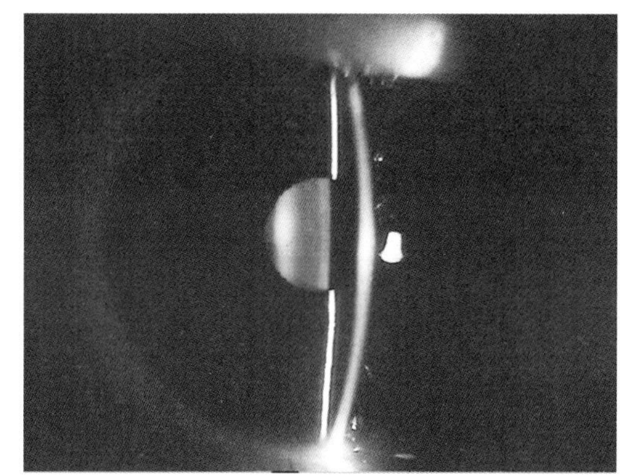

图 3-7　窄光照明法

光学切面犹如病理切片，越薄越容易显示角膜不同层次的精细改变，从而正确判断角膜损害的程度和深度。光学切面可以观察眼睛各部组织的细节和结构，包括：角膜、前房、虹膜、后房、晶状体、玻璃体、视网膜、神经纤维和血管等。

3）圆锥光束照明：采用小而明亮的圆锥形光束照射的照明方式，在这种照射方式下使用高放大倍率可观察前房有无房水闪光、细胞、色素或细胞碎片等。

2. 间接照明法　间接照明法或称近侧照明法，照明系统与显微镜观察系统的焦点不是同一个聚焦点。

（1）特点

1）光线聚焦在观察区域的附近。

2）改变照明系统中光线照射角度可改变观察系统的观察角度。

3）移动照明系统中的棱镜或镜子可以移动裂隙光线。

4）可依据观察的病变部位调节裂隙宽度。

5）可利用低到高放大率详细观察眼部组织。

6）采用高放大率时，可用间接照明法观察角膜上皮营养不良、上皮糜烂、水泡、血管、虹膜血管和出血等。

（2）方法：将光线投射在需检查组织的一部分上，利用光线在组织内的分散、屈折和反射去间接照明要观察的目标。常用来检查虹膜组织有无萎缩、判断隆起物是实质性还是囊性、映出嵌落在角膜缘后的异物、透现房角镜下的小梁网或巩膜带、视网膜表面膜的形成等。

3. 弥散光线照明法

（1）特点

1）入射光线与被检眼呈 45° 角度。

2）裂隙宽度调至最大，利用宽照明的光线均匀。

3）可用弥散滤色片减少光线刺眼。

4）可改变放大倍率。

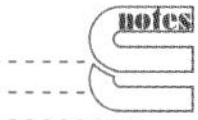

（2）方法：照明系统以较大角度斜向投射，同时将裂隙开至最大，将灯柱反射镜下的毛玻璃移入光路，使照明光线柔和均匀。为了避免角膜上的反光点影响观察，可将裂隙灯灯架左右移动。在照相时，用低倍镜取景时，注意使角膜上的反光斑离开要观察的区域。由于经过显微镜后射镜范围受限制，最好用接圈和半身镜直接加接照相机镜头和机身，拍摄效果无论在景深、分辨力、宽容度和视野方面，都较经显微镜物镜拍摄满意。

弥散光线照明法一般利用集合光线，用较低倍率来检查角膜、结膜、泪阜、泪点、眼睑皮肤、睑缘、睫毛和瞳孔等，可对整个眼部的表面有一个粗略但较全面的印象总体观察，并有立体感（图3-8）。

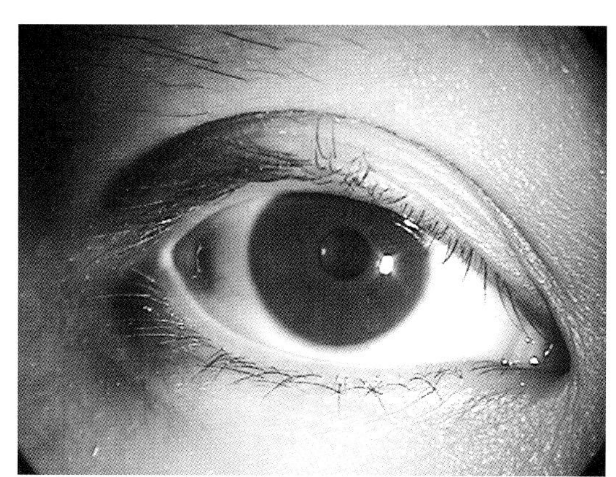
图 3-8　弥散光照明法

另外，弥散光线照明法在隐形眼镜验配中的应用主要有配前检查、测量配戴者角膜直径大小、戴后进行配适评估、镜片表面的质量检查等。

4. 后部反光照明法　后部反光照明法是借后方反射光线以检查眼组织的一种照明方法。

（1）特点

1）通过所观察组织后面反射的光线照亮要检查的组织。

2）通过旋转照明系统可以得到不同角度的照明。

3）使用中等宽度的裂隙光光源。

4）移动照明系统的棱镜或镜子可以移动裂隙光。

5）双目显微镜使用中、高放大倍率。

6）角膜被从虹膜、晶状体或眼底的反射光照亮，若有病变时其随背景反光颜色的不同而显现不同的色泽。

（2）方法：该方法的对焦方法与直接焦点照明法基本相同，将光线的焦点投射于被检查区后方的不透明组织上或反光面上，而显微镜焦点调整到被观察的组织上。依据反射光线和检查物体之间的关系，可有三种后部反光照明法。

1）直接后部反光照明法：移动棱镜或镜子使从虹膜或晶状体反射的光线直接对准观察系统的观察区域（宽视野）。

2）间接后部反光照明法：移动棱镜或镜子使观察系统的观察区域位于聚焦光线和从虹膜或晶状体反射光之间。

3）边缘后部反光照明法：移动棱镜或镜子使观察系统的观察区域和从虹膜或晶状体边缘反射的光对齐。

后部反光照明法适用于检查角膜及晶状体的病变，如角膜上皮水肿、微囊、空泡、血管化、后壁细小沉着物、营养障碍等，晶状体混浊，虹膜萎缩及发育不全等。用后部反光照明法和高放大率可观察角巩膜缘血管充血，有可能是新生血管的开始，通过照亮的透明角膜可以观察新生血管环路和分支。

另外，后部反光照明法可观察接触镜片污损及沉淀物等，尤其是镜片表面的胶状沉淀物，长时间连续过夜配戴的镜片多见。

5. 镜面反光照明法

（1）特点

1）入射光线角度等于反射光线角度。

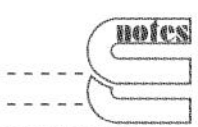

2）用镜面反射和高放大倍率可检查角膜内皮细胞病变：如内皮细胞水肿、增大变形等，镜下表现为不规则细胞镶嵌和暗黑点。

3）用镜面反射和高放大倍率可观察到泪液脂质层彩色条纹图案。

（2）方法

1）利用照射光线在角膜或晶状体表面所形成的表面反光区，与直接焦点照明法的光学平行六面体相重合，使被检查区的屈光度增强，如反光的镜面。

2）在检查角膜内皮及后弹力膜时，将显微镜的焦点对准角膜后面的淡黄色的镜面反光带，即可显现角膜内皮的镶嵌纹。

3）以同样方法观察晶状体前囊、后囊以及核上的花纹。

6. 角巩膜缘分光照明法

（1）特点

1）利用光线通过透明组织的屈折现象来观察角膜上的不透明体。

2）以大角度光源产生角膜内部反射。

3）当观察角膜时，光线照射角巩膜边缘区。

（2）方法

1）将光线直接集合在角巩膜缘上，形成一环形光晕，其中对侧角巩膜缘处最浓。若角膜某部位发生不透明情况，则该处显现灰白色遮光体。

2）该方法适宜于观察局部角膜上皮的水肿、角膜薄翳、角膜异物、角膜后壁沉着物和角膜中心水肿（如长期配戴 PMMA 接触镜后有无缺氧引起的角膜水肿，或角膜基质炎的角膜水肿等）。

7. 正切照明法　用倾斜的照明系统使观察系统在眼睛前面以便检查虹膜的外观和情况。两个系统间的角度较约 70°～80°。

正切照明法应用于：虹膜斑，肿瘤，角膜和虹膜的完整性。

8. 滤光照明　滤光片颜色：钴蓝色，无赤光（绿色）。

滤光照明主要应用于泪膜观察，BUT 测定，角膜染色检查，毛细血管及出血点观察，压平眼压计测量，硬性接触镜以及非含水性软性接触镜镜片配适状态观察等。

（四）检测方法

1. 校准仪器

（1）首先将对焦棒插入仪器主轴孔内，扁平面朝向于显微镜的物镜，即检查者一方（图 3-9）。

（2）打开照明电源（开关），将照明亮度调节旋钮设在“H”，调节裂隙宽度使其处于 2～3mm（图 3-10）。

（3）校正屈光度：按照使用者的屈光不正度，分别转动两个目镜的调节圈，直至从显微镜中看到调焦棒上清晰的裂隙像（图 3-11）。

（4）转动两目镜筒、使两镜中心距与观察眼的瞳距相一致。注视目镜中调焦棒的裂隙像，同时调整双筒目镜间距，使影像清晰并重合为一（图 3-12）。另外，对于目镜能分别移动的仪器要确保两只目镜处于同样的高度，此时应将显微镜置于正前方，照明系统处于偏左或偏右的位置。

（5）拉动手柄沿运动滑台移动显微镜，直至所看到的裂隙像最清晰为止（图 3-13）。

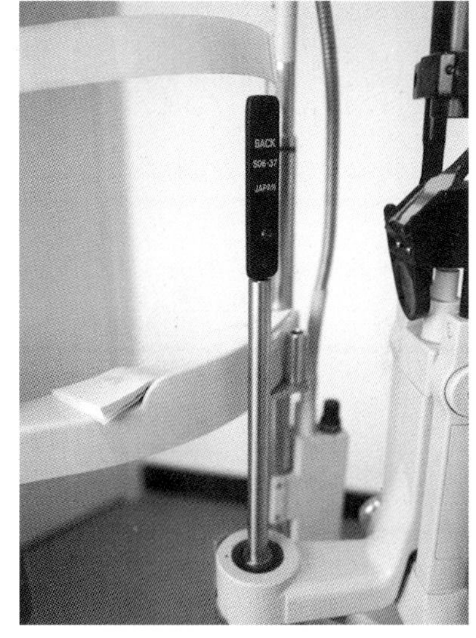

图 3-9　插入对焦棒

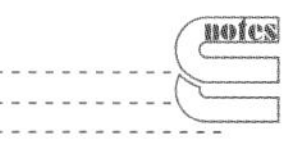

图 3-10　打开电源

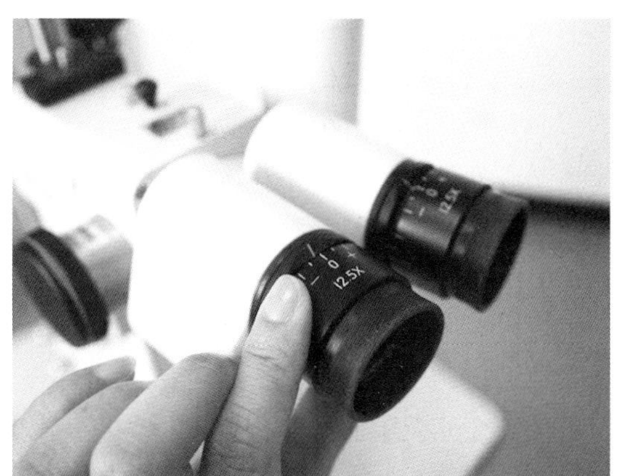

图 3-11　转动目镜调节圈

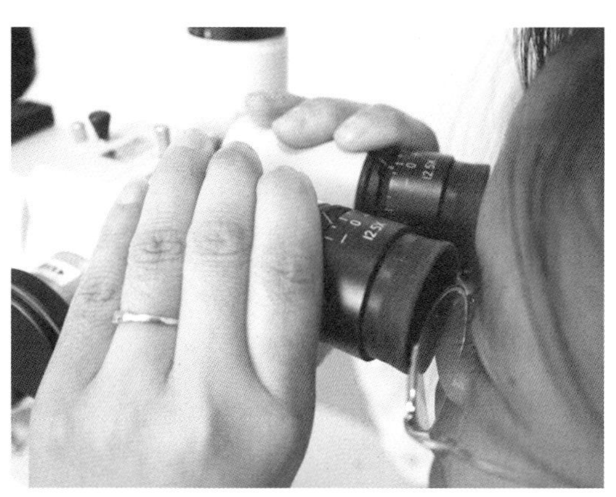
图 3-12　调整目镜筒与瞳距一致

图 3-13　移动手柄

（6）观察裂隙像亮度是否足够、均匀，一般不应低于 2 000lx。

（7）开大裂隙（图 3-14），转动光圈盘（图 3-15），观看光圈形状、滤色片是否良好及光圈转动是否灵活。裂隙像高度最大 8mm，最小 0.2mm。

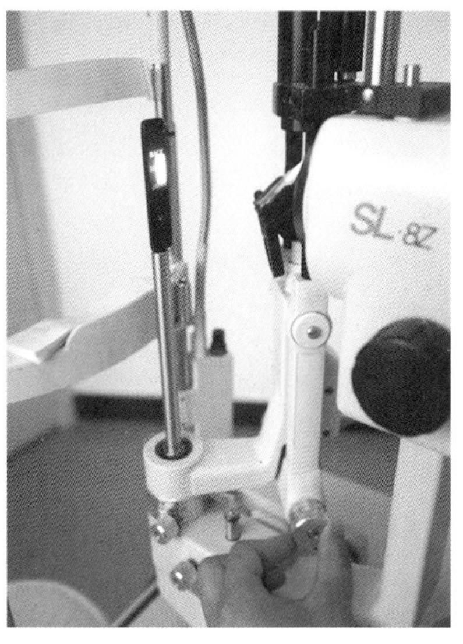

图 3-14　开大裂隙

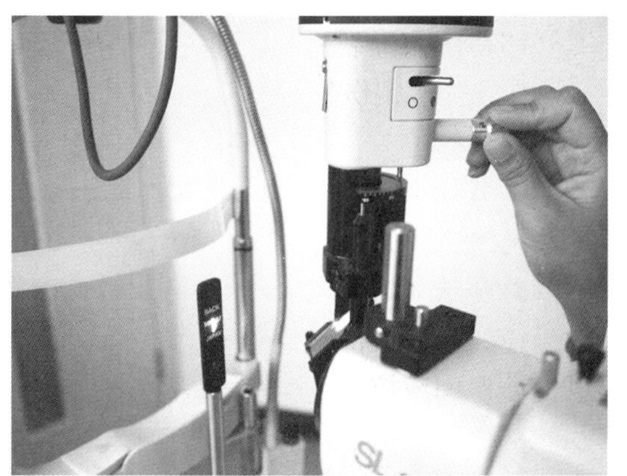
图 3-15　调整光圈

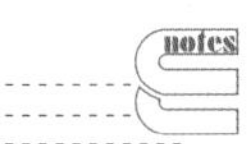

（8）检查裂隙像方位调整是否良好，裂隙像应绕中心轴可做自由旋转。

（9）检查共焦共轴是否良好，此时应将显微镜置于正前方，裂隙系统处于略偏左或偏右

的位置。

(10) 取下对焦棒。

2. 使用前仪器的调整和准备

(1) 首先使被检者坐位舒适，头部固定于颌托和额靠上(图 3-16)。

(2) 通过调节台面高度、颌托上下调节和裂隙光源高度，使裂隙像上下位置适中。注意：调整后被检眼外眦部与头架侧方的刻线记号"—"对齐。

(3) 通过操纵杆调整仪器的左右和前后位置，以保证裂隙像位置正确且可清晰观察。

(4) 转动手轮，可改变裂隙宽窄及长短(同校准仪器步骤 7)。

(5) 改变裂隙照明系统和双目立体显微镜系统的夹角(同校准仪器步骤 8)。

(6) 注视灯可左右旋 180°，并可上下、远近自由选用，需要时令患眼注视目标方向(图 3-17)。

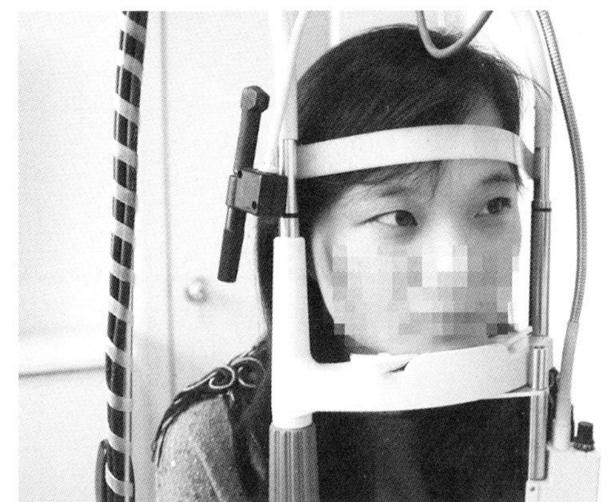

图 3-16 被检者头位

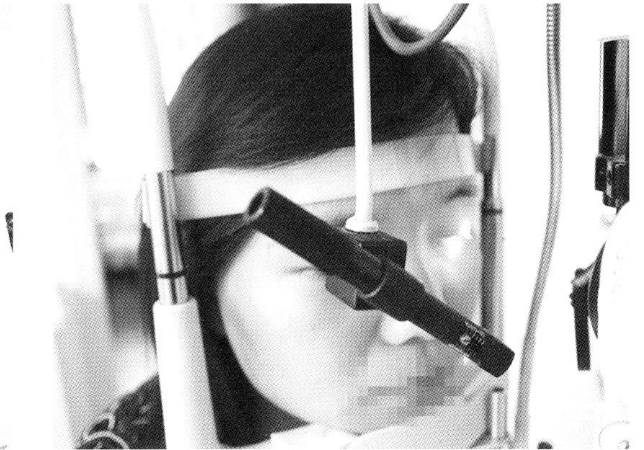

图 3-17 被检者注视注视灯

(7) 检查前应考虑是否用散瞳药，因为检查前房和虹膜，在散瞳后不便观察，而检查晶状体，玻璃体和眼底则必须散瞳。

3. 裂隙灯显微镜检查程序 裂隙灯检查从外向内基本检查流程是：眼睑 - 睑缘 - 睫毛 - 泪器 - 泪膜 - 结膜 - 结膜囊 - 角膜 - 角膜巩膜缘 - 前房 - 前房角 - 虹膜 - 瞳孔 - 后房 - 晶状体 - 玻璃体 - 视网膜。

检查顺序：先右眼后左眼进行，记录检查结果。

(1) 眼睑

1) 目的：观察睑裂大小，皮肤松紧度，有无水肿、潮红、溃疡、糜烂、肿物、色痣、干燥、脱屑、结节、皮疹、裂伤等。

2) 操作步骤

①将裂隙灯弥散片调入光路，用弥散光检查。

②裂隙灯的光强调为中等，光源角度为 45°。

③显微镜放大倍率应调为 10 倍。

④检查时可嘱被检者闭眼。

⑤检查时间应控制在 5～8 秒之间。

(2) 睑缘及睫毛

1) 目的：观察有无睑缘充血、水肿、肥厚、缺损、畸形、内翻、外翻，睑缘处有无分泌物、鳞屑、糜烂、溃疡，睑缘处有无裂伤、色素、结节、肿物等。同时，可观察有无秃睫和倒睫。

2) 操作步骤

①将裂隙灯弥散片调入光路，用弥散光检查。

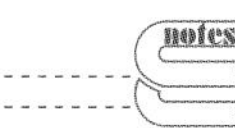

②裂隙灯的光强调为中等，光源角度为45°。

③显微镜放大倍率应调为10倍。

④检查时嘱被检者向正前方看。

⑤观察顺序为从鼻侧到颞侧。

⑥检查时间应控制在5～8秒之间。

（3）泪器

1）目的：观察上下泪小点有无位置异常，观察泪小点有无闭锁、裂伤、狭窄等；观察泪腺区有无异常，如红肿、压痛、结节、泪腺脱垂等；观察泪囊区有无异常，如压痛、结节、红肿、溃疡、窦道等，另外，压迫泪囊区观察泪小点是否有分泌物溢出。

2）操作步骤

①将裂隙灯弥散片调入光路，用弥散光检查。

②裂隙灯的光强调为中等，光源角度为颞侧45°。

③显微镜放大倍率应调为10倍。

④叮嘱被检者向颞侧看。

⑤观察被检者的上泪小点和下泪小点。

⑥检查时间应控制在4～8秒之间。

（4）泪膜

1）目的：观察泪膜的完整性，观察下睑缘处的泪湖线是否连贯或断续状，观察角膜表面泪膜的完整黏稠性，观察泪膜破裂时间（BUT）等。

2）操作步骤

①将裂隙灯弥散片调入光路，用弥散光检查。

②裂隙灯的光强调为中等，光源角度为颞侧45º。

③显微镜放大倍率应调为10倍。

④叮嘱被检者向前看。

⑤观察被检者泪膜的完整性，观察泪膜破裂时间。

⑥检查时间应控制在8～18秒之间。

注意：观察泪膜破裂时间：叮嘱被检者用力眨一次眼后开始计时，直到泪膜破裂或再次瞬目为止。

（5）结膜

1）目的：结膜分为睑结膜、球结膜、穹隆结膜。通过裂隙灯观察睑结膜的色泽、透明度及其下的血管和睑板腺；观察睑结膜有无充血及充血的程度，有无囊肿、乳头增生（大小及部位）、滤泡形成、结膜结石、异物、结膜瘢痕；观察球结膜及穹隆结膜有无充血，正确区分结膜充血、睫状充血和混合性充血；观察有无水肿、结膜下出血和血管瘤等；观察是否有结膜色素痣、睑裂斑、结膜裂伤，结膜上皮是否干燥、有否干燥斑，有否结膜肿物、结膜增生、翼状胬肉形成，结膜囊内有无分泌物以及分泌物的量和性质等。

2）操作步骤

①先把裂隙灯调为弥散光，看一下睑结膜的整体情况，然后再将裂隙灯的灯光调为裂隙光从被检者鼻侧到颞侧细致检查1～2遍（睑结膜需翻转上睑才能看清）。

②裂隙灯的光强调为中等，光源角度为45°。

③显微镜放大倍率应调为×10～×16。

④检查上睑结膜时嘱被检者向下看，检查下睑结膜时嘱被检者向上看。

⑤翻眼皮时注意手法，如怀疑有充血、乳头或滤泡应放大倍率观察。

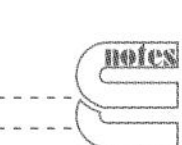

⑥检查时间应控制在8～14秒之间。

（6）角膜

1）目的：观察角膜的大小、整体形态（如：有无小角膜、圆锥角膜等）；观察角膜中央区及周边部厚度、角膜内神经纤维；观察有无新生血管以及新生血管的范围、深度；观察角膜有无水肿、水疱、皱襞，观察角膜有无上皮表层缺损、糜烂、浸润、溃疡、云翳、斑翳、白斑、角膜后壁沉着物（KP）、角膜异物、角膜色素沉着、角膜压痕、角膜基质条纹、角膜薄化等；观察角膜有无变性、新生物，仔细观察病变形态、大小、位置、范围等。

2）操作步骤

①把裂隙灯调为裂隙光。

②裂隙灯的亮度调为中等。

③调整裂隙灯光源的角度、宽度。

④检查顺序为从被检者的鼻侧到颞侧，从角膜上皮层到角膜的基本厚度。

⑤检查时应不时叮嘱被检者眨眼，以便观察被检者泪膜情况。

⑥检查时间应控制在10～20秒之间。

（7）前房

1）目的：观察前房的有无、深浅（正常前房深度中央区3.0mm左右）；观察房角宽窄及有无房角粘连；观察房水有无混浊，前房有无异物、色素、结晶、积血、积脓，玻璃体是否嵌入前房等。

2）操作步骤：可调至点状光源，观察有无房水闪辉。

（8）虹膜和瞳孔

1）目的：观察虹膜的色泽、纹理、致密度，观察是否有虹膜色素异常、纹理不清、部分及全部缺损、裂伤、穿孔、根部离断。观察有无虹膜震颤、前粘连、后粘连，观察虹膜上是否嵌顿异物、虹膜表面有否结节和色素斑，有无虹膜囊肿、虹膜膨隆；观察是否有虹膜疱疹、充血、肿胀、新生血管、渗出物、脱色素、萎缩等；观察瞳孔大小、形态、位置、两眼的对称性，是否圆形，对光反射是否正常，是否有后粘连、变形、移位；观察瞳孔有无裂伤、结节（包括观察瞳孔缘结节的大小、形态、透明度、数量和分布）。

2）操作步骤

①光源角度为颞侧45°，显微镜放大倍率应调为10倍。

②将裂隙光聚焦在虹膜上，先选择弥散光观察虹膜整体情况，再调窄裂隙观察具体细节。

③调节裂隙的强度观察瞳孔在光照下的反应。

④检查时叮嘱被检者向前看。

⑤观察被检者虹膜形状，强光刺激瞳孔看是否有收缩。

⑥检查时间为3～8秒。

（9）晶状体

1）目的：观察晶状体的位置、形态、各部分透明度，晶状体前囊有无色素沉着物等；观察晶状体前囊、后囊和成人核有无密度增高、空泡、混浊改变及其程度；观察晶状体是否呈球形或圆锥形，有无异位、脱位、破裂和晶状体内异物。

2）操作步骤

①检查时把裂隙灯调为裂隙光，裂隙灯的光强应调为高度。

②显微镜放大倍率应从低倍到高倍调整。

③裂隙灯光源的角度10°～45°，裂隙灯裂隙的宽度2mm，裂隙灯取窄光源，对准瞳孔区，将焦距对准晶状体扫描瞳孔区观察晶状体情况。

④检查时叮嘱被检者向前看。

⑤检查时间为9～15秒。

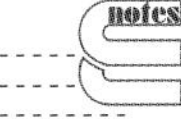

实训 3-1：熟悉裂隙灯显微镜的使用方法

1. 实训要求　熟练掌握裂隙灯显微镜的操作方法及各部件的使用方法。

2. 实训学时　2 学时。

3. 实训条件

（1）环境准备：低照度视光实训室。

（2）设施准备：裂隙灯显微镜 1 台。

（3）实验者准备：着白大衣。

4. 实训步骤

（1）熟悉各类照明方法的操作。

（2）注意事项

1）使用前要检查仪器各操纵钮、开关及杆的位置，确保可正常使用。

2）检查时应根据被检者情况及检查目的设置仪器。

3）定期对仪器进行检查和校对，以便发现问题、解决问题，保证日常工作的顺利进行。

（3）设备养护

1）更换颌托纸。

2）如果缺少颌托纸，卸下颌托上的销子，放一叠新纸，然后重新固定颌托上的销子。

3）清洁镜片和反射镜。

4）使用仪器所带的专用刷子或吹气球除去镜片和反射镜上的灰尘，如仍然不能清除干净，则用一块柔软的棉布蘸上一点酒精轻轻地擦净，杜绝用手指或硬物去清洁镜面。

5）清洁滑动板、底座轨道和移动轴。

6）用一块干燥的布清洁滑动板、底座轨道和移动轴，确保其垂直或水平方向上的移动灵活性。

7）清洁塑料零部件。

8）清洁塑料零件包括颌托、前额架等，清洁时用一块布蘸上中性洗涤剂的水溶液擦除塑料零部件上的灰尘。注意不要使用其他种类的清洁剂。

9）仪器不用时请关机，延长灯泡的使用寿命。

10）保持仪器室室内清洁、干燥、通风等条件，保持适宜的室温。

5. 实训善后

（1）认真核对操作过程，确保准确无误，填写实训报告。

（2）整理及清洁实训用具，物归原处。

二、泪膜破裂时间、分泌量和泪膜分级

学习目标

1. 掌握：泪液相关检测的操作方法。
2. 熟悉：泪液的组分。
3. 熟悉：各项检测的标准值范围。

1. 泪膜破裂时间（BUT）检查（图 3-18）　荧光素裂隙灯检查法。

（1）被检眼滴 1% 荧光素钠或用生理盐水湿润荧光试纸后涂在被检眼的球结膜上（注意试纸湿润即可，不要有残余的水滴存在）。

（2）在裂隙灯下用滤光式投照法通过钴蓝光片进行观察。

（3）嘱被检眼闭睑 3～5 秒，待其自然睁开眼后立即按动秒表开始计时，并嘱被检者不

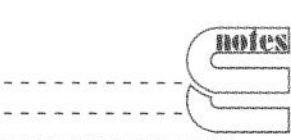

要瞬目，在裂隙灯下角膜表面泪液膜呈均匀鲜绿色，至泪膜表面出现第一个黑色破裂斑，再次按动秒表，读出间隔时间，此间隔时间即为泪膜破裂时间。

（4）注意在检测过程中不要用手撑开被检者眼睑，以免影响测试结果。

（5）一般测量3～5次，取平均值。

（6）正常值：11～30秒；BUT 10秒以下者，不适合戴用接触镜。5秒以下为异常，表明泪液黏液层的功能欠佳，泪液膜的稳定性低下。

2．表面泪膜检查　干眼检查仪观察（dry eye monitor，以TAKAGI DR-1为例）。

（1）检查电源连接是否正确（仪器使用100V低电压）后，打开仪器电源开关。

（2）指导被检者把下颌放在颌托上。

（3）选择放大倍率为12倍的旋钮。

（4）调整颌托及整个仪器的高度，使照射光线投照在瞳孔上。

（5）将检查探头移近被检者，当显示器上有蓝色光斑出现时，调整光斑至屏幕的中心。

（6）选择放大倍率为36倍的旋钮，调整位置使光线聚焦，把光线强度调整至最佳状态读取图像。

（7）聚焦图像清晰时，按下调节柄上的按钮即可拍摄到此瞬间的泪液图像（再次按下按钮可重新摄取图像）。

（8）按下等级按钮，泪液的分级图像将会出现在屏幕的四个角上（再次按下此按钮，分级图像可消失）。

（9）将摄取到的泪液图像与四个等级图像作比较来判断并记录泪液的分级（图3-19）。

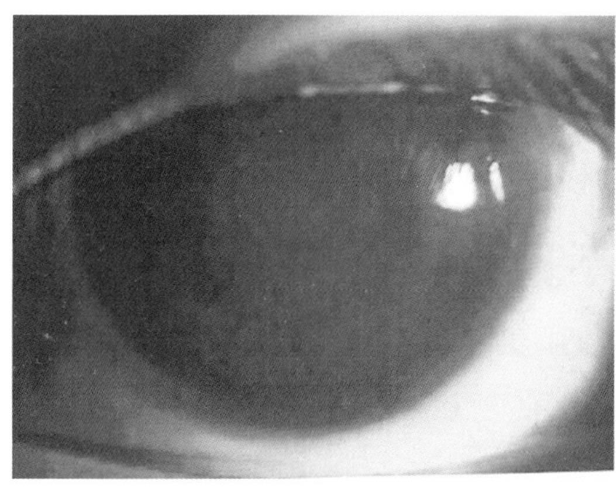

图3-18　泪膜破裂时间（BUT）

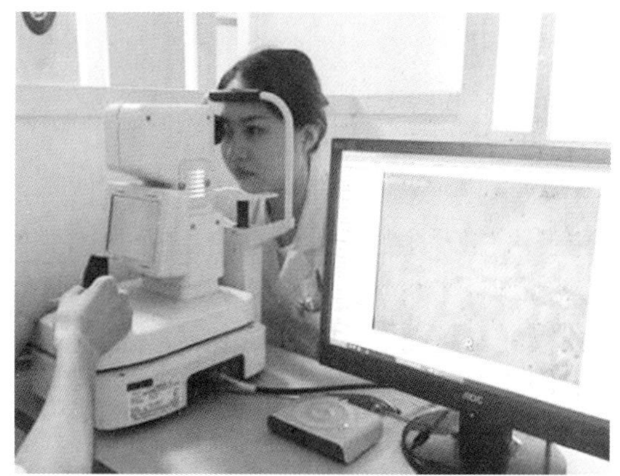

图3-19　干眼检查仪检查

（10）评判意义

1）Ⅰ、Ⅱ级表示泪液中水分较多，属于正常状态。

2）Ⅲ、Ⅳ级表示泪液中水油比例失调，油脂层厚度增加，对眼部的湿润作用下降，易出现眼干症状。同时此状态下配戴接触镜，镜片易出现分泌物沉淀，影响配戴效果，须加强镜片的清洁护理。

3）Ⅴ级表示泪液中油脂过多，属明显干眼症，不适宜配戴矫正屈光用接触镜。

3．泪液量检查　泪液分泌试验（Schirmer test）。

本法用以测定全分泌的分泌速度，为尽量减少反射性分泌，应在暗室内施行。

（1）让被检者在暗室内安静坐好，略向上方视。

（2）将5mm宽、35mm长的Schirmer试纸上端约5mm处对折一下。

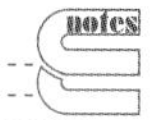

（3）将试纸上端置于下睑内 / 外侧 1/3 处的结膜囊内，使折线处恰好位于睑缘，可自然瞬目。

（4）令被检者稍向上方视，5 分钟后取出试纸。

（5）自折线处测量试纸被泪液湿润的长度为第一法。

（6）为避免反射性分泌，在暗室中点眼麻醉，待反应性充血消退，角结膜充分麻痹后用同样方法测定为第二法。

（7）注意检查前不要给予刺激（如裂隙灯的强光照射等），放置试纸时不要触及角膜。

判定标准：

1）长度为 10～30mm，属于正常范围。

2）长度为 5mm 以下应考虑为病态，属于泪液分泌减少症。

3）长度为 30mm 以上也许与试纸的异物刺激，引起反射性分泌增多有关。

实训 3-2：泪膜破裂时间、分泌量和泪膜分级的检测方法

1. 实训要求

（1）熟练掌握泪液相关检测的操作方法。

（2）熟悉各项检测的标准值范围。

2. 实训时间　2 学时。

3. 实训条件

（1）环境准备：正常光照视光实训室。

（2）设施准备：棉丝、干眼检查仪 1 台、裂隙灯 1 台。

（3）实验者准备：着白大衣。

4. 实训步骤

（1）使用裂隙灯完成泪膜破裂时间（BUT）检查。

（2）BUT 正常值与异常值的判读。

（3）使用干眼检查仪诊断泪膜分级。

（4）描述泪膜分级的诊断依据。

（5）操作泪液分泌试验（Schirmer test）。

（6）泪液分泌试验（Schirmer test）正常值与异常值的判读。

5. 实训善后

（1）认真核对操作过程，确保准确无误，填写实训报告。

（2）整理及清洁实训用具，物归原处。

第二节　角膜分析设备

一、角膜曲率仪

学习目标

1. 熟练：掌握角膜曲率仪的操作方法。
2. 了解：角膜曲率检测的意义。

（一）基本结构

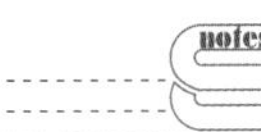

角膜曲率仪主要由一个照亮的光标和一个带有三棱镜组的复合显微镜组成（图 3-20）。

（二）工作原理

当物体发出的光线到达眼球各曲折面时，一部分光线反射后成像，即 Purkinjie 现象，其像的大小与球面的曲率半径成比例。根据 Purkinjie 现象可间接测量角膜屈光面的弯曲度，即曲率半径（图 3-21）。

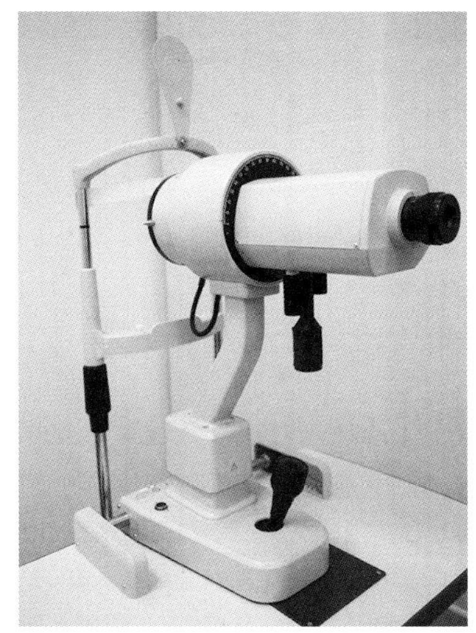
图 3-20　角膜曲率仪结构图

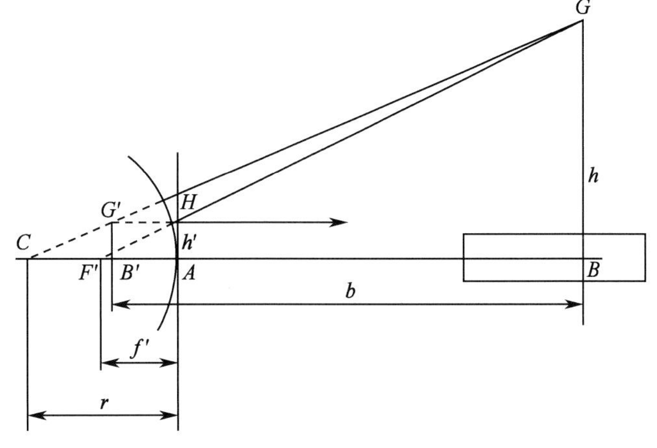

图 3-21　角膜曲率仪工作原理图

图 3-21 中 A 为角膜顶点，C 为角膜的曲率中心，AC 为角膜曲率半径 r，其中△ BGF' 与△ AHF' 相似，利用相似三角形原理可得：

$$h'/h = f'/F'B = f'/b = r/2b$$

则：

$$r = 2bh'/h$$

（三）检测原理

如果固定物像之间的距离，即图 3-21 中 b 不变且数值已知，则在已知 h 的情况下，只要测量得到 h' 的大小，就可计算得到角膜曲率半径 r 的大小（图 3-22）。

$$r = 2bh''/h\,(f_1'-l_1')$$

式中，b 为角膜像到视标 GB 的距离，h'' 为分划板上角膜像的大小，h 为视标 GB 的大小，f_1' 为望远镜物镜焦距，l_1' 为分划板到物镜的距离。

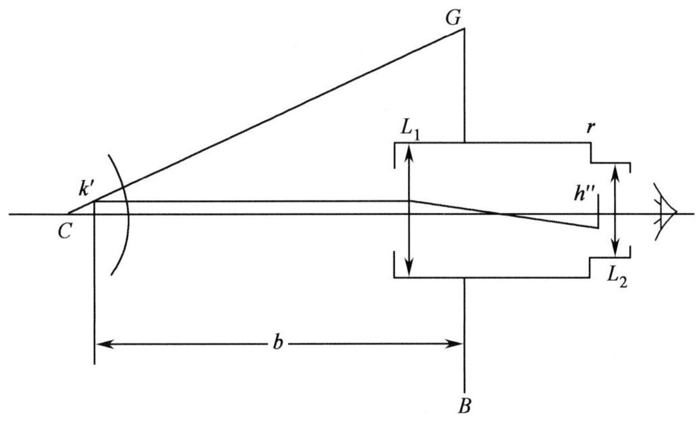

图 3-22　角膜曲率仪检测原理图

（四）检测方法

由于人眼经常不停眨动，在检测时会产生成像颤动而不能准确测量曲率半径。为了检测到正确的曲率半径值，在角膜曲率仪中增加了一块分像棱镜，将像分成两个。当人眼眨

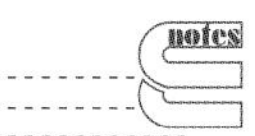

动时，两个分像是同步移动的，而两像间不存在相对运动。目前通常存在两种分像测量方法：固定双像法和可变双像法（图 3-23）。

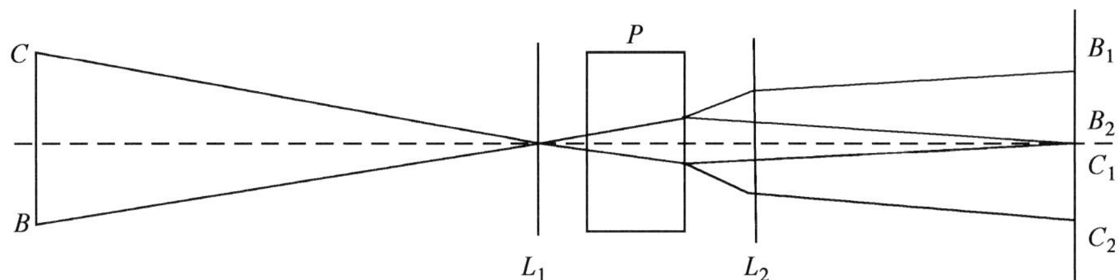

图 3-23　角膜曲率仪双像检测方法图

固定双像法：固定两像之间的距离，通过改变物体的大小使像的大小发生变化，根据物的大小读出角膜曲率半径值。

可变双像法：固定物体的大小不变，通过改变分像间的距离，根据分像大小读出角膜曲率半径值。

目前临床上常用的角膜曲率计主要有三种类型：Javal-Schiotz 角膜曲率计、Baush-Lomb 角膜曲率计和自动角膜曲率计。Javal-Schiotz 角膜曲率计采用固定双像法测量角膜曲率值、有无散光及散光量等，Baush-Lomb 角膜曲率计采用可变双像法测量角膜曲率值，而自动角膜曲率计则自动测量。

具体操作如下：

1．检查前准备工作

（1）检查通常处于半暗室，确定被检查者没有配戴角膜接触镜或框架镜。

（2）消毒颌托和额托带，打开电源开关。

（3）逆时钟旋转可调整目镜到最大限度，将一张白纸放在角膜曲率仪前，反射照明目镜内的十字线，顺时钟缓慢旋转目镜，直到十字线首次出现清晰为止（图 3-24）。

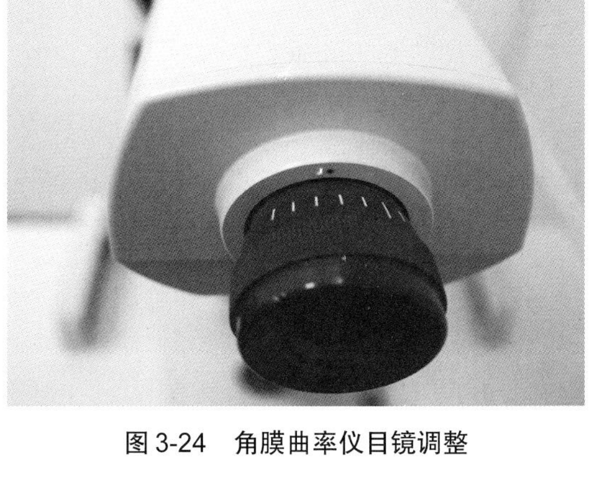

图 3-24　角膜曲率仪目镜调整

（4）嘱被检者坐于角膜曲率计前，嘱其头部置于固定颌托上，前额紧靠额托带上。

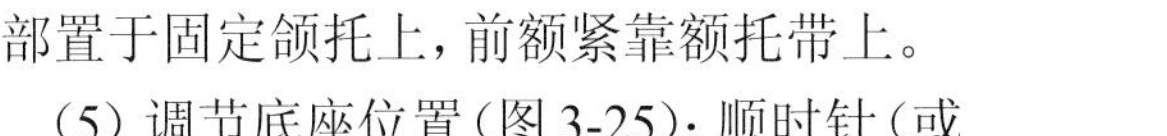

（5）调节底座位置（图 3-25）：顺时针（或逆时针）旋转操纵手柄，调整镜筒高度；前后左右倾斜操纵手柄，调整镜筒水平位置。

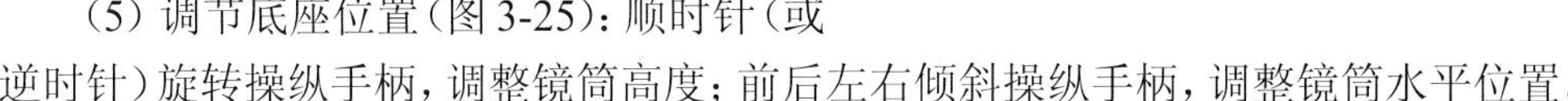

（6）用遮光板遮住另一只眼睛（图 3-26）。

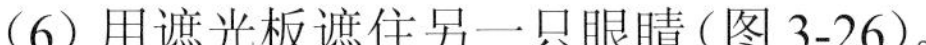

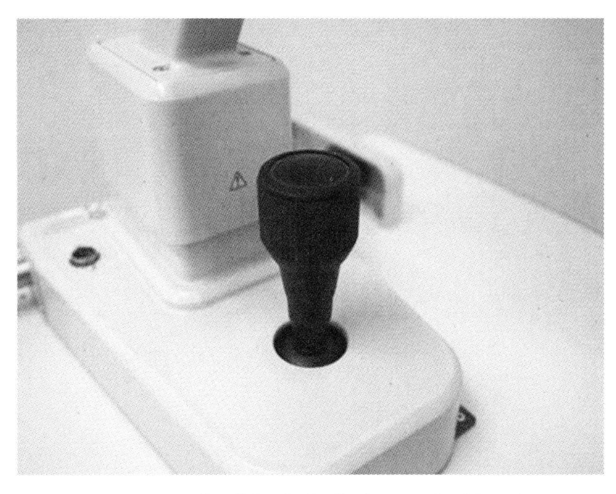

图 3-25　角膜曲率仪底座位置调整手柄

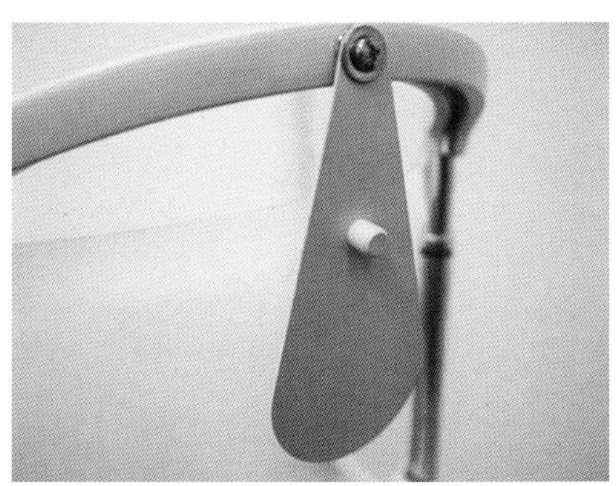

图 3-26　角膜曲率仪遮光板

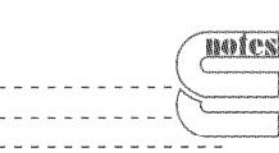

2. 检查步骤

（1）通过升降和前后移动曲率仪的桶体，检查者应看到被检者被检眼角膜前面的视标像位置。

（2）嘱被检者眼睛平视前方，从曲率仪桶体中找到被检者自己眼睛的反射像。

（3）从曲率仪的目镜中观察，直到看到三个环对应到被检者的角膜（图 3-27）。

（4）调整操纵手柄使三个环保持清晰，并使黑“+”字正好处于右下环当中位置（图 3-28）。

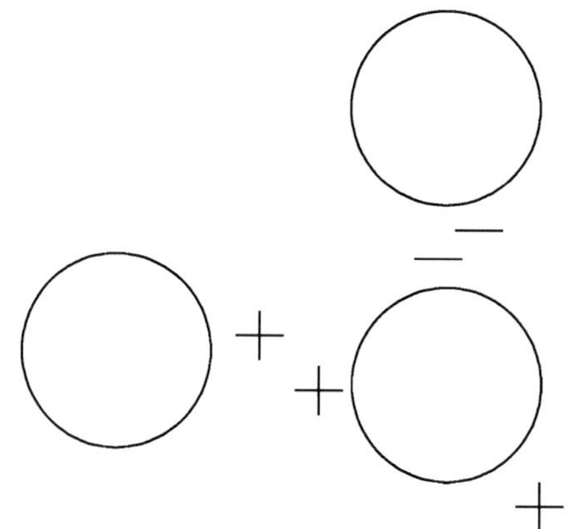

图 3-27　角膜曲率仪的光标

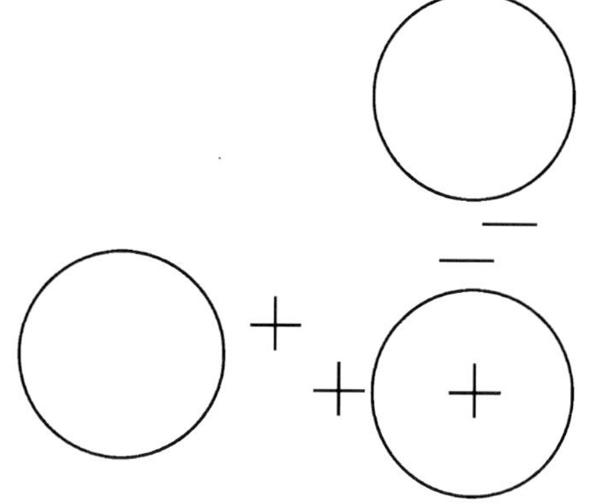

图 3-28　角膜曲率仪光标的调节

（5）锁定仪器。

（6）调整水平和垂直的度数转轮（图 3-29），直到光标像靠得很近。

（7）确定被检者角膜的两主子午线，旋转曲率计的桶体，直到光标像的水平线能完全延续（图 3-30）。

（8）调整水平度数转轮，直到水平光标像完全重合。

（9）调整垂直度数转轮，直到垂直光标像完全重合（图 3-31）。

（10）记录数据，首先为水平子午线的度数和方向，划一斜杠，然后记录垂直子午线度数和方向，然后用屈光度大小记录角膜散光量、散光类型。

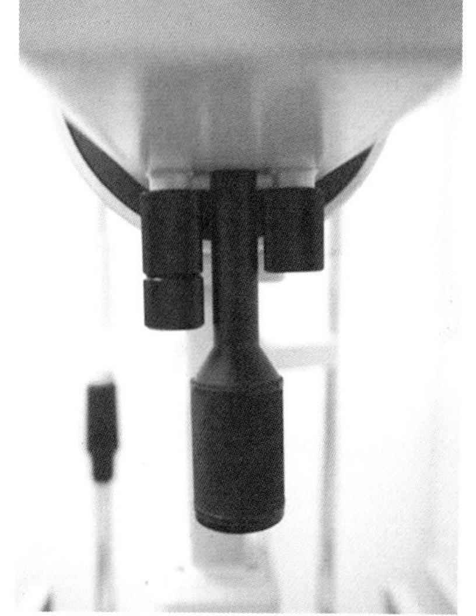

图 3-29　水平和垂直的度数转轮

（五）角膜曲率计的临床应用

1. 为角膜接触镜验配提供被检者角膜曲率半径指导镜片基弧的选择。

2. 评估角膜接触镜配适状态　令配戴者眨眼，若配戴良好，视标像始终清晰不变；若配戴过松，眨眼前像清晰，眨眼后像立即模糊，片刻后又恢复清晰；若配戴过紧，眨眼前像清晰，片刻又恢复模糊。

3. 检测散光的度数、轴向及判别散光的类型

（1）验光有散光而角膜曲率计检查无散光，说明该散光全部是眼内散光。

（2）验光、角膜曲率计检查均有散光，且两者散光度相等、轴向一致，说明该眼的散光全部是角膜散光。

（3）验光、角膜曲率计检查的散光度数不等，且散光轴向不一致，说明该眼的散光是由角膜散光和眼内散光混合而成的。

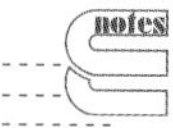

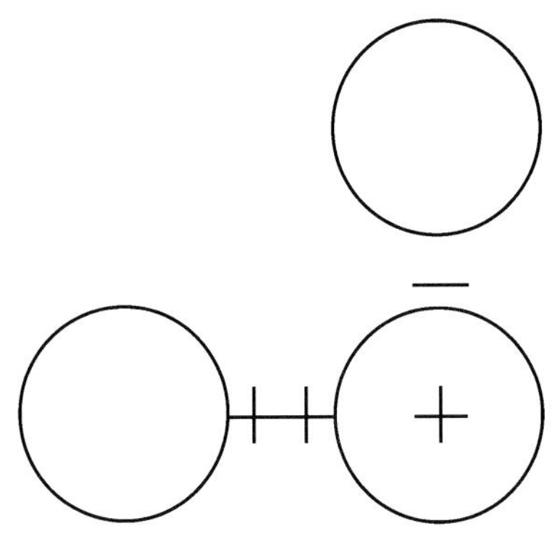
图 3-30　角膜曲率仪中调节主子午线使水平支线完全延续

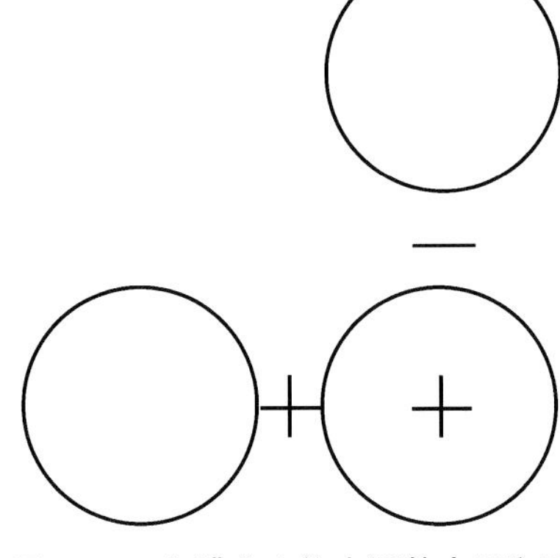
图 3-31　角膜曲率仪中调整水平和垂直光标像至重合

（4）验光中无散光，而角膜曲率计检查有散光，这表明角膜散光与眼内散光度数相等、符号相反、轴向一致，两者相互抵消。此散光可以用球镜矫正。

4. 为角膜病、手术等提供诊断依据

（1）对于某些角膜病如圆锥角膜、扁平角膜等，角膜曲率计可提供诊断依据。

（2）对于人工晶状体植入术前、屈光手术的设计和结束等，角膜曲率计可提供依据。

实训 3-3：角膜曲率仪的使用方法

1. 实训要求

（1）熟练掌握角膜曲率仪的操作方法。

（2）熟练掌握角膜曲率仪的各部件的使用方法。

2. 实训时间　2 学时。

3. 实训条件

（1）环境准备：正常光照视光实训室。

（2）设施准备：角膜曲率仪 1 台。

（3）实验者准备：着白大衣。

4. 实训步骤

（1）角膜曲率仪的操作流程。

（2）检测注意事项。

（3）临床应用包含范围。

（4）注意事项

1）检查前确认仪器所有的电线是否正确牢固连接，并确保仪器接地良好。

2）检查时被检者头位要正确，确保所测角膜曲率的轴位不出现误差。

3）检查时光学轴线应该穿过被测角膜中央区域。

4）嘱被检者双眼睁大充分暴露眼角膜，如被检者为上睑下垂或小睑裂者，要充分暴露其角膜并避免压迫角膜。

5）配戴角膜接触镜的被检者至少应在停止戴镜 2 周后再作检查。

6）注意保持室内温湿条件，请勿在易燃、易爆、高温环境下使用角膜曲率计仪器，保持室内环境及仪器的清洁度。

7）当用于光标照明的灯泡不亮时，要及时更换灯泡，以免影响正常使用。仪器不用时请关机，延长灯泡的使用寿命。

8）定期补充更换颌托垫纸。

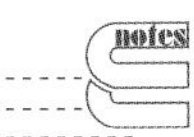

9）定期清洁滑动板、导轨和轴。

10）定期清洁和消毒塑料零部件。

5. 实训善后

（1）认真核对操作过程，确保准确无误，填写实训报告。

（2）整理及清洁实训用具，物归原处。

二、角膜地形图仪

学习目标

1. 熟悉：地形图的判读模式。
2. 了解：常用地形图拍摄原理。

（一）基本结构

目前常用的角膜地形图仪器主要有两类：角膜表面投影式和裂隙扫描式角膜地形图仪器。本节以角膜表面投影式（Tomey-4）为例介绍角膜地形图仪器，该仪器由角膜投射系统、实时图像监测系统和计算机图像处理系统三部分组成，仪器外形如图 3-32。

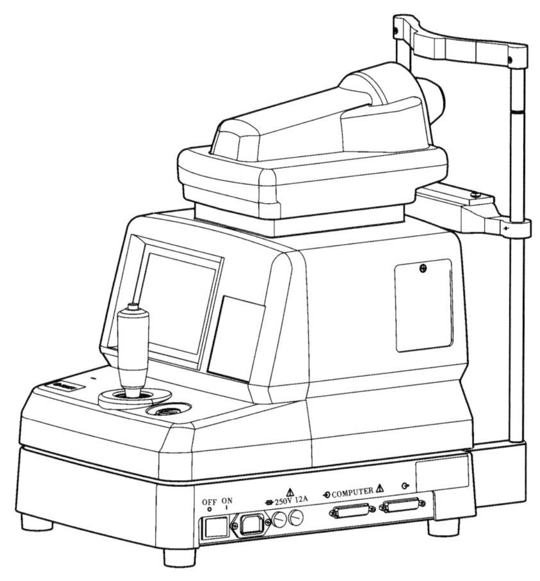

图 3-32　表面投影式角膜地形图仪

（二）工作原理

1. 角膜投射系统　角膜地形图仪器的投射系统是基于 Placido 盘的设计系统。19 世纪末出现了最初设计的 Placido 盘，其为黑白相间的同心圆环。检查者通过盘中的小孔观察被检者角膜上的同心环的像，来定性分析角膜的弯曲度。正常角膜通过 Placido 盘成规则同心圆像，规则散光通过 Placido 盘成不同形状的椭圆像，不规则散光通过 Placido 盘成不规则的角膜像。如图 3-33 所示，上方环的宽度增加，表示角膜曲率较平坦，下方环的宽

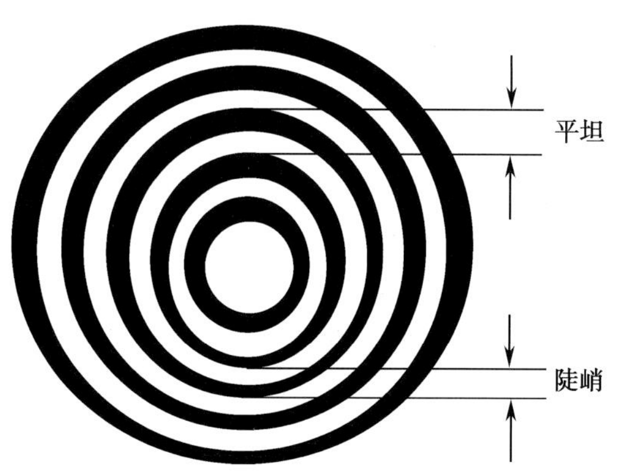

图 3-33　最初的 Placido 盘

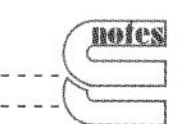

度减小，表示角膜曲率较陡。

Placido 盘经过多年的更新换代后，目前有代表性的有手持式、裂隙灯式、照相机摄像式等多种设计。同时随着现代计算机图形处理的突破，摄像式角膜地形图仪器取得突破性进展，被广泛用于定量角膜形态分析。

目前角膜地形图投射系统是由 16～34 个组成圆环组成，根据需要选择多个圆环均匀地投射到从中心到周边的角膜表面上，涉及整个角膜。

2. 实时图像监测系统　角膜地形图仪通过实时图像监测系统对角膜表面的环形图像进行实时图像观察、监测和调整等，使角膜图像处于最佳状态下进行摄影，然后将其储存，以备分析。

3. 计算机图像处理系统　利用计算机对储存的角膜图像进行数字化，应用已设定的计算公式和程序进行图形分析，用不同颜色来表示不同数值，最后将角膜起伏形态用数字化的彩色图显示在显示器上（图 3-34），同时连同分析统计资料也一起显示出来，并可通过连接的彩色打印机打印结果。通常角膜地形图中用暖色（橙色或红色）表示角膜薄，即表示高屈光度，颜色越暖色表明角膜越薄、屈光度越高；用冷色（绿色或蓝色）表示角膜厚，即表示低屈光度，颜色越冷色表明角膜越厚、屈光度越低。

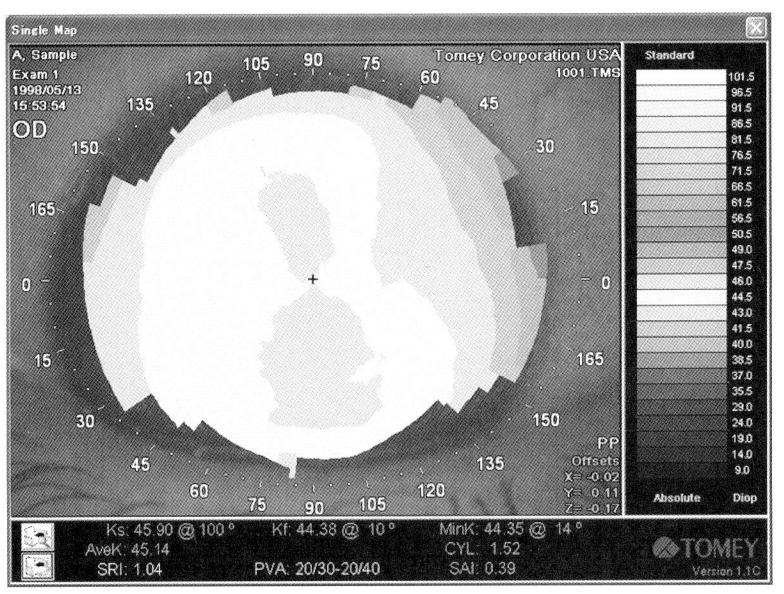

图 3-34　单眼彩色角膜地形图

（三）检测原理

角膜地形仪是根据光学中镜面反射原理设计而成的检测仪器。如果用高倍放大镜观察人眼角膜，可以发现角膜是一个高度不规则的表面，但是因为泪膜覆盖在角膜前面，形成一个规则而又光滑的表面，因此，角膜遵循镜面反射原理。Placido 环发出的光线经过角膜表面反射后成像，通过照相或摄像系统接收反射成像。

（四）检测方法

1. 将 Tomey-4 角膜地形图仪器电源开关打开。

2. 打开计算机，双击计算机桌面上角膜地形图检查程序快捷图标，进入 Tomey-4 角膜地形图软件启动界面（图 3-35）。

3. 录入新被检者个人信息。点击“文件 -File”菜单，选择“新患者 -New Patient”，进入“患者记录 -Patient Record”界面（图 3-36），在此界面中录入被检者姓名、年龄、性别、诊断等信息，选择“保存 -Save & Next”菜单，如果在录入新被检者信息后立即为被检者做检查，则选择“检查 -Do Exam”进行检查界面。

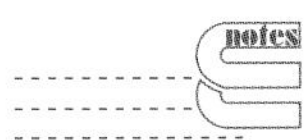

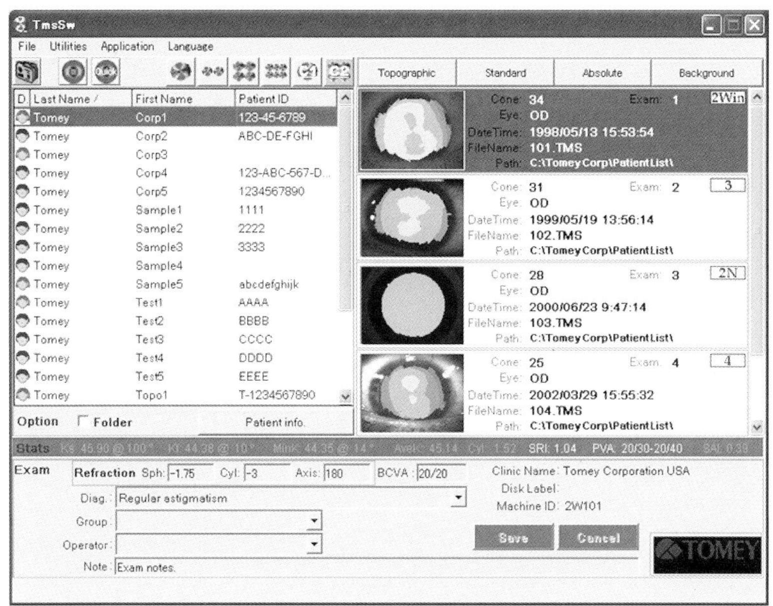

图 3-35　Tomey-4 角膜地形图启动界面

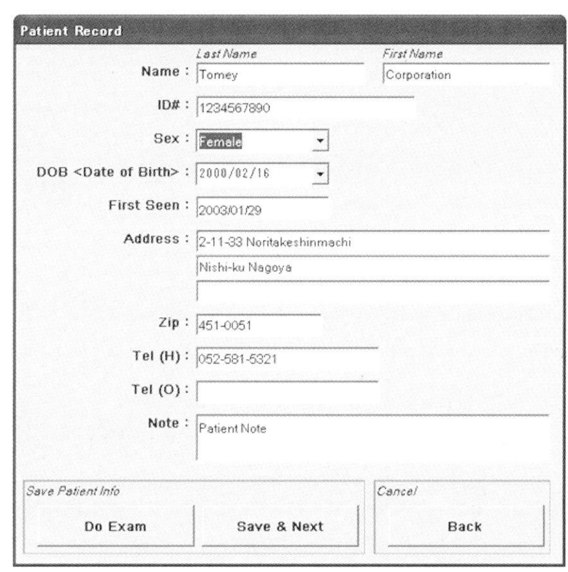

图 3-36　Tomey-4 被检者记录界面

4. 如果被检者以前在本台仪器有检查记录，或者需要修改被检者信息，则在“患者列表(Patient list)”中双击该被检者进入“患者记录 -Patient Record”界面，修改被检者信息后或直接选择“检查 -Do Exam”进行检查界面。

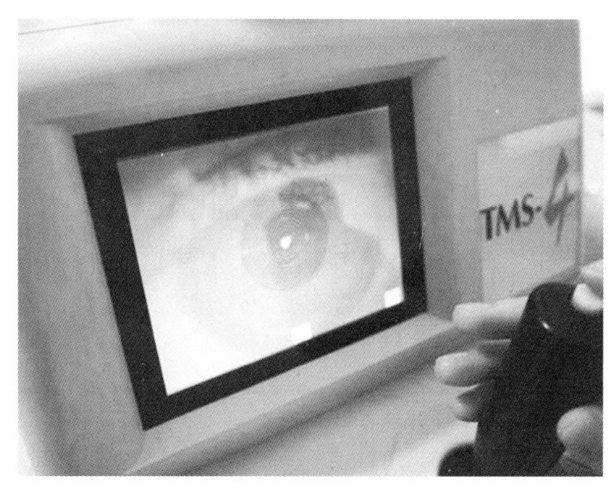

图 3-37　角膜地形图拍摄

5. 向被检者说明检查过程，嘱被检者坐位，下颌放在下颌托上，头靠紧额托。

6. 嘱被检者受检眼注视投照镜筒中央的固定灯光。

7. 操作者操作角膜地形图仪的把手，对被检者的一只眼进行检查，使显示幕上三个白点的中间白点位于瞳孔中心(图 3-37)，即中间白点与瞳孔中心点重合。调整焦距使

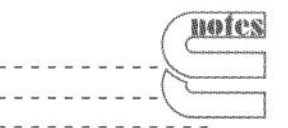

显示幕上的Placido盘同心圆影像清晰，再压按钮使图像固定。

8. 在摄影前应嘱咐被检者眨眼数次使眼表反光均匀。在摄影时应嘱咐被检者双眼同时睁大。每一被检者可做多次，选择最佳影像进行角膜地形图图像分析。在如图3-38中点击Mires OK，自动统计角膜形态各参数（如Ks、Kf、AveK、MinK、Es/Em、Cyl、SRI、PVA、SAI等），分析结果自动保存。

9. 若要再检查被检者的另一只眼睛，单击角膜地形图单眼分析结果图界面上的Next Eye图标。对检查者的另一只眼进行检查，重复步骤7～8。

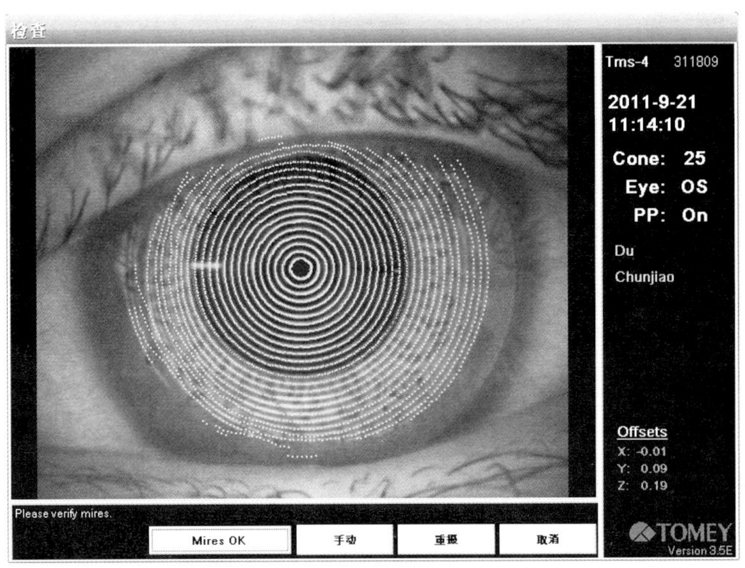

图3-38　角膜地形图分析界面

10. 在Tomey-4角膜地形图启动界面工具栏中选择相应的显示方式，进行单眼、双眼或多眼地形图显示方式显示。以双眼显示为例，在启动界面工具栏中点击进入双眼显示方式。如图3-39中选择所需的双眼，将所选双眼拖入Dual Map的左右两个小窗口内，点击"应用-Apply to this Map"可得到角膜地形图双眼显示结果（图3-40）。

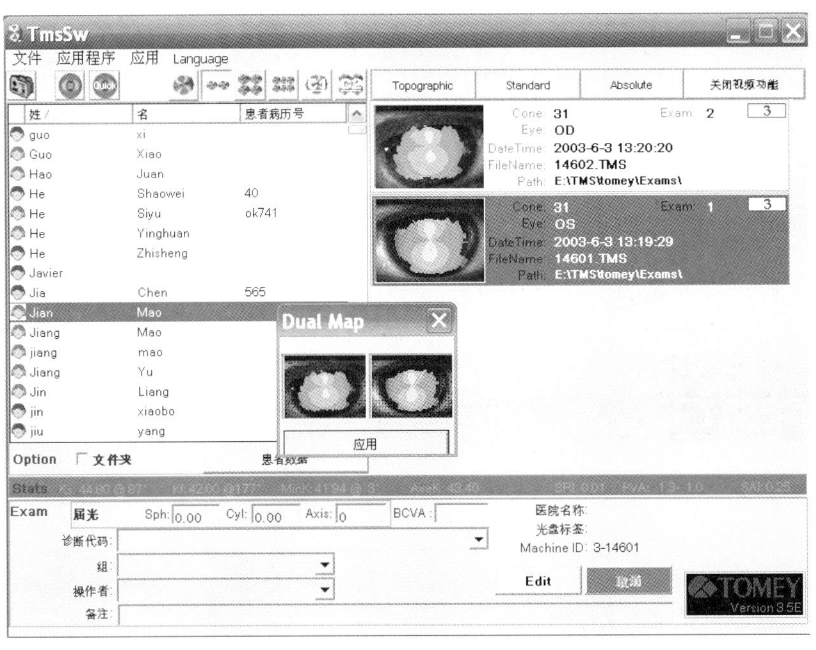

图3-39　角膜地形图双眼显示模式选择

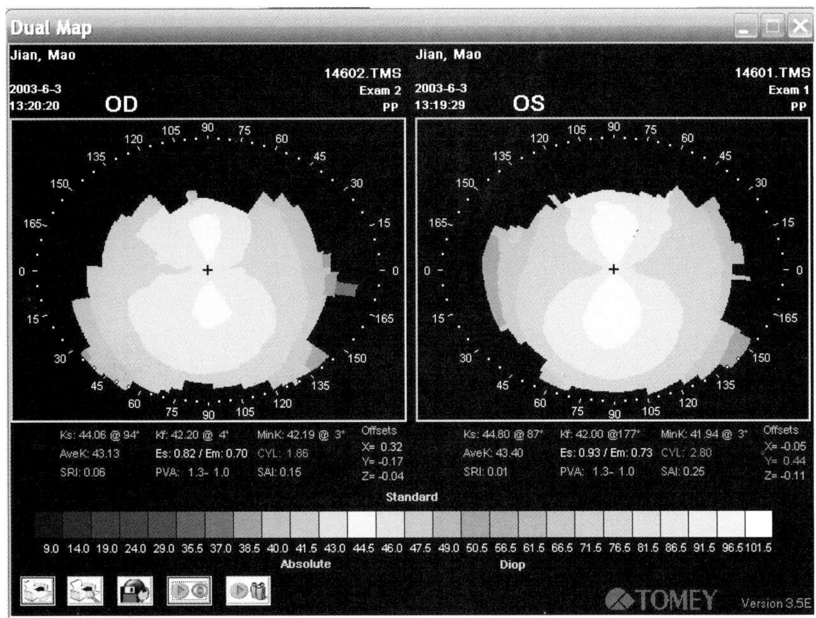

图 3-40　角膜地形图双眼显示图示

11. 打印　在上图中，点击左下角的打印键，计算机连接的打印机将会打出角膜地形图图件。另外，在上图中点击鼠标左键，选择“打印幻灯片 -Slide Making”，点击“选择所有应用的图像 -Apply to this Maps”（图 3-41）。在弹出的窗口中选择所要保存图片的类型，比如“.JPG”文件，写入要保存图片的名称，点击保存（图 3-42）。

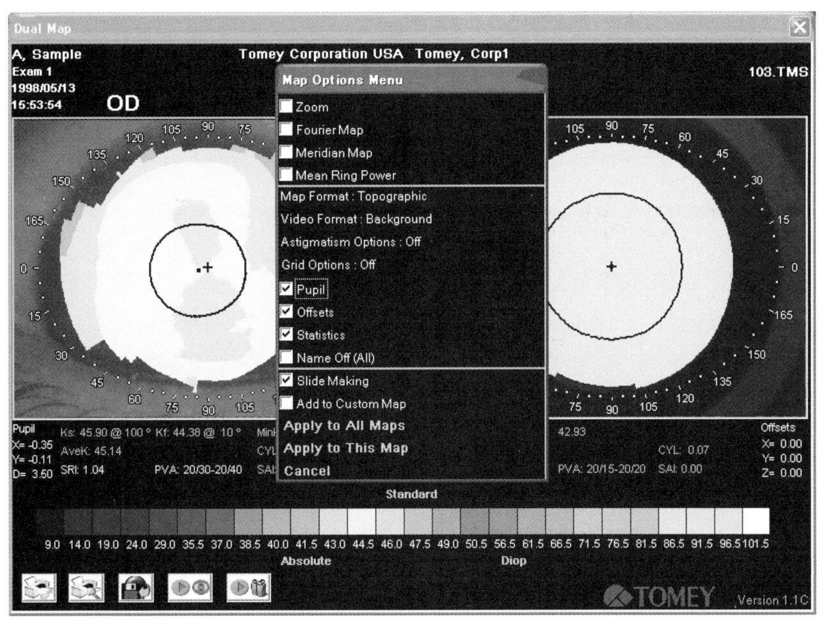

图 3-41　角膜地形图打印幻灯片

（五）角膜地形图结果分析

角膜地形图分析结果用来诊断角膜形状异常和评价角膜光学特性等，主要涉及的分析结果见表 3-1。

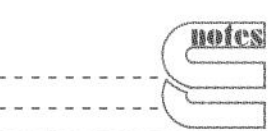

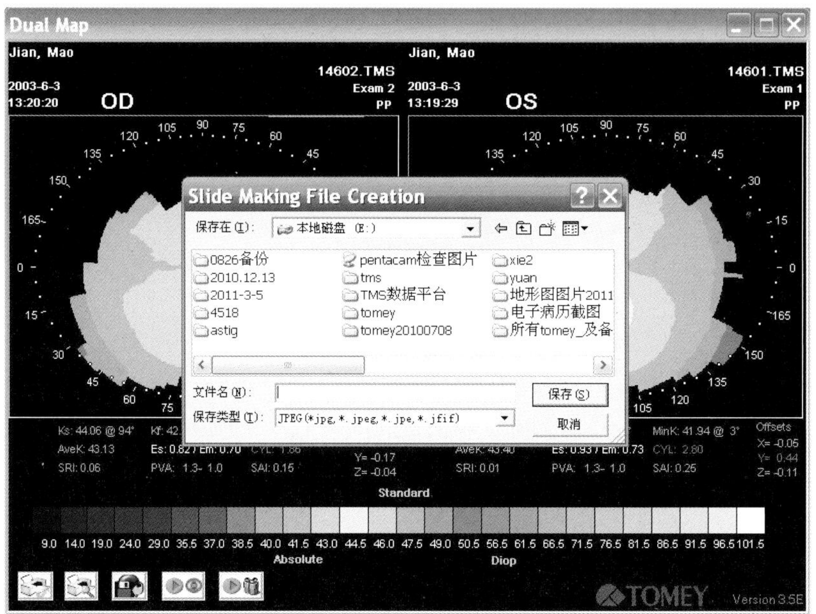

图 3-42　角膜地形图保存幻灯片

表 3-1　角膜地形图分析结果

图形显示	绝对图形（absolute）、标准图形（normalize）
屈光力特性	轴性度（axial power）、屈光度（refractive power）
角膜形状参数	表面规则指数（SRI）、不同部位指数（DSI）、表面非球面指数（SAI）、对侧部位指数（OSI）、预测角膜视敏度（PCA）、角膜屈光力标准差（SDP）、角膜屈光力变异系数（CVP）、中心 / 周围指数（CSI）、平均角膜屈光力（ACP）、圆锥角膜测试指数（KPI）、角膜离心指数（CEI）、圆锥角膜严重度指数（KSI）、非规则散光指数（IAI）、升高 / 降低度（EDP）、可分析面积（AA）升高 / 降低直径（EDD）等
整体形态	非对称性（asymmetry）、非球面性（asphericity）、散光（astigmatism）局部异常陡峭或低平（abnormal steepening or flattening）
两眼对称性、瞳孔区颜色与形态	正常状态以正中线为准，对称性良好，颜色分布及形态规则，如对称蝶形等，光学性良好

以下主要介绍角膜形态参数：

1. 表面非对称指数（surface asymmetry index，SAI）　表示角膜表面的光学对称性，以角膜顶点为参考点，同一子午线两侧相同距离的对应点的屈光力差及其加权分析值。对分布于角膜表面 128 条相等距离子午线上相隔 180 度的对应点角膜屈光度进行测量，将各相应屈光力的差值总和起来即得出 SAI。正常值约为 0.12±0.01，而角膜高度不对称（如圆锥角膜）的 SAI 值可达 5.0 以上。

2. 角膜表面规则性指数（surface regularity index，SRI）　表示角膜中央区各子午线屈光力分布的规则性和光滑性，该指数与矫正视力呈线性关系。角膜表面愈规则，SRI 愈小，对于一个完全光滑的表面，SRI 接近于 0。通常正常眼的 SRI 值为 0.05±0.03。

3. 预期视力（potential visual acuity，PVA）　能根据角膜形状的分析结果，从功能上得出理想的最高眼镜矫正视力。使用 SAI 或 SRI 同 PVA 之间的关系，根据角膜地形图结果可提供预期视力矫正效果。

4. 模拟角膜曲率读数（simulated keratoscope reading，Sim K）　模拟角膜曲率读数为最大子午线上屈光度在第 6～8 环上平滑处理分析的平均值，并显示距离此子午线上 90° 方向

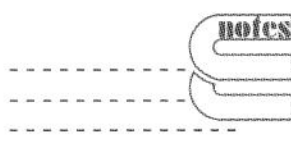

的同样3环平均值，同时标出所在轴向。

5. 最小角膜曲率读数（minimum keratoscope reading，Min K）　最小角膜曲率计读数为最小子午线上屈光度的第6～8环上平滑处理分析的平均值，并标出所在轴向。

6. 离心系数e值　是指从角膜中央到周边屈折力的变化规律。

实训3-4：角膜地形图仪的使用方法

1. 实训要求

(1) 熟练掌握角膜地形图仪的操作方法。

(2) 熟练掌握角膜地形图仪各部件的使用方法。

2. 实训学时　4学时。

3. 实训条件

(1) 环境准备：正常照明视光实训室。

(2) 设施准备：角膜地形图仪1台。

(3) 实验者准备：着白大衣。

4. 实训步骤

(1) 熟悉角膜地形图仪的操作。

(2) 注意事项

1) 嘱被检者头位、眼位要正确，不能倾斜，否则可造成角膜散光的轴位改变等。

2) 如果被检者睑裂过小或上睑下垂，可用手指帮助被检者张开眼睑，并指示被检者睁大眼睛，充分暴露角膜，但避免压迫角膜。

3) 在检查前要避免做接触角膜的各项检查，角膜自身的状况和泪液状况都会影响检查结果。保持角膜表面湿润，泪膜不稳定者可先滴入人工泪液再行检查操作，以免角膜干燥而影响检测结果。

4) 可重复拍摄图像，选择泪膜等外在因素干扰最小的最理想的图像进行处理、打印和储存。对不理想的图片及时删除，否则存储图片过多将影响计算机的运行速度。

(3) 日常养护

1) 定期使用模型眼检测校准机器，以确保机件处于良好状态。

2) 不要使用除说明书中指明的其他化学溶剂清洁塑料部件。

3) 不使用仪器时，一定要关闭电源开关，盖上防尘罩。

4) 保证工作间的清洁、干燥和通风条件。

5. 实训善后

(1) 认真核对操作过程，确保准确无误，填写实训报告。

(2) 整理及清洁实训用具，物归原处。

三、角膜内皮显微镜

学习目标

1. 掌握：内皮显微镜的操作。
2. 熟悉：内皮异常的诊断标准。
3. 了解：内皮细胞的平均密度指标在不同年龄段的正常值范围。

（一）基本结构

目前临床上有两类角膜内皮显微镜：接触型和非接触型，都是由照明装置和显微检查

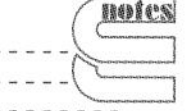

光学系统两大部分组成。本文以 KONAN NONCON ROBO SP-8000 非接触角膜内皮显微镜为例，对被检者进行检查（图 3-43）。

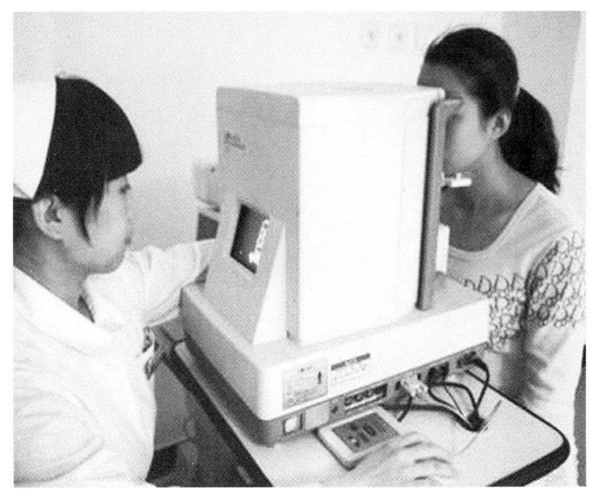

图 3-43　非接触角膜内皮显微镜

（二）工作原理

角膜内皮反射显微镜（corneal specular microscope）简称角膜内皮镜，是利用镜面反射的原理观察角膜内皮细胞的状态。

（三）检测原理

非接触型角膜内皮显微镜在分光显微物镜中照像与观察光路分开角度固定，通过非接触性显微镜来观察角膜内皮细胞的大小、形状、细胞密度和细胞的转变过程，从而了解角膜内皮细胞形态及数目改变。

（四）检测方法

1. 检查电源及其他连接是否正确（仪器额定电压为 110V），打开升降台、仪器及打印机电源开关。

2. 检查者以鼠标左键点击“I.D.”输入被检者姓名、年龄等资料，点击“END”结束被检者信息录入。通常，快速检查时不需要输入被检者姓名等信息。

3. 确定拍摄部位（主要观察角膜中央部分的内皮细胞，可根据需要选择角膜中央、12 点、6 点、9 点及 3 点钟方向，图 3-44），以鼠标左键点击“记录 -RECORD”进入拍摄准备。

4. 被检者坐于仪器前，嘱其下颌及额头置于下颌托及额托的一侧，下颌托感受器自动判别左右眼并于屏幕显示。

5. 检查医师通过仪器屏幕观察被检者眼球位置，调整下颌托旋钮及被检者头部位置至被检者眼球位于屏幕正中（图 3-45）。

图 3-44　角膜内皮显微镜选择拍摄部位

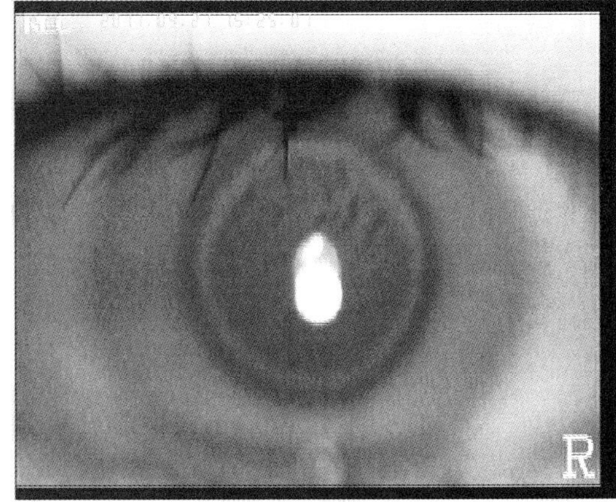

图 3-45　角膜内皮显微镜检查时屏幕中眼球正确位置

6. 嘱被检者身心放松后尽量睁大眼睛注视眼前绿色注视灯，同时检查者按下鼠标左键摄取角膜内皮细胞图像。如果拍摄效果不好可重复多次拍摄，直至屏幕出现清晰的细胞图像（图 3-46）。

7. 鼠标左键点击“分析 -ANALYSIS”，再以鼠标左键点击每个细胞中央部位录入细胞（图 3-47）。如果出现点选细胞失误，则可点击鼠标右键取消前一次点选的细胞。录入区间

细胞之间不能有间隔，数量为110～200个，之后点击"结束-END"进行分析，检查者需要等待约1分钟。

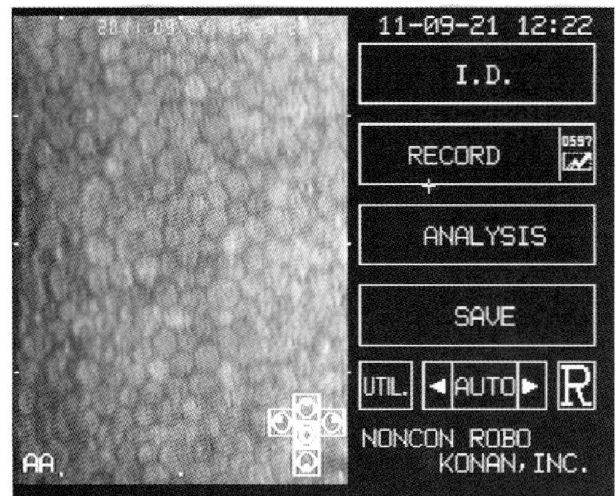

图3-46　拍摄的内皮细胞图像

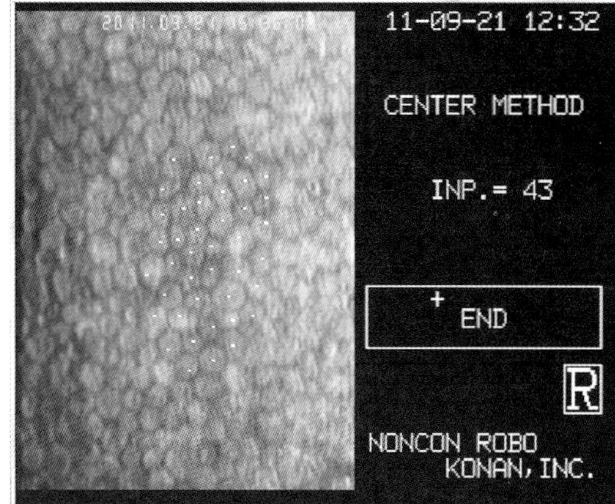

图3-47　镜下点选角膜内皮细胞

8. 经仪器内存计算机软件分析后屏幕显示出统计数据结果（图3-48），其中包括：AVE、MAX、MIN、NUM、CD、SD、CV和6A等。

9. 按打印键打印角膜内皮细胞图像及分析结果或存入计算机。

10. 重复步骤3～9完成另一只眼角膜内皮图像拍摄。

11. 检查完成后关闭仪器开关，切断电源。

（五）结果分析

检查者进行角膜内皮显微镜检查结果分析之前，应当熟悉正常角膜内皮细胞，包括角膜内皮细胞形态、密度等。

正常角膜内皮细胞形态：正常的角膜内皮细胞为一单层扁平细胞，呈六边形，且它们大小均等、紧密镶嵌、排列整齐（图3-49），这种六边形形态及其排列方式对维持角膜透明、相对脱水状态至关重要。

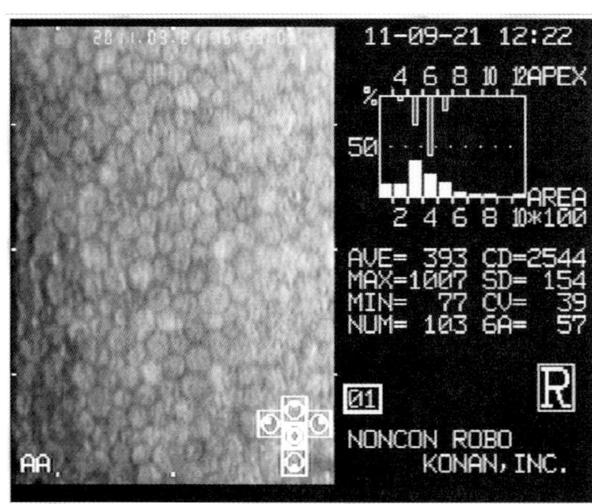

图3-48　角膜内皮细胞图像及分析结果

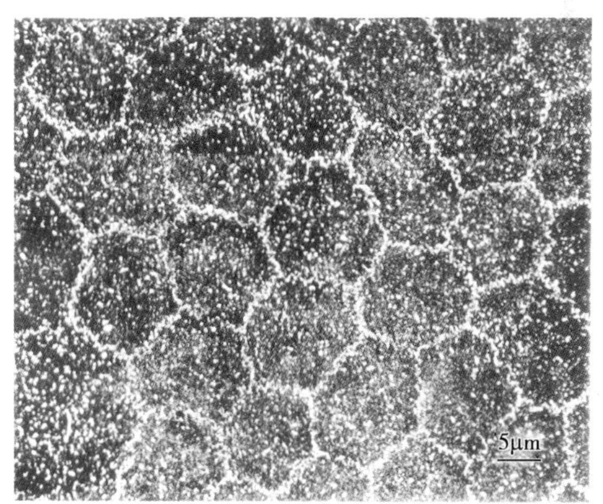

图3-49　正常角膜内皮细胞形态及排列

正常角膜内皮细胞密度：角膜内皮细胞密度即每平方毫米面积上的内皮细胞数量（单位为个/mm^2），其值随年龄增长而逐渐下降，1～10岁最高，20～50岁相对稳定，60岁以后明显下降。通常认为维持正常角膜内皮屏障功能所需最低临界密度为700个/mm^2。

角膜内皮细胞显微镜检查结果分析方法主要有两种：定性分析和定量分析，其中定性分析主要涉及内皮细胞形态，而定量分析主要包括内皮细胞密度、细胞面积等。

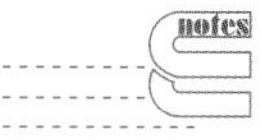

1. 定性分析 人眼的角膜内皮细胞不能再生，随年龄的增大角膜内皮细胞将会发生形态上的变化（图 3-50）。规则的六边形角膜内皮细胞逐渐减少，大小不规则的角膜内皮细胞逐渐增加，平均角膜内皮细胞面积逐渐增大，角膜内皮细胞密度逐渐降低。

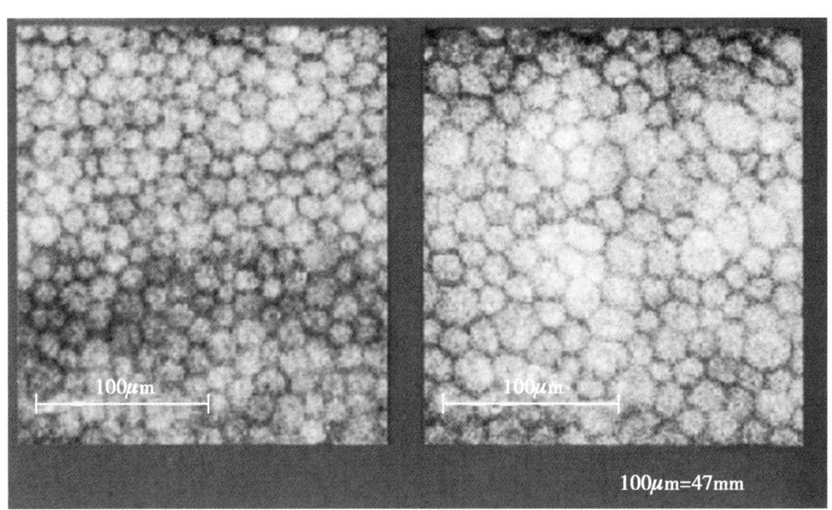

图 3-50 角膜内皮细胞的变化

2. 定量分析

（1）在实际检查镜下点选 100～200 个角膜内皮细胞后，通过角膜内皮细胞显微镜仪器内置软件或外接计算机图像处理分析系统进行定量分析。

（2）定量分析后得到的常用指标有：平均角膜内皮细胞面积（AVE，μm^2）、最大角膜内皮细胞面积（MAX，μm^2）、最小角膜内皮细胞面积（MIN，μm^2），角参加统计分析的有效细胞个数（NUM，个）、角膜内皮细胞密度（CD，个 /mm^2）及标准偏差（SD）、膜内皮细胞面积的变异系数（细胞大小不同的程度，即 CV= 标准差 / 平均细胞面积）和六角形角膜内皮细胞比率（6A，%）。

正常人眼的角膜内皮细胞随年龄递增定量和定性的指数也发生改变：角膜内皮细胞形态亦发生改变（多形性细胞增多），角膜内皮细胞平均面积增加，角膜内皮细胞变异系数增大（图 3-51）。

表 3-2 列出了 20 岁和 60 岁的正常角膜细胞各参数值。

表 3-2 不同年龄角膜内皮细胞的正常参考值

	年龄	数值
细胞密度 / 个·mm^{-2}	20 岁	>3 000
	60 岁	2 400～2 700
异常值		<2 000（500～700 以下可能发生大泡性角膜病变）
细胞面积的变异系数	20 岁	0.25 左右
（CV，大小不同的程度）	60 岁	≤0.35
异常值		>0.35
六角形细胞比率	20 岁	70% 左右
（六角形细胞频度）	60 岁	60% 左右
异常值		<55%

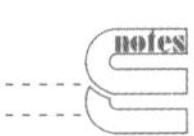

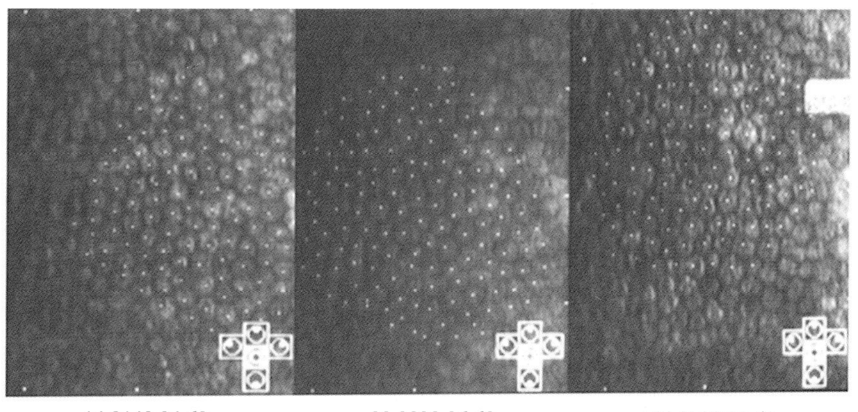

14 3140 24 69　　23 2890 26 68　　44 2739 33 60

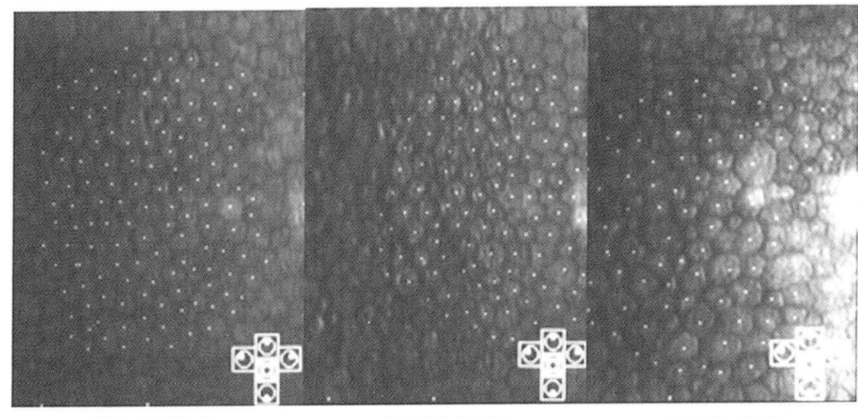

53 2617 32 62　　67 2538 34 56　　80 1949 44 51

年龄（岁）　细胞密度（数/mm²）　变异系数　六角形比率（%）

图 3-51　不同年龄正常角膜内皮细胞的形态和参数值

实训 3-5：角膜内皮显微镜的使用方法

1. 实训要求

（1）熟练掌握角膜内皮显微镜的操作方法。

（2）熟练掌握角膜内皮显微镜各部件的使用方法。

（3）熟悉检测各项指标的正常值范围。

2. 实训时间　2 学时。

3. 实训条件

（1）环境准备：正常照明视光实训室。

（2）设施准备：内皮显微镜 1 台。

（3）实验者准备：着白大衣。

4. 实训步骤

（1）熟悉角膜内皮显微镜的操作。

（2）注意事项

1）使用前注意事项

①角膜内皮显微镜首次使用或较长一段时间未使用，可能需要重新设置日期和时间。

②确认角膜内皮显微镜的电源线、鼠标、控制板以及任何外接设备正确连接。

③该仪器所有操作可用鼠标点击屏幕、控制板来进行角膜内皮细胞检查操作。

④打印前，确认打印机已打开并已准备完毕。

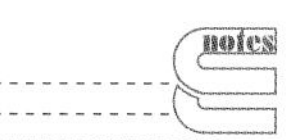

⑤如果使用外部存放装置，请确认该设备已打开并已准备完毕。

2）检查时的注意事项

①调整下颌架高度，使被检者瞳孔出现在屏幕中央。

②当被检者眼睑遮挡瞳孔不能摄像时，让被检者在固视灯闪烁时睁大眼睛。

③如果被检者上睑下垂，检查者可用手指将其撑开后进行检查摄像。

④如果显示屏幕上没有内皮细胞图像，则按以下情况处理：

A. 如因受检眼在自动摄像过程中移动而不能进行摄像，嘱被检者在摄像过程中保持眼睛不动。

B. 如在摄像过程中被检者眼睛保持不动仍然不能进行摄像，嘱被检者在摄像过程中不要眨眼，重复操作几次。

C. 如被检者上睑下垂，检查者可用手指将其撑开，重新检查。

D. 如果闪光灯或照明灯连接不好或损坏而不能得到内皮细胞图像，应检查这两个部分。

3）分析时注意事项

①在点选角膜内皮细胞时，确保点选的是内皮细胞的中央，这是角膜内皮细胞分析的前提。

②在点选角膜内皮细胞过程中，请注意不要略去已点选内皮细胞之间的内皮细胞。

③输入内皮细胞数应当在110～200个之间。

（3）日常养护

1）不使用仪器时，一定要关闭电源开关，盖上防尘罩。

2）不要使用除说明书中指明的其他化学溶剂清洁塑料部件。

3）保证工作间的清洁、干燥和通风条件。

5. 实训善后

（1）认真核对操作过程，确保准确无误，填写实训报告。

（2）整理及清洁实训用具，物归原处。

四、角膜直径、瞳孔直径

学习目标

1. 掌握：角膜直径、瞳孔直径的常规值范围。
2. 掌握：角膜直径和瞳孔直径的测量方法。

1. 直尺测量法

（1）用毫米尺经过瞳孔中央测量从角膜缘12点钟处到6点钟处角膜缘可见虹膜区域的长度，记录为可见虹膜垂直径（VVID）；而用毫米尺经过瞳孔中央测量从角膜缘3点钟处到9点钟处可见虹膜区域的长度，则记录为可见虹膜水平径（HVID）。分别测量同学的角膜水平直径（HVID）和垂直直径（VVID），测量三次，分别记录并取平均值。

角膜直径 /mm	第一次	第二次	第三次	平均值
HVID（OD）				
HVID（OS）				
VVID（OD）				
VVID（OS）				

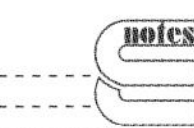

（2）用毫米尺经过瞳孔中央测量瞳孔直径，测量瞳孔在光线较暗环境下的直径。测量同学的瞳孔直径三次，分别记录并取平均值。

瞳孔直径 /mm	第一次	第二次	第三次	平均值
OD				
OS				

2. 全自动电脑验光仪

（1）尽量舒适地坐在全自动电脑验光仪前，下巴放在下颌托上，额部贴紧前额架，头部固定。

（2）检查者打开电源开关，调整距离，以及照明光线的焦点和强弱（为避免强光照眼，可嘱被检者暂时闭眼）。

（3）根据不同的需要调整聚焦，并移动操纵杆调整焦点以看清瞳孔的直径。测量同学的瞳孔直径三次，分别记录并取平均值。

瞳孔直径 /mm	第一次	第二次	第三次	平均值
OD				
OS				

3. 角膜地形图

（1）尽量舒适地坐在角膜地形图仪前，下巴放在下颌托上，额部贴紧前额架，头部固定。

（2）检查者打开电源开关，调整距离，以及仪器光线的焦点和强弱（为避免强光照眼，可嘱被检者暂时闭眼）。

（3）根据不同的需要调整聚焦，并移动操纵杆调整焦点以看清角膜的形态，得到角膜地形图。在图上测量同学的角膜和瞳孔直径三次，分别记录并取平均值。

角膜直径 /mm	第一次	第二次	第三次	平均值
HVID（OD）				
HVID（OS）				
VVID（OD）				
VVID（OS）				
瞳孔直径（mm）	第一次	第二次	第三次	平均值
OD				
OS				

实训 3-6：角膜直径及瞳孔直径的测量方法

1. 实训要求

（1）熟练掌握角膜直径及瞳孔直径的测量方法。

（2）熟悉角膜和瞳孔的常规值及特殊值。

2. 实训时间 1 学时。

3. 实训条件

（1）环境准备：正常照明视光实训室。

（2）设施准备：瞳距尺 1 把。

（3）实验者准备：着白大衣。

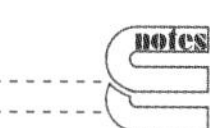

4. 实训步骤

（1）熟悉用毫米尺、电脑验光仪进行角膜直径及瞳孔直径的测量。

（2）注意检测过程中被检者的头位及毫米尺的水平放置。

（3）注意检测者的视线应与被测者的检测位置在同一水平线上。

5. 实训善后

（1）认真核对操作过程，确保准确无误，填写实训报告。

（2）整理及清洁实训用具，物归原处。

五、角膜知觉检测

学习目标

掌握角膜知觉测量方法。

1. 棉丝检查（图 3-52）

（1）将消毒棉球搓成丝状，使棉丝尖端轻触颞侧角膜表面。知觉正常者，当棉丝触及角膜时会立即出现瞬目动作。如反应迟钝则表明有知觉减退。如不发生瞬目或没有感觉，为角膜知觉消失。

（2）注意避免触及睑缘和睫毛，避免从正面触及角膜，以排除防御性瞬目动作。

（3）双眼分别进行检查并对照。

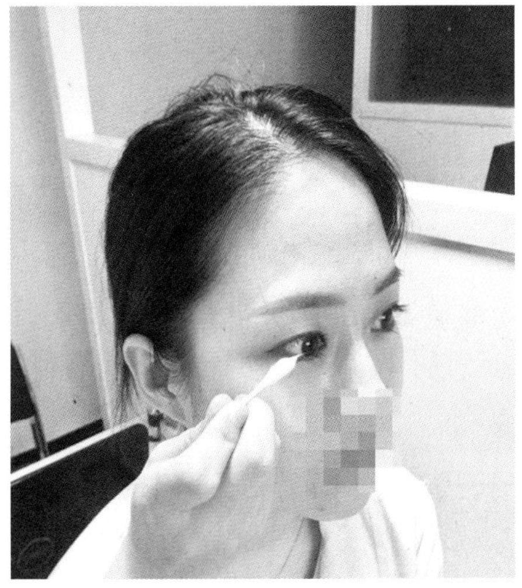

图 3-52　棉丝检查角膜知觉

2. 角膜知觉计（Cochet-Bonnet aesthesiometer）

（1）Ⅰ型机产生的压力为 2～90mg/0.005mm^2，Ⅱ型机（标准型）为 11～200mg/0.011 3mm^2，角膜测试区小，覆盖约一打角膜上皮。

（2）角膜知觉计可定量测定。

（3）角膜知觉计由手柄和带有尼龙丝的头端组成。尼龙丝断面的直径 0.12mm，断面积 0.011 3mm^2，长度从 5mm 至 60mm 可变换。

（4）与棉丝相同，使尼龙丝从颞侧垂直触及角膜，根据被检者感知尼龙丝触及角膜时尼龙丝弯曲时的长度精确评价角膜知觉。

（5）要避免触及睑缘和睫毛，避免从正面触及角膜，以排除防御性瞬目动作。

（6）双眼分别进行检查并对照。

（7）测定角膜敏感度的量化数值用角膜触觉阈（corneal touch threshold，CTT），即主观反应的尼龙细丝的长度相当于 50% 的刺激量，再将长度转换为压力值，可查表得出。

（8）角膜中心平均 CTT 为 10～14mg/mm^2，角膜周边平均 CTT 为 15～30mg/mm^2 之间，而上方周边部的范围在 30～45mg/mm^2 之间。

（9）角膜敏感度实际在 10～50 岁保持不变，这个年龄之外会减低，65 岁以后减至一半。

实训 3-7：角膜知觉检测方法

1. 实训目的

（1）熟练掌握角膜知觉检测方法。

（2）掌握角膜知觉检测结果的判读。

2. 实训学时　1学时。

3. 实训条件

（1）环境准备：正常照明视光实训室。

（2）设施准备：无菌棉签、角膜知觉计1台。

（3）实验者准备：着白大衣。

4. 实训步骤

（1）熟悉角膜知觉检测方法。

（2）注意棉丝测量角膜知觉时，棉丝的无菌或洁净程度，避免污染和角膜感染。

（3）注意测量的轻柔，避免角膜划伤。

（4）注意角膜敏感度与年龄和被检者有无外伤或角膜病变的关系。

5. 实训善后

（1）认真核对操作过程，确保准确无误，填写实训报告。

（2）整理及清洁实训用具，物归原处。

（郭　曦）

扫一扫，测一测

参考文献

1. 谢培英. 眼视. 眼视光医学检查和验配程序. 北京：北京大学医学出版社，2006

2. 吕帆. 眼视光器械学. 北京：人民卫生出版社，2004

3. 谢培英，迟蕙. 实用角膜塑形学. 北京：人民卫生出版社，2012

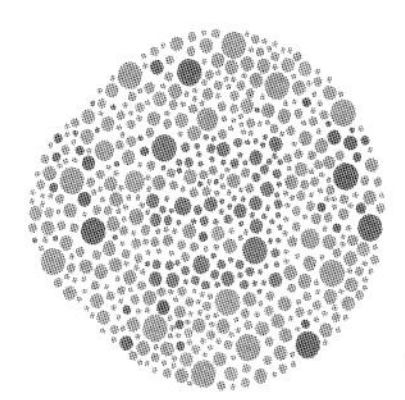

第四章　视光测试相关设备

第一节　视功能测试设备

视功能检查包括视觉心理物理学检查及视觉电生理检查两大类。视觉心理物理学检查包括色觉、光觉、形觉（视力、视野）、立体视觉和对比觉，本节讲述有关色觉、光觉以及波前像差测试设备。

一、色觉测试设备

学习目标

1. 掌握：色觉测试设备的设计原理。
2. 熟悉：色觉测试设备的检查方法和结果判定要领。
3. 了解：色觉测试设备的类型和注意事项。

色觉即颜色视觉，是指对于不同波长可见光的视觉经验。色觉的检查方法有心理物理学检查（假同色图、色相排列和色觉镜等）和客观电生理检查（视网膜电图和视觉诱发电位等）。心理物理学检查简便易行，是临床色觉检查的主要手段，用于确定有无色觉异常，以及色觉异常的类型和程度。

（一）假同色图

1. 基本构成　传统假同色图又称色盲本，是将测试图片印刷在纸质并装订成册（图 4-1）。常用的有国内的俞自萍、贾永源等，国外有石原忍、Stilling 等色盲图本，在设计上各有侧重。

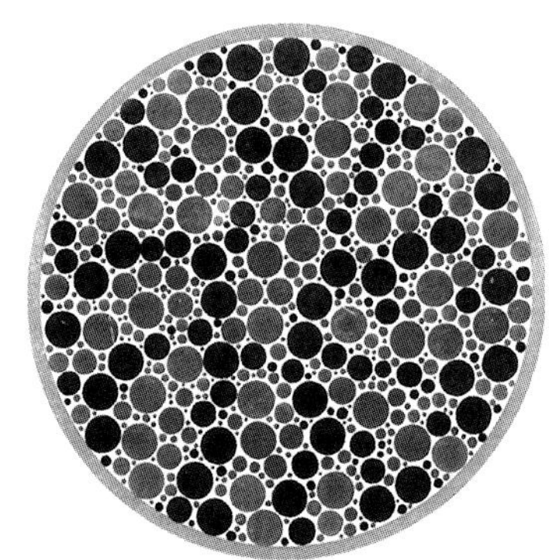
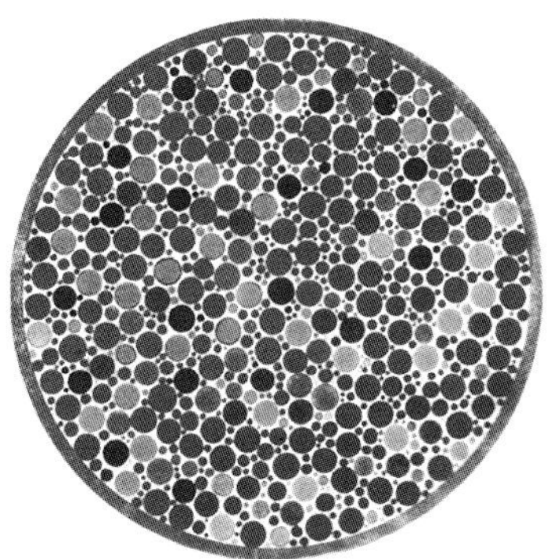
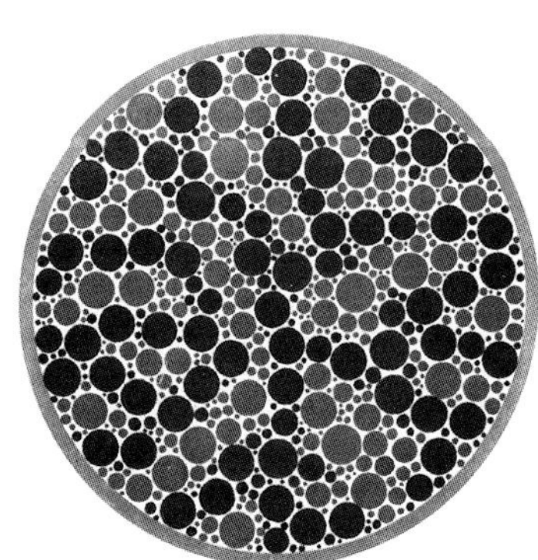

图 4-1　假同色图检查图片

（1）示教图：用于使被检者理解检查方法的少量图片，也用于检出伪色盲。

（2）检出图：用于鉴别是否色觉异常的部分图片。

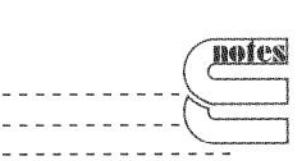

（3）鉴别图：用于鉴别红色觉异常或绿色觉异常的部分图片。

（4）对照表：用于对照检查结果进行分析判断的表格，附于图册前或后。

假同色图的图案可有数字图、几何图、字母图、文字图、动物图或曲线图等。

2. 设计原理　颜色包括色调、亮度和饱和度三种属性，其中色调是区别颜色的主要特征。假同色图图片是由不同颜色属性的圆点（或斑块）分别组合成图案与背景，色觉正常者和色觉异常者依据不同的颜色特性进行辨认，所得结果不同，由此鉴别被检者是否存在是否色觉异常，多为检查红绿色觉异常。适用于简单快速的色觉定性筛查。

（1）示教图：用色调、亮度和饱和度均与背景有明显差异的圆点组成图案。色觉正常者以色调辨认，色觉异常者以亮度和饱和度辨认，二者均能辨认。

（2）检出图：色觉正常者与色觉异常者判断的结果和难易程度不同，由此鉴别是否存在色觉异常。

1）用亮度和饱和度相同而色调不同的圆点组成的图片，即用一种色调的圆点组成图案，用另外几种色调的圆点组成背景。色觉正常者能够辨认，色觉异常者不能辨认。

2）用色调相同而亮度或饱和度不同的圆点组成的图片，即用一种亮度或饱和度的圆点组成图案，用另外几种亮度或饱和度的圆点组成背景。色觉正常者不能辨认，色觉异常者能够辨认。

（3）鉴别图：用灰色或中性色为背景，分别用红色觉异常和绿色觉异常中性色的补色为图案，如紫红色和青紫色，红色觉异常或绿色觉异常只能辨认其中的一种，由此鉴别红色觉异常或绿色觉异常。

由于计算机技术的迅速发展，目前也出现了以计算机为测试载体的假同色图检测设备。由高分辨彩色显示器显示假同色图谱，按键选择测试图片，计算机程序根据被检者的反应确定色觉状况。

3. 检测方法

（1）准备工作

1）良好的自然弥散光线下，避免太阳光直射。墙壁以灰色或白色为佳，避免有色墙壁及窗帘。

2）被检者视力应>0.05，如屈光不正可戴矫正眼镜，但不得戴有色眼镜。

（2）操作步骤

1）用示教图示范使被检者理解检查方法。

2）被检者端坐位观察假同色图谱，视线与图谱垂直，检查距离 0.5m，每页判读时间不超过 5 秒。

3）逐一记录辨认结果。

4）检查完毕，查对照表判断被检者色觉异常情况。

4. 注意事项

（1）图谱应避光保存，不得以手指或他物触及图片，以免污损图谱。

（2）尽量双眼分别检查，以期发现单眼色觉异常或双眼程度不等。

（3）对于辨认正确但时间延缓者，应增加辨认图片数量和提高图片难度进行判断。

（4）没有任何色盲检查图，色觉正常者读的完全正确，色觉异常者读的完全错误。

（二）Farnsworth-Munsell 100（FM100）色觉测试系统

1. 基本构成

（1）测试系统：四个长方形盒分装 93 个色相子，每盒两端各设 1 个固定参考子，其余 85 个为活动色相子，背面均标有序号。视角 1.5°，色调的主波长 455～633nm（图 4-2）。

（2）评分系统：主要是放射状直线和同心圆构成的色觉测试记录图（图 4-3A）。现已被

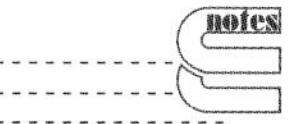

电脑专用FM100评分软件系统所代替。

2. 设计原理　Farnsworth根据呈色原理，选用标准Munsell色样设计的色调配列检查。在亮度和饱和度恒定的情况下，色相子的顺序具有色谱渐变规律，色觉正常者能够基本按序排列色相子，而色觉异常者排列的色相子偏离正常顺序。以此判断被检者有无色觉异常，并确定色觉异常的类型和程度，用作色觉异常的定性和定量分析研究。

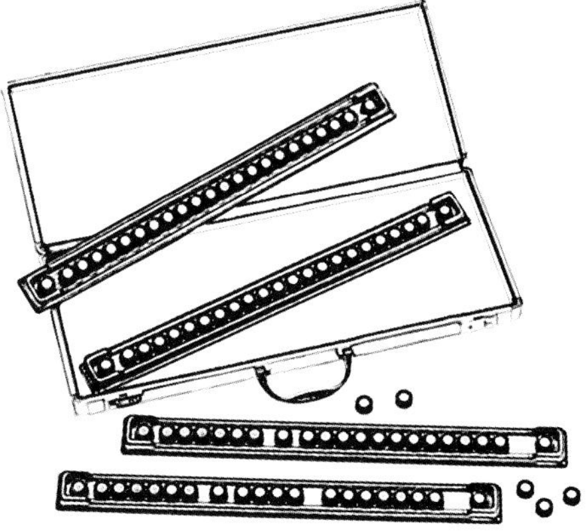
图4-2　FM100色觉测试系统

(1) 总错误分：每个色棋子的前后相邻的两个色棋子序号差之和为错误分数，错误分数之和即总错误分。根据总错误分将正常辨色能力分为三级：首次检测总错误得分0～16，为极好辨色力；总错误计分20～100，为一般辨色力；总错误得分>100，为较差辨色力。正常人总错误分多在113分以下，而红、绿色盲和色弱等色觉异常的总错误分可达400以上。

(2) 轴向分析：轴向图的圆周是测试盘的号码，半径是错误数。正常人轴向图为接近最内圈的圆环形图（图4-3B），色觉异常者在辨色困难部分的相应图形向外移位呈齿状（图4-3C）。各种类型色觉异常在轴向图上有特定的表现，以相对的两个最大错误区域的轴向为长轴，判断色觉异常的类型。

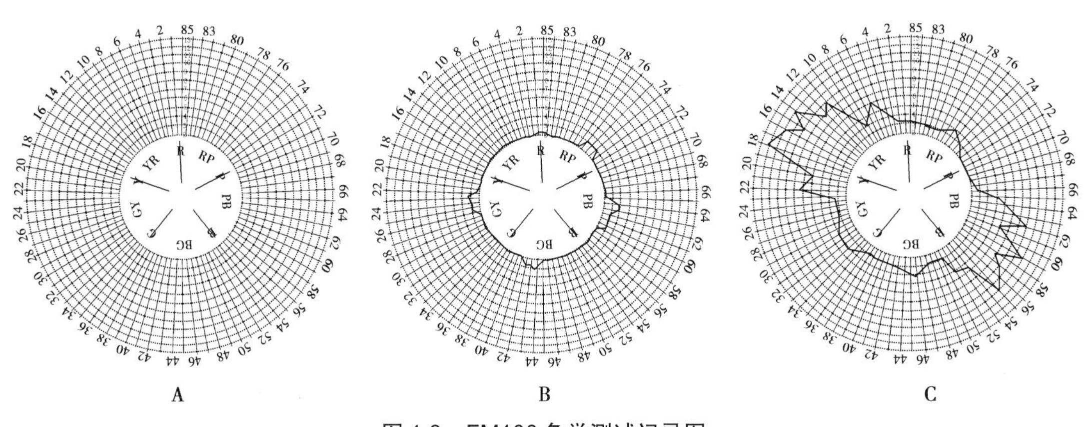

图4-3　FM100色觉测试记录图

FM100色觉测试操作复杂，携带不便，因此Farnsworth将FM100色觉测试系统简化改良，成为Farnsworth Panel D-15，即D-15色盘。D-15色盘有固定参考子1个，可移动色相子15个，检查条件和方法大致同FM100色觉测试。结果记录从标准色相子开始，按序依次连线。记录图中有指示线标注色觉异常（图4-4A），15个色相子顺序全部正确为通过（图4-4B），有1～2个色相子顺序颠倒为轻度错误，仍算作通过（图4-4C）。连线平行横断2根以上为失败，如红色觉异常的横断线与红色盲指示线平行（图4-4D）。

现有自动色相子分析仪，在电脑触摸屏上显示108个不同颜色的色相子，分为6组，仍为每组两端两个固定参考子，按照色谱渐变的规律来排列色相子，结果由电脑自动定量分析。

3. 检测方法

(1) 准备工作

1）标准光源箱下进行，光源垂直照射色棋子，视线与入射光角度为60°。

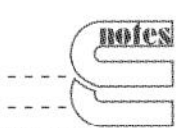

2）分别打乱四盒活动色相子顺序使其随机排列，各盒之间色相子不得交换。

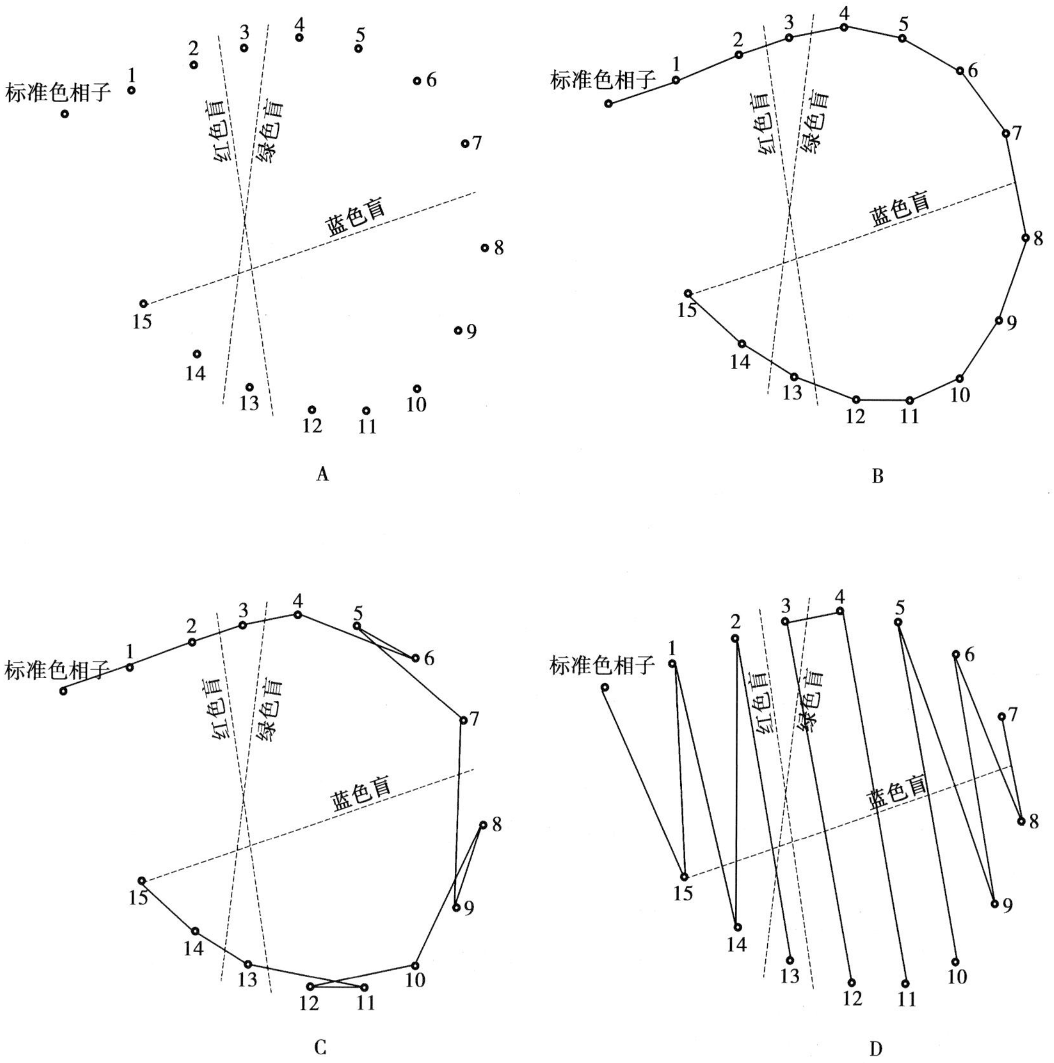

图 4-4　D-15 色盘试验记录图

3）被检者如屈光不正可戴矫正眼镜。检查者示范按照颜色变化规律排列各色相棋子，并让被检者试排一次。

（2）操作步骤

1）取任意一盒置于标准光源箱中，打开光源开关。

2）开始测试同时计时。检查距离 0.5m，每盒棋子排列时间约 2 分钟。

3）依次完成全部四盒棋子的排序。

4）盖上盒子并翻转显示棋子序号。

5）打开 FM100 评分软件，依次输入四盒棋子的序号并点击分析，记分作图。

6）出具测试报告，判断色觉异常的类型和严重程度。

4. 注意事项

（1）测试时保持环境安静，其他人不得靠近和干扰被检者。

（2）检查更注重结果的准确率，故检查时间没有严格限制，超过 2 分钟仍可继续完成测试，但设定检查时间有助于鉴别色觉正常与异常。

（三）Nagel 色觉镜

1. 基本结构　Nagel 色觉镜的主要结构包括光源、平行光管、调节装置、分光棱镜和接收装置等（图 4-5）。可分为投照系统和观察系统。

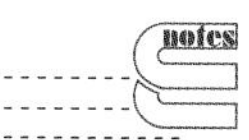

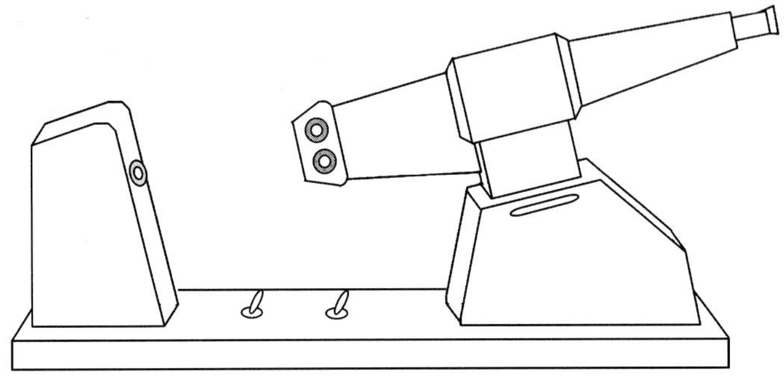

图 4-5　Nagel Ⅰ色觉镜

（1）投照系统

1）光源：选用温度不高的灯泡，如 100W 的 Mazda 灯泡。光源投照到色光板后形成波长 589nm 的黄光，波长 670nm 的红光和 545nm 的绿光。

2）细隙：为狭窄裂隙，位于透镜焦点。黄光细隙 Y，红光细隙 R 和绿光细隙 G 供三种色光通过，R 和 G 的宽度之和恒为 0.365mm。

3）旋钮：为刻度旋钮，调节细隙的宽度来调节进光强度和比例。单色旋钮调节黄光亮度，混色旋钮调节红绿光比例，如红光增强则绿光减弱。

4）透镜：为凹凸透镜组，发散光通过透镜组后成为平行光。

（2）观察系统

1）棱镜：为分光棱镜组，将平行光分成红绿混色光和波长 589nm 黄色单色光两束。

2）视屏：为平面圆形接收屏，2° 10′ 视角，接收红绿混色光束和黄色单色光束，并分别进入上半视野和下半视野。

3）目镜：为凸透镜，调节焦距将两束平行光束会聚成为清晰的光谱被观察。

2. 设计原理　色盲镜可以检测被检者有无色觉异常，色觉异常的类型和程度，以及定量正常色觉的个体差异。

（1）颜色混合：两种或两种以上色光按照一定比例混合，会同时或者短时间内连续刺激人的视觉器官，产生一种新的色彩感觉，由此可以达到与指定颜色在视觉上相同的效果。由于色光具有能量，色光混合时的能量也随之变化，混合色光的能量是参加混合的各色光的能量之和。

（2）Rayleigh 颜色匹配：用饱和单色红光与绿光混合，与标准饱和单色黄光进行颜色匹配即经典的 Rayleigh 均等式“红 + 绿 = 黄”。结果通常以 Rayleigh 匹配中点和 Rayleigh 匹配范围表示，前者是混合光中红光所占的比例，后者是匹配最大值和最小值的差值。Nagel Ⅰ色觉镜应用 Rayleigh 均等式制成，用于检测红绿色觉异常，色觉正常者只有一个黄色和红绿色匹配结果，而色觉异常者可以有多个匹配结果（图 4-6）。

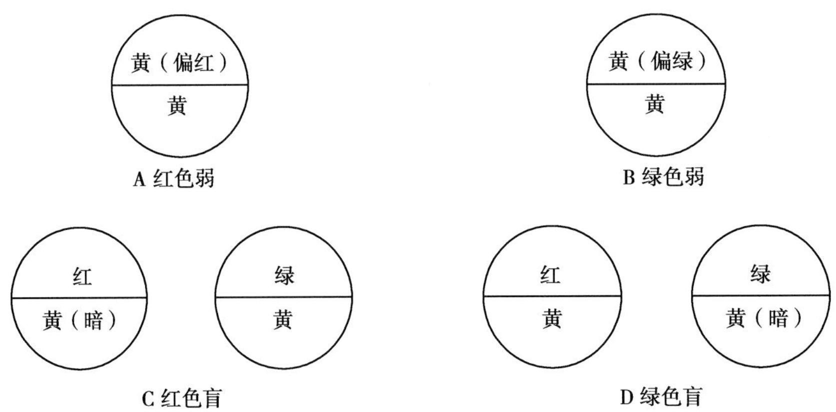

图 4-6　Nagel Ⅰ色觉镜检查结果

（3）棱镜分光：Nagel 色觉镜为一直视分光镜。利用棱镜对不同波长的色光具有不同的折射率，色光经折射后的折射角不同，通过棱镜出射的偏向角也不同，故经过三棱镜折射以后将混色光束和单色光束分别导入上半视野和下半视野（图 4-7）。

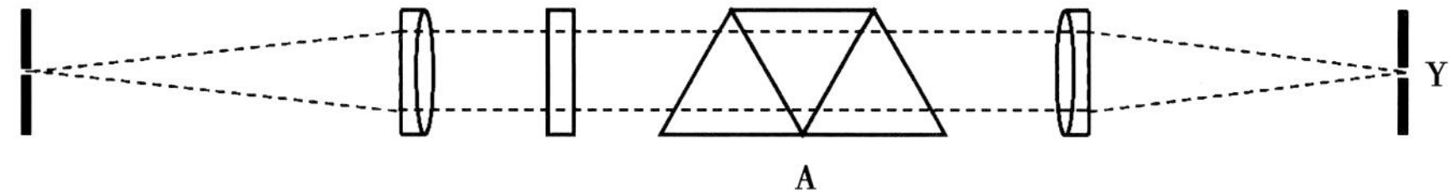

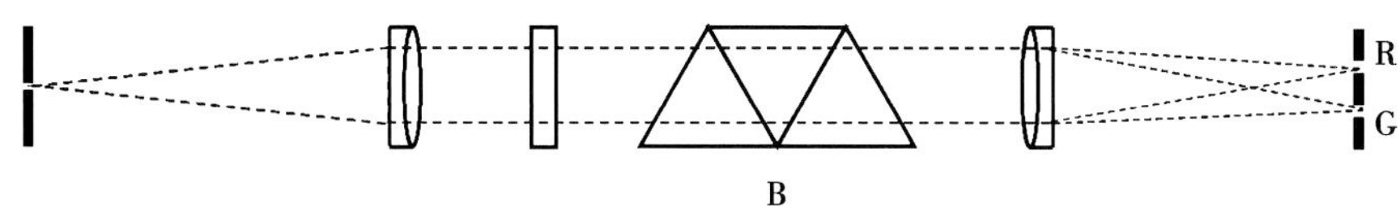

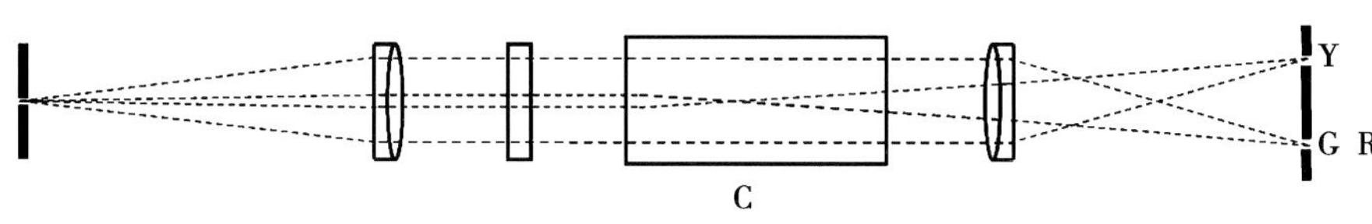

图 4-7　Nagel Ⅰ色觉镜工作原理

A. 上面观；B. 下面观；C. 侧面观

3. 检测方法

（1）操作准备

1）色觉镜置于自然弥散光线下，调节目镜使圆形视野清晰。

2）示范调节黄光亮度的单色旋钮和调节红绿光比例的混色旋钮。

（2）操作步骤

1）开启开关。

2）被检者注视目镜内圆形视野，看到上半视野为红色或绿色，下半视野为黄色。

3）检查者将单色旋钮旋至刻度 12.5，嘱被检者旋转混色旋钮，调至上半圆和下半圆的颜色及亮度完全相同。

4）检查者将混色旋钮旋至 0 度，嘱被检者旋转单色旋钮。每增加混合旋钮 10° 检查者旋转单色旋钮，直到均等并记录均等点。

5）重复测量三次取其平均值。

6）记录各次结果，分析是否色觉异常及色觉异常类型和程度。

4. 注意事项

（1）为了避免色觉疲劳，在检查过程中可以间断休息几次。

（2）电源电压及光源温度的改变影响结果，要注意电压和温度的恒定。

（3）细隙的质量影响结果，如细隙两边不平行或有尘埃附着，均不能使用。

二、光觉测试设备

学习目标

1. 掌握：光觉测试设备的设计原理和暗适应过程的变化规律。
2. 熟悉：光觉测试设备的检查方法。
3. 了解：光觉测试设备的基本结构和注意事项。

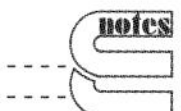

光觉是视网膜对各种强度光的感觉能力，是视觉的基础。暗适应检测可以反映光觉的敏感度是否正常，有助于诊断引起夜盲的疾病以及进行劳动能力鉴定。常用的暗适应计有Goldmann-Weekers暗适应计、Hartinger暗适应计、Friedmann暗适应计等，随着计算机技术的发展，出现了操作更为简单的自动暗适应计。以下以Goldmann-Weekers暗适应计为例介绍。

1. 基本结构　Goldmann-Weekers暗适应计的主要结构包括照明装置和记录系统（图4-8）。

图4-8　Goldmann-Weekers暗适应计

（1）照明装置：照明光的强度可调，使投射视标光强度可变。

（2）记录系统：自动转鼓与亮度旋钮和活动标尺相关联，以一定的时间间隔记录光刺激强度。

2. 设计原理

（1）暗适应的过程：视网膜对光的感受随着照明强度的变化而不断变化。在明亮的环境中，视网膜视杆细胞的感光色素视紫红质分解，进入相对黑暗的环境后，视紫红质逐渐合成再生，光刺激阈值逐渐下降，直至视紫红质的再生水平与外界环境亮度达到动态平衡。故自明处进入暗处时，初时不能辨认周围物体，随后逐渐能够看清，此即对暗环境的适应过程。

（2）光刺激阈值和光敏感度：暗适应的过程可以用检测光刺激阈值的方法来测定，能诱发光感受器启动光化反应的最小的光亮度称为光刺激阈值。视杆细胞与视锥细胞有着不同的光刺激阈，通常只测定视杆细胞的光刺激阈值。光刺激阈值越低光敏感度越高，二者呈线性负相关关系，设光刺激阈值为T，光敏感度为S，则二者的关系表示为公式$S=1/T$。

（3）暗适应曲线：以光刺激亮度阈值为纵坐标，用对数单位表示，暗适应时间为横坐标，用分钟为单位表示。正常人眼的暗适应曲线最初3分钟光刺激阈值下降很快，4～8分钟平稳减慢；8～10分钟后又有大幅度下降，15～20分钟后逐渐变慢，30分钟接近稳定。在5～8分钟时暗适应曲线上可见一转折点，称为Kohlrausch曲或界曲。曲前为视锥细胞支，是视锥细胞感光色素再生的暗适应过程；曲后为视杆细胞支，代表视杆细胞感光色素再生的暗适应过程（图4-9A）。

视网膜色素变性者早期视杆细胞功能低下，视锥细胞功能正常，暗适应曲线表现为视杆细胞支末段上移；晚期视杆细胞功能丧失，视锥细胞功能受累，视锥细胞支末段上移，界曲消失形成单相上移曲线（图4-9B）。夜盲症完全型者视杆细胞缺如，暗适应曲线表现为只有视锥细胞支；不完全型者视杆细胞数量和功能低下，暗适应曲线的视杆和视锥细胞支均表现为末段上移（图4-9C）。

自动暗适应计的视标为不同亮度的亮点视标，随机分布于显示屏；记录系统为视屏传感器和微机处理系统，根据被检者触摸显示屏的反应记录视标的亮度和完成暗适应的时间，测试完成后自动描记暗适应曲线。

3. 检测方法

（1）操作准备

1）暗适应仪置于暗室，试盘亮度旋钮旋至最大。

2）记录表安放在自动转鼓上，打孔记录针尖对准记录表纵坐标7对数单位处。

（2）操作步骤

1）开启开关。

2）被检者面对球口端坐，注视球中央2分钟，然后接受球面内亮度为3 000asb的前曝光5分钟。

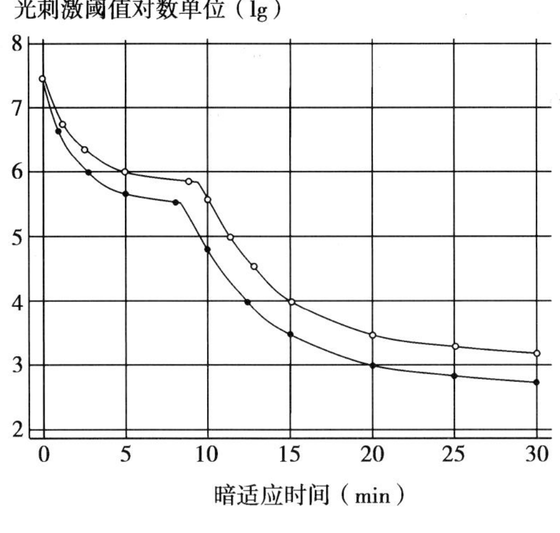

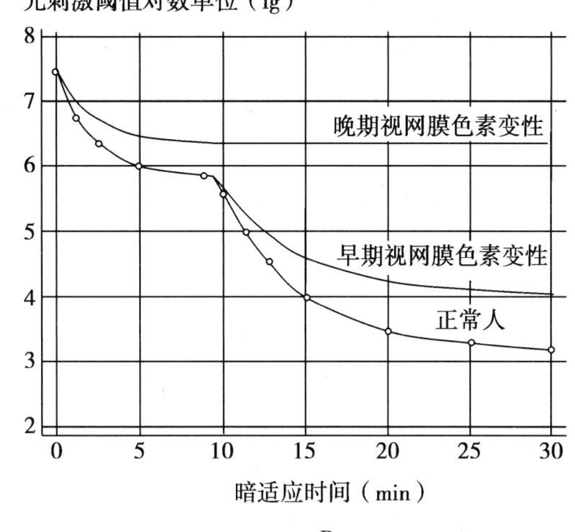

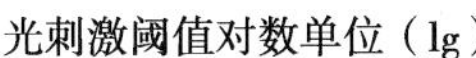

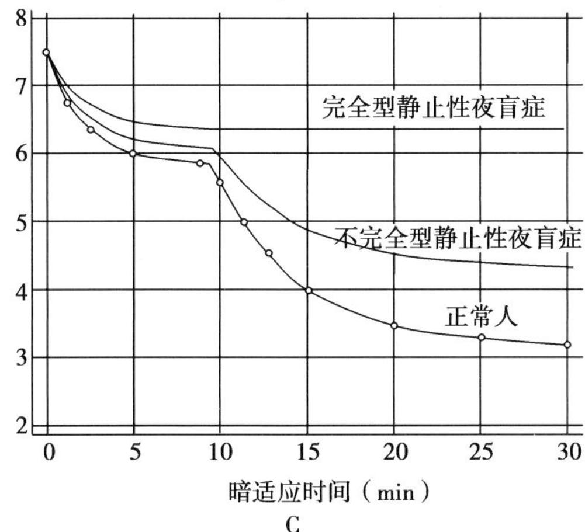

图 4-9　暗适应曲线

3）关闭前曝光灯，嘱被检者注视试盘中心上方 11° 投射的红光固视点，分辨试盘黑白条纹视标。

4）当被检者能分辨时，迅速转动亮度旋钮减弱试盘亮度，直至被检者分不清黑白条纹，待其又能分辨黑白条纹时在记录表上打孔记录。

5）反复进行步骤 2～4，测试持续 30 分钟。

6）取下记录表，连接针孔点绘成暗适应曲线，评估被检者的暗适应能力。

4. 注意事项

（1）为了使检测的基础条件一致，最好事先进行亮度和投照时间一致的明适应。

（2）暗适应检查为主观检查，被检者文化水平以及理解能力等可影响检查结果。

三、像差分析仪

学习目标

1. 掌握：像差分析仪的设计原理。
2. 熟悉：像差分析仪的使用和保养方法。
3. 了解：像差分析仪基本结构和类型。

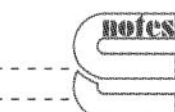

波前是光波的连续性的同相表面，波前像差即实际波前和理想的无偏差状态波前之间的偏差，也称波阵面像差。全眼波前像差由角膜波前像差和眼内波前像差组成。波前像差的测量通过波前像差仪来完成，目前临床使用的波前像差仪种类繁多，广泛用于视光学、眼科学、视觉研究等各个领域。

（一）全眼像差分析仪

1. 基本结构　像差分析仪主要结构包括激光发射系统、接收系统、自动跟踪系统、微机处理系统与支架部分。

（1）发射系统：激光发生器发射激光，准直系统校正后射入被检眼。

（2）接收系统：高敏感度电荷耦合器件（charge coupled device，CCD）。

（3）跟踪系统：自动跟踪监测眼位。

（4）处理系统：计算机对接收信息进行图像处理。

（5）支架部分：包括颏托、颏托手轮和额托等。

2. 设计原理　像差分析仪的基本原理是监测通过瞳孔的部分光线，并与无像差的理想光线比较，通过数学函数量化像差，重现波前像差平面。目前的像差分析仪分为客观式和主观式两大类。

（1）客观式像差分析仪

1）出射型像差分析仪：基于 Shack-Hartmann 原理设计，通过测量视网膜反射出来的光线来计算波前像差。He-Ne 激光器发出一细窄激光束射入被检眼，经过校准后聚焦在视网膜黄斑中心凹。将中心凹反射出来的光线视为中心凹点光源发射的光线，经过被检眼的光学系统射出眼球，投射到排列在一个平面上的微型透镜阵列，转换成多个微小的波前，每个微小波前被聚焦成一个光点，最后成像在 CCD。测量透镜上每个点与其相应透镜组光轴的偏离来计算出相应的波前像差（图 4-10）。

Shack-Hartmann 像差分析仪是最早用于人眼像差测量的像差分析仪。由于同时扫描所测瞳孔区所有点，测量迅速，但分辨率和敏感度受微型透镜阵列的影响，光线在黄斑中心凹穿透较深。

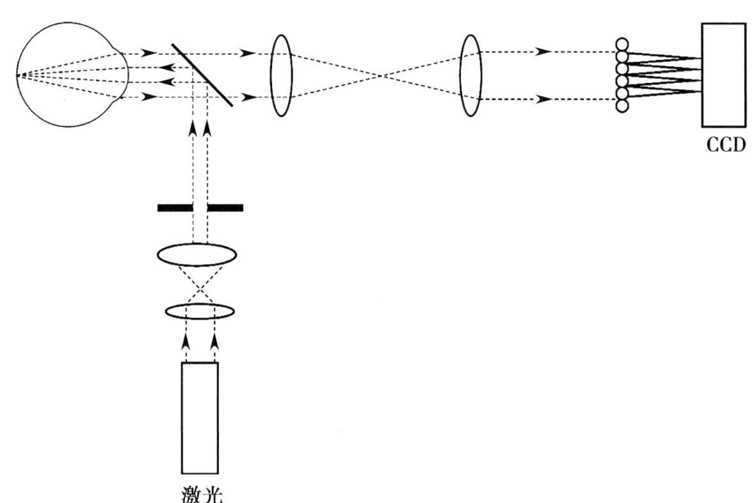

图 4-10　Shack-Hartmann 像差分析仪工作原理

2）入射型（视网膜像型）像差分析仪：基于 Tscherning 原理设计，通过分析投射到视网膜上的光线偏移来计算波前像差。倍频 Nd：YAG 激光（532nm）通过点阵光栅产生 168 个单点矩阵的平行激光光束投照到被检眼，经过被检眼的光学系统后在视网膜上形成视网膜图像，由同轴 CCD 采集视网膜图像。测量视网膜图像上每个点位置与其相应的理想状态位

置的偏移而计算出相应的波前像差（图 4-11）。

Tscherning 像差分析仪中央区无光线，可避免光线在光学界面的反射对视网膜成像质量的干扰，对于黄斑中心凹穿透低，但缺乏角膜中心数据。由于 CCD 的像点与阵列点可能不是一一对应，因此可测量范围较小。

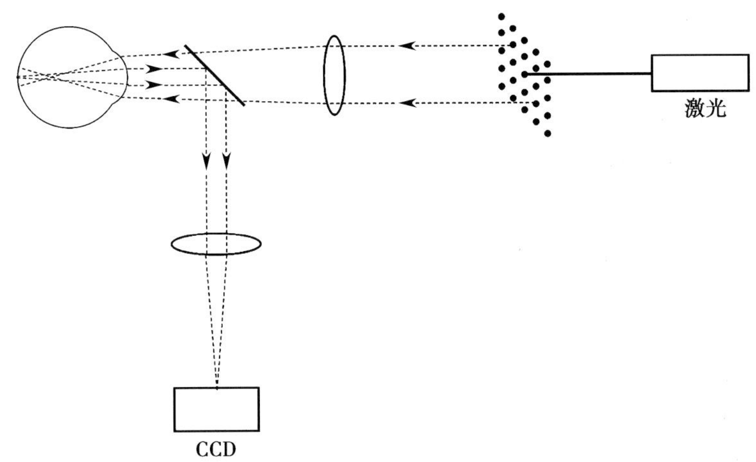

图 4-11　Tscherning 像差分析仪工作原理

3）入射可调式屈光计：基于 Smirnov-Scheiner 原理设计，如 OPD-Scan 像差分析仪采用检影的方式测量，发光二极管发出红外裂隙光带进入被检眼，沿各子午线快速垂直扫描视网膜，视网膜会反射部分光线，反射光由旋转的接收器接收。每条子午线上测量 8 个点，共测量瞳孔平面的 1 440 点，从而计算出波前像差。

OPD-Scan 像差分析仪速度快，取样多，逐点扫描避免高像差眼点与点之间交叉，具有较大测量范围（图 4-12）。

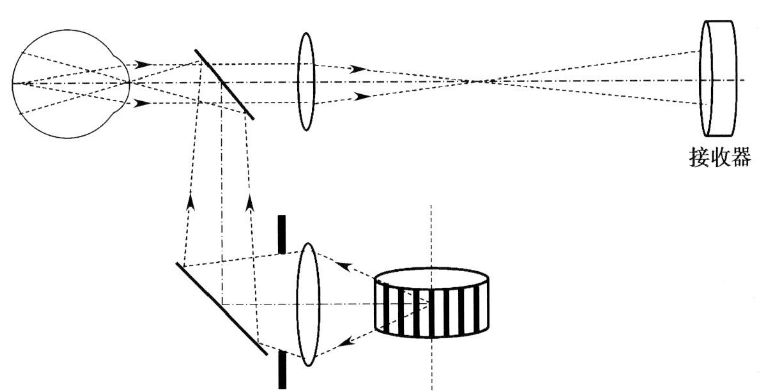

图 4-12　OPD-Scan 像差分析仪工作原理

（2）主观式像差分析仪：主观式像差分析仪是利用心理物理学方法测量人眼像差的像差仪。两束平行的窄光束（参考光和测试光）入射被检眼，参考光通过瞳孔中心而测试光通过瞳孔其他位点射入。如被检眼无像差，则参考光和测试光通过瞳孔不同位点进入眼内，将会聚焦在视网膜中心，如被检眼存在像差，则不会聚焦在视网膜中心，被检者会在中心以外的位置看见测试光。被检者逐一调整测试光线的角度，使其移动到十字交叉中心。通过测量光线在瞳孔各点的角度偏移量而计算出波前像差（图 4-13）。

心理物理方法无须散瞳，可在眼存在调节的状态下测量像差，不受屈光介质混浊的限制，但检查过程较长。

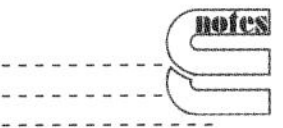

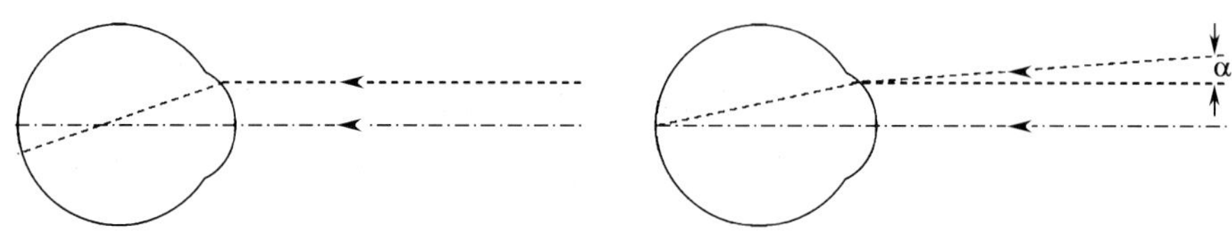

图 4-13　主观式像差分析仪工作原理

（二）角膜像差检测

角膜像差通过角膜前表面形态进行评价。目前用于角膜形态测量的技术包括干涉测量法、超声图像法、侧面摄像法、镭射摄影法等。经典的测量仪器是 Placido 环，现代角膜地形图系统仍然采用 Placido 环投射，经过摄像系统对角膜摄像和计算机处理数据后转换为波前像差。角膜地形图仪详见相关章节。

1. 检测方法

（1）开启电脑。

（2）调整被检者坐位及头位。

（3）被检者保持固视前方，被检眼处于监视屏幕中心。

（4）移动控制手柄调整焦距，使得聚焦清晰，开始测量。

（5）保存结果并打印。

2. 注意事项

（1）软镜配戴者应脱镜 2 周，硬性隐形眼镜配戴者应脱镜 3 周以上。

（2）检查室不宜过亮，以减少进入仪器的杂散光和眼球的反射光。

（3）如需散瞳，散瞳前详细询问病史，常规检查前房及测量眼压，避免诱发或加重青光眼或过敏症状等。

实训 4-1：了解像差分析仪

1. 实训要求　熟悉像差分析仪的使用和保养维护方法。

2. 实训学时　2 学时。

3. 实训准备

（1）调暗环境光线，核对被检者信息。

（2）裸眼检测，必要时散瞳，人工泪液备用。

（3）检查需坐位进行。

4. 实训步骤

（1）开启电源开关，打开电脑，选择测量模式和被检眼别。

（2）被检者端坐像差分析仪前，调整桌椅高度，保持坐姿舒适；下颏置于颏托，前额接触额托，调整颏托高度，使眼睛对齐高度标记线。

（3）被检者注视中心固定光源或注视前方，保持固视。每次检测前需快速瞬目使泪液均匀分布于角膜，检测时尽量睁大眼睛暴露整个角膜。

（4）自动测量：确认瞳孔影像和亮点在监视屏幕中心，显示同轴环状影像，否则使用控制手柄移动测量头到正确的位置。仪器自动完成校准和聚焦，测量自动开始。一眼测量完成后，测量头自动移动到另一眼的测量位置，自动完成校准聚焦。

（5）手动测量：水平和垂直调整控制手柄，使被检眼处于监视屏幕中心，屏幕上的亮点和环状影像聚焦清晰，按测量键开始测量。一眼测量完成后，手动调整测量头移动到另一只眼的测量位置，重新完成校准和聚焦。

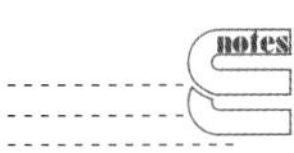

（6）筛选并保存符合标准的测量数据或图片。

（7）检查完毕，打印结果，退出程序。

5. 实训善后

（1）不使用时，应关闭电源开关。长时间内不使用时，应拔出电源线。不可带电插拔附件。清洁设备前应断开电源。

（2）每次检查之间使用酒精拭片清洁额托和颏托。每日罩上测量镜头罩和防尘罩，保持仪器清洁无尘。

（3）清洁外壳和控制面板，用柔软的刷子除去尘土，过脏时可使用酒精拭片擦拭，用柔软无线布擦干。但酒精拭片不可用于清洁玻璃透镜。

（4）清洁监视屏的手印和油渍，用清洁无线布蘸上附带的屏幕清洁剂或不含铵的温和玻璃清洁剂轻轻地擦去污渍。清洁液和水需慎用，并且仅可蘸湿而不滴水，擦拭之前需要关闭电源。

（5）定期测量附带的模眼，检查仪器精度。移动或重新安置仪器后必须校准。

6. 复习思考题

（1）试讲解介绍像差分析仪的各个功能部件。

（2）试分析像差分析仪报告的各项指标。

第二节　眼病测试相关设备

眼既是光学器官，又是生物器官，既能接收外界信息，又能反映眼部和全身的异常。借助相关设备进行检测，有助于及早发现眼部和全身疾病，避免和减少视功能甚至全身损害。临床所用器械设备种类繁多、用途广泛，本节仅介绍用于眼底、眼压、视野检查以及眼部生物测量的常用设备。

一、眼底检查设备

学习目标

1. 掌握：直接检眼镜的设计原理和检查方法。
2. 熟悉：间接检眼镜和光学相干断层扫描仪的测试原理和方法。
3. 了解：眼底检查设备的类型和适用情况。

眼底检查设备包括检眼镜（ophthalmoscope）、眼底照相机（fundus photography，FP）、眼底荧光素血管造影仪（fundus fluorescein angiography，FFA）和光学相干断层扫描仪（optical coherence tomography，OCT）等。通过眼底检查设备可以检查视网膜和玻璃体疾病，分析导致矫正视力不良的原因，了解被检眼的屈光状态。检眼镜曾称眼底镜，是常用的眼底检查设备，根据成像性质分为直接检眼镜和间接检眼镜，通过直接检眼镜观察的是视网膜本身，通过间接检眼镜观察的是视网膜的像。光学相干断层扫描是近年迅速发展起来的一种医学成像技术，将光学技术与计算机断层扫描相结合，因而保持了光学测量的无辐射危害和计算机扫描的高分辨率，可进行活体眼组织显微结构的非接触式、非侵入性实时断层成像，轴向分辨率可以达到1～10μm。光信号的强度用不同的灰阶或颜色表示，形成高分辨率的断层灰度或伪彩图像，类似于组织病理切片的效果。

（一）直接检眼镜

1. 基本结构　直接检眼镜的主要结构包括镜头、手柄和电源电箱等（图4-14）。可分为照明和观察两大系统。

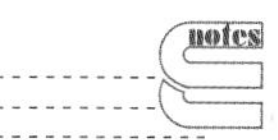

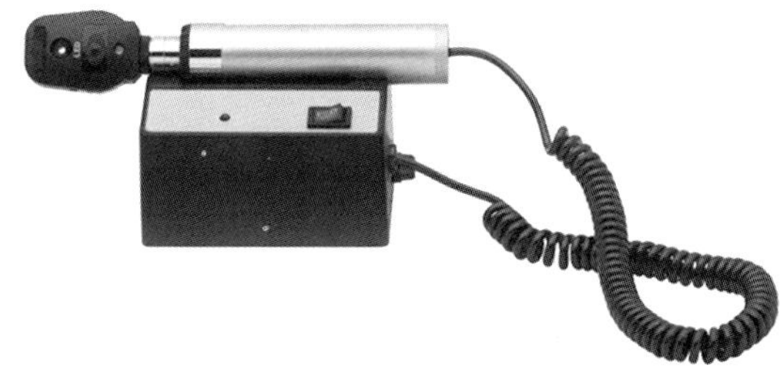
图 4-14 直接检眼镜

（1）照明系统（图 4-15）

1）光源：采用直流电或者交流电光源。光源灯丝位于聚光镜的焦点，即灯丝准直位，发出的光线通过聚光镜后为平行光。

2）聚光镜：为凸透镜。活动式聚光镜置于特制铜套上，可以前后伸缩移动调整灯丝的准直位像；固定式聚光镜按灯丝准直位设计要求固定。

3）光阑：为带孔圆盘。光阑位于聚光镜和投射镜之间的投射镜焦点，即光阑准直位。旋动圆盘可使入射光线从不同光阑射出。

4）投射镜：为凸透镜，光线经投射镜会聚为平行光线射出。

5）折射镜：为棱镜或平面镜，使平行光发生 90° 折射，照亮被检眼视网膜。

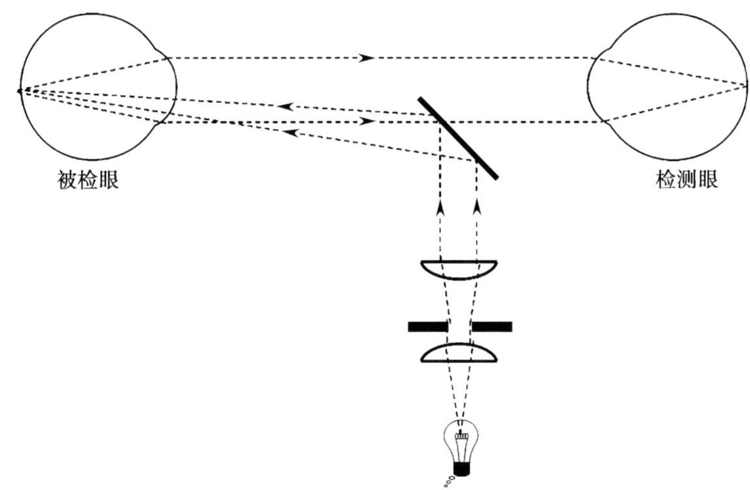

图 4-15 直接检眼镜的照明系统

（2）观察系统

1）窥孔：为圆形孔，在折射透镜的上方，检查者借此孔观察被照明光路照亮的视网膜。

2）补偿透镜盘：为带孔圆盘，置于窥孔后，孔内嵌有不同屈光度的透镜，旋转圆盘使补偿透镜置于窥孔，用于补偿检查者和被检者的屈光不正。

3）读窗：为小圆窗，位于镜头，反映补偿透镜的屈光规格，以黑色读数表示正透镜，红色读数表示负透镜。

2. 设计原理

（1）补偿透镜的作用：若检测眼与被检眼均为正视，被检眼的视网膜像恰好聚焦在检测眼的视网膜上，眼底反光为平行光线，无须补偿透镜（图 4-16A）；若被检眼为近视，被检眼的视网膜像则聚焦在检测眼的视网膜前，眼底反光为会聚光线，需用负透镜补偿（图 4-16B）；若被检眼为远视，被检眼的视网膜像聚焦在检测眼的视网膜后，眼底反光为发散光线，需用正透镜补偿（图 4-16C）。

（2）光阑的作用：包括可调光阑、测量光阑和无赤光光阑等。可调光阑用于调节投照在视网膜上照明光斑的大小，使检眼镜的照明视场和观察视场的大小相等，限制额外的光进入眼内。一般包括大中小三个孔径光阑。大光阑孔径 3.0mm 用于瞳孔散大时（图 4-17A）；中光阑孔径 2.6mm 用于小瞳下检查（图 4-17B）；小光阑孔径 1.5mm 适合于观察黄斑（图 4-17C）。测量光阑用于病灶的定位分析、判断斜视的注视性质（图 4-17D）。无赤光光阑使橙红色视网膜背景变淡，有利于病灶的对比观察（图 4-17E）。

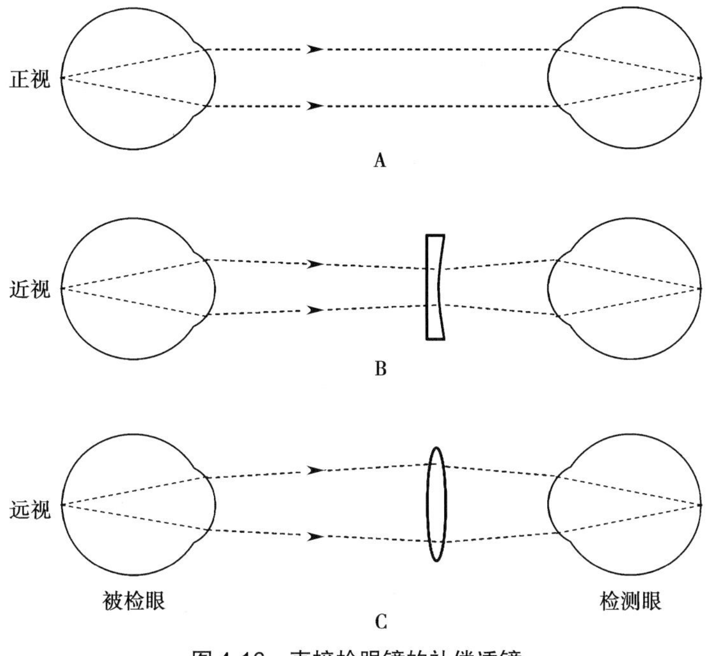

图 4-16　直接检眼镜的补偿透镜

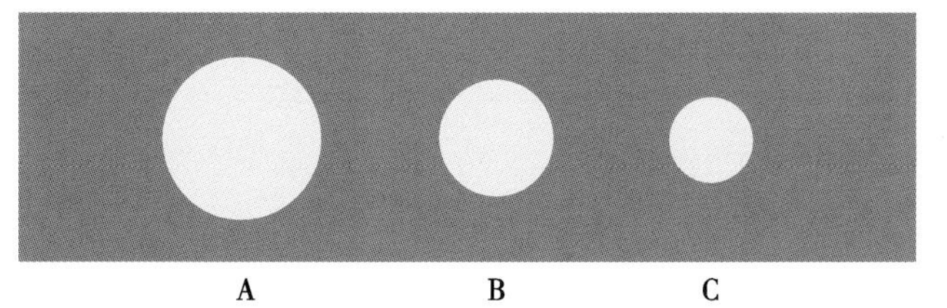

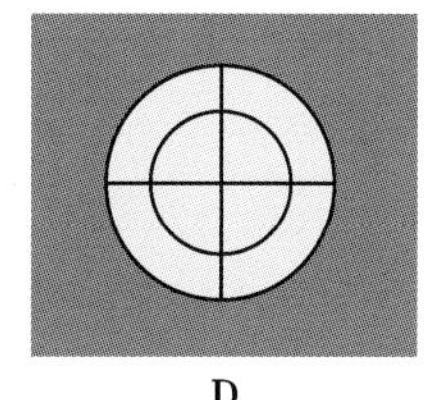

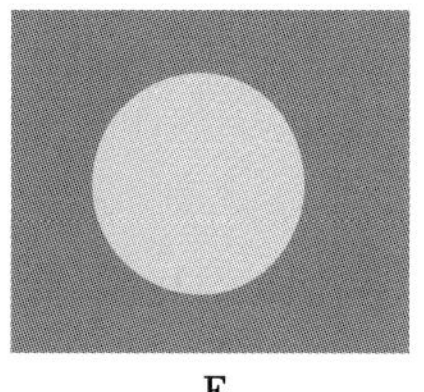

图 4-17　直接检眼镜的光阑

（3）观察视场的屏蔽现象：投照光源通过角膜凸面镜成像在角膜顶点后约 3.5mm 形成角膜反光，如果此反光在视野中心，就会阻挡检查者对眼底的观察，形成屏蔽现象。为避免角膜反光对观察视路的屏蔽，光轴和视轴之间设计 8°～10° 夹角（图 4-18A）。观察视野 10°～12°，与检眼镜的照明视场重叠（图 4-18B）。窥孔与被检眼的间距过大（图 4-18C），投射光的直径过大（图 4-18D），以及照明光路和观察光路之间的夹角过小，都可以使光轴和视轴切入点趋于重合，发生屏蔽。

3. 检测方法

（1）开启检眼镜开关。

（2）调整被检者坐位或卧位。

（3）检眼镜逐渐向被检眼推进，同时转动补偿透镜转盘，观察屈光介质及眼底有无异常。

4. 注意事项

（1）小瞳下检查如有异常发现，应散瞳详细检查，但疑为青光眼患者应慎行散瞳，青光眼患者忌散瞳。

（2）根据屈光介质混浊程度调整检眼镜的照明强度，根据瞳孔大小选择不同直径照明光斑，根据检查情况选择测量光阑和无赤光阑。

（3）三点一线的原则，即保持检查者的瞳孔、检眼镜窥孔和被检查者瞳孔始终位于一条直线。

（4）同左同右的原则，即检查被检者右眼，检查者站在被检者右侧，右手持镜，右眼观察。同法如检查被检者左眼，检查者站在被检者左侧，左手持镜，左眼观察。

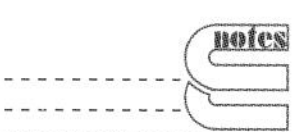

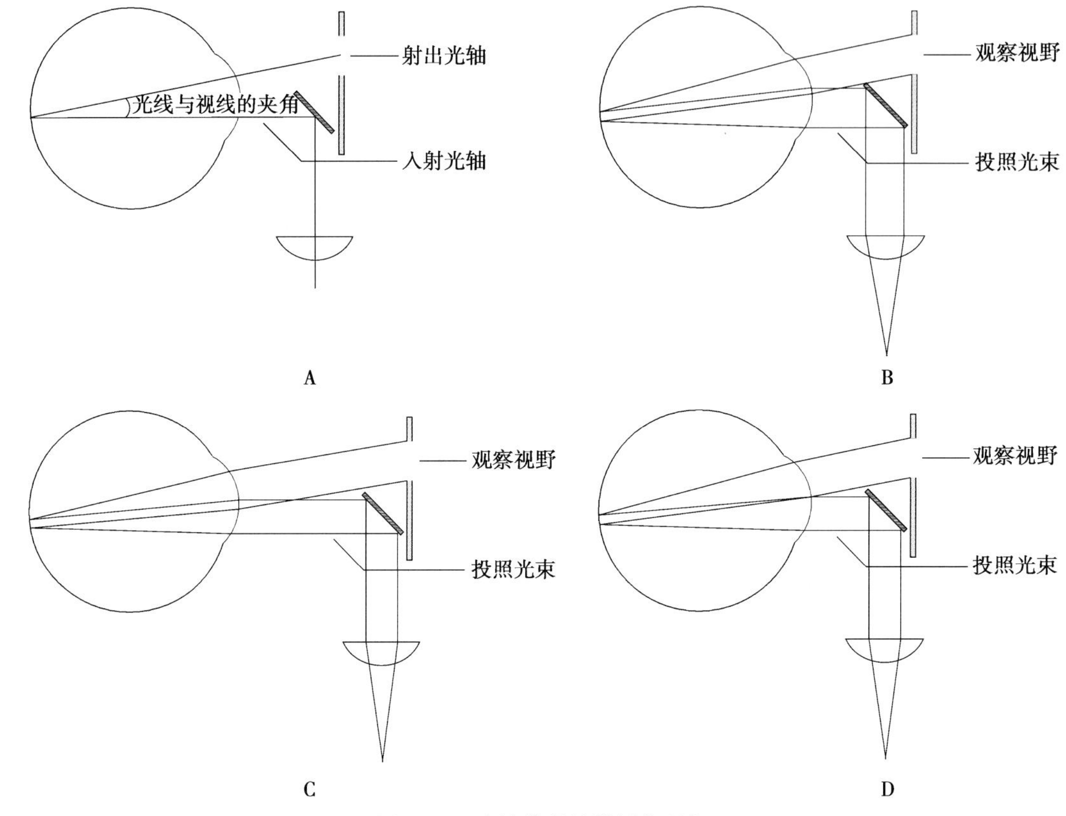

图 4-18　直接检眼镜的屏蔽现象

实训 4-2：直接检眼镜的使用方法

1. **实训要求**　熟悉直接检眼镜的使用和保养维护方法。

2. **实训学时**　1 学时。

3. **实训准备**

（1）直接检眼镜置于暗室或调暗房间光线，核对被检者信息。

（2）被检者取端坐位，向正前方注视；或仰卧位，向正上方注视。

4. **实训步骤**

（1）开启电源，打开检眼镜开关。

（2）单手握持检眼镜，示指放在补偿透镜转盘的边缘以便调整，其余四指握持手柄。

（3）根据被检眼瞳孔大小，转动光阑手轮调整光阑大小。

（4）检查者位于被检者一侧，按照同左同右的原则，与被检者相向。

（5）持检眼镜距被检眼 20～30cm 处，转动补偿透镜手轮将补偿透镜拨至 +8～+12D，观察屈光介质有无异常。

（6）将检眼镜逐渐向被检眼推进，尽量靠近被检眼，同时用示指转动补偿透镜转盘，直至眼底清晰，观察眼底有无异常。

（7）眼底检查从视盘为中心的眼底后极部开始，然后依次检查颞上、颞下、鼻下、鼻上四个象限周边部视网膜，同时嘱被检眼配合向相应方向转动。

（8）检查结束，关闭检眼镜开关。分别绘制右眼及左眼眼底图。

5. **实训善后**

（1）认真核对操作过程，确保准确无误，填写实训报告。

（2）整理及清洁实训用具，及时关闭直接检眼镜电源，物归原处。

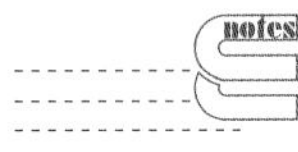

6. 复习思考题

(1) 试讲解介绍直接检眼镜各个功能部件。

(2) 试介绍直接检眼镜的使用要点。

(二) 间接检眼镜

1. 基本结构　间接检眼镜的主要结构包括目镜、物镜、头带及附件等(图 4-19)。可分为照明系统、观察系统和附件部分。

图 4-19　双目间接检眼镜

(1) 照明系统(图 4-20A)

1) 光源：直流或交流电光源，灯泡置于头带前部暗箱内，光线向下射出。

2) 聚光镜：为凸透镜组。通过聚光透镜后成为平行光射出。

3) 折射镜：为棱镜或平面镜。角度可由调整旋钮进行调整，将入射光折射后投射到物镜。

4) 光阑：为带孔圆盘。可调节光斑大小，以及选择无赤片和钴蓝片等。

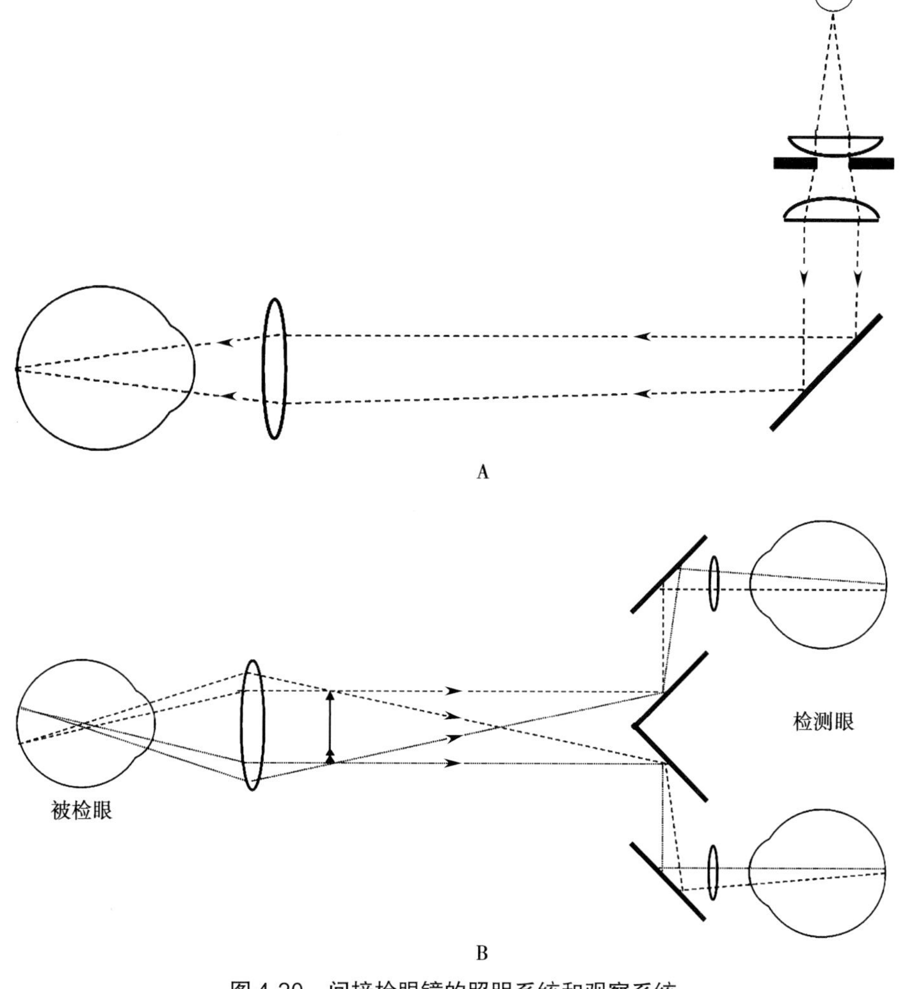

图 4-20　间接检眼镜的照明系统和观察系统

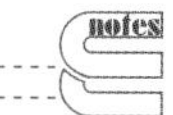

5）物镜：为凸透镜。通过物镜后光线会聚射入被检眼，眼底得到足够的照明。

（2）观察系统（图 4-20B）

1）物镜：同上。被检眼眼底经过物镜后，在物镜与目镜之间产生一放大的倒像。

2）分光镜：为棱镜或平面镜。将经过物镜的光分为两束，再分别经折射镜进入双眼目镜。

3）目镜：为凸透镜。双眼目镜将视网膜像放大接收，产生立体视觉。下方有拨扣可以对瞳距进行调整。

（3）附件部分：包括巩膜压迫器、示教镜等。

2. 设计原理

（1）瞳孔共轭：检测眼与被检眼瞳孔必须共轭，即检测眼的瞳孔成像在被检眼的瞳孔中央时，才能达到最大光亮的视觉效果。若物镜过于靠近被检眼，则被检眼视网膜周边不被照亮（图 4-21A）；若物镜过于远离被检眼，则被检眼视网膜周边出来的光线不能到达检测眼（图 4-21B）。

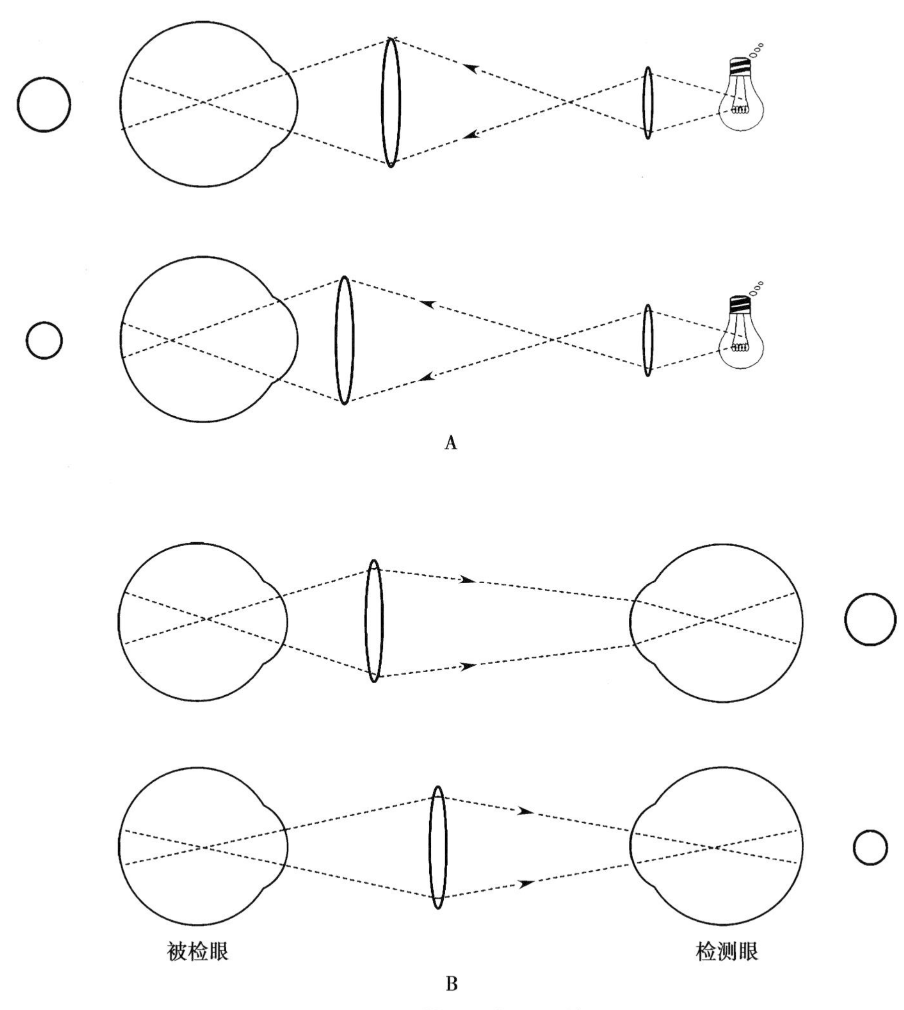

图 4-21　物镜位置与照明效果

（2）物镜的作用：直接检眼镜与间接检眼镜的不同在于，通过直接检眼镜观察的是被检者视网膜本身，通过间接检眼镜观察的是视网膜放大倒立的虚像。这个眼底像是通过放置在检测眼和被检眼之间的物镜产生的。物镜参与照明系统和观察系统的组成，将照明系统的出瞳和观察系统的入瞳成像在被检者瞳孔处。物镜的屈光度越大，放大率越低，观察视野越大。物镜为非球面双凸透镜，较凸的一面应朝向检查者，以减少物镜的像差。

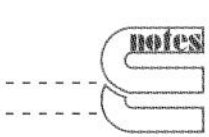

3. 检测方法

（1）开启开关。

（2）暗室检查，被检者取端坐位向正前方注视，或仰卧位向正上方注视。

（3）调节头带松紧和目镜，选择光阑和物镜。握持物镜的方法一般为左手拇指和示指持物镜，中指和环指协助分开眼睑。

（4）以弱光照射被检眼1～2分钟使之适应。

（5）检查者手持物镜置于被检眼前5cm处。嘱被检眼注视光源，看到视盘及黄斑像后，将物镜略向检查者方向移动，使眼底像清晰。然后依次检查上、下、鼻、颞四个象限周边部视网膜，并嘱被检眼配合向相应方向转动。

4. 注意事项

（1）必要时予被检眼滴散瞳和（或）表面麻醉剂，散瞳检查及注意事项同直接检眼镜。

（2）照明强度及光阑的选择同直接检眼镜。根据眼底病变情况选择不同屈光度的物镜。

（3）三点一线的原则，即被检眼瞳孔、物镜光心、检测眼瞳孔三者应在一条直线上。

（4）对于病变位于锯齿缘和睫状体平坦部等远周边部时，需在表麻下用巩膜压迫器辅助检查，压迫器头置于相应位置的眼睑外面。

（三）眼后段光学相干断层扫描仪

1. 基本结构　眼后段光学相干断层扫描仪的主要结构包括光源系统、参考光路系统、样品光路系统、探测接收系统和数据处理系统（图4-22）。

（1）光源系统：宽带光源或扫频光源，经光导纤维进入光纤耦合器。

（2）参考光路系统：经光纤耦合器分光、参考镜反射后返回。

（3）样品光路系统：同一光纤耦合器分光、被检样品反射后返回。

（4）探测接收系统：点或线阵光电CCD，接收并转换干涉信号。

（5）数据处理系统：计算机对信息进行模数转换及图像处理。

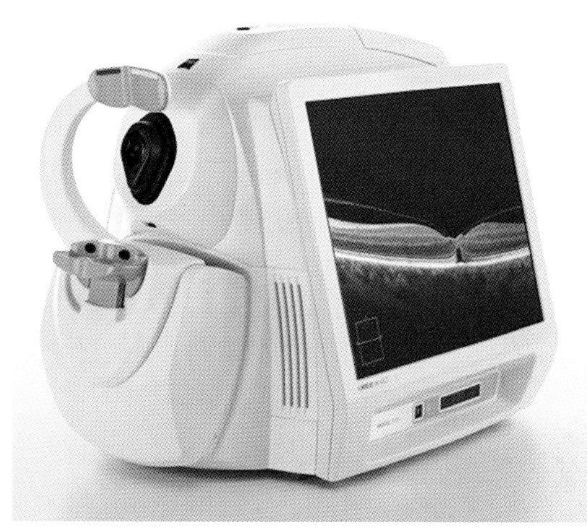

图4-22　光学相干断层扫描仪

（6）支架附件部分：包括颏托、颏托手轮和额托等。

2. 设计原理　OCT的基本原理是利用光的干涉理论，测量不同深度的内部微结构后向反射或散射光的振幅和回波信号，对生物组织进行层析成像。

OCT系统的核心是Michelson干涉仪（图4-23）。光源发出的光经过分光器分为两束，各自被对应的平面镜反射回来并进入探测器。这两束光来自同一个光源，因此满足干涉条件（频率相同、振动方向一致且相位差恒定）。在此基础上，如果两个光路的光程差在一个相干长度范围内，就会产生干涉信号，光程差为零时，信号最强。相干长度和光源的光谱宽度有关，光谱越宽，相干长度越短，

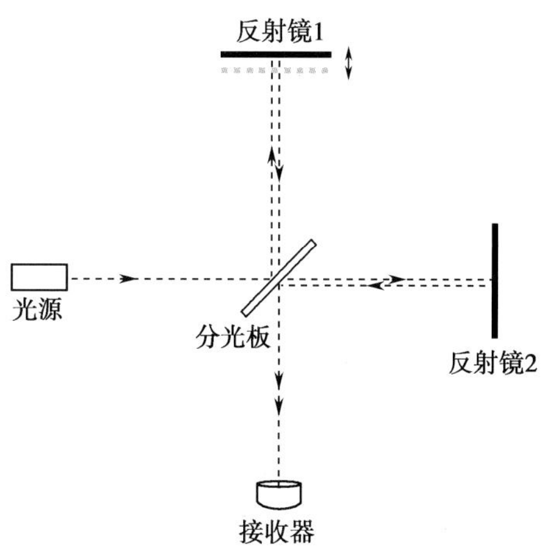

图4-23　Michelson干涉仪的光路结构图

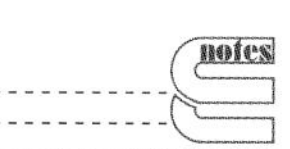

意味着光程差在很窄的范围内才能发生干涉，因此具有很好的层析定位精度。

OCT 主要分为时域和频域两大类，时域描述的是信号强度 - 时间的变化情况，而频域则描述强度 - 频率谱。眼科 OCT 根据检查部位不同，又分为眼前段和眼后段 OCT，眼前段 OCT 详见相关章节。眼后段 OCT 可用于视网膜、视网膜神经纤维层、神经节细胞和内丛状层、黄斑和视盘等后部眼结构的测量和检查，血管成像功能可用于视网膜和脉络膜的血管观察，帮助眼底疾病尤其视网膜黄斑病变和视神经病变的诊断和管理，如黄斑裂孔、囊样黄斑水肿、年龄相关性黄斑变性、糖尿病性视网膜病和青光眼等。

（1）时域光学相干断层扫描仪（time domain OCT，TD-OCT）：宽带光源（超辐射发光二极管）发出的近红外光经光纤耦合器分光，分别进入参考光路和样品光路。参考臂一端为参考反射镜，而样品臂一端为样品（组织）。移动参考镜的前后位置可以改变参考光路的光程，使之与样品光路中的后向反射和散射光发生干涉，参考镜的空间位置便反映眼组织样品内不同深度结构的相对空间位置。干涉信号输出至探测模块，采用点探测器接收光的反射强度和延迟时间信号，经过信号转换、放大、滤波等数据处理后合成图像显示（图 4-24）。

由于采用宽带光源，相干长度很短，因此可以提取样品某一层次反射回来的信息，而其他层的信息被过滤，从而实现高分辨率的层析成像。随着参考镜的前后移动，相当于对组织样品进行了深度方向的轴向扫描或 Z 轴扫描，获得一维测量数据。同时，样品光路的共焦系统将光束聚焦于组织样品的不同深度，由 X-Y 扫描振镜进行垂直于深度方向的横向扫描，就可以获得二维或三维图像。第一代至第三代 OCT 为时域 OCT。

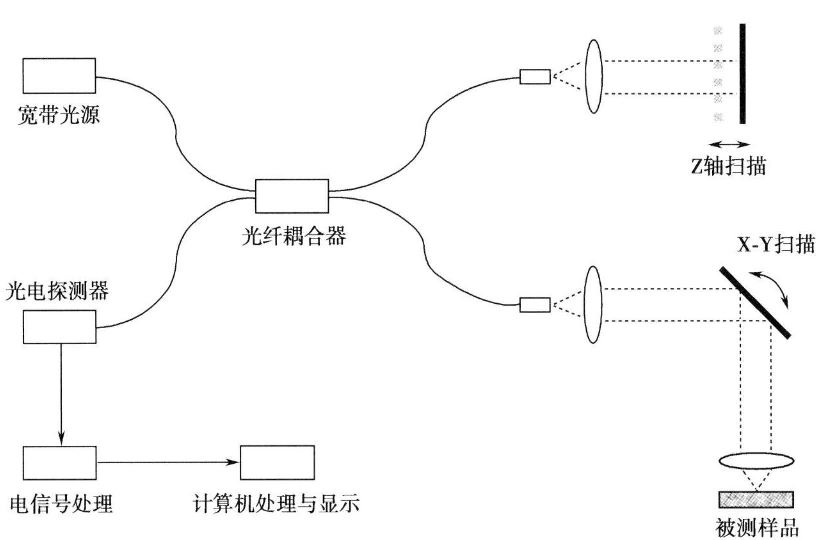

图 4-24　时域光学相干断层扫描仪

（2）频域光学相干断层扫描仪（frequency domain OCT，FD-OCT）：FD-OCT 通过光谱测量的方法测量组织样品内部所有深度位置的干涉信号，获得干涉信号的频率 - 强度光谱，即频域信号；频域信号加载了组织样品深度方向的时域信息，通过傅里叶变换（Fourier transform）可以重建轴向扫描信号。这类 OCT 又称为傅里叶域 OCT。对于 FD-OCT 系统而言，样品不同深度的信息是一次性获取，而不是多次的纵向扫描，无须机械移动参考镜位置，因而成像速度得以提升。FD-OCT 又分为谱域 OCT 和扫频 OCT，前者基于分光光谱仪，而后者基于扫频光源来测量干涉光谱。

1）谱域 OCT（spectral domain OCT，SD-OCT）：通过一个基于光栅和透镜的光谱仪，将不同波长的干涉信号分开来，并采用线阵 CCD 同时测量不同波长的信号，获得干涉光谱（图 4-25）。相当于在空间域上分频谱。

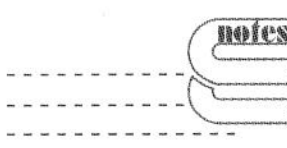

2）扫频 OCT（swept source OCT，SS-OCT）：在宽带光源之后连接一个输出波长随时间高速扫描的扫频光源，采用点阵 CCD 测量每一波长的信号，从而获得干涉光谱（图 4-26）。相当于在时间域上分频谱。

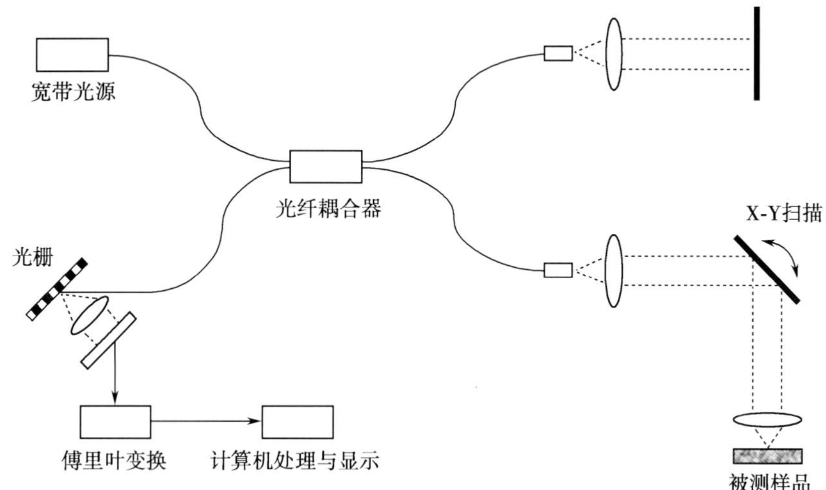

图 4-25　谱域光学相干断层扫描仪

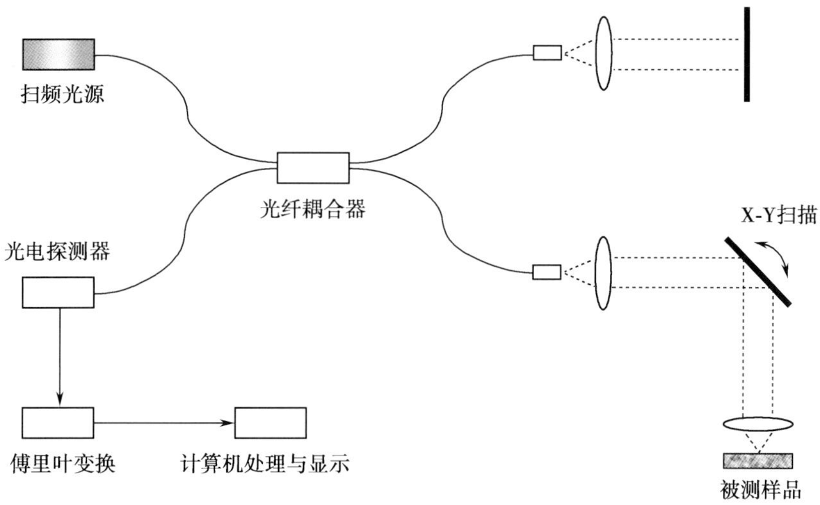

图 4-26　扫频光学相干断层扫描仪

3. 检测方法

（1）启动电脑，选择扫描类型和被检眼别。

（2）调整被检者坐位及头位。

（3）被检者保持固注视前方，被检眼处于监视屏幕中心。

（4）点击调节按钮，调节焦距及眼位使聚焦清晰，开始扫描。

（5）保存结果并打印。

4. 注意事项

（1）移动颏托时，提示被检者将头离开下颏托，并确认被检者的手指离开设备，避免被检者的面部与 OCT 透镜接触或者手指被挤压，甚至导致损伤。

（2）如果进行黄斑扫描，将扫描图的中央调整到中心凹；视盘扫描，则居中在视盘。

（3）尽量确保均匀照明，如果扫描发现伪影，可以要求被检者转眼尝试去除相应区域中的漂浮物。

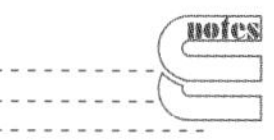

实训 4-3：了解光学相干断层扫描仪

1. 实训要求　熟悉光学相干断层扫描仪的使用和保养维护方法。

2. 实训学时　2 学时。

3. 实训准备

（1）调暗环境光线，核对被检者信息。

（2）询问病史，并明确检查目的要求。

（3）检查需坐位进行，裸眼扫描。

4. 实训步骤

（1）打开电源开关，启动电脑，登录系统，输入被检者资料。

（2）选择扫描类型，下颏托自动移到所选扫描类型和被检眼的默认位置。

（3）被检者端坐仪器前，下颏置于颏托，前额靠紧额托，调整桌椅高度和颏托高度，使眼睛对齐高度标记线。

（4）被检者注视中心固定光源或注视前方并保持固视。采集前先眨眼，采集过程中睁大眼睛。对于注视不良的被检者，移动扫描线到被检区。

（5）调节眼位使瞳孔中心正对监视窗口。点击自动对焦控件，系统尝试补偿被检者的屈光不正，使眼底图变得清晰。常规进行优化。

（6）启动眼位跟踪模式进行扫描，捕获相应图像。每一次扫描采集完成后，提示被检者靠后坐并将头离开颏托。

（7）查看结果，结果不达标时重新进行扫描，直至获得满意结果，生成分析报告并保存和打印。

（8）检查完毕，退出程序。

5. 实训善后

（1）不使用时，应关闭电源开关。长时间内不使用时，应拔出电源线。不可带电插拔附件。清洁设备前应断开电源。

（2）仪器例行清洁维护同像差分析仪。仪器上或附近不能使用气溶胶。

（3）定期检查仪器顶部风扇过滤器，通常每年至少清洁两次。如环境多尘，则频次相应增加。除了顶部风扇过滤器，一般不得自行尝试维修仪器硬件。

（4）定期进行电脑硬盘碎片整理，通常每五次清除存档检查后进行碎片整理。完成碎片整理一般耗时几个小时，中断碎片整理并继续使用仪器并无大碍。

（5）如果仪器正常启动后，系统未通过系统检查或出现错误消息，记录相关的错误消息，联系公司客服中心或工程师解决。

6. 复习思考题

（1）试讲解光学相干断层扫描仪的各个功能部件。

（2）试分析光学相干断层扫描仪报告的各项指标。

二、眼压计

学习目标

1. 掌握：眼压计的设计原理和类型。
2. 熟悉：眼压计的检查方法和结果判定。
3. 了解：眼压计的适用情况和注意事项。

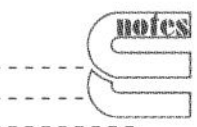

眼压是眼球内容物作用于眼球壁的压力。眼压测量是青光眼及其他眼疾病诊断的主要辅助手段之一，也是验光配镜中不可或缺的环节。眼压的测量有直接测量法和间接测量法。直接测量法是利用液压平衡原理，由液压计连接针头插入前房直接测量眼压，仅用于动物实验。间接测量法即眼压计测量法，是利用力平衡原理，以眼压计作用于眼球壁来测量眼球壁的张力，是目前临床常用的眼压测量方法。根据测量时眼压计将角膜压平或压陷，分为压平式眼压计和压陷式眼压计。

（一）Goldmann 眼压计

1. 基本结构　Goldmann 眼压计为国际公认的标准眼压计，主要由测压头、测压装置、重力平衡杆组成（图 4-27）。

（1）测压头：为透明塑料柱，前端表面平滑用以接触角膜，后端固定于测压杠杆的固定环，前端侧面的径线刻度供测量高度散光时的轴向定位。

（2）测压装置：为可前后移动的杠杆，移动度受内部弹簧控制，弹簧则被一测压螺旋调整。

（3）重力平衡杆：为带有刻线的圆柱形金属棒，中心及两端 2g 和 6g 重量处各有刻线，供测量高于 80mmHg 之眼压和鉴定眼压计准确性。

2. 设计原理　Goldmann 眼压计属于压平式眼压计。测量眼压时，使角膜凸面稍稍变平而不下陷，由于眼球容积改变很小，故不受眼球壁硬度的影响（图 4-28）。

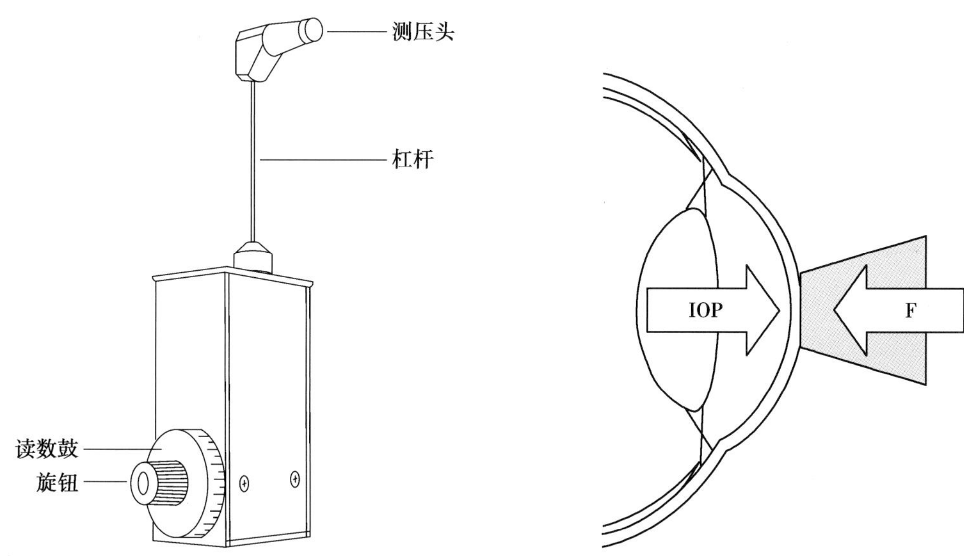

图 4-27　Goldmann 压平眼压计

图 4-28　压平式眼压计的原理

（1）眼压的测量：Goldmann 压平式眼压计是固定压平面积，调整压平该面积所需压力来测量眼压，即变力压平眼压计，压力越小眼压越低。根据 Imbert-Fick 定律，将眼球视为密闭薄壁球体，眼内压力 P_t 等于压平角膜的外力 W 除以压平的面积 A，即 $P_t=W/A$。当压平角膜的直径为 3.06mm 时，面积为 7.354mm^2，测压头将角膜 7.354mm^2 环形面积压平时所需的力即眼压的测量值。设 W=1g，则 P_t=1g/0.073 54cm^2=135.98mmH$_2$O=10mmHg（汞的比重是 13.6g/cm^3），则 1g 的外力相当于 10mmHg。因此将测压旋钮所显示的压力读数乘 10 即为测量的眼压结果（mmHg）。

（2）结果的观察：为了准确测量角膜被压平面的直径，Goldmann 压平式眼压计的测压头内有两个基底相反的三棱镜，能使与角膜接触处的圆环形移位成为两个半圆环形，由此观察角膜压平处产生错位的两个半圆环。此环的内缘表示被压平的角膜部分和没有压平部分的分界线，因此内环的直径即角膜被压平的直径。当角膜被压平面的直径为 3.06mm 时，

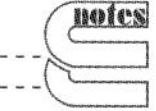

通过裂隙灯显微镜看到的两个半圆环的内缘正好相切。此时测压旋钮显示的读数为所施外力(g)的大小。

3. 检测方法

(1) 操作准备

1) 调整裂隙灯显微镜放大倍率至 ×10 或 ×16，拨动滤光手柄至钴蓝光栅，转动宽度手轮至裂隙全开，光源以 60° 投照。

2) 安放眼压计于裂隙灯显微镜，调整测压头棱镜 0 刻度正对固定环白色刻度线，转动测压旋钮置于刻度 1～2 之间，消毒眼压计测压头。

3) 被检者双眼分别行表面麻醉和荧光素钠染色。

(2) 操作步骤

1) 开启开关。

2) 被检者端坐裂隙灯显微镜前，调整坐位高度。下颏置于颏托，前额靠紧额托，注视正前方。

3) 将眼压计测压头移至被检眼视线中央，再缓慢向前移近角膜。测压头恰好与角膜表面接触时，检查者可从目镜外观察到棱镜边缘出现蓝色分光。

4) 裂隙灯显微镜目镜里观察到两个黄绿色的荧光素半圆环。调整至两个荧光素半圆环影像清晰，大小相等，形状对称，宽窄一致。

5) 旋转测压旋钮，使对称居中且宽度适中的两个荧光素半圆环的内缘相切。读取旋钮刻度，此刻度(g)乘以 10 即为眼压值(mmHg)，即眼压 = 刻度 ×10mmHg。

6) 测量三次取其平均值。连续测量读数相差 0.5mmHg，说明测量较为准确。

7) 如加压至 8g 仍不能使半圆环的内缘相切，说明眼压高于 >80mmHg，需加用重力平衡杆再行测量。将重力平衡杆向检查者方向移动，置于 2g 或 6g 重量之刻线位置，则可测量 80～140mmHg 的眼压。

8) 测量完毕，清洁测压头。

4. 注意事项

(1) 测量眼压前应确定被检者眼前段尤其角膜的健康，结膜或角膜急性传染性或活动性炎症者、严重角膜上皮损伤者、眼球开放性损伤者、检查不合作者均不适合此项检查。

(2) 两个荧光素半圆环图像的观察：两个荧光素半圆环大小不相等和(或)形状不对称说明测压头没有位于角膜中央。大小不等说明测压头在垂直方向没有位于角膜中央，需要向大半圆环方向移动(图 4-29A)；形状不对称说明测压头在水平方向没有位于角膜中央，需要向不全半圆环方向移动(图 4-29B)。

荧光素环理想的宽度是其直径的 1/10。过宽说明荧光素染色量过多或泪液过多，而使测得眼压值高于实际眼压，可用棉球吸去多余泪液及测压头前端多余荧光素液(图 4-29C)；过窄说明荧光素染色量过少或泪液膜已干，而使测得眼压值低于实际眼压，可重复荧光素染色或令被检者瞬目后再测(图 4-29D)。宽度适中方可测量(图 4-29E)。

两个荧光素半圆环对称居中且宽度适中时，如果两个半圆相交过多说明测压头对角膜施压过大，应当旋转测压旋钮减小压力(图 4-29F)；如果两个半圆相离过多说明测压头对角膜施压过小，应当旋转测压旋钮加大压力(图 4-29G)；当测压头对角膜施压适中时，两个荧光素半圆环的内缘恰好相切，读取旋钮刻度获取眼压值(图 4-29H)。

(3) 如被检者角膜散光大于 3D，角膜压平面为椭圆形而不是圆形，须将测压头旋转，使被检者较弱屈光度轴向(较大曲率半径轴向)对准固定环红色刻度线。因为只有在 43° 轴向，椭圆形的直径等于相同面积圆形的直径，方能使压平面积恰为 7.35mm^2。

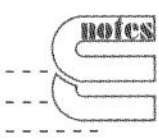

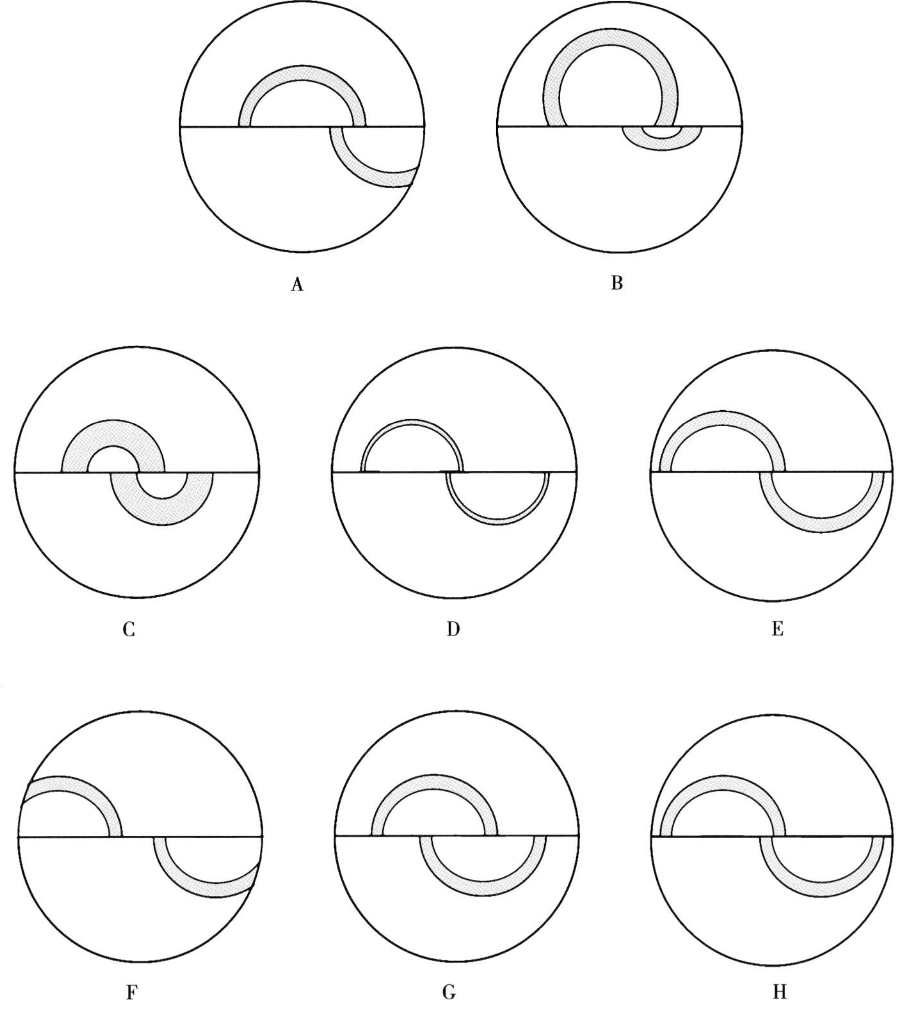

图 4-29　Goldmann 压平眼压计测量眼压的荧光素半环图像

A. 测压头偏左；B. 测压头偏上；C. 荧光素过多；D. 荧光素过少；E. 荧光素适中；F. 测压头过轻；G. 测压头过重；H. 测压头适中

（4）眼压计的校准鉴定：将测压旋钮转至“0”，裂隙灯显微镜投射角为 90°，以窄裂隙投照于测压头侧面的黑线上，然后将重力平衡杆固定，使其长端向被检者，并分别置于 2g 及 6g 重量压力的刻度线上，转动旋钮，如测压旋钮亦分别需要 2g 及 6g 重量压力时，才出现测压头的轻微摆动，则说明眼压计准确无误。

（二）非接触眼压计

1. 基本结构　非接触眼压计的主要结构包括测量系统、处理系统、控制部件（图 4-30）。

（1）测量系统

1）校准系统：校准仪器光轴与被检眼眼轴的位置，保证气流及光束击中角膜的光学中心。

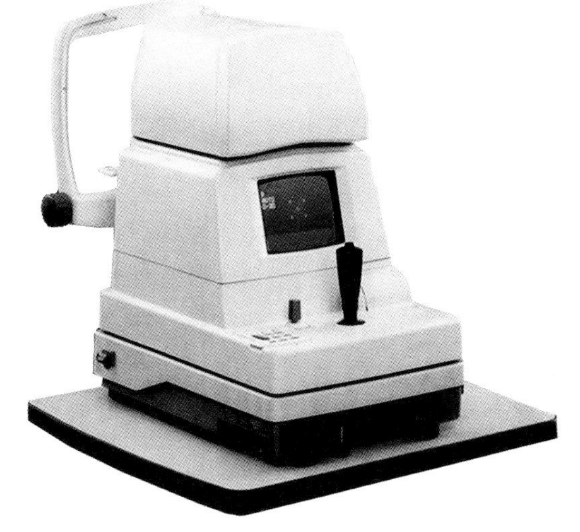

图 4-30　非接触眼压计

2）气动系统：当仪器中心对准后，电磁

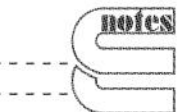

阀被激活，推动气缸内活塞压缩空气以脉冲方式向角膜喷射，使角膜逐渐被压平。

3）监测系统：发射器向角膜发射瞄准光束，接收器接收角膜反射的瞄准光束，监测角膜被压平瞬间的情况。

（2）处理系统

1）计时系统：记录从气流喷射开始到峰值电压出现为止的时间。

2）微机系统：将压平设定面积的角膜的时间（ms）转换成眼压值（mmHg）。

（3）控制部件

1）监视屏幕：监控眼位及测试过程，确认控制键的菜单设置，以及显示眼压测量结果。

2）控制键盘：用于对于仪器的测试功能进行设置。

3）调焦手柄：参考监视屏幕的提示调试位置和焦距，保证每次测试的可重复性。手柄顶端设有测试按钮，在手动测试时使用。

4）固定支架：包括颏托、颏托手轮和额托等。

5）打印装置：内置式热敏打印机完成结果打印。

2. 设计原理　非接触眼压计属于气动压平式眼压计，压平直径为 3.06mm 的角膜面积，非接触眼压计每 10mmHg 需 1.4g 外力，Goldmann 眼压计每 10mmHg 需 1g 外力，前者在测量过程中需要的力更大，但作用于单位面积的力在两种眼压计是相同的。

（1）眼压的测量：非接触眼压计的测量头不与角膜接触，而是喷射可控的脉冲空气压平恒定面积的角膜来测量眼压，喷射空气的压力迅速随时间的延长呈线性增加。压缩空气喷射到角膜表面中央区，将角膜中央恒定面积压平，记录压平此面积所需时间，即从气流喷射开始到峰值电压出现为止的时间。根据时间与眼压的比例关系将压平时间（ms）转换成眼压值（mmHg）。

（2）结果的监测：基于光电管传感技术。发射器向角膜发射瞄准光束并被角膜反射，受压变平的角膜改变了反射光束的角度，反射光中平行光线和同轴光线被接收器所接收，并将信号转化为眼压值。当角膜受气流冲击逐渐变平时，接收器接收到的光量逐渐增加；当喷射气流压平角膜的面积达到设定面积时，接收器接收到光量最大，转换成的电压也最大（峰值电压）；当气流继续冲击，角膜变为凹陷，接收器接收的光量又减少，输出的电压值也变小。此时电路输出信号终止活塞运动，气流停止喷射。

3. 检测方法

（1）开启眼压计开关。

（2）调整被检者坐位及头位。

（3）保持固视前方，被检眼处于监视屏幕中心。

（4）移动调焦手柄，使测量喷气口对准角膜中央，聚焦清晰，开始测量。

（5）测量完毕，打印结果。

4. 注意事项

（1）非接触眼压计在正常眼压范围内检查结果比较准确，但眼压 <8mmHg 及 >25mmHg 者测量值可能出现偏差，高度散光、角膜异常、固视不良者误差较大也不宜此法测量眼压。

（2）移动仪器部件时，确认被检者的手指离开设备，避免被挤压损伤。

（3）喷气口或测量窗以酒精清洁，不能用其他化学清洁剂，否则测量时可能对被检者的眼睛造成伤害。

实训 4-4：了解非接触眼压计

1. 实训要求　熟悉非接触眼压计的使用和保养维护方法。

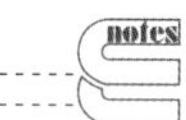

2. 实训学时　1 学时。

3. 实训准备

（1）眼压计置于安静整洁环境，核对被检者信息，评估病情。

（2）告知被检者测量时有气流喷出无须害怕，自然睁大双眼，切勿频繁眨眼。

（3）检查需坐位进行，裸眼检测。被检者坐姿舒适，状态放松，以保证测量值的正确性。

4. 实训步骤

（1）开启电源开关及仪器开关。

（2）被检者端坐眼压计前，调整桌椅高度，保持坐姿舒适；下颏置于颏托，前额接触额托，调整颏托高度，使眼睛对齐高度标记线。

（3）检查者转动控制手柄，把测量喷气口的高度调整到被检眼角膜中心的高度，嘱被检者固视测量窗中黄绿色的亮标，自然睁大双眼。

（4）一手压住安全制动钮，一手操纵控制手柄，使眼压计缓慢接近被检眼。当喷气口距离角膜约10mm，松开安全制动钮，进入测量状态。

（5）初始测量方式为AUTO（自动测试），选择控制面板上的MANU键可以改为手动测试。一般测量范围为30（0～30mmHg），眼压超过此范围时选择控制面板上的60键（0～60mmHg）。当眼压超过60mmHg则不能测出。

（6）根据监视屏提示信息，移动控制手柄调整测量头，调至对准参考位置。空气自动喷射，屏幕立即显示眼压值。连续测量三次，显示眼压的平均值。测量误差尽量在3mmHg以内。

（7）测量完毕，打印结果，标注被检者信息，关闭仪器开关。

5. 实训善后

（1）不使用时，应关闭电源开关。长时间内不使用时，应拔出电源线。不可带电插拔附件。清洁设备前应断开电源。

（2）仪器例行清洁维护同像差分析仪。仪器上或附近不能使用气溶胶。

（3）无法开机时，依次检查是否电源线接触不良、保险丝熔断、设备故障等。如为保险丝熔断，可以尝试卸下保险丝罩更换保险丝，但是只能使用附带的保险丝。如疑为设备故障，关闭电源开关并拔出电源插头，联系公司相关人员。

（4）如果眼压测量困难，监视屏上成像不清晰，可能为喷气口或测量窗玻璃被灰尘或泪液附着。检查喷气口或测量窗的玻璃部件，如有灰尘，用吹气嘴吹掉灰尘；如有污垢，用酒精拭片轻轻擦拭。

（5）搬运仪器之前，要扭紧底座上的紧固螺钉。机身稍有倾斜时，可以适当地转动底部的调整钮进行微调，注意旋出不可超过1cm。

（6）非接触眼压计内置校准系统，应定期进行校准。

6. 复习思考题

（1）试讲解介绍非接触眼压计的使用方法。

（2）试讲解介绍非接触眼压计显示屏的主要内容。

（三）Schiötz压陷式眼压计

1. 基本结构　Schiötz眼压计主要结构包括持柄、支架部分、杠杆部分、附件部分（图4-31）。

（1）持柄部分：为测量时手持部分。

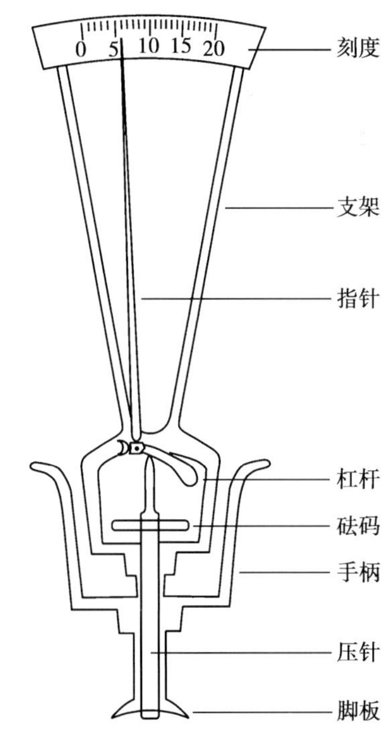

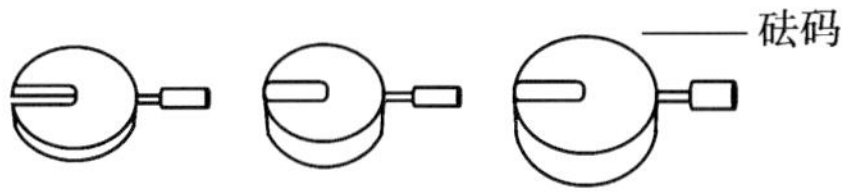

图4-31　Schiötz眼压计

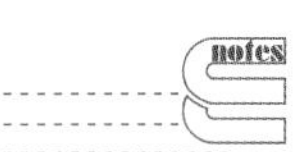

（2）支架部分：包括刻度板、支架和脚板管，脚板管下端的脚板为测量时接触角膜部分，管中央的空腔有活动压针通过，压针上端有一个 5.5g 重量砝码。

（3）杠杆部分：包括杠杆和指针，指针指向刻度尺。

（4）附件部分：包括三个砝码（分别为 7.5g、10g、15g），一个试盘及眼压换算表。

2. 工作原理 Schiötz 眼压计属于压陷式眼压计，是利用眼压计砝码的重量将角膜压出凹陷，测量球壁张力而间接测得眼压（图 4-32）。

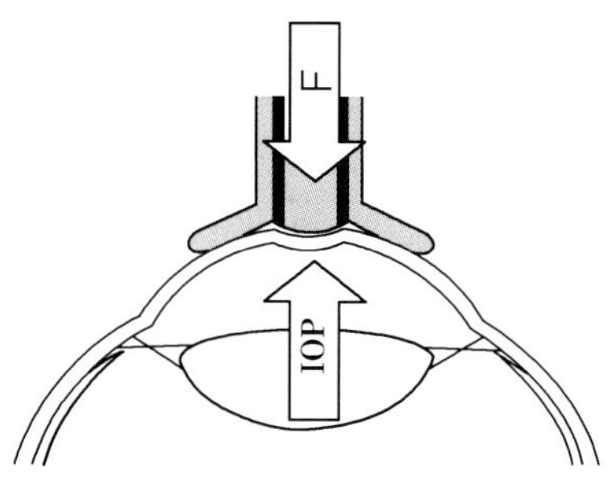

图 4-32 压陷式眼压计的原理

用眼压计测量眼压时，角膜受压使得角膜部分压陷或压平，眼球容积减少。减少的容积大部分传递到巩膜，造成巩膜的扩张。巩膜组织的弹性、硬度来抵抗这种扩张时，就产生了压力增量。另外角膜变形时的弹性作用也会产生抗力。因此，眼压计所测量的数值提示的是真正的眼压和角膜及巩膜的弹性抗力之和，用公式 $P_t=(W/A)P_0+\Delta P$ 表示。式中 P_t 为眼压计测得的眼压值（mmHg），P_0 为真正的眼压值（mmHg），W 为眼压计的重量（g），A 为角膜被压陷或压平的面积（cm^2），ΔP 为角膜及巩膜的弹性抗力（mmHg）。由此可知，测得眼压 P_t 通常高于真实眼压 P_0。

其中角膜的弹性抗力很少，可忽略不计，而巩膜的弹性抗力与眼球壁硬度和压陷或压平的体积有关，这个关系用公式 $\lg P_t=\lg P_0+EV$ 表示。式中 P_t 为眼压计测得的眼压值（mmHg），P_0 为真正的眼压值（mmHg），E 为巩膜硬度（弹性）系数，V 为眼球容积和改变量（被压平下的体积）。Friedenwald 根据眼球容积变化与眼压对数呈线性关系的经验公式，计算出眼球硬度系数 E=0.024 5 的转换表，后又修正为 E=0.021 5 的转换表，因此可得公式 $\lg P_t=\lg P_0+0.0215V$。根据此式，由眼压计测得的眼压 P_t，即可算得真正的眼压 P_0。

眼压计脚板置于角膜上，脚板管的中央有个圆柱空腔，活动压针在空腔内可自由活动。当压针压陷角膜时，压陷角膜的程度就通过杠杆传至指针，显示在刻度尺上，指针移动的刻度数（mm）结合砝码的重量（g）经过查表换算，即得到眼压值（mmHg）。一定重量的砝码加压在角膜上，压陷越多，指针的刻度读数越大，所测得的眼压值越低。

3. 检测方法

（1）操作准备

1）手持眼压计垂直置于标准试盘上，指针在零位方可使用；酒精棉球消毒眼压计的脚板，待其完全干燥。

2）被检者双眼分别表面麻醉。

（2）操作步骤

1）被检者取仰卧位，双眼直视正上方某一目标。

2）检查者位于被检者头顶端，拇指和中指握持眼压计持柄，小指拉开下睑，另一手手指拉开上睑，将眼压计脚板平稳地放在角膜正中。眼轴与眼压计轴在同一垂直线上。

3）用 5.5g 砝码测量，待指针稳定时从正面记下指针所指刻度。用分数式记录所用砝码和指针刻度，分子为砝码，分母为刻度，即砝码 / 刻度。保持指针在刻度 3～7 的范围内，连续测量两次的读数相差不超过半度，结果较为准确。

4）若 5.5g 砝码测量读数小于 3，则应换用 7.5g 砝码；若仍小于 3，则应换用 10g 砝码；必要时换用 15g 砝码测量。

5）测量完毕，清洁眼压计，换算眼压值。

4. 注意事项

（1）检查禁忌同 Goldmann 压平眼压计检查。

（2）Schiötz 眼压计眼压测量值范围广，最高可达 100mmHg 以上。但眼球壁的硬度和角膜的形状会影响眼球对外力压陷的反应，从而引起测量误差。用 Schiötz 眼压计的两个不同重量的砝码可以估计眼球壁的硬度。如在半分钟内用两个砝码（如：5.5g 和 10g 砝码，7.5g 和 15g 砝码）测量同一眼的眼压，查专用的换算表得到眼球壁的硬度 E 值和校正眼压值。当 E 值明显偏离 0.021 5 时，最好再用压平眼压计测量校对。

（3）眼压计的调零：持柄下方有一螺钉，当零位不准时，可将此螺钉旋松，略转圆柱，使压杆和脚板管下端面重合，指针正好指在零位时，再将此螺钉旋紧即可。

三、视野计

学习目标

1. 掌握：自动视野计的设计原理和检测方法。
2. 熟悉：自动视野计的程序设置和结果判定。
3. 了解：视野计的类型和结构。

视野是指眼向前方固视某一点时所见的空间范围，与中心视力相对而言，视野反映的是周边视力。一般将距注视点 30° 以内的范围称为中心视野，30° 以外的范围称为周边视野。视野检查是在固视状态及均匀照明的背景上，测定一定刺激强度的动态光标或静态光标的光阈值。视野检查对视路疾病的定位，对青光眼和眼底病等的鉴别诊断及随访监测有重要价值，分为动态和静态视野检查。

动态视野检查是用不同大小的视标从周边向中心移动，视标的刺激强度相同。在视标移动过程中，检测从不可见到可见的临界阈值点。连接各阈值点就构成等视线，得到视野的周边轮廓。通过使用不同的视标描出很多的等视线，就构成了类似等高线描绘的“视岛”（图 4-33A）。动态视野检查法检查速度快，但是不易发现小的缺损或旁中心相对暗点。

静态视野检查是在视野某一点用静止不动的视标，逐渐增加视标的刺激强度。在视标强度增加的过程中，检测从不可见到可见的临界阈值点。连接某一子午线上的阈值点，就构成峰形的阈值曲线，得出视野的深度概念（图 4-33B）。电脑控制的自动视野计，使定量静态视野检查更加规范快捷。

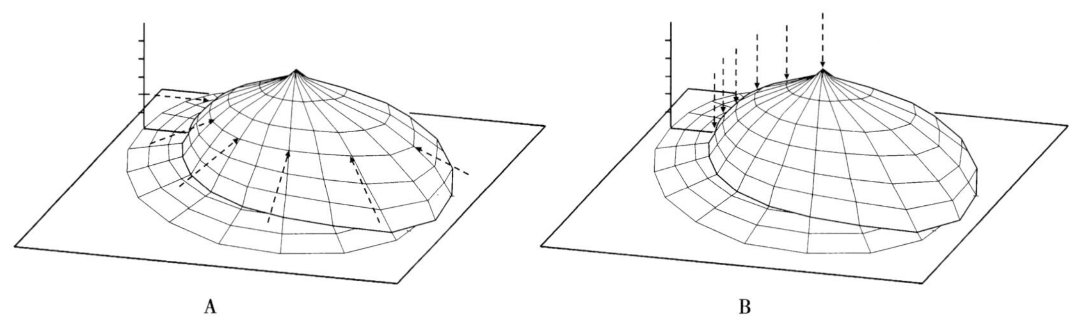

图 4-33　动态和静态视野检查

（一）平面视野计

1. 基本结构　平面视野计的主要结构包括视野屏、视标和支架（图 4-34）。

（1）视野屏：为正面黑色背面白色的布屏，大小约 $1m^2$。屏的背面以黑线标记 6 条径线、6 个相间 5° 同心圆及生理盲点。

（2）视标：为手持活动视标。最小视标直径 1mm，常用 2mm 白色视标。

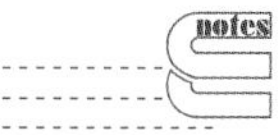

（3）支架：支撑视野屏。

2. 设计原理　平面视野计是简单的中心动态视野计，用以检查中心 30° 范围内的视野。

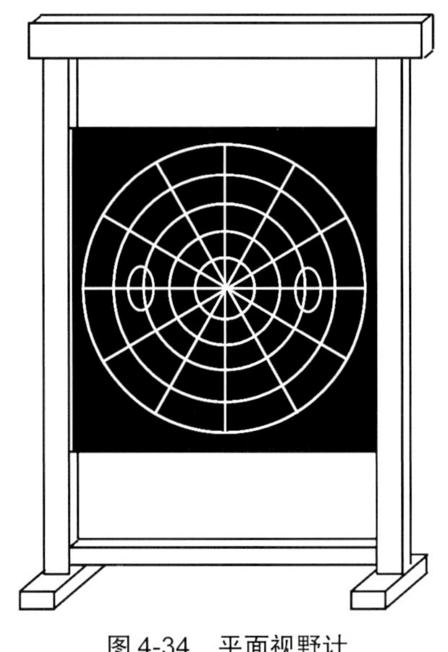
图 4-34　平面视野计

3. 检测方法

（1）准备工作：遮盖非检查眼，告知被检者每遇视标出现、消失或重现时示意。

（2）操作步骤

1）被检者端坐视野屏前 1m 处，被检眼平视视野屏中央的固视目标。

2）先测出生理盲点，借以了解被检者对检查的理解和配合情况。

3）检查者手持视标沿各子午线方向，从中央向周边或从周边向中央移动。

4）随时询问被检者能否看见视标，在被检者看见或看不见视标时用大头针记录。

5）检查完毕，结果转录在记录图上。

（3）注意事项

1）检查过程中注意监测被检者眼位和合作情况。

2）描记视野图的同时，记录视标直径 / 检查距离。

（二）弧形视野计

1. 基本结构　弧形视野计的主要结构包括弧形板、视标、旋钮和附件（图 4-35）。

（1）弧形板：半径 33cm 的 180° 金属弧形板。

（2）视标

1）固视视标：为弧形板的中心“X”形光标。

2）活动视标：为顶部照明管投射到弧形板内面的圆形刺激光标，亮度、大小和颜色可调。

（3）旋钮：旋动旋钮可以移动刺激光标。

（4）附件

1）支架：包括颏托、颏托手轮和额托等。

2）记录部件：记录针是记录的笔针，通过传动装置与旋钮同步运行。记录盘为记录纸卡放置的圆盘，位于弧形板转轴后。

2. 设计原理　弧形视野计是简单的周边动态视野计，用以检查 90° 以内的周边视野。

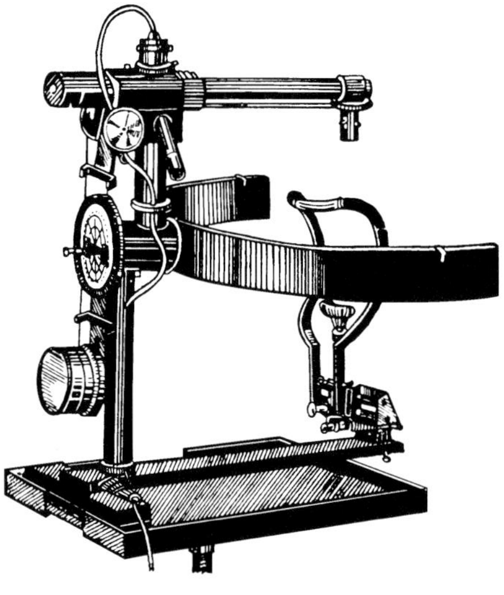

图 4-35　弧形视野计

3. 检测方法

（1）准备工作

1）将记录纸插入弧形视野计记录盘备用。

2）遮盖非检查眼，告知被检者每遇刺激光标出现、消失或重现时示意。

（2）操作步骤

1）开启开关。

2）被检者端坐视野计前，调整高度。下颏置于颏托，前额靠紧额托，注视弧形板中央的固视视标。

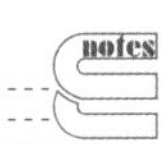

3）弧形板置于水平子午线处，旋动旋钮使投照光标沿弧形板缓慢移动，遇被检者示意

则记录该点。

4）每 30°旋转弧形板置于不同子午线处，旋动旋钮使投照光标沿弧形板缓慢移动，遇被检者示意则记录该点。

5）检查完毕，取出视野记录纸并将各标记点连线。

6）连接各子午线上光标出现的各点，即得被检眼的视野范围；连接各子午线上光标消失及重现的各点，则显示视野中的暗点。

（3）注意事项

1）检查过程中注意监测被检者眼位和合作情况。

2）描记视野图同时记录刺激光标亮度、大小和颜色。

（三）Amsler 方格表

1. 基本结构　标准 Amsler 方格为黑色背景上均匀描绘的白色正方格线条，每方格边长 5mm，检查距离 30cm，每方格相当于 1°视野（图 4-36）。

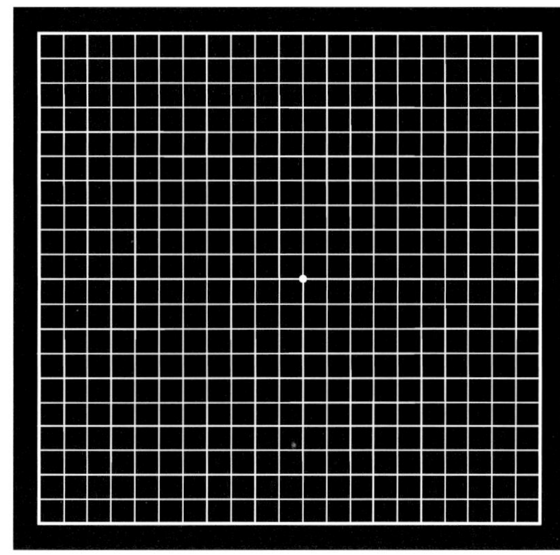

图 4-36　Amsler 方格

2. 设计原理　Amsler 方格属于静态视野检查，用于检查大约 10°范围的中心视野，对检查黄斑部极有价值，也用于检测 10°范围的中心暗点和旁中心暗点。

3. 检测方法　被检眼注视中心固视点，回答是否看见中心固视点、是否有直线扭曲、方格大小不等、方格模糊或消失现象。结果可让被检者自己标记在记录图上。

（四）Goldmann 视野计

1. 基本结构　Goldmann 视野计的主要结构包括视野屏、视标、旋钮和附件（图 4-37）。

（1）视野屏：半径 30cm 的半球形视野屏，半球内面为均匀白色背景。

（2）视标

1）固视视标：为半球形视野屏的中心光点。

2）活动视标：为顶部照明向半球形视野屏内投射的刺激光标，光标的面积和亮度均以对数梯度变化，颜色可调。

（3）旋钮

1）光标开关旋钮：用来控制刺激光标的出现和消失。

2）光标面积按钮：用来控制刺激光标的大小。

3）光标粗调节钮：用来粗略控制刺激光标的亮度。

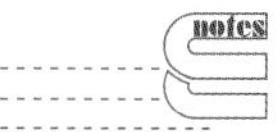

4）光标细调节钮：用来精细调节刺激光标的亮度。

（4）附件

1）支架：包括颏托、颏托手轮和额托等。

2）记录器：记录纸的位置通过传动装置与光标的投射位置完全对应。

3）应答器：用于检查过程中向检查者示意。

2. 设计原理　Goldmann 视野计具有动态及静态视野检测功能，主要用于动态等视线检查和超阈值静点检查，静态阈值检查因耗时较多而运用较少。Goldmann 视野计可检查中心和周边视野。

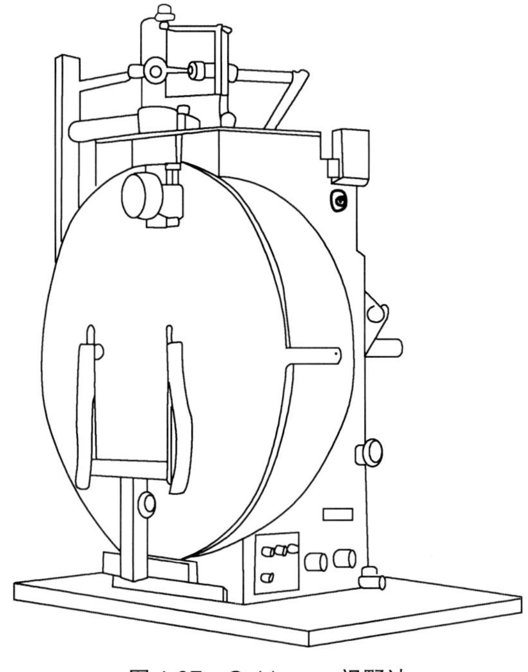
图 4-37　Goldmann 视野计

Goldmann 视野计的背景照明、刺激光标大小和亮度均可标准化，为以后各式视野计提供了刺激光的标准指标。刺激光标的大小分为 0、Ⅰ、Ⅱ、Ⅲ、Ⅳ、Ⅴ六级，从 0 级到Ⅴ级，以 0.6 对数单位（4 倍）变换，即 $1/16mm^2$、$1/4mm^2$、$1mm^2$、$4mm^2$、$16mm^2$、$64mm^2$。刺激光标的亮度粗调分为 1、2、3、4 四档，从 1 档到 4 档，强度以 0.5 对数单位递增，即 1.5、1.0、0.5 和 0.0 对数单位。细调分为 a、b、c、d、e 五档，从 a 档到 e 档，强度以 0.1 对数单位（1dB）递增，即 0.4、0.3、0.2、0.1 和 0.0 对数单位。通过刺激光标面积和亮度的不同组合，即可得到一系列不同刺激强度的标准刺激。

3. 检测方法

（1）准备工作：遮盖非被检眼，告知被检者视野屏出现闪亮光点时立即按一下应答器。

（2）操作步骤

1）开启开关。

2）被检者端坐视野计前，调整高度。下颏置于颏托，前额靠紧额托，注视视野屏中央的固视视标。

3）确定中心等视线阈值光标。逐级增加光标亮度到被检眼刚能看见。

4）测定生理盲点范围并测绘中心等视线。每隔 2°～10° 检查一点，将各点光强度阈值连线或坐标标记。

5）确定周边等视线阈值光标并测绘周边等视线。

6）超阈值静点检查。

7）检查完毕，描记结果。

（3）注意事项

1）检查过程中监测被检者眼位和合作情况。

2）描记视野图同时记录刺激光标亮度、大小和颜色。

（五）计算机自动视野计

自动视野计类型较多，以 Octopus 视野计（图 4-38A）和 Humphrey 视野计（图 4-38B）具有代表性，二者外观及部分硬软件不同，主要结构相似。

1. 基本结构　自动视野计的主要结构包括检测系统和计算机处理系统。

（1）检测系统

1）光标系统：采用半球形视野屏和 Goldmann 视野计标准投射光标，光标位置自动检测和调节。

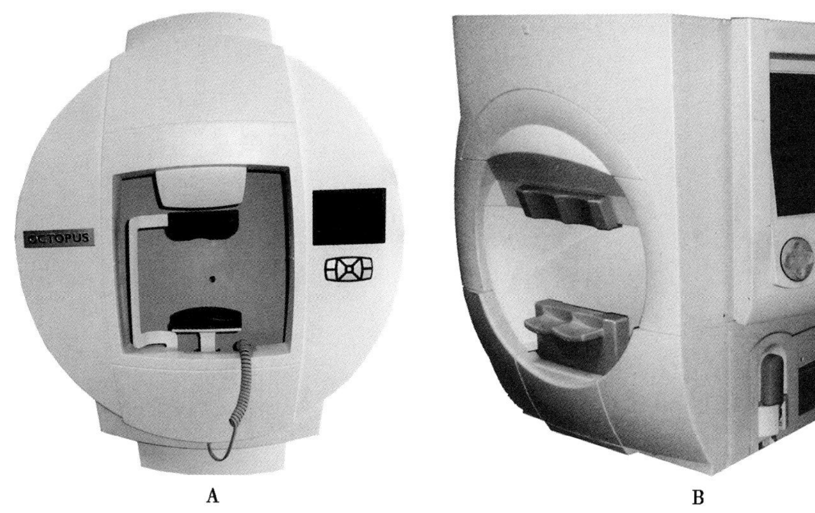

图4-38 全自动视野计

2）监视系统：监测被检者的固视情况。同步摄像技术是视野计中的摄像机拍摄图像同步传输至电脑显示屏，监测并自动调节位置；生理盲点固视监测技术是在检测过程中，随机投射高亮度的光标到生理盲点区，如被检者应答则为固视丢失。

3）接收系统：被检者作出应答并由计算机接收信息。

（2）处理系统：计算机内置多种检测程序和统计分析软件，自动进行分析处理。

2. 设计原理　自动视野计是利用计算机程序控制的静态或动态定量视野计，自动视野的检查方法主要有超阈值检查、阈值检查和快速阈值检查三大类。

（1）超阈值检查：为定性视野检查。等视线范围内的光标强度为阈上刺激即超阈值，等视线上为阈值，等视线范围外为阈下刺激。超阈值光标更易被看见，若在等视线范围内某处看不见超阈值光标，则可能存在异常（压陷或暗点）。检查时，在不同区域呈现强度比期望阈值略高的刺激光标，记录是否看见。如果刺激光标出现而看不见，再次出现仍然看不见，则记录为看不见。还可以增加刺激光标亮度直至最大，以探测暗点是相对性还是绝对性，分别以正常、相对暗点或绝对暗点表示。此方法检查快，但可靠性较低，主要用于眼病筛查，可发现中到重度的视野缺损。

（2）阈值检查：为定量视野检查。光阈值的测定有两种方法：①递增法或极限法，即刺激光标强度以较小间隔和相等步级增加，以被检眼从看不见到看见的光标刺激强度作为光阈值。②阶梯法，即递增和递减两法合并，如看见光标，下一个测试光标自动递减刺激强度；反之如看不见光标，下一个测试光标自动递增刺激强度。每一个位点阈值的确定需逐步经过由弱到强及由强到弱的光阶刺激，即两次跨越阈值方能确定。用重复检查两次来确定阈值的波动，随机试验来监测固视程度。此方法结果精确，但检查时间长（一般正常者单眼检查需15分钟，异常眼检查时间更长），故被检者易疲劳，结果波动大。

（3）快速阈值检查：为了缩短检查时间同时保留准确性和可重复性，开发了快速阈值检查，或称交互式阈值检查。利用视野敏感度曲线、数学模型和阈值预测的知识，在阈值检查过程中，当测量错误达到一定的水平时，阶梯检查程序中断，这样减少刺激呈现次数和检查时间；放弃检查假阳性反应的捕捉实验，而使用更为有效的时间策略呈现不同的光标，检查时间也得以缩短。标准交互式阈值检查时间大约是全视野检查程序的一半，快速交互式阈值检查时间还要少30%。快速阈值检查显著减少检查时间，而不降低准确性，不增加检查中的噪声水平或变异度。

现代的视野检查不但实现了标准化、自动化，而且与其他视功能检查相结合，开发了

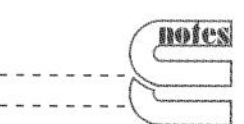

蓝/黄短波视野检查、高通分辨视野检查、倍频视野检查、闪烁敏感度检查等多种视功能检查方法。

3. 检测方法

（1）开启视野计。

（2）调整被检者坐位及头位。

（3）被检者保持固视前方，被检眼处于监视屏幕十字中心。

（4）设置参数，启动检查程序，开始测试。测试过程中可暂停或调整。

（5）保存结果，选择相应视野报告进行打印。

4. 注意事项

（1）非正常操作导致无法检查，按照操作流程关机，重新开机检查，开关视野计时间间隔5秒以上。

（2）自动视野计检查结果受到多种因素影响，没有绝对的评价标准，结果分析需要根据临床经验和检查技巧进行综合评价。

（3）手动试镜片的选择原则：散光≤0.25D，可以忽略；0.25D<散光<1.75D，使用等效球镜矫正；散光≥1.75D，使用全柱面透镜矫正。无晶状体眼或高度屈光不正（如 +8.00D），使用隐形眼镜矫正。球镜度数根据被检者屈光不正状态和年龄进行调整，年轻的近视眼可能不需要全矫。

实训4-5：了解自动视野计

1. 实训要求　熟悉自动视野计的使用和保养维护方法。

2. 实训学时　2学时。

3. 实训准备

（1）调暗环境光线，开启电源和视野计开关进行预热。

（2）核对被检者信息，获取其验光处方。如果使用试镜片，试镜片只能选择窄框或无框型，眼睛与试镜片中心对齐，且试镜支架移向被检者颞侧。

（3）用眼罩遮盖非检查眼，确保完全遮挡该眼视野，并对检查眼无干扰。

（4）向被检者介绍检查过程，告知光标将以短暂闪光的方式出现在视野屏背景不同位置。检查需坐位、自然瞳孔下进行。

4. 实训步骤

（1）选择检测程序（如Humphrey的Central 30-2）及被检眼别，输入被检者资料（如姓名、生日、眼别和编号等必选项）。

（2）被检者端坐视野计前，调整桌椅高度，保持坐姿舒适；下颏置于颏托，前额接触额托；手持应答按钮并学会使用。

（3）被检者注视中心固定光源，保持固视。询问被检者固视灯是否聚焦清晰，如不聚焦，则需屈光矫正。调整眼位同时查看监视屏，将瞳孔中心对准十字线目标。

（4）执行凝视初始化，实时监测眼位。若关闭凝视跟踪，则需使用手动下颏托控件来重新校准眼位。

（5）开始测试，屏幕同时显示可靠性指标和进度条。测试过程中，可以暂停或取消测试、更改固视监视和测试速度。

（6）测试结束，审核测试结果，添加注释。

（7）保存并打印结果，退出程序。

5. 实训善后

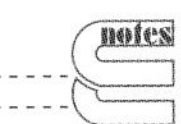

（1）不使用时，应关闭电源开关。长时间内不使用时，应拔出电源线。不可带电插拔附

件。清洁设备前应断开电源。

（2）仪器例行清洁维护同像差分析仪，但清洁半球碗形视野屏尤其注意：

1）定期除尘：用清洁干燥无绒布轻轻擦拭，将灰尘向下擦至碗底的前部边缘，该处的试镜支架基部周围有一个小开口；未能充分除去的灰尘，可用清洁无绒布蘸上蒸馏水轻轻擦拭。

2）清除污渍：对于测试期间打喷嚏或咳嗽导致的小污点，可用棉签蘸少量 70% 异丙醇轻触污点，浸泡污点一会儿。然后用湿润的棉签很轻地除去污点。

3）避免在一个区域内过度擦拭，因为这样可能会在碗的特殊喷涂表面形成磨损。避免对碗表面造成擦刮、褪色或沾污的操作。

（3）每 3 个月清洁或更换一次空气过滤器，确保仪器的冷却效果。

（4）刺激视标投影灯如果出现故障，可以尝试自行更换。注意如果正在使用过程中，应断开电源并等待灯完全冷却。切勿用手指触摸灯的玻璃部件，以免缩短灯的预期寿命。

（5）背景照明灯具有高度的专业化，切勿尝试自行更换。如果出现故障，调暗室内光线并重新启动仪器，查看问题是否解决。如果故障仍然存在，联系公司客服或工程师。

6. 复习思考题

（1）试讲解介绍自动视野计各个功能部件和使用方法。

（2）试介绍自动视野计的程序选择。

四、眼部超声设备

学习目标

1. 掌握：眼部超声设备的设计原理。
2. 熟悉：眼部超声设备的检测方法和适用情况。
3. 了解：眼部超声设备的类型和结构。

频率大于 20 000Hz 的高频声波，不能被人耳识别，称为超声。超声波在声阻抗不同的介质中传播，可产生反射、折射、衍射、散射、干涉及多普勒效应等。超声成像是利用反射回来的声波（回声或回波），经计算机接收处理，以视频图像的形式显示出来，从而间接判断组织的物理特性、形态结构与某些功能状态。超声成像的原理类似于 OCT，不同之处在于前者利用声波，而后者利用光。眼球和眼眶位置表浅，构造规则，声衰较少，适合超声检查。根据回声显示方式不同，临床超声扫描仪分为 A 型（amplitude mode）、B 型（brightness mode）、D 型（Doppler mode）、M 型（motion mode）以及超声生物显微镜（ultrasonic biological microscope，UBM）等。眼科常用有 A 型和 B 型，或 A/B 型一体超声扫描仪（图 4-39），而超声生物显微镜是 20 世纪 90 年代以来眼科超声诊断方面的一大进展。

（一）A 型超声扫描仪

1. 基本结构　A 型超声扫描仪主要结构包括超声换能器部分、微机处理部分、显示记录部分和打印部分组成。

（1）探头部分：用于接触被测部位，内置超声换能器，发射超声波并接收超声回波。

图 4-39　A/B 型超声眼科专用诊断仪

（2）处理部分：内置计算机处理反射回

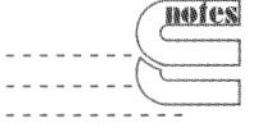

波信息。

（3）显示部分：显示屏直接显示经计算机处理的回波幅值和形态。

（4）打印部分：内置打印机打印结果。

2. 工作原理　是一种幅度调制式超声诊断仪。活体组织中各部分密度及传声速度不同，各部分的接触面称为声学界面。超声仪探头内的换能器根据探查部位，以固定方式向人体发射高频超声波，当传播到声阻抗不同介质的界面时，产生反射回波。同一探头接收反射回波信息并加以传递、滤过、放大处理，将回波的幅值和形态转换为图像显示。

回波以波形表示，即每一回波形成一个波峰，波峰高度与回波强度成正比。以波峰的幅度为纵坐标，而以超声的传播时间为横坐标，形成的波峰图为界面的一维图像。根据回波出现的位置，回波幅度的高低、形状、波数和来自被检眼病变和解剖位置的有关信息进行判断。适用于角膜厚度的测量，眼部生物学测量如前房深度、晶状体厚度、玻璃体腔深度或眼轴长度等，以及诊断与眼轴相关的疾病如近视眼、远视眼、先天性青光眼等。

3. 检测方法

（1）操作准备

1）消毒超声仪探头，输入被检者资料，询问病史并明确检查目的要求。

2）被检眼滴入表面麻醉眼液，被检者头部靠近屏幕。

（2）操作步骤

1）A 型超声角膜厚度测量：目前测量角膜厚度的设备包括裂隙灯光学测厚计、超声测厚仪、超声生物显微镜等，带有测厚系统的角膜地形图仪、眼前节分析仪，以及光学相干断层扫描仪等也可用于角膜厚度的测量。其中，超声角膜测厚仪操作简便、轴向分辨力好、可重复性强、准确性高，精确度达 0.001mm，为临床常用。

超声角膜测厚仪可发射并接收人耳听不到的高频声波，对这些声波在传播过程中的信息进行分析。当声波脉冲撞击第一个界面时，部分声波被反射，另一部分声波则穿透折射界面继续前进；至第二个界面时，部分声波又被反射。声波的两次反射产生的两个波峰之间的距离即相关眼组织的生物测量值，可以根据公式“距离 = 速度 × 时间”获得，其中速度为超声波在不同组织中的最适声速，时间为不同界面产生超声回波的时间。

①被检者取仰卧位向正上方注视，或取坐位向正前方注视。

②检查者一手分开被检眼眼睑，一手持超声探头置于角膜上。

③测量各点角膜厚度，保持超声探头垂直接触角膜，勿施压。

④同一测定点重复三次，取平均值。

⑤结束测量，打印结果。

2）标准化 A 型超声扫描：通过仪器内部标准化设计和特制的组织模型来设定仪器的最适宜灵敏度，即组织灵敏度（T），目的是最大限度提高不同组织之间的声学差别，使不同病灶的波形差别更大，以便进行超声组织鉴别，做病灶的定性诊断。但是目前临床已很少使用此法进行诊断。

①设定仪器的组织敏感度 T。

②检查者一手分开被检眼眼睑，一手持超声探头置于眼球上。

③开始探查，探头从角膜缘滑向穹隆部，探测眼底和眼眶。依次扫描 8 个子午线方向。为保证声束垂直于眼球壁，被检眼转向所扫描的径线方向。

④根据不同需求采用高、低分贝增益。高增益（T+6dB）容易发现细小的玻璃体病变，低增益（T-24dB）可检测视网膜脉络膜厚度，显示眼底的扁平隆起病灶。

⑤结束检查，打印结果。

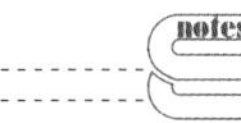

4. 注意事项

(1) 传染性眼病，明显开放性外伤，或其他原因不能配合检查者不宜此项检查。

(2) A 型超声角膜厚度测量中，应避免探头对角膜施压，角膜表面要保持一定的湿度，但过干或过湿均会影响检查结果。

(3) 标准化 A 型超声扫描中，要不断变换增益或冻结图像进行处理。闭眼检查情况下，应当增加增益(T+3dB)弥补皮肤吸收的声能。

(二) B 型超声扫描仪

1. 基本结构　B 型超声扫描仪主要结构与 A 型超声扫描仪相似。B 型超声扫描仪的探头有扇形探头和线阵探头，眼科常用扇形探头。

2. 工作原理　是辉度调制型超声诊断仪。探头内的换能器以固定方式向人体发射超声波，并以一定的速度在一个二维空间运动，即进行二维空间扫描，再把人体反射回波信号加以滤过和放大处理后传递到显示器的阴极，显示为图像。

回声以光点表示，即每一回声形成一个光点，光点亮度与回波强度成正比。纵坐标代表声波传入体内的时间或深度，而亮度则由对应空间点上的超声回波幅度调制，横坐标代表声束对人体扫描的方向，得到探头扫查平面内的二维断面图像。反射回波的强弱通过亮度显示，从而把组织的分布情况和性质对应地显示在有灰阶(或辉度)变化的超声图像上。适用于检查眼球内的病变，如屈光介质混浊或高度缩瞳情况下了解眼底，眼内异物或玻璃体混浊的病变的判别，疑似眼底肿物或视网膜脱离等的诊断；以及眼球后的病变，如疑似眼眶占位或异物等。在评估感染性眼内压的范围和严重程度时有重要意义。

3. 检测方法

(1) 操作准备

1) 启动稳压器预热。启动电源开关，输入被检者资料，明确检查目的要求。

2) 被检者头部靠近屏幕，取仰卧位，闭合眼睑，眼睑皮肤涂适量耦合剂。

(2) 操作步骤

1) 常规 B 型超声扫描：进行眼球及眼眶的常规扫描，从不同位置和角度进行动态观察，了解病变位置和范围。

①眼球生物学测量：被检眼轻闭而另眼注视正上方。探头垂直轻置眼睑中央，对被检眼进行水平轴位扫描。当声像图中央同时显示晶状体和视神经时冻结图像。取距视盘下方 3mm 处定为黄斑，测量最前端至黄斑的距离，减去眼睑厚度 15～20mm，即为眼球前后径；也可行眼球赤道径及视神经宽度测量。测量三次，取平均值。

②眼球的检查：探头沿角膜缘各钟点位置，对眼球进行横切扫描，嘱被检者向所查方向转动眼球，用高增益和低增益依次扫描，发现病变则行纵切扫描和轴位扫描，并结合被检者眼位的变化，从多个位置和角度进行动态观察。必要时探头消毒后可在球结膜上进行检查。

③眼眶的检查：探头置于眼球与眶缘之间的眼睑上，利用横切扫描、纵切扫描和轴位扫描，检查眼眶软组织、眼外肌和视神经。检查可触及的浅层眼眶或眼睑病变，可用探头直接接触病变表面的皮肤。

2) 特殊 B 型超声检查：常规检查发现病变的基础上，进一步了解病变的来源及性质。

①压迫法：用于观察占位性病变的硬度。方法是用探头适当压迫眼球相应位置，并使压力传导至病变区域，观察肿物是否变形，借此鉴别囊性或实性病变。

②后运动法：用于观察病变与眼球壁的关系。令被检者转动眼球，而后停止转动，观察异常回声是否继续飘动，以此判断病变是否与眼球壁粘连密切。

③特殊体位法：如头低位，用于观察玻璃体内膜状物与眼底视盘之间的关系，或可能病变区域的形态范围是否发生变化。

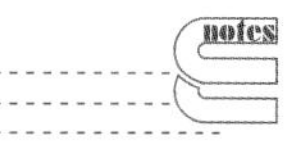

④选择病变特征明显的图像冻结，打印结果，结束检查。

4. 注意事项

（1）探查过程中不断变换增益或冻结图像进行处理，检查者同时监视显示屏，保证回声细密均匀，灰阶与对比度适宜，图像聚焦清晰，选择病变特征明显的图像打印。

（2）插拔任何附件一定要在关机断电状态下，否则可能导致探头和（或）主板被损坏。依次关闭扫描开关，关闭仪器及稳压器电源。

（3）应使用稳压电源或不间断电源，电源线中的地线要可靠接地，否则可能损坏主板而造成无图像、图像失真、图像抖动或有雪花或白线。

实训 4-6：了解超声眼科诊断仪

1. 实训要求　熟悉超声眼科诊断仪的使用和保养维护方法。

2. 实训学时　2 学时。

3. 实训准备

（1）超声眼科诊断仪置于安静整洁环境，核对被检者信息，评估病情。

（2）依次开启电源开关、工作站计算机、主机电源。

4. 实训步骤

（1）进入用户信息界面，输入被检者资料，明确检查目的要求。

（2）进入超声测量模式，设置参数：选择眼别、A 超或 B 超、调节增益。

（3）获取 A 超图像：选择 A 超数据获取及检查方式，踩下脚踏，观察屏幕上的实时图像，结合增益调节，自动 / 手动获取眼轴数据。

（4）获取 B 超图像：选择 B 超数据获取及检查方式，踩下脚踏，观察屏幕上的实时图像，结合增益调节，看到需要的图像时，踩下脚踏冻结该图像，进行图像处理，选择并保存图像。

（5）人工晶状体计算：进入人工晶状体计算窗口，输入角膜曲率值，点击 IOL 标签，显示人工晶状体预测值。

（6）选择结果保存并打印，依次关闭软件程序和主机电源，退出 Window 系统并关机。

5. 实训善后

（1）不使用时，应关闭电源开关。长时间内不使用时，应拔出电源线。不可带电插拔超声附件。清洁设备前应断开电源。

（2）仪器例行清洁维护同像差分析仪。

（3）每次检查之间必须消毒探头，避免交叉感染。可以使用戊二醛消毒液清洗消毒探头端部，然后用无菌水彻底洗净残留液体，使用无绒布擦干表面。探头不能完全浸没于消毒液，连接器不能浸没。不能采用高压法消毒灭菌。

（4）定期检查探头保护膜是否完整，探头的连线和探头有无裂缝，裂缝会导致液体渗入。探头容易损坏，必须严格保护，切勿跌落坚硬表面。

6. 复习思考题

（1）试讲解介绍眼科 A/B 超诊断仪的主要功能和使用方法。

（2）试讲解介绍超声眼科诊断仪显示屏的主要内容。

（三）超声生物显微镜

1. 基本结构　超声生物显微镜主要结构与临床超声扫描仪相似。UBM 探头频率高，分辨能力较强，穿透能力较差，适用于眼前段组织检查。

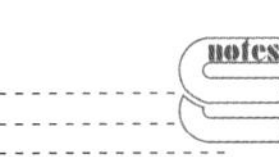

2. 工作原理　超声生物显微镜成像原理与普通超声波成像原理相同。UBM 探头发射超高频的超声脉冲（50～100MHz）扫描活体组织，再接收反射和散射超声回波，通过信号传

递、滤过、放大处理后形成数字信息，计算机转换形成二维图像。

通常眼科 A/B 超探头频率为 5～10MHz，探查深度 5～10cm，用于眼球和眼眶结构的探查；而 UBM 探头频率为 50MHz，穿透能力仅 5mm，用于眼球前段的扫描。UBM 对眼前段的分辨率可达 50μm，是普通 A/B 超的 10 倍，广泛应用于角膜、巩膜、前房及前房角、虹膜、睫状体、晶状体及悬韧带的检查，以及青光眼、角膜外伤等眼前节疾病的诊断。

3．检测方法

（1）操作准备

1）消毒超声仪探头，选择大小合适的眼杯，询问病史并输入被检者资料。

2）被检眼表面麻醉。

（2）操作步骤

1）被检者取仰卧位，注视正上方。

2）检查者置入眼杯于被检眼，注入耦合剂于眼杯的 2/3 高度处。

3）检查者以一手稳定眼杯，另一手大拇指、示指和中指持 UBM 探头，环指和小指以眼眶周围为支撑将探头浸入耦合剂中。

4）进入 UBM 扫描准备状态，点击按钮运行转换器，按照特定的顺序开始水平扫描和放射状扫描，保持探头和被检查部位相互垂直。

5）选择冻结图像，处理打印。

6）关闭开关，取下眼杯，清洁眼杯及探头。

（3）注意事项

1）检查禁忌同 A 型超声扫描仪。

2）反复检查时要注意保护眼表结构不被损伤。

3）UBM 探头的轻微移动即可造成图像变形，检查时尤其要注意手部稳定性和探头使用技巧。

（廖　萱）

参考文献

1. 吕帆．眼视光器械学．北京：人民卫生出版社，2004
2. 王宁利．眼科设备原理与应用．北京：人民卫生出版社，2010
3. George Smith，David A．Atchison. The Eye and Visual Optical Instruments.Cambridge：Cambridge University Press，1997

第三节　常用眼球光学生物参数测量设备

学习目标

1．掌握：常用眼球光学生物参数测量仪的分类、基本结构和工作原理。
2．熟悉：眼球光学生物参数测量仪的使用方法。
3．了解：眼球光学生物参数测量仪的注意事项和日常养护。

眼球生物参数，是指通过生物测量方法获得眼球各个组成部分的参数，包括眼球轴长、角膜厚度、前房深度、晶状体厚度、玻璃体腔长度等相关参数。眼球生物参数的测量，对准确掌握生理状态下的正常值，了解和判断眼生理和病理情况有着重要意义。目前，常用的眼球生物测量方法主要有超声生物测量法和光学生物测量法。超声生物测量法常用的仪器

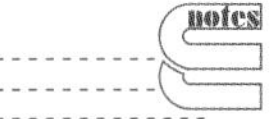

有 A 型和 B 型超声生物测量仪（已在其他章节讲述）；光学生物测量法有 IOL-Master 眼球生物测量仪、Lenstar 眼球生物测量仪、Pentacam 三维眼前节分析仪、Obscan 眼前节分析诊断系统和光学相干断层扫描仪（optical coherence tomography，OCT）等。本章主要介绍 IOL-Master 眼球生物测量仪，Lenstar 眼球生物测量仪和光学相干断层扫描仪这三种仪器。

一、IOL-Master 眼球光学生物测量仪

IOL-Master 是继眼科超声以来一种新的眼球生物测量仪器，使眼球生物测量进入了一个新的阶段。除眼轴长度外，IOL-Master 还可以用于测量前房深度和角膜曲率，并可采用不同的公式计算人工晶状体屈光度。由于具有测量准确度高、速度快、操作简单、非接触、可重复性强，并可有效减少角膜上皮损失与感染的风险等优点，IOL-Master 在临床被广泛应用。

（一）基本结构

IOL-Master 眼球光学生物测量仪的主要结构包括显示屏幕、投照设备、头位固定装置、工作台（底座）等五大部件（图 4-40）。

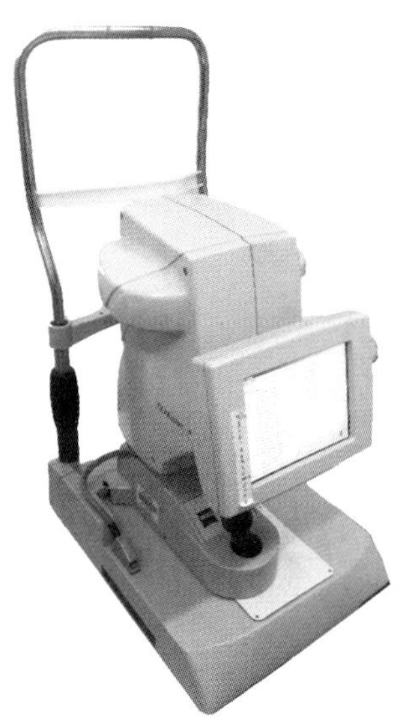
图 4-40　IOL-Master 生物测量仪

（二）工作原理

IOL-Master 是应用部分相干干涉测量（partial coherence interferometry，PCI）技术测量眼轴长度，二极管激光器产生短相干长度、波长为 780nm 的红外光，经迈克耳逊（Michelson）干涉仪分成两束光入射被检眼球（图 4-41A），在角膜前表面和视网膜色素上皮层都发生反射（图 4-41B）。当反射光的光程差小于光源的相干长度，就会发生干涉现象，被光感受器探测到。根据干涉仪中两反射镜的精确位置，就能测出角膜到视网膜的光程长度，然后根据眼球的平均折射率（n=1.357 4）计算眼轴物理长度。

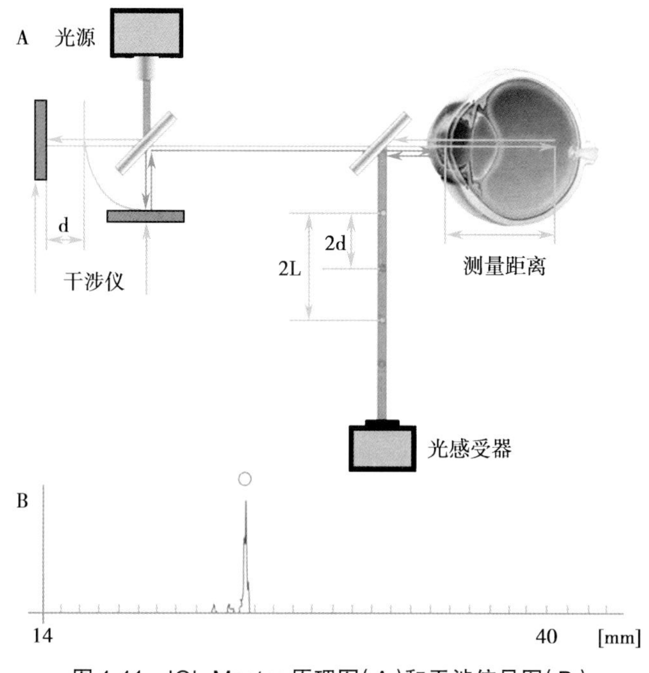

图 4-41　IOL-Master 原理图（A）和干涉信号图（B）

（三）检测方法

1. 准备测量

（1）启动：打开电源开关，IOL-Master开始自检，然后即出现数据输入界面。

（2）输入被检者数据（图4-42）：输入被检者的姓（Last name）、名（First Name）和出生日期（Date of Birth）。数据将根据您所输入的储存（区分大小写）。出生日期输入的形式如下：月/日/年，并经过合理性验证。

在患者信息栏输入“姓、名、出生日期”→点击

患者管理

新患者	患者列表	超声波

姓

名

出生日期　未定义日期！YYYY-MM-DD

患者ID

性别　不明

注释

OD　Sph [D]　Cyl [D]　Axis [°]

OS　Sph [D]　Cyl [D]　Axis [°]

屈光　0　0　0　0　0　0

视力

眼睛状态　有晶状体　有晶状体

屈光性角膜手术　不明　不明

患者信息窗口（强制）

注释窗口（可选）

屈光状态窗口（可选）

注：以往患者的新检查：点击患者列表按钮，选中名字，点击

图4-42　被检者资料输入对话框

（3）进入监测模式：单击<NEW>键或敲击<ENTER>键可以进入测量操作。程序将自动激活“观察”[OVW]模式。定位灯和发光二极管照明都将启动。

（4）仪器和被检者准备

1）告诉被检者保持注视在中间的红色固视灯，但在其他测量时该固视灯为黄色。

2）让被检者下巴放到下颌托上，通过额托护栏上的两个红色圆环标记使被检者的双眼可以处于该水平。

3）调节仪器和被检者间的距离直到6个光斑（图4-43）的位置都处于聚焦状态。推动操纵杆使6个反光点以十字线为中心，对准瞳孔中心，虹膜清晰。

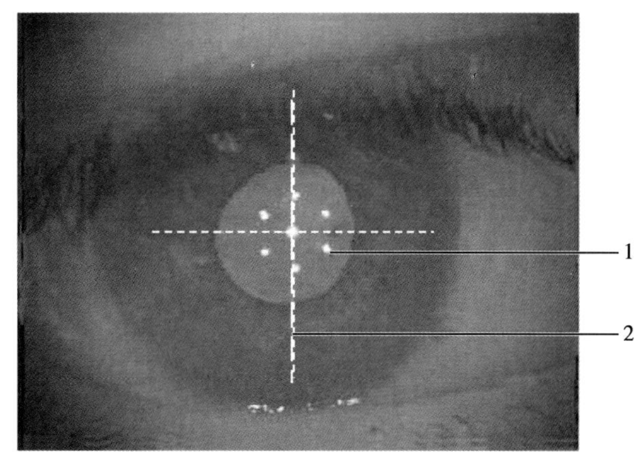

图4-43　机器与患眼精确对焦的影像图

1. 聚焦的点；2. 十字准线

2. 眼轴长度测量（axial length measurement，ALM）

（1）激活：提供三种方式可以激活。

1）鼠标点击下方ALM键。

2）键盘上点击<A>键（操纵杆上的推动按键）。

3）操纵杆上的释放按键。

（2）模式选择：在测量无晶状体

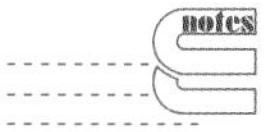

眼、人工晶状体眼或填充硅油的眼睛时，从 AL 设置菜单中选择相应的模式，机器默认为有晶状体眼。

（3）测量：

1）激活 ALM 模式后，仪器自动放大眼球的局部，聚焦点（图 4-44 中 2）和垂直线（图 4-44 中 1）变得清晰可见。

2）要求被检者注释红色固视灯。在显示器的中心，出现一个十字准线（图 4-44 中 3）和一个圆环。

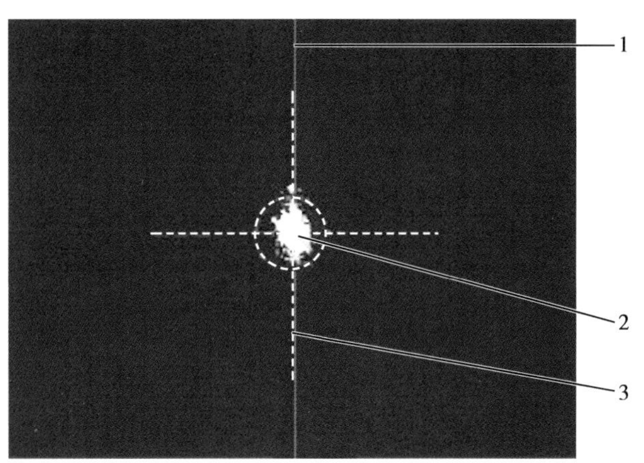

图 4-44　正确仪器对焦时眼睛的影像图

1. 垂直线；2. 聚焦点；3. 十字准线

3）仪器的微调使固视灯的反射光清晰出现在圆环内。

4）获得测量结果：通过按下操纵杆上的释放按钮或者踩下脚踏即可获得。

5）通过按下操纵杆上的释放按键，即开始这只眼睛的第二次测量；一天中每只眼睛最多进行 20 次这样的测量。

6）结果满意时，点击下一步模式或单击 <SPACE> 即可进入下一步测量。

7）结果的判定（图 4-45）：在状况栏中，眼轴长度值和测量信号的信噪比（signal-to-noise，SNR）都将被显示。信噪比是评价测量质量的标准。测量的信噪比必须在 1.6 以上，否则应再次测量。

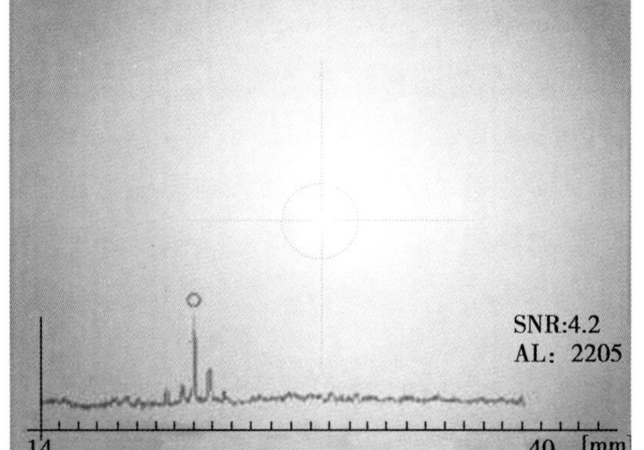

图 4-45　眼轴测量的状况栏

信噪比（SNR）和眼轴长（AL）均显示在右下，（本例 SNR 为 4.2，可信度高，眼轴长为 22.05mm）

3. 角膜曲率测量（keratometry，KER）

（1）激活：提供三种方式可以激活。

1）在眼轴测量完毕后单击 <SPACE>。

2）鼠标点击下方对应的曲率测量键。

3）键盘上点击<K>键。

（2）测量

1）让被检者注视黄灯。

2）调整仪器以使 6 个周边的测量点对称的分布在环状十字准星周围，并达到最佳的聚焦状态。

3）开始测量之前让被检者眨眨眼，以形成一层合适的泪膜；干眼被检者可使用人工泪液。

4）获得测量结果：通过按下操纵杆上的释放按钮或者踩下脚踏即可获得 5 次测量的平均值（图 4-46）。

5）结果满意时，点击下一步模式或单击 <SPACE> 即可进入下一步测量。

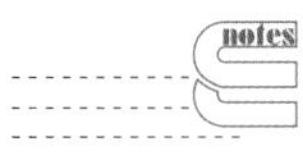

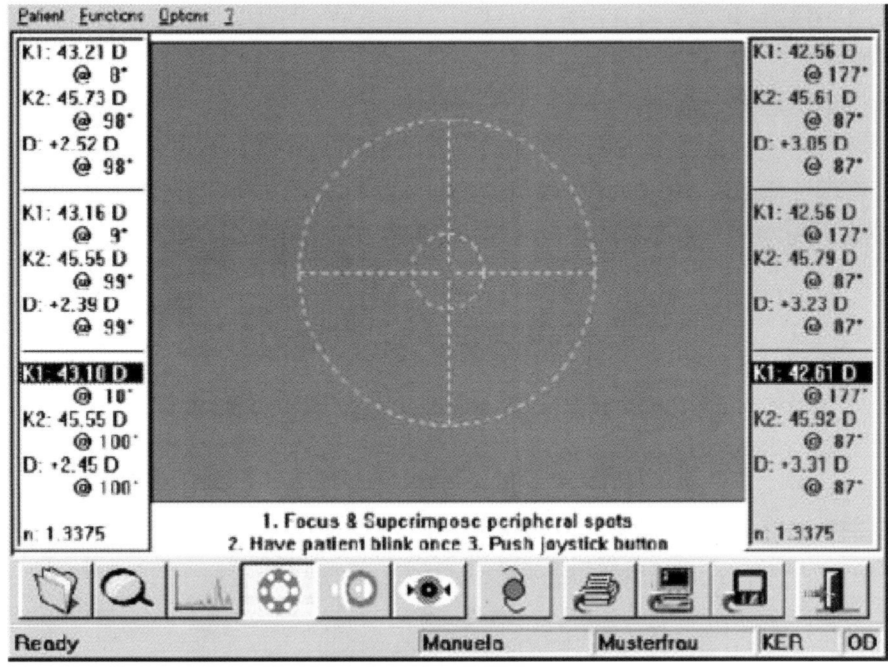

Multiple keratometer measurement

图 4-46　IOL-Master 测量状态栏角膜曲率图

显示为下列内容：主子午线上的角膜曲率（屈光度 K 或 mm）及其相应轴向

4. 前房深度测量（anterior chamber depth，ACD）　在测量前房深度前，应先进行角膜曲率测量——该数值将被用于前房深度的计算。

（1）激活：提供三种方式可以激活。

1）在角膜曲率测量完毕后单击 <SPACE>。

2）鼠标点击下方对应的前房深度测量键。

3）键盘上点击<D>键。

（2）测量

1）让被检者注视黄灯，而不要注视侧面裂隙灯光。

2）精细调节仪器以便：①在影像的方框内定位点的影像处于最锐利的状态；②角膜影像不会被反射光干扰；③晶状体前表可清楚观察到（图 4-47）。

3）获得测量结果：通过按下操纵杆上的释放按钮或者踩下脚踏即可获得。

4）如果角膜曲率不是用 IOLmaster 测量的，将会出现一个对话窗，要求您输入角膜半径（如果角膜是散光的，则需要双眼主子午线上的值），以计算结果。

5）如果需要的话，前房深度测量可以重复进行。最多可显示 5 组 ACD 值。

5. 角膜直径“白到白”测定（white to white，WTW）

（1）激活：提供三种方式可以激活。

1）在前房深度测量完毕后单击<SPACE>。

2）鼠标点击下方对应的“白到白”测量键。

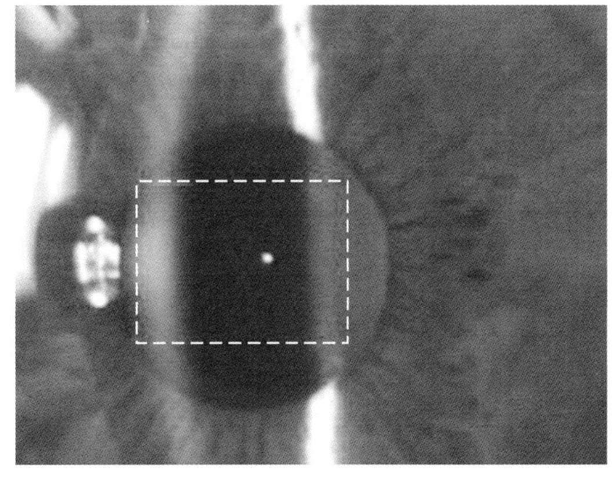

图 4-47　前房深度测量（ACD）

方框所指应该在角膜和晶状体的影像之间。它应该靠近（但不是位于）晶状体的光学部分，同时角膜的影像不是清晰是由于系统设计的原因

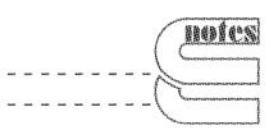

3）键盘上点击<W>键。

（2）测量

1）让被检者注视黄灯。

2）调节仪器以使 6 个周边的测量点对称的分布在十字准星周围，虹膜结构或瞳孔边缘达到最佳的聚焦状态。

3）获得测量结果：通过按下操纵杆上的释放按钮或者踩下脚踏即可获得（图 4-48）。

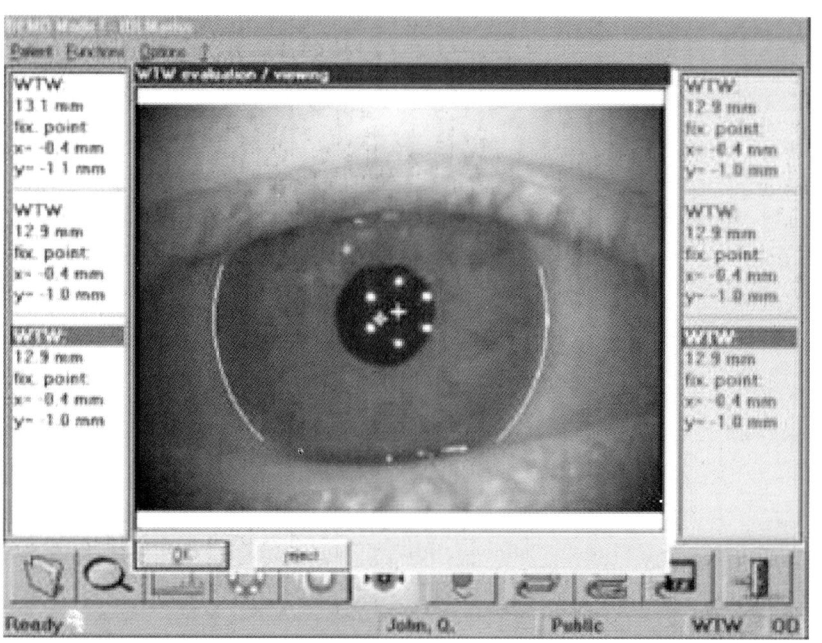

图 4-48　角膜直径“白到白”测定（WTW）

除了 WTW 值以外，视轴与虹膜中央之间的偏差也将同时被显示。坐标的原点定为于虹膜的中央。如果视轴在虹膜中心上面，Y 值为正，反之即为负；当视轴在中心的右边时 X 值为正，左边为负

6. IOL 度数计算　如果所有的测量值都已被测定（根据计算不同计算公式要求不同），您即可根据被检者手术或术后的不同需要，使用人工晶状体测量仪进行各种人工晶状体度数计算的操作。

（1）激活：提供两种方式可以激活。

1）鼠标点击下方对应的人工晶状体计算键。

2）键盘上点击<I>键。

（2）计算（图 4-49A，图 4-49B）

1）选择拟植入人工晶状体类型：每位操作者最多可以预设 20 种人工晶状体。

2）人工晶状体公式 SRK Ⅱ、SRK/T、Holladay Ⅰ、Hoffer Q 以及 Haigis 五种将列在顶部。单击选择所需的合适公式。

3）操作者通过从医生列表框中选择自己的名字，可以获得操作者特异的数据库。

4）然后，单击选中需要进行人工晶状体计算的被检者的眼睛，并输入预期术后度数。

5）当输入了必须的数据后，单击人工晶状体计算按键启动计算。人工晶状体计算适用于每一种选定的晶状体类型和每一只被测量的眼睛。

6）在屏幕上，只显示选定的那只眼睛的数据。若想要查看另一只眼睛的数据，激活单选按钮“另一手术眼”。

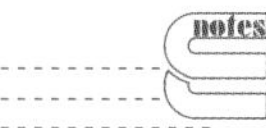

7）单击打印人工晶状体计算数据按键可将人工晶状体的计算数据打印出来。

8）单击 OK 结束人工晶状体计算。

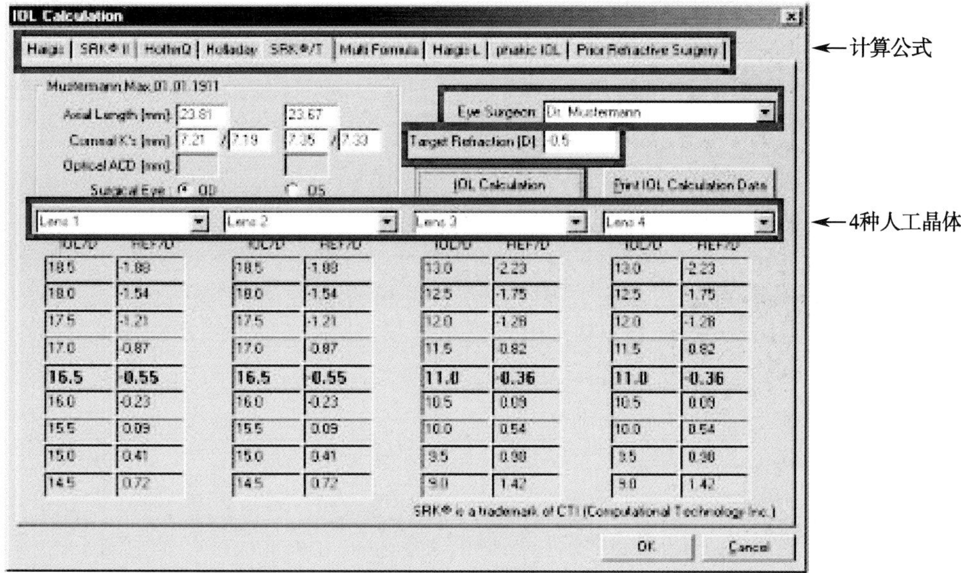

图 4-49A　IOL 度数计算

通过选择公式、晶体类型和预期术后屈光度，计算机可自动计算出对应植入人工晶体的度数。1. 屈光手术后的角膜转换；2. 手术医生；3. 人工晶体类型

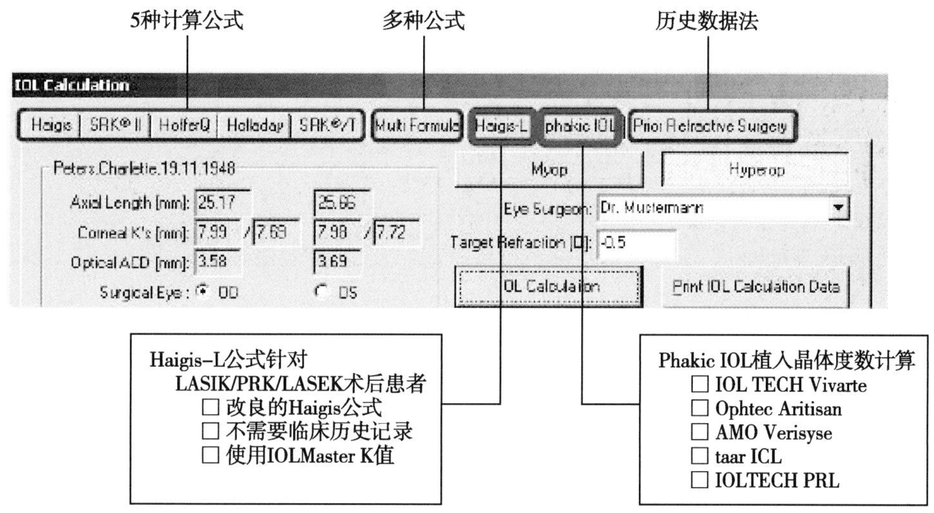

图 4-49B　IOL 人工晶状体计算公式

（四）注意事项——IOL-Master 测量技巧

1. 眼轴长度测量

（1）进行操作之前，再一次告诉被检者盯住红色定位灯。只有这样才能确保测量的是角膜到黄斑的绝对距离。

（2）每次检查结束数据出现后，判断 SNR 数值，如果在 2.0 以下，建议重复检查几次。

（3）相对而言，在眼轴测量信号出现陡峭的高峰和对称的次要峰，也预示结果的精确性，而且比 SNR 更重要。

（4）如果晶状体很混浊，可以将仪器聚焦后再稍微散焦一点。此外，在后囊下混浊的患者，散瞳检查可能效果更好。

（5）在圆环内散焦和移动反射光不会影响结果的准确性。

（6）避免测量视网膜脱离的眼睛。在这种情况下，不能排除错误的测量结果。

（7）在被检者的视觉精确度很差的情况下，高度屈光异常（>±6D），戴上眼镜可能会使

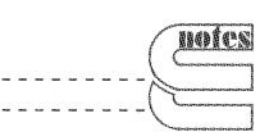

测量更为准确。

2. 角膜曲率测量

(1) 角膜曲率的测量最好是在其他接触式检查(如A超)或眼表麻醉前进行。

(2) 在明显角膜不规则的患眼，如角膜白斑或瘢痕的患者，测量的结果可能不准确。通过调节升降或左右位移，远离瘢痕区域可能可以获得信号。

(3) 在每次测量前，建议被检者轻微眨眨眼，保证泪膜完整；对有干眼症的患者，使用人工泪液可以获得相对好的结果。

(4) 嘱咐被检者睁大眼镜，小心抬起上眼睑，不可压迫眼球。

(5) 在测量人工晶状体眼时，在角膜映光点聚焦状态向后拉操作杆约1mm，即可获得良好的信号。

(6) 如果有眼睑或睫毛遮挡，右下方出现带有蓝色标记反光点的提示图，此时需要提起眼睑重新测量。

(7) 如3次测量结果差异>0.5D时，显示"评估"提示信息。

(8) 如角膜有疾病(圆锥角膜)可暂时关闭自动测量模式，按下<M>键切换。

(9) 不准确的结果需删除：选中数值，点击<DEL>键并选择"确定"即可。

3. 前房深度测量

(1) 角膜曲率测量必须在前房深度测量之前进行，以便前房深度测量的计算。

(2) 被检者应该保持盯着黄色固视灯。

(3) 在显示器的方块内的定位点的影像处于聚焦状态。

(4) 定位点的影像应该在角膜和晶状体的影像之间，而不是在晶状体上或角膜影像内。

(5) 对于瞳孔较小的被检者(如青光眼时)，前房深度测量尤其困难。被检者需要进行一些训练。

(6) 无晶状体的眼睛无法被测量。人工晶状体眼如不能有效散射裂隙光，结果也不能获得。

(7) 虹膜上的裂隙影像出现连续时，测量结果将是虹膜与角膜的距离，此时应侧向位移仪器获得真实结果。

4. 角膜直径测量

(1) 调整室内亮度可促进对虹膜结构的检测。

(2) 聚焦在虹膜上，而不是周围的几点上。

(3) 如果虹膜结构不可辨认，聚焦在虹膜或角膜的边缘均可。

(五) 日常养护

1. 清洁时要防止水渗入仪器或键盘，清洗或消毒设备前将电源断开，防止触电。

2. 被检者接触过的部位(下颌托、额托)应使用"低度"(如肥皂、季铵盐化合物)和"中度"(如酒精、碘等)的清洁剂。不要使用含有大量丙酮的清洗剂。

3. 本装置外部所有部分可用潮湿但不滴湿的布料擦拭。在蒸馏水中加入1滴家用洗涤液即可擦掉任何污点或污渍。

4. 清洁显示器和键盘，应使用市面上提供的电脑和显示器的清洁布。

5. 用细刷及镜片清洁布(潮湿或干燥)清洁光学镜头。

6. 不使用仪器时，盖上防尘罩。

实训4-7：熟悉IOL-Master眼球光学生物测量仪

1. 实训要求　熟悉IOL-Master眼球光学生物测量仪的功能和用法。

2. 实训学时　2学时。

3. 实训条件

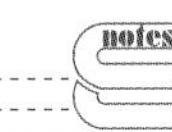

(1) 环境准备：低照度视光实训室。

（2）设施准备：IOL-Master 眼球光学生物测量仪 1 台。

（3）实验者准备：着工作服、口罩及帽子。

4. 实训步骤

（1）熟悉 IOL-Master 的功能部件

1）熟悉 IOL-Master 的电源开关位置。

2）掌握 IOL-Master 的检测台升降的操作方法。

3）熟悉 IOL-Master 的监视屏的主要内容。

4）掌握 IOL-Master 测试时被测者头位固定的方法，掌握采用颏托升降控制眼位，并在监视屏将测试光标纳入被测眼瞳心。

5）掌握采用调焦手柄调试被测眼清晰聚焦。

6）掌握打印测试报告的方法。

（2）熟悉 IOL-Master 的操作技术

1）熟悉检查的准备过程。

2）熟悉眼轴长度、角膜曲率的测量方法。

3）了解前房深度、角膜直径“白到白”测定，IOL-Master 的度数计算。

4）了解 IOL-Master 的测量技巧。

（3）了解 IOL-Master 使用的注意事项和日常养护。

5. 实训善后

（1）认真核对操作过程，确保准确无误，填写实训报告。

（2）整理及清洁实训用具，及时关闭 IOL-Master，物归原处。

6. 复习思考题

（1）试讲解介绍 IOL-Master 各个功能部件的部位。

（2）试讲解 IOL-Master 的检测方法以及检测技巧。

二、Lenstar 眼球光学生物测量仪

IOL-Master 目前已成为白内障术前生物学测量的主要检查仪器，但其测量指标偏少，仅包括眼轴长、角膜曲率、前房深度、角膜直径以及白内障术前人工晶状体屈光度计算等。Lenstar 是一种较新的光学生物测量仪，Lenstar 还可测量瞳孔直径、晶状体厚度、视网膜厚度等眼球参数，系统内置有计算人工晶状体度数的各种公式及 A 常数，自动计算出人工晶状体度数。此外，Lenstar 软件能够自动检测到被检者的固视情况和眨眼，只有好的结果才会被分析，进一步确保了测量结果的可靠性及准确性。

（一）基本结构

Lenstar 眼球光学生物测量仪的主要结构包括检测器（图 4-50）和控制部（笔记本，PC）两部分。检测部分通过 USB 连接器与外界 PC 相连。检测器通过在 PC 上安装软件来操作。完整的测量操作及误差的自动分析可确保得到更可靠的数据。新 PC 和生物计的软件能通过主页从网上下载和更新。

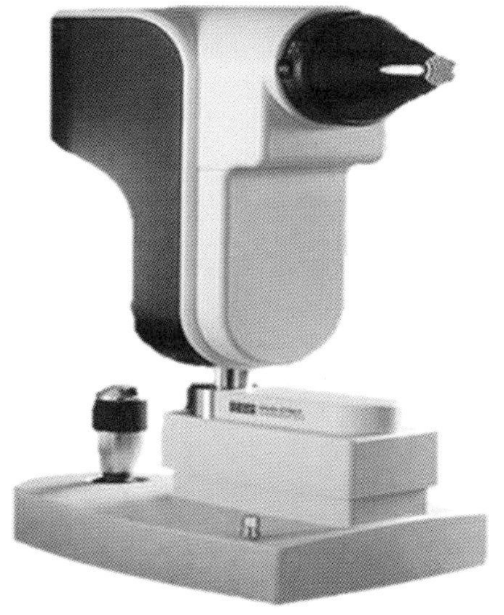

图 4-50　Lenstar 生物测量仪

（二）工作原理

Lenstar 工作原理是应用低相干反射测量技术（low coherent reflection，LCOR），Lenstar 以迈克耳

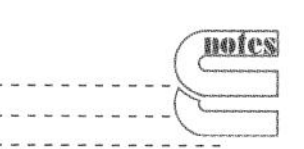

逊干涉仪为基础，采用 820nm 波长的超辐射发光二极管作为光源，经分束器件后分成信号光和参考光，信号光入射眼球，眼球不同组织结构（角膜、晶状体和视网膜）的光反射与参考光发生干涉。当被检者注视测量光束，同时光束与涉及界面垂直时，反射界面就形成干涉信号。由于干涉波的时空分离，角膜厚度、前房深度、晶状体厚度及眼轴可以一次测出。

（三）检测方法

1. 启动　打开电源开关。系统默认的是每使用 1～2 周就需要进行校准。

2. 建立被检者信息　点击“Patients”进入被检者资料界面；检索被检者资料或自行添加被检者资料；被检者资料输入完毕后点击“Biometry”进入测量界面（图 4-51）。

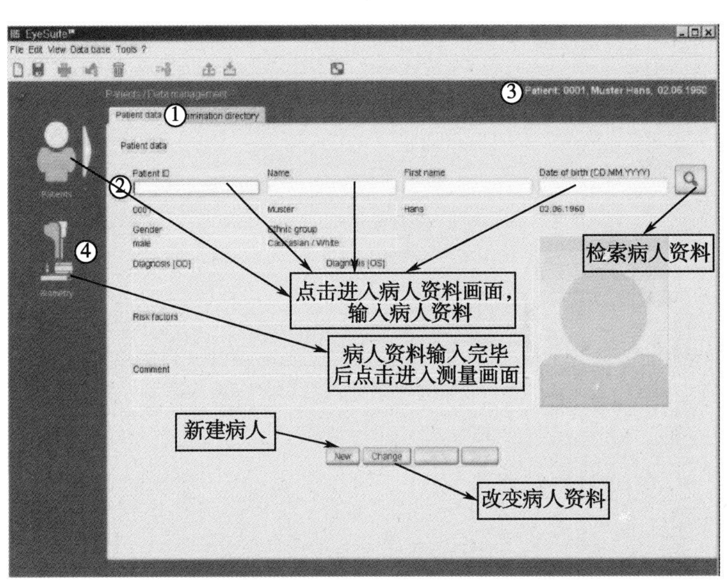

图 4-51　Lenstar 被检者资料界面

3. 被检者准备　告诉被检者保持注视在中间的红色固视灯；让被检者下巴放到下颌托上，通过额托护栏上的两个黑色圆环标记使被检者的双眼可以处于该水平；调节仪器和被检者之间的距离直到 6 个光斑的位置都处于聚焦状态。

4. 采集图像　点击操作杆上的测试快门进入以下界面；根据采集过程中的箭头提示移动操作杆直至聚焦状态（图 4-52A）；根据被检者配合情况选择采集时机（出现小绿圈时为最佳），按下测量按钮（图 4-52B）。

当此环环行一周后采集结束，若期间被检者闭眼或眼位移动则自动停止，被检者眼位恢复或操作者微调位置良好，将自动继续进行。每次测量完建议被检者眨眼休息。

5. 数据分析　图像采集完毕后可进行数据分析，点击“保存”，可打印结果报告（图 4-53）。

（四）注意事项

1. 注意每只眼睛测量要大于 3 次，并比较每次测量各数值差别，若个别相差太大可进行再次测量。

2. 出现感叹号或者测试值变红，注意是否不同次数值误差较大，可将误差较大值删除。

3. 测量过程中要注意观察被测者的头位是否端正，是否抵靠下颌托和额托，姿势不标准应注意调整。

4. 测试结果不准确或者误差大可观察是否出现上眼睑遮挡，可轻柔地拨开。

5. 注意引导被检者注视视标，以及眨眼保持泪液稳定覆盖眼表。

6. 因操作杆较为灵敏，初学者可双手操纵操作杆。

7. 可在点击操作按钮后，在测量过程中根据绿色圆圈标志持续调整。

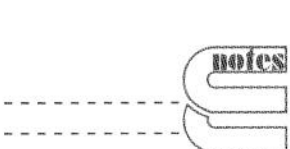

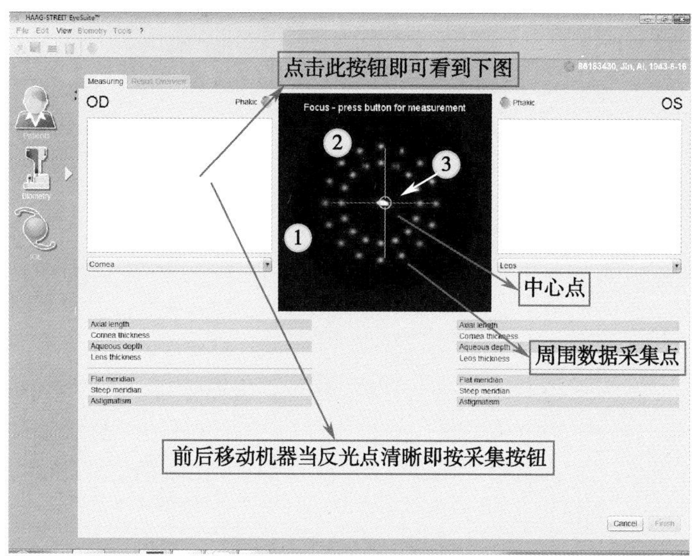

图 4-52A　采集图像界面

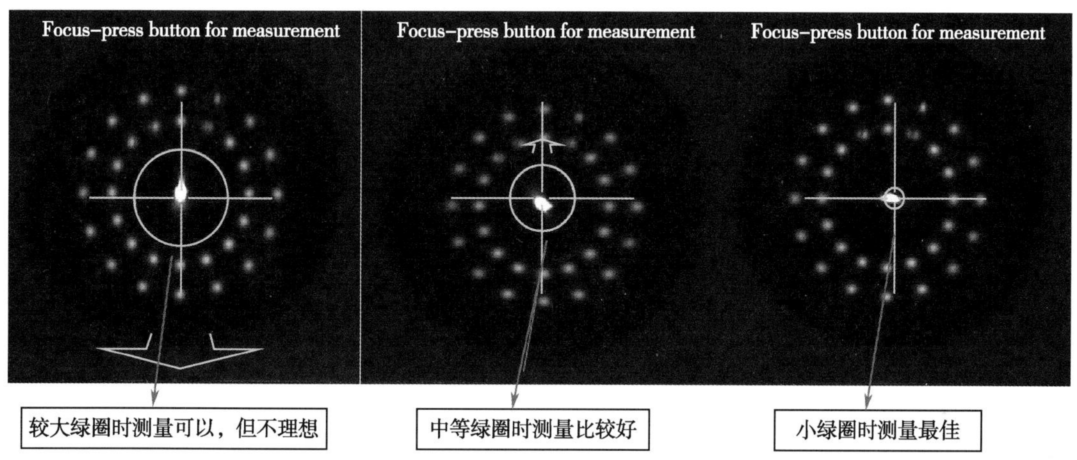

图 4-52B　最佳采集时机对应的界面

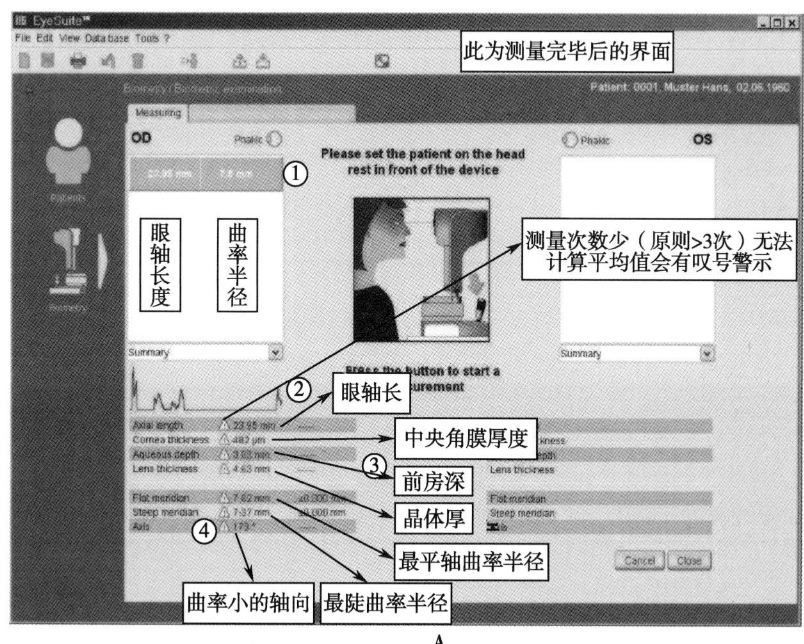

A

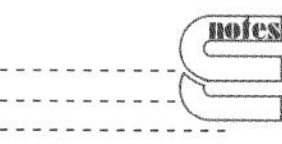

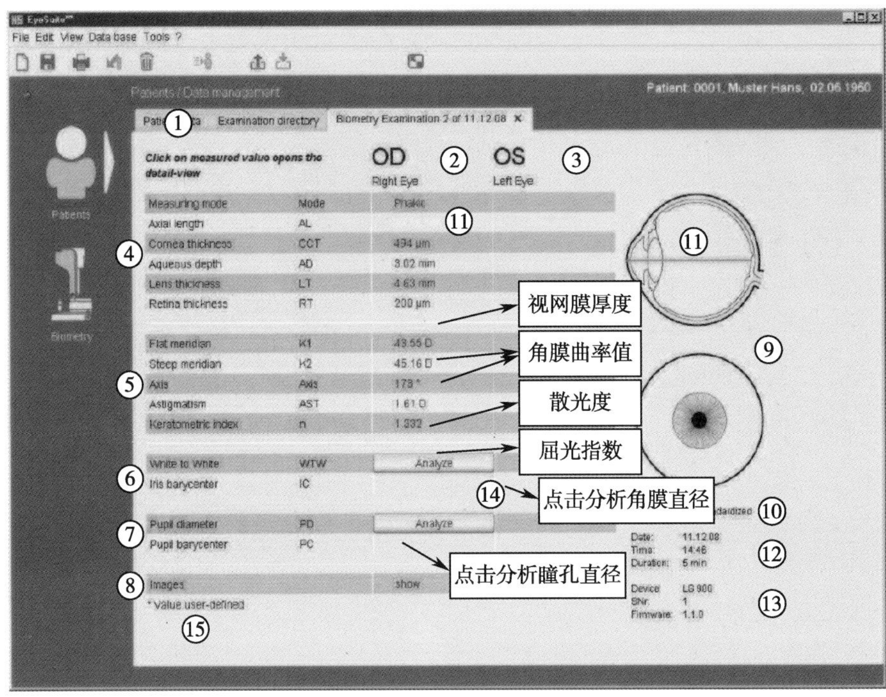

B

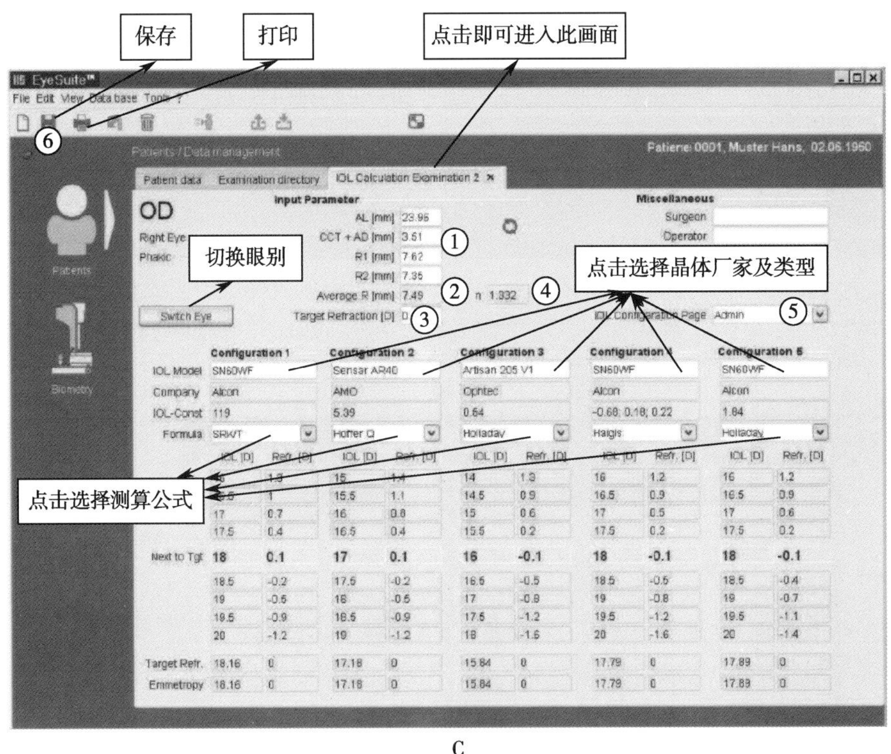

C

图 4-53　数据分析界面

（五）日常养护

1. 经常用软布除尘，更为顽固的污垢可以用软布蘸取最大浓度为 70% 的酒精或水去除。

2. 该设备在进行清洁工作时，或者如果不长时间使用设备，盖上防尘盖。在开启设备之前，该防尘罩必须去除。

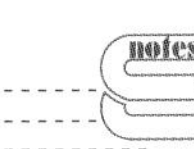

3. 在任何情况下使用溶剂或任何其他方法清洁，应避免装置潮湿。

4．修理只能由经正规的培训和授权的技术人员进行。不适当的修理可能会对被检者和操作者造成相当大的风险。

实训 4-8：熟悉 Lenstar 眼球光学生物测量仪

1．实训要求　熟悉 Lenstar 眼球光学生物测量仪功能部件和操作方法。

2．实训学时　2 学时。

3．实训条件

（1）环境准备：低照度视光实训室。

（2）设施准备：Lenstar 眼球光学生物测量仪 1 台。

（3）实验者准备：着工作服、口罩及帽子。

4．实训步骤

（1）熟悉 Lenstar 的功能部件

1）熟悉 Lenstar 的电源开关位置。

2）掌握 Lenstar 的检测台升降的操作方法。

3）熟悉 Lenstar 的监视屏的主要内容。

4）掌握 Lenstar 测试时被测者头位固定的方法，掌握采用颏托升降控制眼位，并在监视屏将测试光标纳入被测眼瞳心。

5）掌握采用调焦手柄调试被测眼清晰聚焦。

6）掌握打印测试报告的方法。

（2）熟悉 Lenstar 的操作技术

1）熟悉检查的准备过程。

2）熟悉图像采集。

3）了解 Lenstar 的测量技巧。

（3）了解 Lenstar 使用的注意事项和日常养护。

5．实训善后

（1）认真核对操作过程，确保准确无误，填写实训报告。

（2）整理及清洁实训用具，及时关闭 Lenstar 的电源，物归原处。

6．复习思考题

（1）试讲解介绍 Lenstar 的结构。

（2）试讲解介绍 Lenstar 显示屏的主要内容和功能。

三、光学相干断层扫描仪

光学相干断层扫描仪（optical coherence tomography，OCT）具有高分辨率、快速成像、活体检查、非损伤性等优点，它的活体和实时成像特点在手术引导、活体组织检查和治疗效果的动态研究等方面发挥重要作用，故 OCT 在医学临床领域应用非常广泛。

（一）基本结构

OCT 从成像原理上，可分为时域 OCT 和傅里叶域 OCT。不论哪种类型的 OCT，其系统都可以归纳为五个功能模块：光源、参考光路、样品光路、探测器和数据处理。

（二）工作原理

OCT 利用了生物组织的光学特性（吸收、反射和散射）。OCT 是使用低相干光源的迈克尔逊干涉仪（如前所述）。光源的频谱范围越宽，其相干长度越短，分辨率越高。因此 OCT 系统需采用宽带光源，如宽带超辐射发光二极管（superluminescent diode，SLD），其波长带宽一般为 50～100nm，使 OCT 具有微米级分辨率。IOL-Master700 是最新推出的第一台

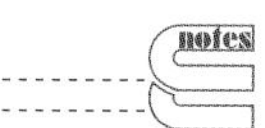

基于扫频光源的相干光断层成像技术（swept light source optical coherence tomography，SS-OCT）的光学生物测量仪。IOL-Master700（图 4-54A）对整个眼球进行光学扫描成像提供整个眼球的结构图像（图 4-54B）。故此处以 IOL-Master700 为例介绍 OCT。

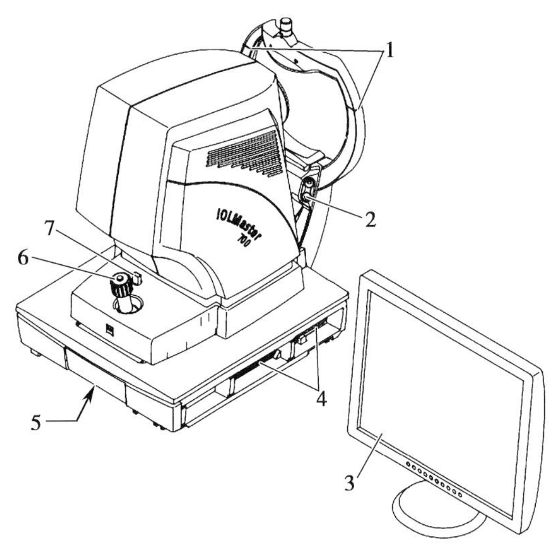

图 4-54A　IOL-Master700

1. 眼角标记（显示最佳测量时患者的视平线）；2. 额托高度调整；3. 外置触摸屏显示器（用作输入设备，用来观察患者的眼睛，并显示读数）；4. 连接器面板；5. 抬起设备的手柄；6. 有释放按钮的操纵杆（通过旋转操纵杆来调整 *X*，*Y*，*Z* 方向的测量头）；7. 锁定测量头的旋钮

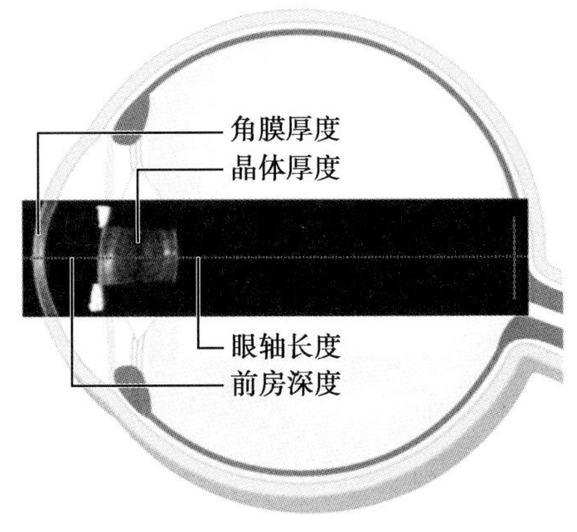

图 4-54B　IOL-Master700 获取的眼球结构图

（三）检测方法

1. 检查处于暗室，确定被检查者没配戴隐形眼镜或框架镜。

2. 消毒额托及下颌托，打开电源开关。

3. 检测者使用额托控制高度（图 4-54A-2），使被检者眼睛平行于头托的眼角标记（图 4-54A-1）处。

4. 提醒被检者注视信号灯以保证正确固视。

5. 检测者必须对设备进行精准调焦，以便进行角膜散光测量、生物测量或 WTW 测定。

6. 测量期间，屏幕显示调节助手和提示，必须正确遵守。

7. 检测者必须正确使用生物测量公式，仅使用调整后的 IOL 常量。

（四）注意事项

1. 为防止夹伤危险，电机驱动额托的高度调整只能通过直接观察被检者眼睛高度进行。

2. 仅可以使用优化生物测定的常量来计算需要植入的人工晶状体度数。不能使用制造商的 IOL 常量。在使用超声压平读数计算 IOL 时，只能使用制造商的晶状体常量。否则可能会操作错误导致危害。

3. 测量期间，显示调节助手和提示，必须正确遵守。

4. 遇到问题时可以点击屏幕右上角上的帮助按钮（问号标志）来打开当前屏幕上的在线帮助。

5. 测量期间如果贸然更换为另一只眼睛，可能导致测量不准确。

（五）日常养护

1. 该设备是一台精密的光学设备，所安置的房间应具备防尘、防潮条件，避免震动和重物的挤压。

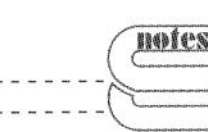

2. 设备的非光学表面可以在任何需要的时候进行清洗和消毒。任何不包含丙酮或过

氧化氢（例如酒精和异丙酮消毒剂）的可用来擦拭塑料表面的标准清洁剂都可用来进行清洁或消毒。在做清洁之前，请关闭设备及拔出电源线。

3. 摄像头前部的物镜应定期进行清洁，用柔软的棉球蘸上纯酒精（99.9%）小心擦拭。

4. 只有经授权的服务人员才能进行维护及维修 OCT 的控制部件。请不要自行打开设备。

实训 4-9：熟悉光学相干断层扫描仪

1. 实训要求　熟悉光学相干断层扫描仪功能部件和操作方法。

2. 实训学时　2 学时。

3. 实训条件

（1）环境准备：低照度视光实训室。

（2）设施准备：光学相干断层扫描仪 1 台。

（3）实验者准备：着工作服、口罩及帽子。

4. 实训步骤

（1）熟悉光学相干断层扫描仪的功能部件

1）熟悉光学相干断层扫描仪的电源开关位置、检测台升降的操作方法。

2）熟悉光学相干断层扫描仪的监视屏的主要内容。

3）掌握光学相干断层扫描仪测试时被测者头位固定的方法，掌握采用颏托升降控制眼位，并在监视屏将测试光标纳入被测眼瞳心。

4）掌握采用调焦手柄调试被测眼清晰聚焦。

（2）熟悉光学相干断层扫描仪的操作技术

1）熟悉检查的准备过程。

2）熟悉图像采集。

（3）了解光学相干断层扫描仪的注意事项和日常养护。

5. 实训善后

（1）认真核对操作过程，确保准确无误，填写实训报告。

（2）整理及清洁实训用具，及时关闭光学相干断层扫描仪的电源，物归原处。

6. 复习思考题

（1）试讲解介绍光学相干断层扫描仪的结构。

（2）试讲解介绍光学相干断层扫描仪的主要内容和功能。

扫一扫，测一测

（沈梅晓）

参考文献

1. 王宁利. 眼科设备原理与应用. 北京：人民卫生出版社，2010.

2. 王勤美. 眼视光特检技术. 北京：高等教育出版社，2015.

3. 陆豪，李海生. 眼光学相干断层扫描成像术原理和临床应用. 上海：世界图书出版公司，2008.

4. Wilkie DA. Ophthalmic Equipment and Techniques// Saunders Manual of Small Animal Practice. St. Louis：Elsevier，2006.

5. Gerding H. Vergleichende Analyse der Biometrie mit dem Lenstar LS900 und dem IOL-Master// Kongress der Deutschsprachigen Gesellschaft für Intraokularlinsen-Implantation，Dortmund：Interventionelle und Refraktive Chirurgie. 2010.

6. Bouma BE，Tearney GJ. Handbook of optical coherence tomography. New York：Marcel Dekker，2002.

7. Schmitt JM. Optical coherence tomography（OCT）：a review. IEEE Journal of Selected Topics in Quantum Electronics，1999，5：1205.

8. Brezinski ME. Optical coherence tomography：Principles and applications，Academic Press，2006：277-300.

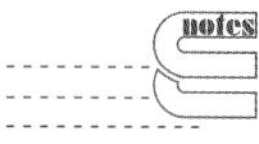

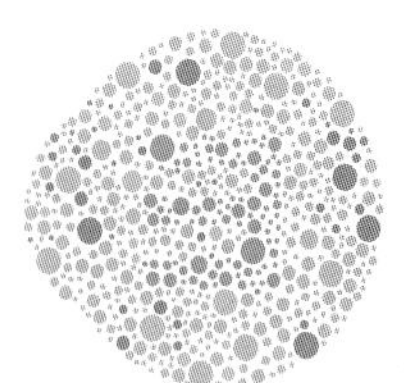

第五章　视光矫治相关设备

学习目标

1. 掌握：同视机的基本结构及工作原理。
2. 熟悉：同视机的使用方法；调节训练、融像训练常用设备。
3. 了解：弱视矫治设备的工作原理及使用方法。

第一节　双眼视异常矫治设备

绝大多数斜视的被检者和一些非斜视性双眼视异常的被检者都会有一系列眼部症状，从而影响了被检者的视觉质量以及外观等诸多问题。目前，国内外用于双眼视异常的设备非常多，这就需要根据被检者的情况选择最合适的设备，并确定最佳的训练方法。本章节将围绕常用的双眼视功能检测设备以及双眼视训练矫治设备进行介绍。

一、同视机

同视机（synoptophore）又称大型弱视镜（major amblyoscope）或斜视镜（tropscope），主要是用来诊断被检者的双眼视觉异常、眼球运动生理及双眼视觉矫正的设备。它能检查主客观斜视角、各方向眼位斜视度的变化、异常视网膜对应、中央抑制性盲点、同时视、融合视、立体视觉等。它不仅能用于诊断，还能用于治疗。同视机型号不同，主要参数也有差异，因此本章节选取了英国的Clement Clarke同视机（图5-1）以供参考。

（一）基本结构（表5-1）

1. 同视机主机　由左右两个镜筒、中部部件、底座四部分组成为常见外形结构。

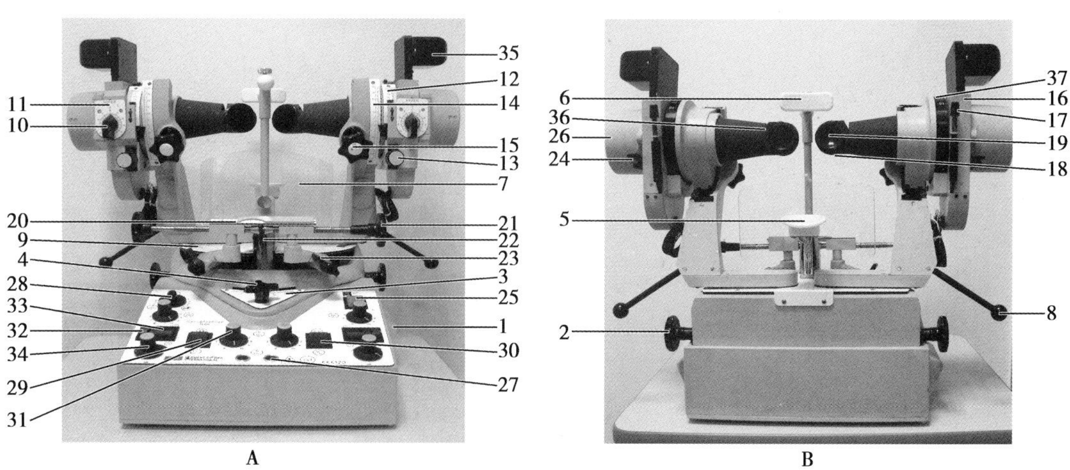

图5-1　同视机外形结构及示意图

A. 正面；B. 背面

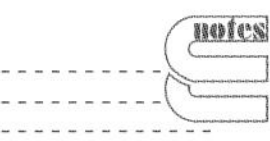

2. 同视机的主要结构　镜筒旋转结构：使左右镜筒围绕三个轴做各种方向的旋转运动，即围绕 x 轴（水平轴）做上转和下转两个方向的垂直运动，围绕 y 轴（矢状轴）做内外方向的旋转运动，围绕 z 轴（垂直轴）做内收和外展两个方向的水平运动；瞳距调节结构；画片升降结构。

3. 同视机主要附件　画片、海丁格刷、工作台、蓝色滤光片、辅助透镜支架。

表 5-1　同视机基本结构

机械部分	电子部分
1. 搬运手柄	22. 中心锁
2. 瞳距调整旋钮	23. 水平斜度锁定旋钮
3. 瞳距刻度表	24. 白色漫射玻璃控制杆
4. 下颌托高度控制旋钮	25. 开关
5. 下颌托	26. 光源
6. 额托	27. 交替闪灭按钮
7. 呼吸挡板	28. 选择开关
8. 水平斜度调整手柄	
9. 水平斜度刻度盘	**自动闪光**
10. 垂直控制旋钮	29. 高速 / 可变 开关
11. 垂直控制盘	30. 同步 / 交替 开关
12. 旋转斜度刻度盘	31. 亮 / 暗 相位控制
13. 旋转斜度控制按钮	
14. 镜筒垂直斜度刻度盘	**海丁格刷**
15. 镜筒垂直斜度控制旋钮	32. 海丁格刷 开关
16. 画片架	33. 反转 开关
17. 画片弹出器	34. 速度控制旋钮
18. 辅助透镜支架	35. 海丁格刷（可拆卸）
19. 目镜	36. 蓝色滤光片插槽
20. 水平聚散刻度盘	37. 可变光圈
21. 水平聚散控制旋钮	

（二）工作原理

1. 光学设计　图 5-2 为同视机工作原理图，对应被检者的左右眼。同视机光学系统设计时，其镜筒呈 90° 弯曲，在弯曲处安置一平面反光镜，与视线呈 45° 角，使得画片的光线经过反光镜后变成平行光线到达被检者的眼睛，以模拟自然界中无限远的景物。目镜前安置一个 +7.00D 的正凸透镜，使画片置于透镜的焦点上。在目镜框端部装有两个辅助透镜支架，可插入不同屈光度数的镜片来补偿被检者的屈光不正。

同视机检查时，被检者眼球位置正确与否将影响到测量的精度，图 5-2 中眼球转动中心到目镜前表面间的距离为 25mm。根据统计资料显示：人眼直径为 23～24mm，接近球形，现近似将其作为直径 24mm 的球体看待，并认为眼球转动中心就在球心，球心到角膜表面距离为 12mm，加上眼睫毛长，眉骨高度及目镜前辅助透镜支架厚度等几个因素，设计时确定这段距离为 25mm，作为设备设计时的一个重要参数，因此在使用同视机时，尽量将眼球中心位于 O 点。

2. 眼球运动坐标　假设一个平面通过眼球旋转中心、x 轴和 z 轴称这个平面为 Listing 平面，（图 5-3）再设一个与该平面垂直的水平面 x 将眼球分为上下两等分，另设一个与上述两个平面都垂直的前后面 y 将眼球分为左右两等分，三个平面互相垂直相交于“O”，形成三条互相垂直的轴，称为 Fick 坐标。

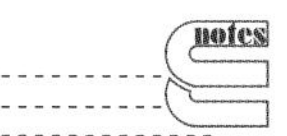

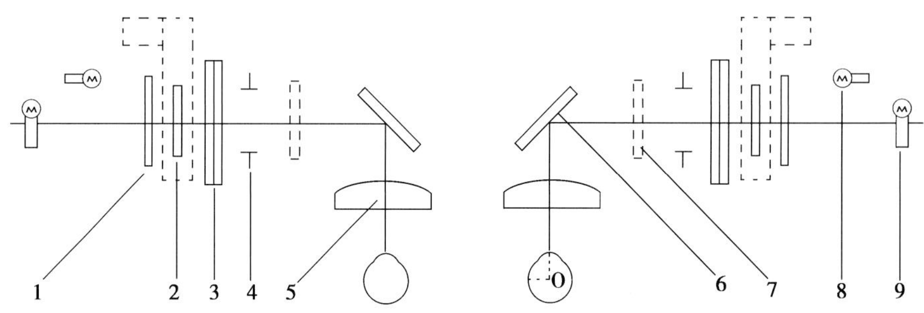

图 5-2　同视机工作原理图

1. 白色漫射玻璃；2. 海丁格刷部件；3. 画片；4. 可变光阑；5. 目镜；6. 平面反射镜；7. 蓝色滤光片；8. 画片照明灯；9. 强光灯

根据 Hering 在 1879 年提出的眼球运动定律：两眼运动时，两眼所接受的神经冲动是等时、等量的。人类不能令一眼做单独运动，当一眼向右转时，另外一眼也必须向右侧作等量的运动。设计时要注意到这个规律并予以实现。

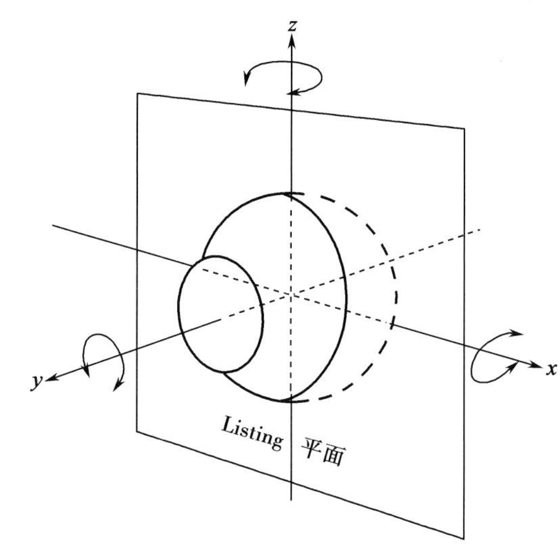

图 5-3　Fick 坐标

根据 Fick 坐标规定：位于 Listing 平面上，眼球注视 1m 远以外物体时的眼位称为第一眼位，如图 5-4 中央眼位。当眼球绕 x 轴上下转，绕 z 轴内外转时候到达的眼位，即正上方、正下方、左侧方、右侧方向时的眼位称为第二眼位。当眼球自第一眼位转向斜方向时，最后到达的眼位，即右上方、右下方、左上方、左下方、称为第三眼位。

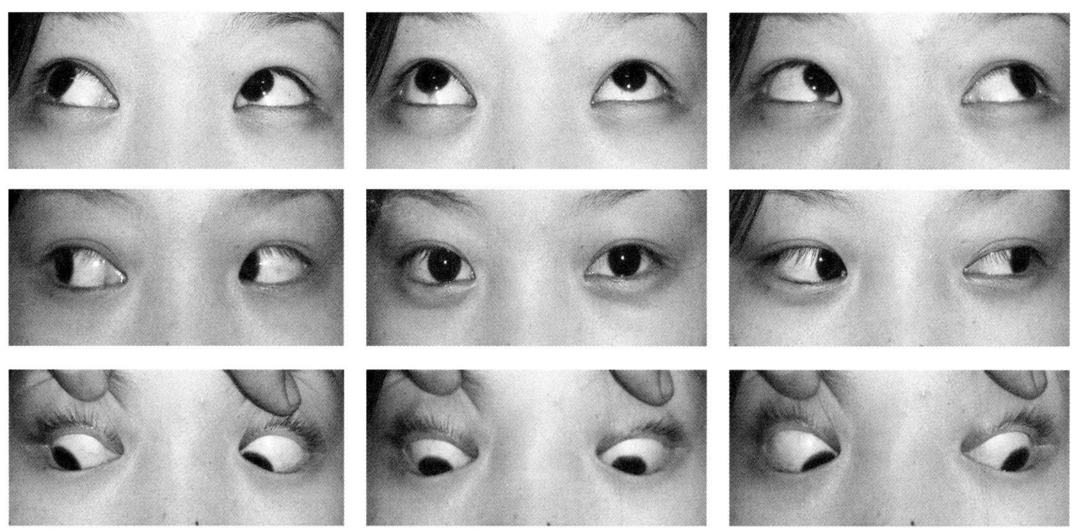

图 5-4　眼球运动 9 个诊断眼位

3. 检查眼位的设计　根据同视机诊断的需求，结构设计的目标是当眼球处在任何眼位时，设备都能达到眼球所对应的位置进行定量测量（表 5-2）。

为了满足检查所需要的要求，在设计时还加入三个附属结构来减少因各人头部及眼部的差异而导致的测量误差：

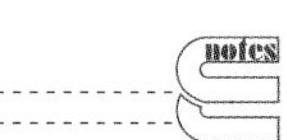

表 5-2　同视机眼位设计要求

	眼球绕轴的转动方向	转动范围	斜视名称	调整旋钮（图 5-1）
x 轴（水平轴）	上转、下转	±30°	垂直斜视	15
y 轴（矢状轴）	内旋、外旋	±20°	内旋、外旋	13
z 轴（垂直轴）	内收、外转	−40°～+50°	内斜、外斜	8

（1）瞳距调整：因为每位被检者的瞳距不尽相同，因此设备的中部有一个瞳距调节装置，设备的外部有一手轮，拧动手轮使两端各有左右旋纹的螺杆转动，带动螺母作直线运动，螺母再带动左右支架沿中部导轨作异向直线运动，实现两支目镜镜筒光轴的相对距离调节，这样便可适应不同瞳距的检查需要。

（2）额托支架：前文已阐述了眼球转动中心到目镜前表面的距离为 25mm，这就要求被检者在诊断检查时头部固定在某一位置来固定眼球的位置，所以同视机上部附有一个额托支架来顶住被检者额部来实现这一要求。

（3）下颌托支架：被检者头位正常时，若双眼处于同一水平线上，可采用可调节高低的下颌托来固定下颌位置，并可通过调节下颌托高度来弥补各人脸部的长短不一。

4．光源　同视机光源和电动部分的基本功能是：提供画片照明及照明灯闪烁控制；提供海丁格刷电机电源和电机控制及其他电器用电源。

（1）画片照明灯控制：提供画片照明用的灯有两种：6V5W 画片照明灯及 12V30W 卤钨灯。在诊断检查时常用 6V5W 灯，左右镜筒内各配备一个，要求两个灯的亮度可分别调节，使左右镜筒内的画片表面照度尽量一致。另外为了眼科检查的特殊需要，要求该灯能分别地随时点亮或熄灭，称为闪烁。熄灭灯时，被检者犹如在黑暗环境，看不清楚画片，相当于遮盖住眼球。在弱视治疗时，灯光闪烁有刺激视网膜、促进视觉康复的作用。

控制方式分手动或自动两种，自动闪烁可实现左右灯同时亮灭或左右灯交替亮灭。在自动闪烁时，要求周期和频率可以调节，每一周期内左右灯亮灭时间又可分为三种：1/4 周期亮、3/4 周期灭；1/2 周期亮，1/2 周期灭；3/4 周期亮，1/4 周期灭。左右灯交替闪烁仅 1/2 周期一种，即当一个灯亮时，另一边的灯则灭。闪烁频率在 40～300 次 / 分范围内可调节。手动闪烁频率由操作者控制。

12V30W 卤钨灯由于亮度高，仅在特殊检查时用，无闪烁功能。

（2）海丁格刷控制：海丁格刷由一微电机带动减速器使偏光片旋转，产生“光刷”效应，为便于被检者识别及治疗之需，偏光片要 j 能正反向旋转，转速可调节。

5．画片　同视机的画片，因其单独成一系列，在对被检者进行检查时才插入主机，所以作为附件形式出现，是同视机的重要组成部分，诊断检查及康复训练均要依赖画片。

（1）同时视画片：也称一级功能画片（图 5-5），同时视（simultaneous perception）是指两眼对物像有同时接受的能力，但不必完全重合，两眼能同时观看一个物体是形成双眼视觉的基础条件，是最初级的融合功能，也称一级视功能。

一对同时视画片可以是两张完全不同的图片。如：一只狮子与一个笼子，把这样的一对画片分别放入同视机左右镜筒画片盒内检查被检者，被检者左眼看笼子，右眼看狮子，如果双眼能同时看见狮子和笼子，并在推动镜筒时使狮子进入笼子。说明视皮层中枢能同时接受分别落在两眼黄斑部的刺激，即被检者没有黄斑抑制，存在同时视。如若双眼能同时看见狮子和笼子，但不能将它们重叠起来，即狮子进不了笼子，则说明被检者黄斑部有某种抑制，同时视不良。

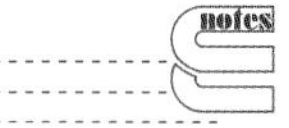

A

B

图 5-5　同时视画片

（2）融合画片：融合（fusion）是指大脑能综合来自两眼的相似物像，并在知觉水平上形成一个完整印象的能力。亦指在具有双眼同时视的基础上，大脑将两眼视网膜对应点上的物像综合为一个完整印象的功能，又称为二级视功能。

融合的含义除上述情况外，还包括当两眼物像偏离黄斑部时，仍有足够的能力维持一个完整的物像。在能引起融合反射的情况下，视网膜物像的位移幅度称为融合范围。融合范围一般可以作为衡量双眼视觉功能正常与否的标志。一对融合画片图案的特点是：两张画的主体部分图案相同，非主体部分图案两张不同，不同部分又称为控制点。例如在图 5-6 中，一张画片为左边有小树的房子，另一张画片为右边有小树的房子。当两眼同时看画片时，看到一幅完整的房子图片左右两边都有小树，说明两眼有融合功能。

融合范围的测定：

1）一般使用二级画片，10°画片用于周边融合功能检查，1°画片用于中心凹融合功能检查。

2）将画片转至分开位置，使被检者认清两张画片的特点，然后移动镜筒，至两张画片重合。

3）此时将左右镜筒锁住，并使之产生两臂等量的集合和分开，转动水平聚散旋钮直到两张画片不再重合。

4）自融合点向外（散开，以负号表示）和向内（集合，以正号表示）推动镜筒，直至不能再融合，此幅度即为融合范围。

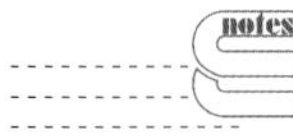

5）正常水平融合范围为 −4°～+30°，垂直融合范围为 1°～2°。

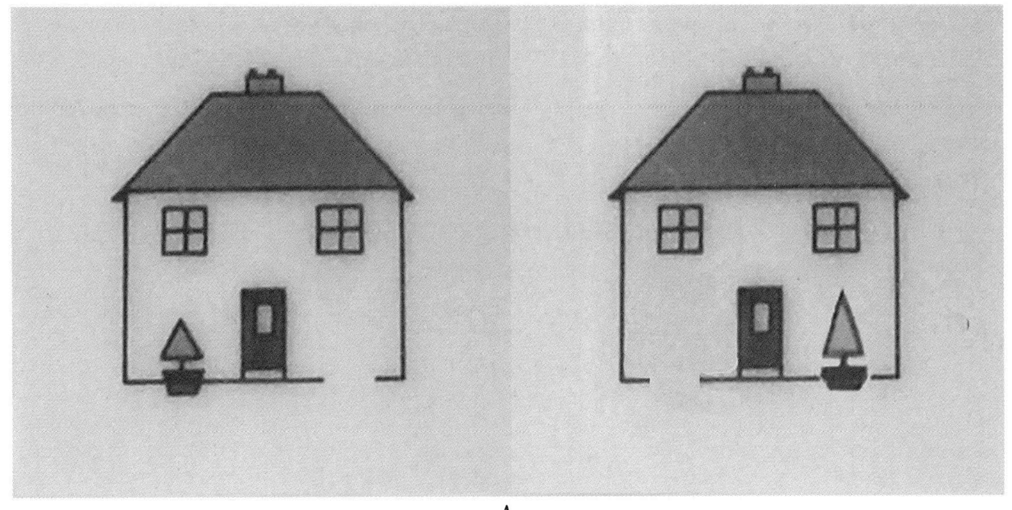

A

B

图 5-6　融合视画片

（3）立体视觉画片：立体视觉（stereoscopic vision）是建立在双眼同时视、融合基础上的一种较为独立的双眼视觉功能（图 5-7）。由立体视觉建立起来的立体感又称深度感，是一种三维空间知觉，它是由于一个物体在视网膜上微小的水平位移通过视觉神经中枢综合分

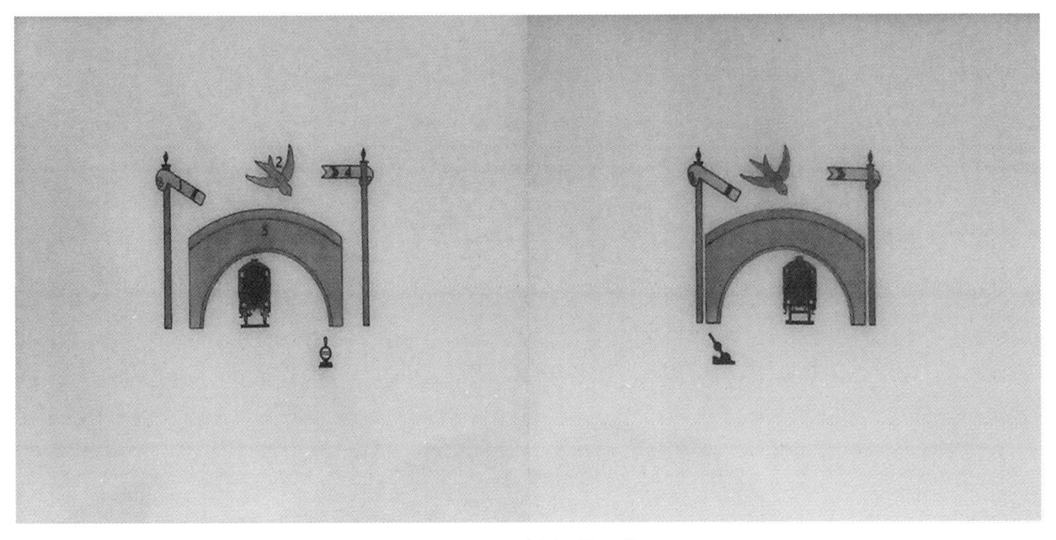

图 5-7　立体视觉画片

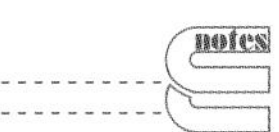

析形成的物像而产生的，因此是最高级的双眼单视功能，又称为三级功能。体现了高级的融合能力，是双眼视功能的高级形式，是人类从事各种精细工作、交通运输、危险工种、文体活动等保证工作质量、效果及安全不可缺少的重要条件。正常人的立体视敏度为40～50秒、具有良好立体视觉者可达10秒以下。

立体视觉画片的特点是两张画片图案完全相同，但每张画片的图案相对画片中心存在一定的水平微量位移，从而使受试者观看时在左右两眼视网膜上形成微小的水平视差、产生立体感。水平位移量的大小决定了不同的立体视差角。

以上三种级别的画片每种都有图形大小不同的一个系列以对应检查眼底的不同区域。根据图案对应于目镜视场角的大小分为：

1）旁黄斑画片：其对应的视角是10°～15°，能够投照到旁黄斑区。

2）黄斑画片：其对应的视角3°～5°。

3）中心凹画片：其对应视角是1°。

（4）特殊检查用画片：除了上述三级功能检查用的画片外，同视机还应配备一些其他必要的检查画片。

1）检查隐斜用的画片：隐斜的概念是一种潜在性斜视。多数眼球有偏斜的趋势，但由于具有正常的融合功能而仍能维持双眼单视（即两眼视线大致平行），不显露出斜视。而在融合功能被打破，例如遮盖一眼时，就会表现出偏斜。

隐斜的检查，可以将两眼视野分开，使其不互相重叠，用以消除融合反射的作用。同视机有左右两支镜筒可将视野分开，以打破融合功能，令被检者观看两张不完全相同的画片，其中一张是有“十”字图案的画片；另一张是“十”字刻度图案的画片，刻度值单位为棱镜度。

检查时，将所有手轮归零位，两支镜筒出射光轴保持平行。将画片插入画片盒内，通过目镜观看。对有隐斜的被检者，这两张画片上的图案的像势必不重合，“十”字图案中心处有刻度的画片上的某一象限内，读出“十”字中心坐标值即为隐斜的度数，并可判断出内或外隐斜。还可配合其他方法来判断出哪一只眼存在隐斜。由于在垂直方向上两只眼的高低是相对的，故一般不提下隐斜而称上隐斜。

若两个“十”图案不平行，则可旋转某一支镜筒使其平行后，读出的旋转角值即为旋转隐斜度数。

隐斜的正常范围，一般认为在2△左右。

2）测定kappa角的画片：kappa角是眼睛注视线（即注视点与眼球旋转中心之连线）与光轴的夹角（图5-8）。

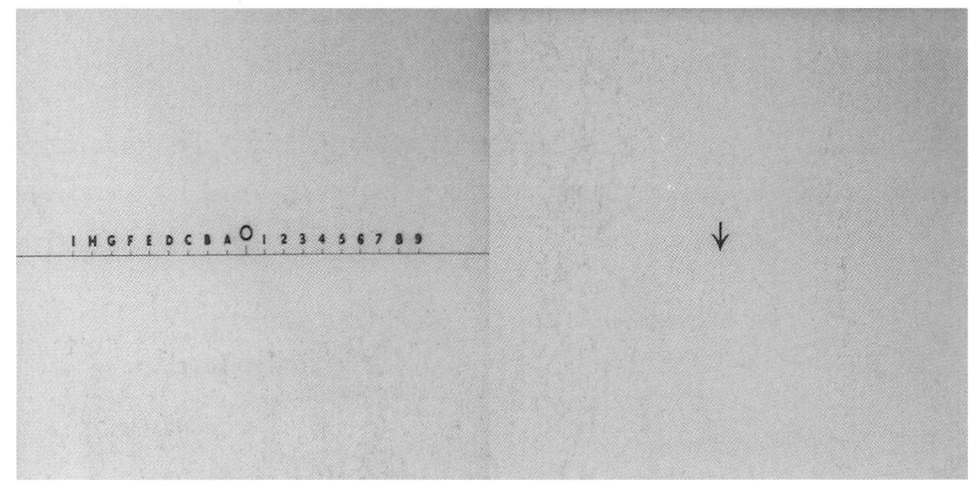

图5-8 kappa角画片

测定此角对手术矫正斜视时有一定意义，检查kappa角的方法如下：

插入特殊画片，一张画片中央有一个垂直的箭头标记，另一张画片上有一排刻度，刻度上有一排字母和数字（IHGFEDCBA O123456789），O位于画片的中央，每个刻度对应的夹角为1°，当被检者存在kappa角时，让被检者一只眼依次注视数字或字母，直到该眼的角膜映光点准确地位于瞳孔中央，这时候眼睛注视的字母或数字对应的偏斜度即是kappa角的度数。

角膜映光点位于角膜中央的鼻侧，称为正kappa角，反之位于颞侧称为负kappa角。临床上常见为正kappa角，若正kappa角较大，外斜者显得斜视度更大，内斜者显得斜视度较小。所以，采用角膜映光点测量斜视度时必须考虑此值。

3）检查视网膜对应的后像画片：斜度小于25°的内斜视患者容易发生异常视网膜对应，但有时外观上观察斜度并不明显，一般采用小角度中心凹型同时视画片来检查，但在斜眼有抑制的情况下测试效果并不好。而后像法是比较方便、可靠的视网膜对应检查法。

后像画片是两张黑色背景的画片组成，一张上有垂直亮线，另一张有水平亮线，均在中心部分略有断开。插入同视机后，令被检者将两张画片在中心重合成正“十”字形，然后开启左强光灯，令被检者左眼观看垂直亮线20秒后熄灯，再开右强光灯，令被检者右眼观看水平亮线20秒后熄灯，然后两灯全开，令被检者左右眼同时观看画片亮线10～20秒后两灯同时熄灭。此前较高强度的光持续到达视网膜上，使视神经细胞兴奋，并给中枢神经产生光色的感觉，当外界光刺激中断以后瞬间内，这种兴奋仍要持续下去，被检者左右眼前似乎仍感到存在着垂直和水平亮线，这种与原刺激相同的形和色的像，称之为正后像。这是一种视觉后效现象。

当产生后像以后，再令被检者描述两根亮线的排列情况，从而可以判断出视网膜对应是否正常。

除了上述介绍的三种外，检查用的画片很多，也可以根据诊断及治疗的需要医师自行设计。

4）随机点立体图：同视机立体视觉画片在检查双眼立体视觉功能中发挥了重要作用。但通常使用的立体视觉画片在两个方面稍有缺陷。一是画片设计后多用手工方法绘制，难以保证两张画片的图形在水平方向位移量的一致，由于精度低、视差角较大，无法实现立体视敏度阈值的测定，只能属定性检查。二是传统画片为适合儿童心理多采用实物图形，不能避免单眼暗示的影响及猜测的可能，因而主观因素影响到检查的准确性。以往常用的检查立体视觉的设备及方法也有类似的不同程度缺陷。

为了寻找一种更科学客观的检查方法，20世纪60年代初期，科学家Bela Julesz在美国Bell实验室创造了随机点立体图（random-dot stereograms，RDS）。一对RDS图上的对应点存在视差，当用左眼观看左图，右眼观看右图，即可看到这个几何图形浮在背景面之上或沉在背景之下。

一对RDS上的几何图形可根据检查要求进行选择并设计成完全淹没在随机点背景中，故可消除单眼暗示的影响，随机点阵及其位移量又可人为设计予以控制，足以精确到定量测定立体视觉阈值，这是手工绘制图形所无法比拟的。图5-9为一对RDS画片图例，有一个“十”字形图形隐藏其中，放在同视机内或不用仪器双眼凝视两张画片合像则可看到“十”字形浮在背景上或沉于背景下，其立体视差角约500秒。

（5）海丁格刷部件：海丁格刷（Haidinger’s brush）是同视机扩大功能的一个重要部件。当人眼通过旋转的偏光片观察一定强度的自然光时，即会在视网膜黄斑部成像，看到一个刷子状的影像，称之为“海丁格刷”现象（简称光刷）。

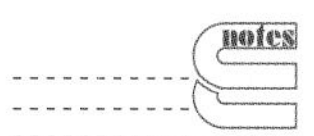

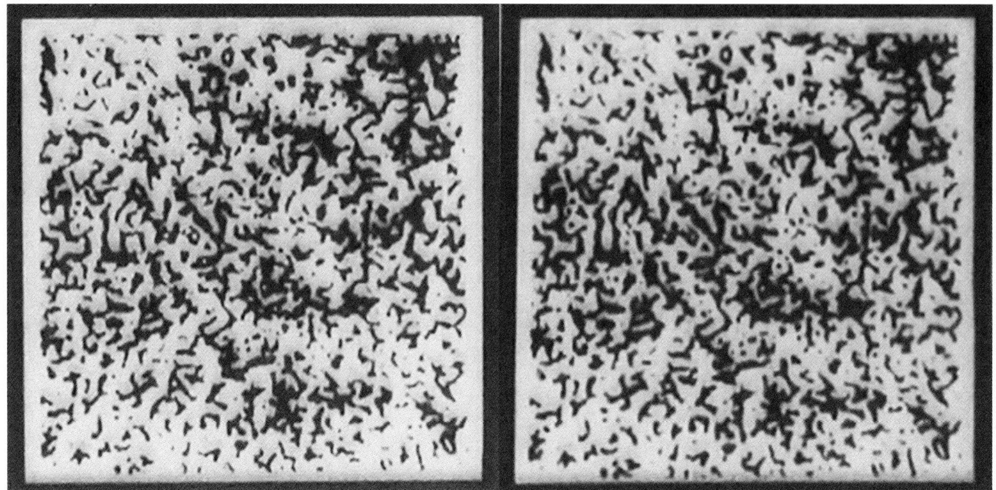

图 5-9　随机点立体图

海丁格刷的产生是一种生理光学现象。同视机中一般采用一块蓝色滤光片和一块平板玻璃夹一偏振片构成。当它在微型电机带动下旋转时，人眼通过它能见到偏振片上似乎有一个比周围背景颜色略深的刷状影像也在慢速旋转，且这个“刷子”只有仔细注视才能见到，注视在哪一部位，就出现在哪里，对视觉正常的人，在偏振片整个视场范围内部都能见到此现象。而对某些眼病患者，在某些区域（特别是中心凹对应的视场中央）就看不见此现象。

海丁格刷现象是由于偏振光投射到黄斑上所引起的，即能够认识并看到这个刷状影像时，就可断定是在黄斑中心凹处投影，并用这点来标志中心注视。基于此，海丁格刷适用于对旁中心注视和异常视网膜对应病例进行治疗。

海丁格刷作为一个部件，在使用时分别插入同视机左右目镜筒画片盒内，可以单眼或双眼同时使用。使用时要有高亮度的光源照明，并要有可变光阑配合使用，可变光阑固定在目镜筒内，它的作用是缩小视场，强制性的训练被检者从旁中心注视到中心注视。另外还要选择适当的专用“光刷”画片检查或训练。当单眼使用时，另一眼应插入蓝色滤光片以使两眼的色觉平衡。

（三）操作方法

1. 同视机用于检查

（1）同视机检查前准备

1）首先调整好被检者的瞳距、下颌托和额托，令被检者注视目镜中的画片。

2）调整设备把所有刻度盘的指针都调到 0°，特别要注意垂直和旋转的刻度盘。

3）被检者的头位应该保持正直，特别是那些平时有代偿头位的被检者，下颌既不内收也不上举，要便于检查者观察被检者的眼球运动及角膜映光点。

（2）主观斜视角的测定

1）使用两张同时视画片，如狮子和笼子，分别置于被检者双眼前。

2）将注视眼镜筒固定于 0 处，令被检者手持另一侧镜筒手柄，将狮子装入笼子中，此时镜筒臂所指的度数即为主观斜视角。

3）镜筒向集合方向转即是内斜，反之为外斜。如果两个画片不能重合时，说明无同时视功能，其表现有两种情况：一种是只看到一侧画片，可能为单眼抑制；另一种是看到两个画片但不能重合，可记录为同侧复视或记录交叉点（当双眼注视到某一点后，两个画片突然变换位置，即狮子刚要进入笼子就消失，或者跳过笼子出现在另一侧，此点即为交叉点）。

notes

（3）客观斜视角的测定：使用同时视画片，如狮子和笼子，检查者交替点亮及熄灭两镜筒的照明装置，另被检者双眼分别注视。检查者在镜筒上或下方观察被检者眼球有无恢复注视之运动。当灯光亮灭时，如眼位由外向内移动则为外斜视，由内向外移动为内斜视。

例如：当右眼前的灯熄灭以后，左眼从外向内运动，而且由上向下运动，这时候，应该把左侧镜筒向外移动，并且向上升高，再重复上述检查，当右眼笼子一侧的灯熄灭以后，左眼注视狮子的时候，不在再产生眼球运动，这个位置刻度盘上的度数即为被检者的客观斜视角。

如遇到弱视或其他眼病患者，他们一只眼视力很低，注视能力很差、旁中心注视或者眼球运动受限，使用角膜映光法是唯一可靠的检查方法，但检查结果也仅仅是近似值。例如：如果被检者左眼是弱视眼，用右眼注视笼子，移动左眼前的镜筒，使左眼角膜映光点位于瞳孔的中央。采用角膜映光法测量客观斜视角，在调整镜筒位置的时候，必须使两只眼睛的角膜映光点对称。即注视眼角膜映光点位于瞳孔区中央偏鼻侧，斜视眼的角膜映光点也要调整到中央偏鼻侧，不应该调整到瞳孔中央，否则不能查出客观斜视角的准确度数。其原因是有些被检者存在 kappa 角，注视眼的角膜映光点不位于瞳孔的中央，偏鼻侧或偏颞侧，或偏上下方向，一般情况下，两只眼的 kappa 角是对称的。所以角膜映光法检查客观斜视角时，必须使两眼角膜映光点对称，未必要调整到瞳孔中央。

（4）视网膜对应关系判断：若主观斜视角等于客观斜视角，证明其视网膜对应正常。如二者不等，主观斜视角小于客观斜视角 5° 以上者为异常视网膜对应，二者之差称为异常角，根据异常角分析，可以判断视网膜对应的性质：

1）正常视网膜对应：主观斜视角为融合点 = 客观斜视角。

2）企图正常视网膜对应：主观斜视角为交叉点 = 客观斜视角（即在主观斜视角附近抑制，两像交叉，即狮子刚要进入笼子就消失，或者跳过笼子出现在另一侧）。

3）异常视网膜对应：主观斜视角小于客观斜视角 5° 以上。

4）和谐性异常视网膜对应：主观斜视角为 0° 融合，异常角 = 客观斜视角。

5）企图和谐性异常视网膜对应：主观斜视角在 0° 交叉，异常角 = 客观斜视角。

6）不和谐性异常视网膜对应：主观斜视角为融合点在 0° 至客观斜视角之间，不等于客观斜视角，异常角<客观斜视角。

7）企图不和谐性异常视网膜对应：主观斜视角为交叉点在 0° 至客观斜视角之间，不等于客观斜视角，异常角<客观斜视角。

8）对应缺如：有较大的抑制区存在，无法测出其对应性质，多见于外斜视，感觉一个物像总是在另一个物像的同侧。

9）单眼抑制：比较少见，由于抑制很深，完全没有同时视存在，无论如何变换角度，被检者均不能同时感到两侧画片同时出现，只能看到一侧画片。

10）垂直异常视网膜对应：主观垂直斜视角小于客观垂直斜视角。例如：主观斜视角 R/L 3°，客观斜视角 R/L 10°。

（5）九个诊断眼位斜视角检查：同视机除用于第一眼位检查外，还可用于第二、第三眼位来检查非共同性斜视、斜视手术后的眼球运动状态、眼肌麻痹所致的眼位偏斜、复视等。其中水平眼位检查水平肌麻痹、上下左右共九个方向眼位可检查垂直肌麻痹。即上方 15°、下方 15°、右侧 15°、左侧 15°。右眼注视和左眼注视的检查结果分别记录，同时记录水平、垂直及旋转斜视的度数用井字格表示。假如 9 个基本眼位的检查采用客观的方法，要耗费很长的时间，如果被检者存在正常双眼视觉，客观斜视角可以通过主观斜视角来推测，这样就会给检查带来很大的方便。例：表 5-3。

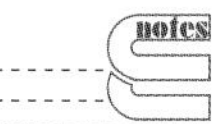

表 5-3　斜视检查记录表

+12° R/L 3° IN 2°	+3° R/L 4°	+10° R/L 4° IN 2°
−10° L/R 2°	−10° R/L 5° IN 4°	−12° R/L 2° IN 3°
−8° L/R 1° EX 3°	−6° L/R 2° EX 2°	−5° L/R 2° EX 1°

注："+"代表内斜；"−"代表外斜；"R/L"代表右眼比左眼高；"L/R"代表左眼比右眼高；"EX"代表外旋；"IN"代表内旋

（6）A-V 征检查：除检查第一眼位斜视角以外，还要检查正上方和正下方的斜视角。使同视机的双臂围绕水平轴上转 25° 和下转 25° 分别检查这三个诊断眼位上的斜视角，记录时用棱镜表示。A 征是指上下各转 25° 上方的斜视度与下方的斜视度相差超过 10△。V 征是指上下各转 25°，上方的斜视度与下方斜视度相差超过 15△。

（7）AC/A 检查：应用 1° 黄斑中心凹画片检查主观斜视角，再插入 −3D 镜片重复检查主观斜视角。如检查不到主观斜视角，改查客观斜视角。AC/A 检查时必须配戴矫正眼镜，放松调节，复查 3 次取平均值。

公式：AC/A=（△2− △1）/ 3

式中，△1：主观斜视角；

△2：插入 −3D 镜片后的主观斜视角。

（8）旋转性斜视的检查：只能靠被检者的主观感觉判断主观斜视角，以主观斜视角说明客观斜视角。检查时，应用十字画片也称为隐斜画片在同视机上可以准确记录出旋转斜视患者的旋转角度，大部分旋转性斜视患者，存在明显自觉症状，眼球运动却没有明显异常。

（9）双眼视功能检查用前面所述的同时视、融合、立体视觉三级功能画片来检查被检者双眼视觉功能。

（10）特殊检查如前面介绍的 kappa 角、后像、随机点立体图等检查。

2. 同视机用于治疗　同视机兼有检查及治疗两种功能，当检查出被检者的眼肌及视功能疾病后，可利用该设备进行治疗、康复训练。同视机视功能矫正主要包括：消除抑制、扩大融合范围、矫正异常视网膜对应。这三项内容实际上是密切相关的。使斜视眼消除抑制主要指斜视眼黄斑部的抑制，在消除抑制后，便可以与对侧眼的黄斑部建立同时视和融合视，经过反复的训练，融合功能的质量会不断提高。不仅黄斑融合，中心凹也建立融合功能。经过立体视觉的训练和日常生活中的自然状态的训练，都会促使正常双眼视功能的恢复。

（1）消除抑制：建立同时视训练画片的选择要根据被检者抑制范围而定，应适于被检者将画片进行重叠（合像）为宜，常用的训练方法有：

1）闪烁刺激法：选用同时视画片，把两侧镜筒摆在客观斜视角上，如果双眼正位时则摆在 0°，使两个镜筒的灯光亮度不断变化，变化方式有以下几种：交替亮灭、一侧亮灭或是两侧同时亮灭。开始使用较低的自动闪烁频率，以后逐渐提高。抑制眼前的画片亮度应该比对侧眼亮一些，使两眼前的画片亮度存在一定的差别，这样有利于消除抑制，三种亮灭方式可以交替使用，也可以单独使用，反复训练能获得同时视。

2）动态刺激法：这类方法包括捕捉法、进出法、侧向运动法。

①捕捉法：医生掌握有狮子画片的镜筒，被检者掌握有笼子画片的镜筒，当被检者将狮子送进笼子后，医生将有狮子的镜筒水平移动，使得狮子离开笼子，令被检者再移动镜筒，将狮子再放到笼子中，此时检查者应稍停留片刻，以便被检者看清狮子，但不能停留过久，以免再次出现抑制，这种方法有利于刺激双眼，克服抑制，也有利于眼外肌的功能训练。

②进出法：令被检者健眼注视处于"零位"镜筒内的画片，如一只笼子，并将这一侧镜筒

锁住，再让被检者手推另一有狮子画片的镜筒，使狮子进入笼子，再继续移动镜筒使狮子离开笼子，然后再将镜筒返回，使狮子再次进入笼子，如此反复训练，随视功能的改善，动作越来越迅速。

③侧向运动法：是在狮子进入笼子后，将两支镜筒锁住，并打开同视机中心锁，使两个镜筒能够向左右方向做平行运动。让被检者在保持融合的情况下追随镜筒做共同性运动，这样既训练融合功能，也能训练双眼协调的共同性运动。

（2）融合训练：根据不同情况选择画片，如融合力差者应选用图案简单、色调鲜明的融合画片。有中心抑制者应选用大角度的画片（如 8°～12°），小角度画片（1°～3°）适用于刺激黄斑中心凹处，训练方法可采用捕捉及两支镜筒的同步侧向运动法。另外，采用立体视觉画片也有较好的效果。

（3）矫正旁中心注视及弱视：采用海丁格刷及专用的光刷画片进行，先用标有不同视场角区域的同心圆画片测出被检者旁中心注视的范围，然后用可变光阑配合逐步缩小视场，强制患眼逐步变为中心注视，一般要训练多次，并用有趣味性的光刷画片，如飞机螺旋桨图案，特殊的光刷加融合画片进行巩固训练，以巩固疗效。

二、调节训练相关设备

调节功能异常有多种类型，主要有：调节过度、调节不足、调节维持不良、调节灵活度下降等，但一种类型的调节异常与之相对应的训练设备也有多种，而且一种训练设备又可以训练多种类型的调节异常。因此本章将对各种调节训练相关设备的原理、适应证及训练方法进行阐述。

（一）Brock 线

1. 工作原理　Brock 线是一个简单、有价值并具有多用途的训练方法，线的一端系在椅子、门把手或其他可固定物体上，另一端用手拉紧固定在鼻尖，让被检者保持所注视彩珠为单视。彩珠逐渐移近做推进训练，或彩珠移远做散开训练，让被检者交替注视两个或更多个彩珠的训练可以改进集合和发散能力（图 5-10）。

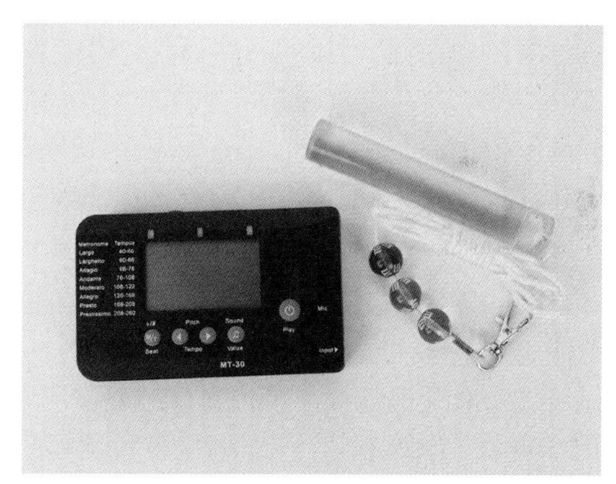

图 5-10　Brock 线

Brock 线训练的一大优点就是能有明显的抑制控制，由于生理性复视，线段在所注视彩珠的位置显现一个 X 形交叉，同样由于生理性复视的结果，不被注视的珠子会呈现出复像。Brock 线的多用途之一还在于它能用于不同视场的注视训练。

2. 适应证　集合不足、调节不足、调节维持不良、调节灵活度下降者等。

3. 准备

（1）一端固定于 1m 以外墙壁上，高度与眼水平高度一致。

（2）持线的另一端，拉紧固定在鼻尖。

（3）将珠子沿着线分开，一颗在 1m 处，另外一颗距鼻尖 40cm。

4. 方法

（1）要求被检者注视远端珠子，此时由于生理性复视的作用，应该看到一个远端的彩珠，两个近端的彩珠，两条绳相交于远端的彩珠，被检者会看到 V 形。

（2）要求被检者尽可能快速准确地注视近端彩珠，由于生理性复视的作用，被检者应该

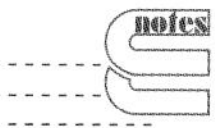

看到两个远端的彩球，一个近端的彩珠，两条绳相交于近端的彩珠，被检者会看到X形。

（3）前后交替注视两彩珠，被检者在前后交替注视时始终能看到V形和X形，记为一次切换周期，切换3次为一组。

（4）成一组后，将近处彩珠移近5cm，重复前后交替注视两彩珠，直至近端彩珠位于鼻尖前2.5cm处。

5. 时间　训练时间约10分钟，出现疲劳后注意休息。

（二）推进训练

1. 工作原理　推进训练是改进正融像性集合和集合近点常用的方法，被检者将一个简便的注视物体置于中线，逐渐移近，直至物体分裂成两个像，重复多次，使得被检者能将物体破裂点逐渐移近。如果采用的注视视标为小字母则更好，更容易控制调节，该方法也可用于训练调节幅度。但是该方法的缺点是，如果出现抑制，被检者无法知晓，检测是否抑制的方法就是让被检者获知在推进训练过程中的生理性复视。

2. 适应证　集合幅度低、调节不足、调节维持不良等。

3. 准备

（1）被检者戴适宜的远用眼镜。

（2）压舌板的一端贴上0.6近视标。

4. 方法

（1）被检者手持压舌板置于眼中线，与眼同一水平高度。

（2）逐渐移近压舌板。

（3）当视标出现重影或破裂成两个，嘱被检者努力避免复视，直至不能克服复视。

5. 时间　30次为一组，每天做2～3组。

（三）球镜反转拍

1. 工作原理　球镜反转拍是一种改进调节灵活度的方法，一对正镜和一对负镜（通常为+2.00和−2.00D）固定在同一手柄上。用于改变调节刺激，正镜减少了调节刺激，而负镜增加了调节刺激，在集合需求不变的情况下，调节性集合与融像性聚散频繁地互相转换。在改善调节灵活的同时，训练提高融像性聚散的幅度和速度（图5-11）。

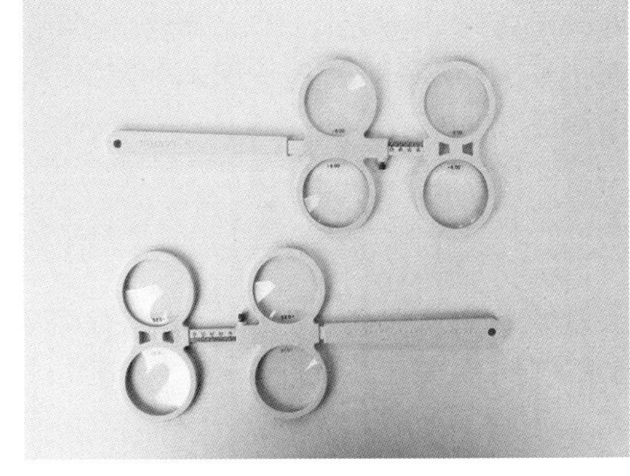

图5-11　球镜反转拍

视标在40cm处，反转拍为+2.00D/−2.00D，调节刺激在0.50～4.50D之间交替变化，而同时总集合刺激保持在15△。

2. 适应证　调节维持不良、调节灵活度下降、融像性聚散功能低下等。

3. 准备

（1）被检者戴适宜的远用眼镜。

（2）测定被检者视力，让被检者注视最佳矫正视力的上一行的近视力视标。

4. 方法

（1）将+2.00D反转透镜放置于被检者眼前，嘱被检者注视30cm近视标（最佳矫正视力的上一行视标）。

（2）切换−2.00D反转透镜，待视标清晰后，再次切换+2.00D反转透镜，直至视标清晰。

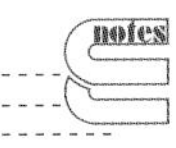

5. 时间　20次为一组，每天2～3组。

三、融像训练相关设备

融像训练的三个基本目的是消除抑制、扩大融像范围、改善立体视觉。但目前用于融像训练的设备非常多，一种训练目的与之相对应的训练设备有多种，而一种训练设备又可以达到多种训练目的。因此本章将对各种融像训练相关设备的工作原理、目的及训练方法进行阐述。

（一）Brewster 立体镜

1. 工作原理　Brewster 立体镜是一种常用的双眼视觉训练设备，既可用于诊断又可进行治疗。与 Wheatstone 立体镜相比，它不是利用反射镜而是采用真实的隔板来分隔左右眼的视野。这种设备可以帮助被检者建立正常的感觉性融像，扩大融像范围，提高双眼视和立体视觉。最常用于进行抗抑制训练和融像训练。

Brewster 立体镜的目镜为 +5.00D 的透镜，两个透镜的光学中心距为 95mm，在两个透镜的中间，设置了一块隔板使双眼注视目标分视（图 5-12，图 5-13）。视标卡片固定在设备的支架上，可以前后移动。每张视标卡片都有两个基本相同的视标图案。被检者在训练时，由于两侧目镜之间存在隔板，所以右眼只能看到右侧的视标图案，而左眼只能看到左侧的视标图案。

视标卡片册可以在支架上前后移动，当向前或向后移动视标卡片册时，被检者的调节需求也会发生变化。当将视标卡片设置于远点（即距目镜 20cm）时，对观察者来说，视标影像似乎位于无穷远。因此，正视眼和屈光不正矫正者的眼睛，不需要调节就可以看清此位置上的视标图案。但是，当视标卡片移近目镜时，被检者必须使用调节才能保持看清视标。

图 5-12　Brewster 立体镜

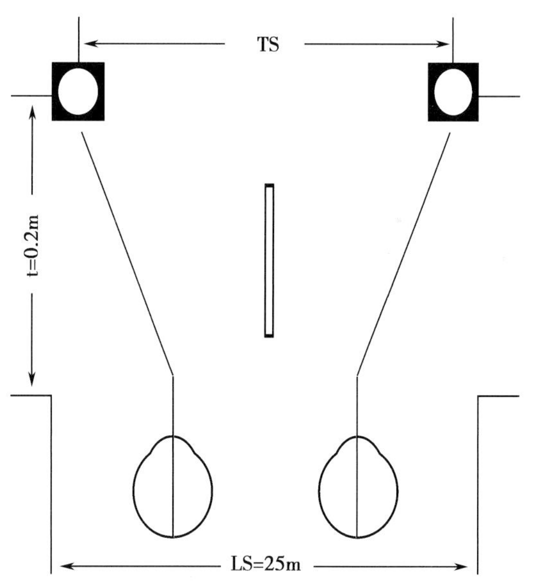

图 5-13　Brewster 立体镜光学结构示意图

2. 目的　消除抑制、提高立体视觉、扩大融像范围。

3. 方法

（1）被检者戴适宜的远用眼镜，嘱其注视 40cm 检测视标。

（2）在双眼分视的条件下，调整移动视标使双侧视标像重叠，将移动视标沿棱镜刻度尺缓慢匀速平移到固定视标左侧，当视标出现复像时，嘱被检者努力避免复视，直至不能克服复视，记录融像性集合量值。

（3）恢复双眼视标像重叠，将移动视标沿棱镜刻度尺缓慢匀速平移到固定视标右侧，当视标出现复像时，嘱被检者努力避免复视，直至不能克服复视，记录正融像性集合量值，恢

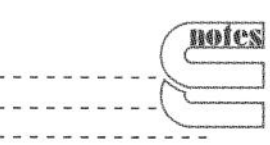

复双侧视标像重叠，反复训练。

(4) 将双眼的检测视标向观察眼移近到25cm，重复(2)、(3)步骤。

4. 时间　上述方法为一个训练周期，切换20次为一组，每天做2～3组。

（二）斜隔板实体镜

1. 工作原理　斜隔板实体镜（图5-14）是一种常用的正位视训练设备，临床上有很多类型的实体镜可供选择。斜隔板式实体镜既可以通过描绘和捕捉训练来消除抑制，又可以通过融像训练来扩大融像范围。各种年龄的被检者都可以使用斜隔板式实体镜进行视觉训练，由于斜隔板式实体镜简单轻巧，携带方便，因此是常用的家庭视觉训练设备。

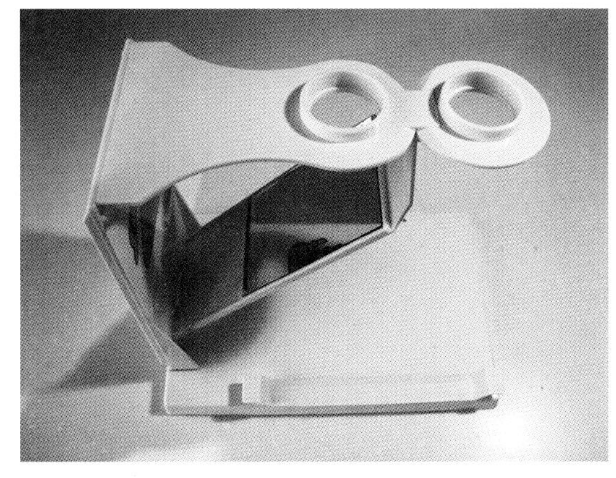
图5-14　斜隔板实体镜

斜隔板式实体镜的顶板上有一对视孔，里面装有+5.00D球镜，其中一块侧板可以固定视标卡片，底板实际上可以作为绘图板，斜隔板的作用是分隔左右眼的视野，斜隔板上有一块反射镜，可以将侧板上的视标卡片投射在底板平面上。底板与+5.00D球镜相距16.6cm，近似于球镜的焦距。因此，投射在底板上的影像似乎位于无穷远。在训练时，可以调整设备与底座之间的角度，使被检者更加舒适。斜隔板实体镜的光学结构见图5-15。当被检者通过装有球镜的视孔观察时，由于斜隔板分隔了左右眼的视野，因此，一眼只能看到平面反射镜，另一眼则只能看到底板。

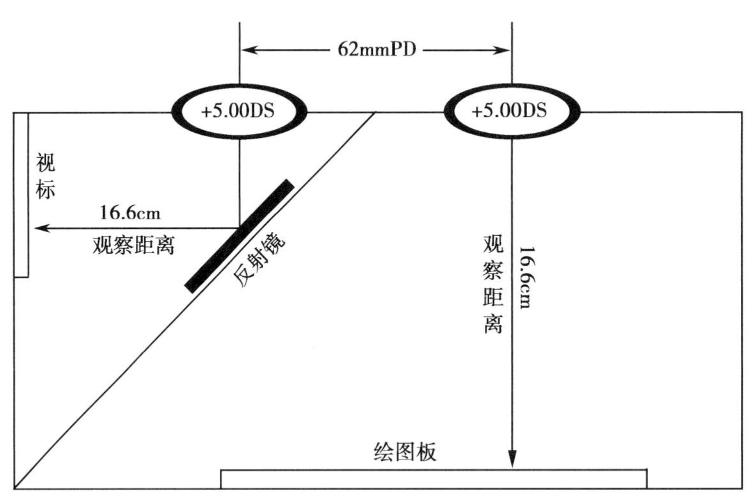

图5-15　斜隔板光学结构示意图

在进行描绘训练时，检查者（医生）或被检者（患者）自己可以在空白卡片上画上一些简单的几何图形，例如圆形、正方形、椭圆形等，然后将卡片固定在设备的侧板上，在底板上铺上一张白纸，要求被检者用非抑制眼（或优势眼）注视视标卡片，抑制眼注视底板上的白纸，用笔在白纸上描绘出视标卡片上的几何图形。描绘训练要求被检者必须做到双眼同时视，从而消除抑制。同样，也可以通过捕捉训练来消除抑制。训练者（医生或家长）将捕捉视标置于侧板上固定视标卡片的部位，要求被检者用捕捉套圈套住投射在底板上的视标影像。捕捉训练同样要求被检者做到双眼同时视。

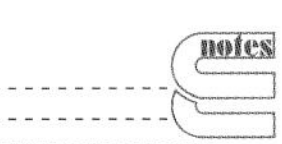

一旦被检者重建了正常的感觉性融像，就可以进行融像训练，通过训练来扩大被检者

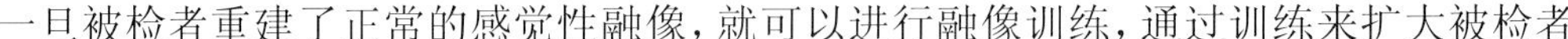

的融像范围。在进行融像训练时，应使用成对的融像视标卡片，这种视标卡片通常由厂家提供，将一张视标卡片固定在侧板上，另一张视标卡片置于底板上，要求被检者将两张视标卡片融合起来，融像视标卡片设置了二维和三维监测视标，医生可以在训练中监测被检者是否存在抑制。虽然厂家只提供一套融像视标卡片，但医生自己也可以制作一些融像视标卡片，视标卡片的多样化，有助于保持被检者尤其是幼儿的训练兴趣。

2. 目的　消除抑制、扩大融像范围。

3. 准备　嘱被检者一只眼只能看到反射镜另一眼只能看到底板上的纸。

4. 方法

(1) 被检者将头放在额架上，通过双目镜注视，健眼通过目镜看到实体镜侧面画板上的面，抑制眼能看到实体镜平面板上的纸和手持笔。

(2) 此时，一眼看画，另一眼主观感知画在前方，嘱被检者照图描绘。

5. 注意事项

(1) 画片图案可根据视力、年龄来选择难易程度。

(2) 避免双眼交替注视，可通过瞬目克服。

(3) 实体镜中间所悬挂的反射镜两面均可使用，并根据需要可自由左右倾斜。

(4) 如果有斜视，可在目镜前放置相当于实体镜所测的三棱镜，即可将画片图画进入所画纸上，或调整中间的小镜子角度，也可获得调整斜视角的效果。

(5) 如果被检者年幼，不能描绘图案，可在侧面画板放置一小动物或小玩具，嘱患儿持一小网捕捉，医生可根据训练情况改变位置和速度，反复捕捉训练。

(6) 左右手均可以练习描绘。

6. 时间　每天描绘一幅。

（三）Wheatstone 立体镜

1. 工作原理　Wheatstone 立体镜也是一种常用的视觉训练设备，可以检查双眼视觉，又可以进行双眼视觉训练，还可以作为实体镜使用。由于 Wheatstone 立体镜简单轻巧，同样也是理想的家庭视觉训练设备。

Wheatstone 立体镜的结构（图 5-16）比较简单，四块相互连接成 W 形的平板安装在底板上，在底板上还有标明融像范围的标尺。中间两块平板上都设置了平面反射镜，外侧两块平板可以插入并固定视标卡片。中间两块平板形成的夹角可以改变，从而可以改变融像需求。减小中间两块平板之间的夹角（中间两块平板互相靠近）时，将会增加集合需求；增大中间两块平板之间的夹角（中间两块平板互相分开）时，将会增加发散需求（图 5-17）。融像范围为 40$^{\triangle}$发散需求至 50$^{\triangle}$集合需求。因为两眼与视标卡片大约相距 33cm，所以调节需求近似于 3.25D。

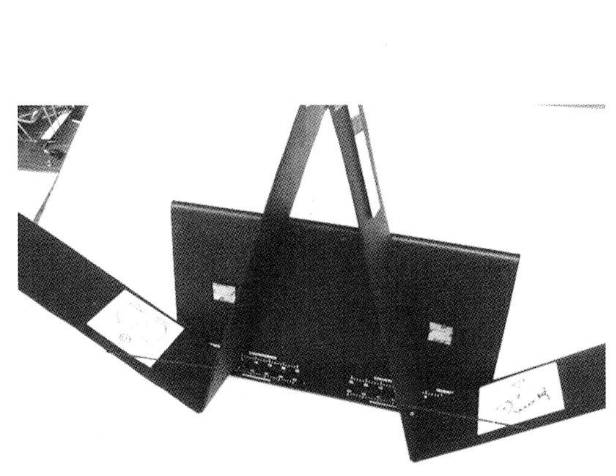

图 5-16　Wheatstone 立体镜

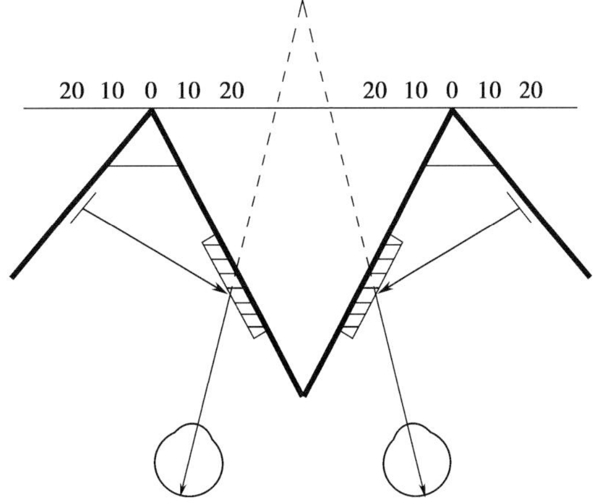

图 5-17　Wheatstone 立体镜光学结构示意图

进行融像训练时，将厂家提供的视标卡片插入外侧平板固定视标卡片的部分，标有"R"的视标卡片放置在右眼前面，标有"L"的视标卡片放置在左眼前面。被检者鼻尖对准贴住两块中间平板形成的前角，两眼注视平面反射镜，应该可以同时看到两侧的视标卡片。然后根据底板上的标尺，将设备设置在相应的融像需求上，再开始进行融像训练，两侧标尺的读数相加，就是此时总的融像需求。医生也可以自己制作一些视标卡片，保持被检者尤其是幼儿的训练兴趣。

2. 目的　扩大融像范围，更持久、舒适、精确的近距离工作。

3. 准备

(1) 插入立体镜顶部的固定杆，形成60°的W形。

(2) 将标记"左"的图片放入左侧平板上，标记"右"的图片放入右侧平板上。

(3) 将镜面立体镜放置于底座上。

4. 方法

(1) 将鼻子对准W形的中央顶点，注视镜面。

(2) 将镜面平板分开，被检者直接看到两个图片。

(3) 如果图片不能水平匹配，先调整好。

(4) 慢慢将镜面平板靠近，直到出现单个图片。需确认被检者能看到控制标记。控制标记较小，一般是指配对卡片的一张上标记的X，另一张上标记的Y。被检者必须在融合图片上同时看到X和Y。

(5) 逐渐将镜面平板靠近，保持融像清晰、单个。

(6) 将镜面平板尽可能靠近，但仍保持单个，而后分开到起始位置。

(7) 逐级将镜面平板分开，保持融像清晰、单个。

(8) 将镜面平板尽可能分开，但仍保持单个，而后分开到起始位置。

(9) 被检者需注意当镜面平板分开时，立体图片会逐渐变大变远。当镜面平板靠近时，立体图片会变小变近。

(10) 不要太快，在一舒适的位置上停留一会儿，需确保X和Y同时存在。如果变暗或者消失，表示双眼对应不匹配。

(11) 当被检者能在一较宽的范围内保持融合像清晰、单个，根据记录卡要求插入下一对立体图，重复上述步骤。

(12) 继续合拢和分开镜面平板来改善融像范围。

(13) 直到被检者能从完全合拢到分开25～30cm的范围内保持像清晰、单个。

5. 时间　最好在一天内分时间段进行，每天总训练时间约10分钟。

(四) Aperture-rule训练仪

1. 工作原理　Aperture-rule训练仪(图5-18)是一种正位视训练仪，主要用来进行融像训练，被检者通过训练可以掌握融像技巧，增加融像范围，提高融像速度。

Aperture-rule训练仪由支架、滑尺、滑板、视标卡片册组成。使用单孔滑板时，视轴相交在视标卡片之前，从而产生集合需求；使用双孔滑板时，视轴不相交或相交在视标卡片之后，从而产生发散需求(图5-19)。医生只需将单孔滑板换成双孔滑板，视觉训练就会从集合训练转变为分开训练。

每张视标卡片上都有两个基本相同的视标图案，一个视标图案只有左眼才能看到，另一个视标图案只有右眼才能看到。另外，视标卡片上还设置了监测视标，每个视标图案旁边都有一个偏心圆作为监测视标，以确定被检者是否做到三维融像。其中一个偏心圆上有一个小十字，而另一个偏心圆下有一个小圆点，这种标志可以监测被检者是否存在抑制，也可用于检验被检者回答的准确性。在进行融像训练时，应根据需要来选择使用单孔滑板或

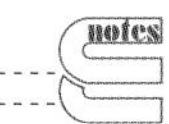

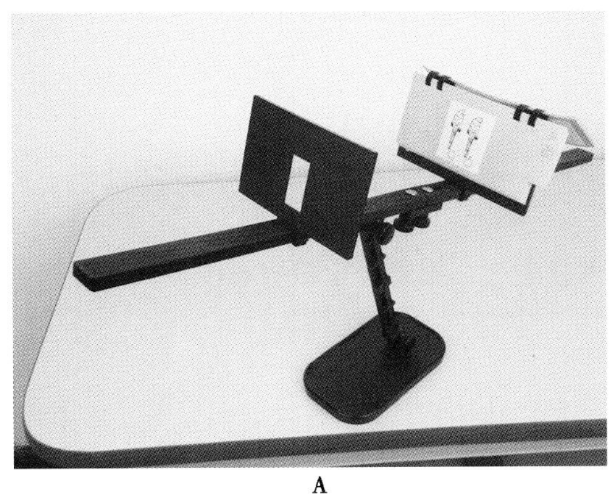

A

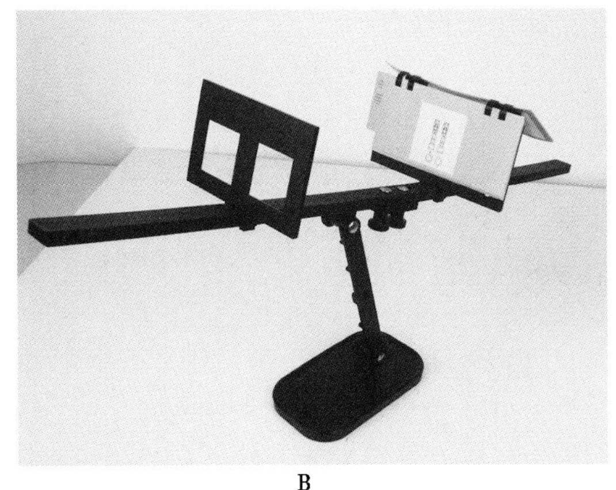

B

图 5-18 Aperture-rule 训练仪

A. 单孔式；B. 双孔式

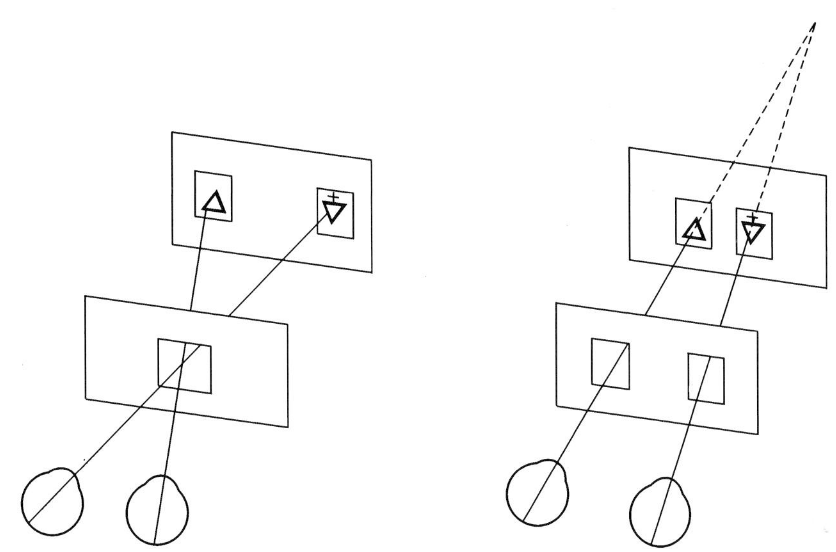

图 5-19 Aperture-rule 单孔和双孔滑板时的视轴示意图

双孔滑板，将其安装在滑尺上相应的位置，同时还要将视标卡片册安装在滑尺上相应的位置。翻开视标卡片册，一般从融像需求较低的视标卡片开始进行训练。

2. 目的　扩大融像范围，提高融像速度，改善立体视觉。

3. 准备　将专用视标本滑板放在 0 位置处，插入视标本，翻到视标 1 的位置。

4. 方法

（1）嘱被检者的鼻尖顶在滑尺的后顶端，交替遮盖被检者的左右眼，从而确定被检者的右眼只能看到一个视标图案，而左眼只能看到另一个视标图案。

（2）嘱被检者两眼同时注视视标卡片，一旦被检者报告获得了融像，医生应该询问被检者视标是否清晰，是否看到监测视标（小十字和小圆点是否同时看到；是否可以体会到圆圈的深度感）。

（3）如果被检者不能融合成一个图像，可让被检者手持一固定在单孔滑板前方 1～2cm 处的注视杆，双眼盯住注视杆顶端。

（4）如果被检者仍然无法融合成一个图像，在视标本和注视杆之间放一张白纸，遮住视标本。集中精力盯住注视杆，然后去除白纸，被检者会发现图像能融合成一个。重复练习该步骤，直到被检者能在没有白纸和注视杆的帮助下仍然能融合图像为止。

（5）要求被检者保持融像状态，从 1 数到 10，然后再眺望远处，重新注视视标卡片并尽

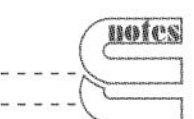

可能快地做到融像。

(6) 以上过程重复数次后翻开下一张视标卡片，并将滑板移动到相应的位置(视标卡片上已有提示)，再按以上步骤进行训练。

5. 注意事项　进行集合训练时，应使用单孔滑板，而进行发散训练时，应使用双孔滑板。

6. 时间　每次训练 2 分钟，休息半分钟，重复多次。根据每个被检者的能力做适当的调整。

(五) 立体图片

1. 工作原理　立体图片有两类，一类称为红绿立体图片，另一类称为偏振光立体图片。红绿立体图片和偏振光立体图片的作用和用法完全一样，事实上，两者之间的区别在于印刷视标图案所使用的材料，红绿立体图片的视标图案是用红色和绿色的透明油墨印刷出来的，而偏振光立体图片的视标图案是用偏振材料印刷出来的。虽然很早以前就发明了偏振光立体图片，但临床上红绿立体图片更为常用。这主要是因为偏振光立体图片的价格过于昂贵。这里主要介绍红绿立体图片，红绿立体图片主要用于融像训练，通过训练可以扩大融像范围，提高融像力，广泛地用于矫正和训练隐斜、斜视患者。

红绿立体图片利用了红绿互补原理，在图片上印刷出基本相同的红色和绿色视标图案，被检者在训练时需要配戴红绿眼镜，戴红镜片的眼睛只能看到图片上绿色的视标图案，而戴绿镜片的眼睛只能看到图片上红色的视标图案。当红色视标图案与绿色视标图案水平分开时，就会产生融像需求(图 5-20)。红绿立体图片分为两种，一种结构类似于滑尺，红色视标图案和绿色视标图案分别印刷在两张透明的塑料片上，可以调节红色视标图案与绿色视标图案相互之间的距离，从而改变融像需求。另一种是将红色视标图案和绿色视标图案都印刷在一张塑料片上，一张图片上有多个视标图案，每个视标图案的红色视标与绿色视标之间的距离是不同的，每个视标图案代表一定的融像需求。因此，前一种红绿立体图片可以通过调整红绿视标图案之间的距离来改变融像需求，而后一种红绿立体图片只有通过注视不同的视标图案才能改变融像需求。

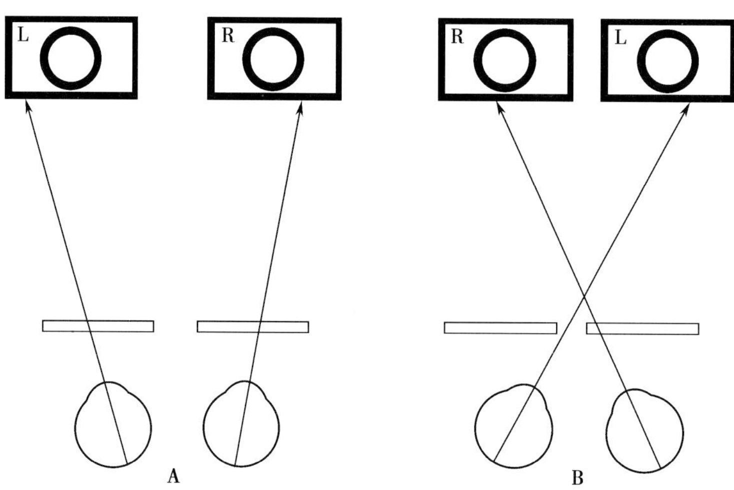

图 5-20　使用红绿立体图片时的视轴示意图

2. 目的　改善立体视觉，协调双眼注视能力，增加融像范围和深径觉。

3. 方法

(1) 被检者戴上红绿眼镜，红镜片必须放置在右眼前面。

(2) 红绿立体图片与眼睛应相距 40cm。

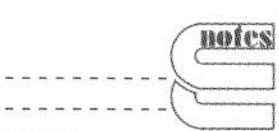

（3）选择融像需求较小的视标图案，嘱被检者将视标图案融合起来。

（4）医生通过监测视标来确定被检者是否做到三维融像，是否存在抑制。

（5）嘱被检者保持融像，从 1 数到 10，然后眺望远处一会，再注视立体图片获得融像，反复训练，数次都能获得融像后，再选择更高融像需求的视标图案进行训练。

4. 注意事项　注视距离为 40cm，红绿视标图案对应点水平分开 4mm 相当于是 $1^{\triangle}$融像需求。当红绿立体图片与眼睛的距离发生变化时，可以通过以下公式推算出相应的融像需求：$100cm/1^{\triangle}=$ 实际训练距离 $/X^{\triangle}$。例如红绿立体图片与眼睛相距 20cm 时，红绿视标图案对应点水平分开 2mm 相当于 $1^{\triangle}$融像需求，4mm 相当于 $2^{\triangle}$融像需求。

（六）融像卡片

融像卡片（图 5-21）有两种，一种是不透明的融像卡片，主要用于进行集合训练；另一种是透明的融像卡片，主要用于进行发散训练。虽然这种训练方法非常简单，但相对来说比较枯燥，被检者不容易接受。

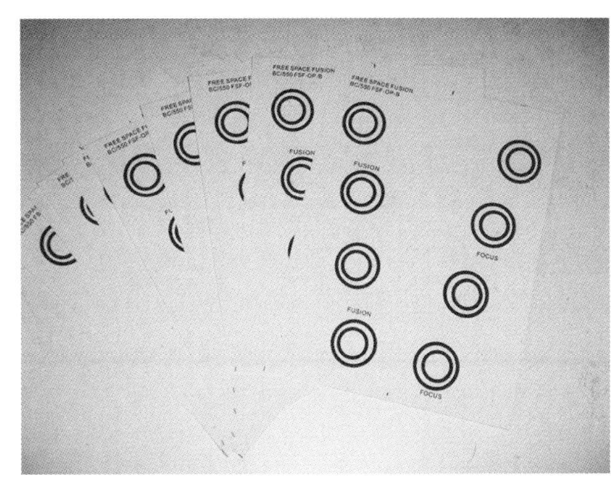

图 5-21　融像卡片

融像卡片是根据直视性融像和交叉性融像原理设计的。不透明融像卡片是将视标图案印刷在一张不透明的白色卡片上。在进行融像训练时，被检者左眼注视右侧的视标图案，右眼注视左侧的视标图案，视轴相交于融像卡片之前，这就是交叉性融像。而透明融像卡片是将视标图案印刷在一张透明的塑料卡片上，进行融像训练时，被检者左眼注视左侧的视标图案，右眼注视右侧的视标图案，视轴不相交或相交于融像卡片之后，这就是直视性融像。每张融像卡片上有四对视标图案，每对视标图案都分别印刷成红色和绿色，每对视标图案之间的水平距离逐渐增大，相应的融像需求也逐渐增大。融像卡片上还有监测视标，可以确定被检者是否存在抑制。在进行融像训练时，实际的融像需求可以通过立体图片中介绍过的公式计算出来。

（七）随机点双眼视训练软件

这是一种常用的家庭视觉训练软件，经过设计，电脑屏幕上的视标图案是由随机分布的红点和蓝点组成，被检者在训练时必须戴上红蓝眼镜，戴红镜片的眼睛只能看到屏幕上蓝点组成的视标图案，而带蓝镜片的眼睛则只能看到屏幕上红点组成视标图案。由于视标图案隐藏在随机点中，只有具备融像力的被检者才能作出正确的应答。这种训练方法采用的是人机对话，对被检者的评分非常客观。

使用软件进行训练时，首先要将软件安装入电脑，然后再戴上红蓝眼镜开始训练。训练时屏幕上会显示给出视标图案的融像需求，按照设计，眼睛应与电脑屏幕相距 40cm。在训练中如果被检者回答正确，电脑给出的下一张视标图案将会自动增加 $1^{\triangle}$融像需求，如果被检者回答错误，电脑给出的下一张视标图案将会自动减少 $2^{\triangle}$融像需求。最后，电脑会自动给被检者的训练打分。

第二节　弱视矫治设备

弱视的儿童往往伴有不同程度的屈光不正，矫正弱视眼的屈光不正，使得视网膜获得一个清晰的影像和正常的视觉刺激是治疗弱视的前提。在屈光不正矫正的前提下，进行长期的视觉训练将有助于刺激弱视眼并能促进正常视觉功能的恢复。弱视的治疗方法主要有

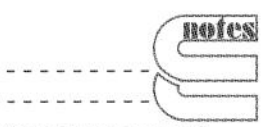

以下几类：遮盖治疗、压抑治疗、眼-手协调训练、红光闪烁刺激疗法、红色滤光片疗法、视觉刺激疗法（CAM疗法）、后像疗法、海丁格刷等。本章节将重点介绍与弱视治疗相关的设备。

一、旁中心注视训练设备

（一）海丁格刷

1. 工作原理　其基本原理是根据海丁格刷效应，即白色光加以偏光后，可以看到注视中心直交的黄色和青色毛刷样现象，此现象是由于极化光线作用于黄斑部呈放射状排列的Honle纤维引起的。此类设备用一块旋转的偏光玻璃板，通过蓝色光源，使得被检者看到一个棕色刷状影在旋转，此刷状影类似飞机的螺旋桨，其中心点相当于中心凹，提高黄斑中心凹的分辨力，改善注视性质。

2. 适应证　旁中心注视性弱视。

3. 操作方法

（1）打开电源，嘱被检者取坐位。

（2）用弱视眼注视镜筒内旋转的光刷和飞机头部，让其努力将光刷中心对准飞机头部，从而达到治疗弱视消除偏心注视的目的。

（3）在训练的同时可以令被检者将光刷看成飞机的螺旋桨以提高其兴趣。

4. 时间　每次单眼固视10分钟，每天1～2次。

（二）后像疗法

1. 工作原理　1953年，瑞士医生Bangerter报告了一种治疗弱视的方法，称为后像疗法。具体方法是用强光刺激旁中心注视点，使之产生后像，处于抑制状态，同时用黑色圆盘遮挡保护黄斑中心凹，中心凹由于受到保护未受到强光刺激，相对提高了功能。后像疗法的设备种类较多，这里将主要介绍后像镜的操作方法。后像镜能够投射一个直径比较大的圆形光环，圆形光环的中央是一个直径比较小的圆形阴影，圆形阴影大小不同，直径分别为1°、3°、5°。

2. 适应证　旁中心注视性弱视。

20世纪50年代，后像疗法极为盛行。但是，该方法耗费大量人力和时间，其疗效却甚微。目前认为，遮盖疗法可以替代后像疗法，最终也能改善弱视眼的注视性质，提高视力。

3. 操作方法

（1）遮盖被检者健眼。

（2）医生把后像镜的光环投射到弱视眼的眼底，把圆形的阴影覆盖在黄斑中心凹处，保护中心凹免受强光刺激。

（3）加大后像镜的亮度，一般20～30秒后关闭电源。

（4）令被检者注视墙壁上白屏上的后像，起初为正后像（中心有黑圆盘的亮圈），以后转变为负后像（中心为白色，周边为暗黑圈），健康者后像可以持续30秒以上，一般不超过3分钟，后像持续时间的长短与弱视程度有关。

（5）在负后像出现后，令被检者以负后像中心光亮区注视视标，令其用小棍指点视标，视标可为“+”字，直至后像消失，重复以上步骤2～3次。

4. 时间　每天2～3次。

5. 注意事项　刚开始治疗时，可以选择直径较大的5°阴影，待注视性质改善后，更换直径比较小的1°阴影。

二、红光闪烁刺激设备

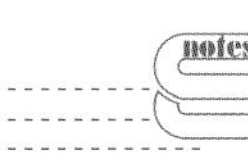

1. 工作原理　这种设备是根据视网膜解剖生理特点设计的。视网膜视锥细胞对光谱

中的红光（波长620～700nm）敏感，视网膜视杆细胞对红光不敏感。黄斑中心凹只有视锥细胞，视杆细胞主要集中在周边视网膜，因此用一个带红光源的电子闪烁设备来刺激黄斑中心凹，从而改善中心凹的分辨率，最终达到改善注视性质的目的。

2. 适应证　中心注视性弱视及旁中心注视性弱视均适用。

此治疗方法可能是由红色滤光片疗法演变而来，有关这种短暂照射用语改善注视性质的疗效有待进一步证实。

3. 操作方法

（1）半暗室下嘱被检者注视闪烁设备的镜筒内，双眼距镜筒不可过远，一般为3cm。

（2）打开设备的闪烁开关，调整闪烁频率，双眼可分别或同时闪烁，也可交替闪烁，开始时频率较低，以后可以逐渐提高。

4. 时间　每次训练15分钟，每天1～2次。

三、视觉刺激设备（CAM视觉刺激仪）

1. 工作原理　1975年，Campbell在英国眼科杂志上报告了视觉刺激设备的治疗效果。视觉刺激设备实际上是一个光栅刺激仪，其利用反差强、空间频率不同的条栅作为刺激源，条栅越细，空间频率越高，刺激越强，并且可以转动，这样就可以让黄斑中心凹各个方位的视细胞都能接受到这种刺激（图5-22）。

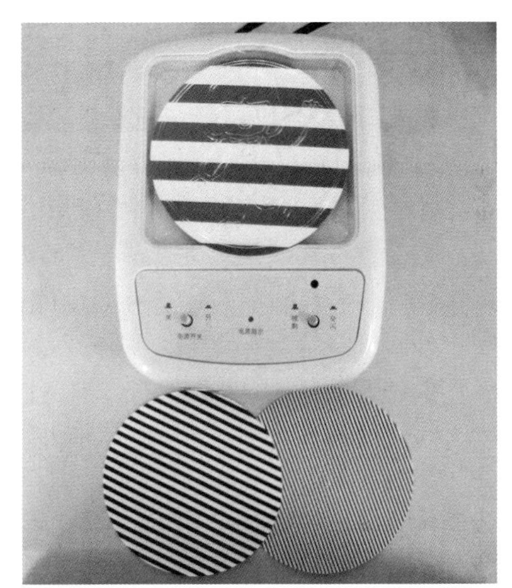

图5-22　视觉刺激设备

2. 适应证　中心注视性弱视，多用于屈光不正性弱视。

3. 操作方法　选择弱视眼所能识别的最高空间频率的条栅作为其训练的开始，将这个黑白条栅圆盘放进刺激设备的旋转轴上，条栅转盘上再放一个画有图案的透明塑料圆盘，嘱被检者遮盖健眼，用弱视眼注视圆盘，并让被检者描绘圆盘上的图案。

4. 时间　每次训练7分钟，每天1～2次。

5. 治疗效果　关于这种治疗方法的效果各家看法不同，目前存在两种截然不同的实验结果。原创者报告，经过3次，每次7分钟的治疗，73%的被检者视力很快得到提高。但后来的学者们未能证实它们的治疗效果。有的作者就指出这种治疗方法至今没有得到对照研究的支持。在CAM视觉刺激疗法报告不久，有人经过对照研究显示这种治疗方法治疗弱视是无效的。

实训5-1：同视机的使用方法

1. 实训要求

（1）熟练掌握同视机各部件的功能。

（2）熟练掌握同视机用于检查的使用方法。

2. 实训方法

（1）教师示教同视机的使用方法和注意事项。

（2）在教师的指导下，学生分组练习，使学生熟能生巧，掌握同视机的使用方法。

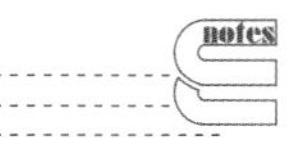

3. 实训步骤

同视机用于检查

1）同视机检查前准备

①开启电源。

②首先调整好被检者的瞳距、下颌托和额托，令被检者注视目镜中的画片。

③调整设备把所有刻度盘的指针都调到 0°，特别要注意垂直和旋转的刻度盘。

④被检者的头位应该保持正直，特别是那些平时有代偿头位的被检者，下颌既不内收也不上举，要便于检查者观察被检者的眼球运动及角膜映光点。

2）主观斜视角的测定

①使用两张同时视画片，如狮子和笼子，分别置于被检者双眼前。

②将注视眼镜筒固定于 0 处，令被检者手持另一侧镜筒手柄，将狮子装入笼子中，此时镜筒臂所指的度数即为主观斜视角。

③镜筒向集合方向转即是内斜，反之为外斜。如果两个画片不能重合时，说明无同时视功能，其表现有两种情况：一种是只看到一侧画片，可能为单眼抑制；另一种是看到两个画片但不能重合，可记录为同侧复视或记录交叉点（当双眼注视到某一点后，两个画片突然变换位置，即狮子刚要进入笼子就消失，或者跳过笼子出现在另一侧，此点即为交叉点）。

3）客观斜视角的测定

①使用同时视画片，如狮子和笼子，分别置于被检者双眼前。

②检查者交替点亮及熄灭两镜筒的照明装置，另被检者双眼分别注视。

③检查者在镜筒上或下方观察被检者眼球有无恢复注视之运动。当灯光亮灭时，如眼位由外向内移动则为外斜视，由内向外移动为内斜视。

4）A-V 征检查

①使同视机的双臂围绕水平轴上转 25°。

②测量斜视角度，记录时用棱镜表示。

③使同视机的双臂围绕水平轴下转 25°。

④测量斜视角度，记录时用棱镜表示。

A 征是指上下各转 25° 上方的斜视度与下方的斜视度相差超过 10△。V 征是指上下各转 25°，上方的斜视度与下方斜视度相差超过 15△。

5）AC/A 检查

①应用 1° 黄斑中心凹画片检查主观斜视角。

②再插入 -3D 镜片重复检查主观斜视角。如检查不到主观斜视角，改查客观斜视角。

③AC/A 检查时必须配戴矫正眼镜，放松调节，复查 3 次取平均值。

公式：AC/A=（△2- △1）/ 3

式中，△1：主观斜视角；

　　△2：插入 -3D 镜片后的主观斜视角。

6）旋转性斜视的检查

①只能靠被检者的主观感觉判断主观斜视角，以主观斜视角说明客观斜视角。

②检查时，应用十字画片也称为隐斜画片在同视机上可以准确记录出旋转斜视患者的旋转角度，大部分旋转性斜视患者，存在明显自觉症状，眼球运动却没有明显异常。

7）融合范围

①一般使用二级画片，10° 画片用于周边融合功能检查，1° 画片用于中心凹融合功能检查。

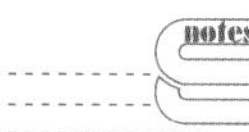

②将画片转至分开位置，使被检者认清两张画片的特点，然后移动镜筒，至两张画片重合。

③此时将左右镜筒锁住，并使之产生两臂等量的集合和分开，转动水平聚散旋钮直到两张画片不再重合。

④自融合点向外（散开，以负号表示）和向内（集合，以正号表示）推动镜筒，直至不能再融合，此幅度即为融合范围。

⑤正常水平融合范围为 −4°～+30°，垂直融合范围为 1°～2°。

实训 5-2：调节训练相关设备

1. 实训要求

（1）熟练掌握调节训练相关设备的适应证。

（2）熟练掌握调节训练相关设备的使用方法。

2. 实训方法

（1）教师示教调节训练相关设备的使用方法和注意事项。

（2）在教师的指导下，学生分组练习，使学生熟能生巧，掌握调节训练相关设备的使用方法。

3．实训步骤

（1）Brock 线：

1）准备

①一端固定于 1m 以外墙壁上，高度与眼水平高度一致。

②持线的另一端，拉紧固定在鼻尖。

③将珠子沿着线分开，一颗在 1m 处，另外一颗距鼻尖 40cm。

2）方法

①要求被检者注视远端珠子，此时由于生理性复视的作用，应该看到一个远端的彩珠，两个近端的彩珠，两条绳相交于远端的彩珠，被检者会看到 V 形。

②要求被检者尽可能快速准确地注视近端彩珠，由于生理性复视的作用，被检者应该看到两个远端的彩球，一个近端的彩珠，两条绳相交于近端的彩珠，被检者会看到 X 形。

③前后交替注视两彩珠，被检者在前后交替注视时始终能看到 V 形和 X 形，记为一次切换周期，切换 3 次为一组。

④成一组后，将近处彩珠移近 5cm，重复前后交替注视两彩珠，直至近端彩珠位于鼻尖前 2.5cm 处。

3）时间：训练时间约 10 分钟，出现疲劳后注意休息。

（2）推进训练：

1）准备

①被检者戴适宜的远用眼镜。

②压舌板的一端贴上 0.6 近视标。

2）方法

①被检者手持压舌板置于眼中线，与眼同一水平高度。

②逐渐移近压舌板。

③当视标出现重影或破裂成两个，嘱被检者努力避免复视，直至不能克服复视。

3）时间：30 次为一组，每天做 2～3 组。

（3）球镜反转拍：

1）准备

①被检者戴适宜的远用眼镜。

②测定被检者视力，让被检者注视最佳矫正视力的上一行的近视力视标。

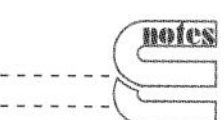

2）方法

①将 +2.00D 反转透镜放置于被检者眼前，嘱被检者注视 30cm 近视标（最佳矫正视力的上一行视标）。

②切换 −2.00D 反转透镜，待视标清晰后，再次切换 +2.00D 反转透镜，直至视标清晰。

3）时间：20 次为一组，每天 2～3 组。

实训 5-3：融像训练相关设备

1. 实训要求

（1）熟练掌握融像训练相关设备的适应证。

（2）熟练掌握融像训练相关设备的使用方法。

2. 实训方法

（1）教师示教融像训练相关设备的使用方法和注意事项。

（2）在教师的指导下，学生分组练习，使学生熟能生巧，掌握融像训练相关设备的使用方法。

3. 实训步骤

（1）Brewster 立体镜

1）准备：被检者戴适宜的远用眼镜，嘱其注视 40cm 检测视标。

2）方法

①在双眼分视的条件下，调整移动视标使双侧视标像重叠，将移动视标沿棱镜刻度尺缓慢匀速平移到固定视标左侧，当视标出现复像时，嘱被检者努力避免复视，直至不能克服复视，记录融像性集合量值。

②恢复双眼视标像重叠，将移动视标沿棱镜刻度尺缓慢匀速平移到固定视标右侧，当视标出现复像时，嘱被检者努力避免复视，直至不能克服复视，记录正融像性集合量值，恢复双侧视标像重叠，反复训练。

③将双眼的检测视标向观察眼移近到 25cm，重复 2、3 步骤。

3）时间：上述方法为一个训练周期，切换 20 次为一组，每天做 2～3 组。

（2）斜隔板实体镜

1）准备：嘱被检者一只眼只能看到反射镜另一眼只能看到底板上的纸。

2）方法

①被检者将头放在额架上，通过双目镜注视，健眼通过目镜看到实体镜侧面画板上的面，抑制眼能看到实体镜平面板上的纸和手持笔。

②此时，一眼看画，另一眼主观感知画在前方，嘱被检者照图描绘。

3）注意事项

①画片图案可根据视力、年龄来选择难易程度。

②避免双眼交替注视，可通过瞬目克服。

③实体镜中间所悬挂的反射镜两面均可使用，并根据需要可自由左右倾斜。

④如果有斜视，可在目镜前放置相当于实体镜所测的三棱镜，即可将画片图画进入所画纸上，或调整中间的小镜子角度，也可获得调整斜视角的效果。

⑤如果被检者年幼，不能描绘图案，可在侧面画板放置一小动物或小玩具，嘱患儿持一小网捕捉，医生可根据训练情况改变位置和速度，反复捕捉训练。

⑥左右手均可以练习描绘。

4）时间：每天描绘一幅。

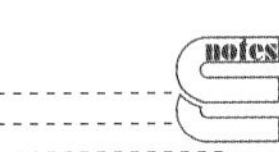

（3）Wheatstone 立体镜

1）准备

①插入立体镜顶部的固定杆，形成60°的W形。

②将标记“左”的图片放入左侧平板上，标记“右”的图片放入右侧平板上。

③将镜面立体镜放置于底座上。

2）方法

①将鼻子对准W形的中央顶点，注视镜面。

②将镜面平板分开，被检者直接看到两个图片。

③如果图片不能水平匹配，先调整好。

④慢慢将镜面平板靠近，直到出现单个图片。需确认被检者能看到控制标记。控制标记较小，一般是指配对卡片的一张上标记的X，另一张上标记的Y。被检者必须在融合图片上同时看到X和Y。

⑤逐渐将镜面平板靠近，保持融像清晰、单个。

⑥将镜面平板尽可能靠近，但仍保持单个，而后分开到起始位置。

⑦逐级将镜面平板分开，保持融像清晰、单个。

⑧将镜面平板尽可能分开，但仍保持单个，而后分开到起始位置。

⑨被检者需注意当镜面平板分开时，立体图片会逐渐变大变远。当镜面平板靠近时，立体图片会变小变近。

⑩不要太快，在一舒适的位置上停留一会儿，需确保X和Y同时存在。如果变暗或者消失，表示双眼对应不匹配。

⑪当被检者能在一较宽的范围内保持融合像清晰、单个，根据记录卡要求插入下一对立体图，重复上述步骤。

⑫继续合拢和分开镜面平板来改善融像范围。

⑬直到被检者能从完全合拢到分开25～30cm的范围内保持像清晰、单个。

3）时间：最好在一天内分时间段进行，每天总训练时间约10分钟。

（4）Aperture-rule 训练仪：

1）准备：将专用视标本滑板放在0位置处，插入视标本，翻到视标1的位置。

2）方法

①嘱被检者的鼻尖顶在滑尺的后顶端，交替遮盖被检者的左右眼，从而确定被检者的右眼只能看到一个视标图案，而左眼只能看到另一个视标图案。

②嘱被检者两眼同时注视视标卡片，一旦被检者报告获得了融像，医生应该询问被检者视标是否清晰，是否看到监测视标（小十字和小圆点是否同时看到；是否可以体会到圆圈的深度感）。

③如果被检者不能融合成一个图像，可让被检者手持一固定在单孔滑板前方1～2cm处的注视杆，双眼盯住注视杆顶端。

④如果被检者仍然无法融合成一个图像，在视标本和注视杆之间放一张白纸，遮住视标本。集中精力盯住注视杆，然后去除白纸，被检者会发现图像能融合成一个。重复练习该步骤，直到被检者能在没有白纸和注视杆的帮助下仍然能融合图像为止。

⑤要求被检者保持融像状态，从1数到10，然后再眺望远处，重新注视视标卡片并尽可能快地做到融像。

⑥以上过程重复数次后翻开下一张视标卡片，并将滑板移动到相应的位置（视标卡片上已有提示），再按以上步骤进行训练。

3）注意事项：进行集合训练时，应使用单孔滑板，而进行发散训练时，应使用双孔滑板。

4）时间：每次训练2分钟，休息半分钟，重复多次。根据每个被检者的能力做适当的调整。

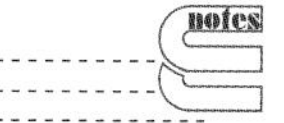

（5）立体图片：

1）方法

①被检者戴上红绿眼镜，红镜片必须放置在右眼前面。

②红绿立体图片与眼睛应相距 40cm。

③选择融像需求较小的视标图案，嘱被检者将视标图案融合起来。

④医生通过监测视标来确定被检者是否做到三维融像，是否存在抑制。

⑤嘱被检者保持融像，从 1 数到 10，然后眺望远处一会儿，再注视立体图片获得融像，反复训练，数次都能获得融像后，再选择更高融像需求的视标图案进行训练。

扫一扫，测一测

2）注意事项：注视距离为 40cm，红绿视标图案对应点水平分开 4mm 相当于是 1$^{\triangle}$融像需求。当红绿立体图片与眼睛的距离发生变化时，可以通过以下公式推算出相应的融像需求：100cm/1$^{\triangle}$= 实际训练距离 /X$^{\triangle}$。例如红绿立体图片与眼睛相距 20cm 时，红绿视标图案对应点水平分开 2mm 相当于 1$^{\triangle}$融像需求，4mm 相当于 2$^{\triangle}$融像需求。

（章 翼）

参考文献

1. 牛兰俊. 实用斜视弱视学. 北京：苏州大学出版社，2016
2. 刘党会. 眼视光器械学. 北京：人民卫生出版社，2018
3. 吕帆. 眼视光器械学. 北京：人民卫生出版社，2004

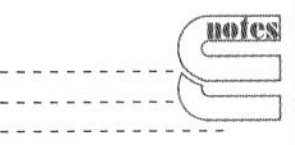

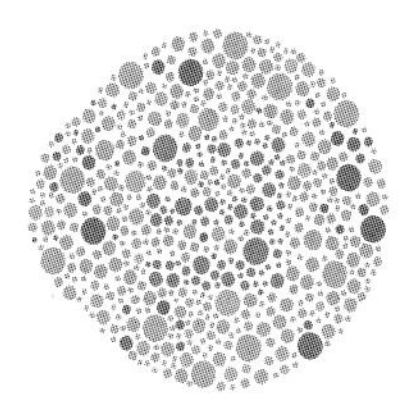

第六章　眼镜加工设备

第一节　磨边设备

学习目标

1. 掌握：磨边机的操作步骤。
2. 熟悉：磨边机操作时的注意事项。
3. 了解：磨边机的工作原理。

一、手动磨边机

1. 基本结构　台式手动磨边机的主要结构包括电动机、水槽、铝合金机架、挡水板、海绵、水阀门、电源总开关、正反向开关及金刚石砂轮等部件（图6-1）。

图6-1　手动磨边机

2. 工作原理　手动磨边机主要通过砂轮轴的正反旋转，完成镜片的粗磨、细磨、倒角和修边等工作。镜片与砂轮的冷却主要靠海绵吸满水与砂轮接触来完成。一般采用海绵吸水，使用时先将海绵浸湿，再将水挤出，然后将海绵装入砂轮下面并接触砂轮，但不要太紧，最后装好水槽，注入适量水即可使用。

3. 操作步骤

（1）开机前准备：先将水管与下水斗连接，然后将下水斗装入机器的下底部，再将排水管通入污水道。连接电源，检查各个部件的功能是否正常。

（2）安装海绵并注水：上水斗放入机器的上部槽内，放入清水800g。海绵用水浸湿，装入砂轮下面并接触砂轮，但不要太紧。开启水阀门，控制在100滴/分钟，再开启开关，即可使用。

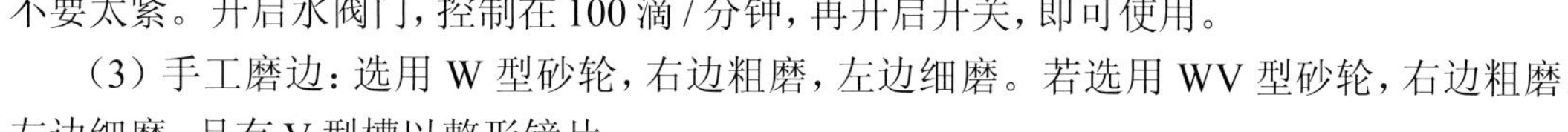

（3）手工磨边：选用W型砂轮，右边粗磨，左边细磨。若选用WV型砂轮，右边粗磨，左边细磨，且有V型槽以整形镜片。

（4）使用结束后，将下水斗拿出清洗，以免排污孔阻塞。

4. 注意事项

（1）手动磨边机在使用前应仔细检查其零件，是否有损伤，紧固件是否有松动等现象，按手动磨边机规定的电压和频率使用。

（2）用手转动砂轮轴应灵活无碰擦，砂轮无松动，不在有易燃易爆气体的场合使用该机。

notes

(3) 砂轮使用一段时间后，要用油石条修整，修整时开启水阀门。

(4) 机器左边的开关为倒顺开关。使用正反向运转时，必须先关掉前面的总电源开关，方可按此正反向开关，否则会导致机器损坏。

实训 6-1：手动磨边机的日常保养及维护

1. 实训要求 熟练掌握手动磨边机的日常保养和维护方法。

2. 实训学时 2 学时。

3. 实训条件

(1) 环境准备：明亮的视光实训室。

(2) 设施准备：手动磨边机 1 台。

(3) 实验者准备：着工作服、口罩及帽子。

4. 实训步骤

(1) 手动磨边机的日常保养

1) 阅读手动磨边机使用说明书作日常保养。

2) 手动磨边机的日常保养要求

①设备应置于常温环境中使用，避免阳光直射。

②不要将设备放置于倾斜或摇晃的平面上使用。

③每天完成眼镜片加工后应清洗海绵，避免眼镜片材料粉尘积在海绵里。

④每次磨片后及时关闭运行开关，避免设备长时间处于运行状态。

(2) 手动磨边机的维护方法

1) 阅读手动磨边机使用说明书的维护方法。

2) 手动磨边机使用前的检查操作

①检查确认设备电源插头与交流电源插座已正确连接。

②清洁海绵，打开砂轮盖并将提过水的海绵放在砂轮的上下两侧。

③补充冷却水槽内的冷却水，排空排水槽内的水。

④开启双向运行开关，确认砂轮顺转、逆转均转动正常。

⑤在砂轮转动状态下，调节冷却水水量，至转动的砂轮表面处于含水的状态。但水量不要调节太大，以免砂轮表面冷却水因过多而随砂轮转动飞溅。

(3) 手动磨边机常见运行故障及排除方法

1) 电源线没有正确连接，应正确连接电源线。

2) 电源熔丝损坏，应：①按照仪器标碑和说明书所示，选择相同规格的熔丝；②将电源线从电源拆座上拔下；③打开设备上的熔丝盒，更换已损坏的熔丝；④将熔丝盒插回设备，插上电源线，开机。

3) 砂轮传动带断，应：①将电源线从电源插座上拔下；②打开外壳上的传动带仓盖板；③取出已损坏的传动带，并用干布清洁电动机和砂轮轴上的带轮；④装上新传动带：传动带先从电动机一侧带轮装入，用手转动电动机侧带轮并将传动带推入砂轮轴的带轮中，用手转动砂轮，观察传动带是否正确装入带轮，有无松脱现象；⑤盖上传动带仓盖板，插上电源线，开机试运行。

4) 冷却水槽内没有冷却水，应补充冷却水槽中的冷却水。

5) 冷却水水量调节钮调在关闭位置或堵塞，应：①旋转水量调节钮，调节水量至合适状态；②拧下水量调节钮前端，疏通堵塞物后，装回并调节水量至合适。

6) 海绵太脏或老化，应：①将海绵用清水洗净；②更换已老化的海绵。

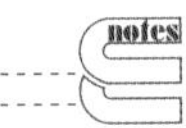

7) 砂轮表面粗糙，需要修整，应：①根据所要修整的砂轮型号，按操作说明书所示选择

相应标号的砂条；②将砂条完全浸入水中2～3分钟；③开启运行开关，待砂轮完全转动后关闭运行开关；④利用砂轮转动的惯性，将砂条紧贴住需修整的砂轮面，直至砂轮转动停止；⑤重复砂轮修整步骤2～3次，并且砂轮修整应用很轻的力量，以免损伤砂轮。

8）砂轮老化，应更换砂轮。

5. 实训善后

（1）认真核对操作过程，确保准确无误，填写实训报告。

（2）整理及清洁实训用具，物归原处。

6. 复习思考题

（1）试讲解介绍手动磨边机的日常保养要点。

（2）试讲解介绍手动磨边机常见运行故障及排除方法。

二、自动磨边机

目前使用的自动磨边机，型号众多，外形相差很大，但它们的机械结构、工作原理基本相同。自动磨边机按模板的存在形式分为半自动磨边机和全自动磨边机两种。

（一）半自动磨边机

半自动磨边机是仿照实物模板进行自动仿型磨削眼镜片的加工设备。眼镜片磨边的加工参数、加工模式由操作者设定完成。

1. 基本结构　半自动磨边机的主要结构包括压力调节装置、镜片类型调节装置、镜片磨边尺寸调节装置和倒角种类及位置的调节装置等。

图解说明：见图6-2。

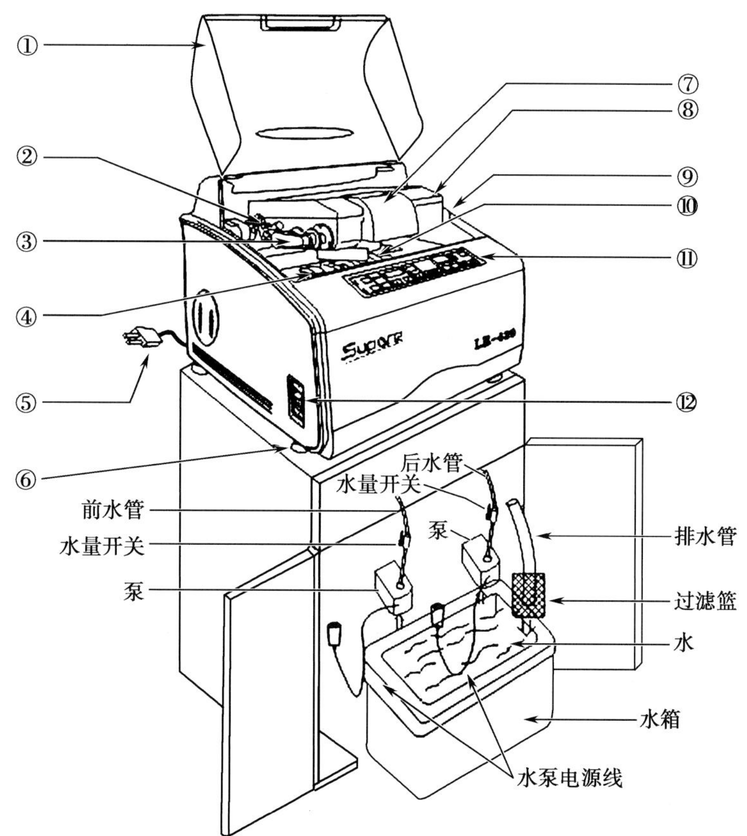

图6-2　半自动磨边机的主要结构

（1）外盖（隔音盖）；（2）机头压力调节杆；（3）模板夹头；（4）机头底座传感器（游标头）；（5）电源插头；（6）水平调节脚；（7）防水内盖；（8）机头；（9）镜片夹头；（10）砂轮；（11）控制面板；（12）电源开关

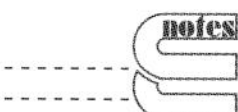

2. 工作原理 半自动磨边是根据镜片材质（玻璃材质、树脂材质、PC 材质等）、尺寸大小、镜片形态（圆形镜片、小寸片、直角片等）、镜片边形（平边、尖边）等，通过主板电子电路控制磨边机做适当机械运动后磨出和模板相同的眼镜镜片。半自动磨边工艺中的磨边是采用成形法磨边，金刚石砂轮的表面与镜架框槽沟形状 110° 角安装好，故倒角匀称，磨边质量好。为了提高磨边效率，半自动磨边机砂轮采用粗磨、精磨、倒角等组合砂轮（图 6-3）。

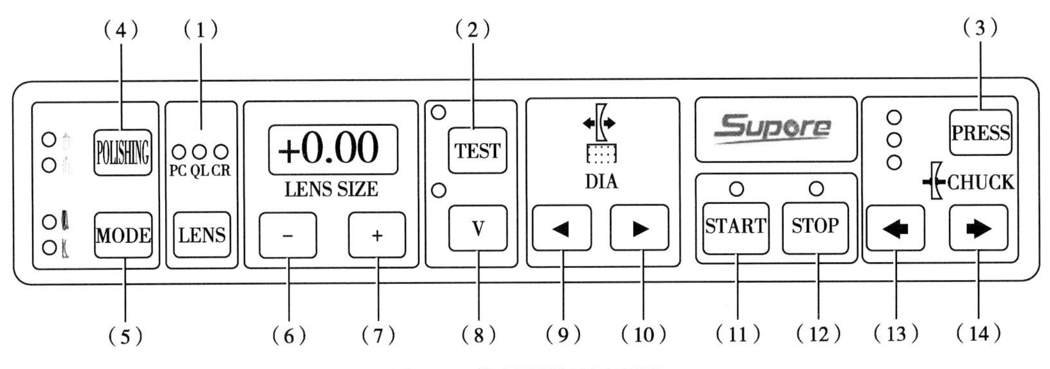

图 6-3 控制面板的示意图

(1) 镜片选择键：PC（碳酸聚酯）、GL（玻璃）、CR（树脂）；(2) 测试键；(3) 夹头压力 1 档 /2 档 /3 档选择键；(4) 抛光和不抛光选择键；(5) 尖边和平边选择键；(6) 尺寸“−”键；(7) 尺寸“+”键；(8) 重修键；(9) 左移键；(10) 右移键；(11) 开始键；(12) 停止键；(13) 镜片夹紧键；(14) 镜片松开键

3. 操作步骤

(1) 开启电源开关，打开供水开关，按 TEST 键检查进水情况，使半自动磨边机处于待工作状态。

(2) 安装模板：把模板安装在模板轴上。确认左右无误后，嵌入轴上的两定位销上，用压盖固定。

(3) 安装镜片：把定中心仪确定的安装橡皮真空吸盘的镜片嵌按在镜片轴的键槽内，安装时，将吸盘上方的点对准夹轴上的点。

(4) 按 PRESS 键选择夹头压力

1) Ⅰ（低压）：用于高折射率镜片（超薄镜片）。

2) Ⅱ（中压）：GL（玻璃）、CR（树脂镜片）。

3) Ⅲ（高压）：PC（碳酸聚酯）、CR（树脂镜片）。

(5) 按夹紧开关夹紧镜片：只需轻按开关一次，它会自动夹片；轻按“松开”键，夹头会松开镜片。

(6) 按镜片选择键选择镜片材料：PC（碳酸聚酯）、GL（玻璃）或 CR（树脂镜片）。开机时，初始状态为 GL（玻璃镜片）。

(7) 镜片磨边类型调节：按 MODE 键，可以转换尖边和平边两种方式，同时可进行平边和尖边的抛光或不抛光选择。

(8) 按 START 开机，开始工作。保证磨片时机器的防水盖关上，否则会发生意外事故，当噪音过大时，应关上隔音的外盖。

(9) 自动磨边结束后，打开防护盖，按下松开按钮或旋松夹紧块，卸下镜片，比较与模板的大小是否一致。

(10) 调整：根据需要检查控制面板上显示的镜片尺寸。在测试后如果镜片尺寸小了，则按“+”键增加尺寸；在测试后如果镜片尺寸大了，则按“−”键减小尺寸。

(11) 重修：如果镜片在加工完后尺寸大了，按“−”键重新设定尺寸。再按“V”键，机器会根据减小的尺寸在第二砂轮上重磨。

（12）倒出安全角：完成调整后在手磨砂轮机上对镜片的凸凹两边缘上倒出宽约0.5mm×30°的安全倒角。

4. 注意事项

（1）由于模板尺寸通常比镜框槽沟略小及砂轮的磨损等因素。所以设定镜片加工尺寸要比模板稍大，需要根据经验进行微调。

（2）操作时，根据有框架、无框架、半框架，选择尖边或平边按钮；根据镜片周边厚度，设定尖角在周边上分布的位置，有些半自动磨边机可自动判断，不需预设。

（3）如果要进行自动磨边顺序：粗磨→精磨→倒尖角边（平边），则选择联动开关，否则选择单动开关。

（4）冷却水要经常更换，减少水中的磨削粉末对镜片表面质量和砂轮寿命的影响。加工中，冷却水要充分流动。冷却水过少，会出现火花，使金刚石砂轮的寿命、锋利度等显著下降，同时还会引起镜片破损。冷却水过多则飞溅出盖板，影响加工环境的整洁。更换冷却水时，请同时清扫喷水嘴和水泵的吸水口，保证工作时冷却水的顺畅流动。

（5）经常对半自动磨边机进行清洁保养工作，随时擦去机器上的灰尘和镜片粉末，对滚动、滑动的轴承处按保养说明，加注润滑油，保证机器灵活正常工作。

（6）每过一段时间需要调整磨片位置，延长砂轮组的使用寿命。按左移键和右移键可以根据需要移动镜片在砂轮上的位置。

（二）全自动磨边机

全自动磨边机主要由扫描仪完成实物模板的参数采集，然后自动传输到磨边机，完成自动仿型磨削眼镜片的加工设备。

1. 基本结构　全自动磨边机的主要由磨边机和扫描仪组成。

2. 工作原理　全自动磨边是通过扫描仪自动传输参数信息到主板电子电路控制磨边机做适当机械运动后磨出和模板相同的眼镜镜片。

3. 操作步骤

（1）加工前的调整、确定镜片加工基准。

（2）扫描

1）选择双眼扫描或右眼扫描或左眼扫描。

2）选择镜架类型（金属镜架或塑料镜架），选择镜片材质（玻璃材质、树脂材质、PC材质）等。

3）将镜架正面朝下放置在扫描箱中，并用镜框夹固定。

4）按扫描循环启动键，扫描镜架或撑板（或模板）。

（3）中心仪定位。

（4）磨边

1）选择尖边类型：普通尖边、强制尖边、磨平边。

2）镜片的装夹操作。

3）参数的输入：输入瞳距及瞳高，即可开始磨边。

4）启动磨边按钮。

5）取出镜片并试装镜架，与镜架对照（无框眼镜与模板对照），如不符合要求，修改磨边量并重新磨边（此时仅磨尖边或平边），直至大小合适。

（5）接下来磨安全角、抛光。

4. 注意事项

（1）制作无框框眼镜、半框眼镜时，先将撑板（或模板）在中心仪上水平定位、装吸盘后，装在扫描附件上，再将附件放置在扫描箱中，插上扫描棒。

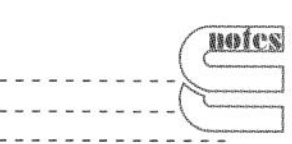

（2）扫描双眼镜圈，电脑会自动计算并显示 FPD 值。若扫描撑板（或模板、单板）则还需要 FPD 值、加工尺寸。

（3）取出镜片时，不要卸下吸盘。

（4）扫描器不用时，请盖上防尘罩防尘。同时避免异物掉入，而造成不必要的机器故障。

（5）保证仪器在合适的温度和干净清洁的环境中使用，同时避免阳光直射，且干燥通风。

实训 6-2：自动磨边机的日常保养及维护

1. 实训要求　熟练掌握自动磨边机的日常保养和维护方法。

2. 实训学时　4 学时。

3. 实训条件

（1）环境准备：明亮的视光实训室。

（2）设施准备：自动磨边机 1 台。

（3）实验者准备：着工作服、口罩及帽子。

4. 实训步骤

（1）自动磨边机的日常保养

1）阅读自动磨边机使用说明书作日常保养。

2）自动磨边机的日常保养要求

①设备应置于常温环境中使用，设备必须有效接地。不正确的接地可能会导致机身漏电，造成人身伤害，并且电路中的抗干扰性能亦可能降低。

②定期检查电源线，进水管、排水管是否连接牢固，不要将设备放置于倾斜或摇晃的平面上使用。

③每天完成加工后用清水清洁自动磨边机磨片仓、防水盖，用干布清洁内部。但清洁自动磨边机时不要让水进入全自动磨边机内部，以免腐蚀内部零件造成设备损坏；清洁内部切勿碰触扫描探头，以免因不当受力导致精度下降。

④自动磨边机清洁后将镜片夹持轴置于完全打开状态并用柔软的布清洁设备外壳。但不能用非中性洗涤剂或有机溶剂清洁外壳。

⑤夜间设备不工作期间，关闭电源，打开防水盖，使设备处于通风状态。

⑥每天完成加工后应更换水箱内的水并清洁水箱、过滤网和水泵，以免镜片残留物堵塞水管。

⑦定期检查吸盘和防磨垫，发现磨损及时更换。使用已磨损的吸盘会造成镜片与吸盘定位偏移，磨片质量下降；使用已磨损的防磨垫会造成镜片内表面损伤。

⑧禁止将非镜片类物质置于砂轮上磨，禁止将玻璃镜片置于树脂镜片砂轮片，否则会损伤砂轮。

⑨禁止将非镜架或模板类物质置于扫描仪中扫描，以免损伤扫描探头。

⑩除 PC 镜片外，禁止在无冷却水或水量很少的情况下磨片，否则会损伤砂轮和镜片。

（2）自动磨边机的维护方法

1）阅读自动磨边机使用说明书的维护方法。

2）自动磨边机使用前的检查操作

①检查确认设备电源插头与交流电源插座已正确连接。

②检查进水管、排水管是否连接牢固，吸盘和防磨垫有无磨损。

（3）自动磨边机常见运行故障及排除方法

1）电源线没有正确连接，应正确连接电源线。

2）电源熔丝损坏，应：①按照仪器标碑和说明书所示，选择相同规格的熔丝；②将电源

线从电源拆座上拔下；③打开设备上的熔丝盒，更换已损坏的熔丝；④将熔丝盒插回设备，插上电源线，开机。

3）水泵或电磁阀电源没有连接，应正确连接水泵或电磁阀的电源线于设备相应的插座。

4）水泵或电磁阀没有工作，应：①从设备相应的插座上拔下水泵的电源线；②拔下连接水泵的进水管；③更换新水泵，并接上水管、电源；④关闭电磁阀供水；⑤从设备相应的插座上拔下电磁阀的电源线；⑥拔下连接电磁阀的进出水；⑦更换新电磁阀，并接上水管、电源。要确保水管与水泵或电磁阀之间的连接牢固，必要时应使用锁紧箍加紧。

5）进水管堵塞，应：①通常水管的堵塞多出现在管线最细的部位；对自动磨边机而言，多堵塞在冷却水出水口附近；②拔下出水口硬管（通常该部件被设计为可拆卸式）；③疏通管内堵塞物；④装回出水口硬管，调节出水角度至合适。

6）外部水压不够，应：①使用电磁阀供水的系统可通过调节外部水阀提高供水水压；②在外部水压偏低的情况下，可考虑使用水泵供水或加装增压泵解决。

5. 实训善后

（1）认真核对操作过程，确保准确无误，填写实训报告。

（2）整理及清洁实训用具，物归原处。

6. 复习思考题

（1）试讲解介绍自动磨边机的日常保养要点。

（2）试讲解介绍自动磨边机的常见运行故障及排除方法。

第二节　辅助设备

一、定中心仪

学习目标

1. 掌握：定中心仪的操作步骤。
2. 熟悉：定中心仪操作时的注意事项。
3. 了解：定中心仪的工作原理。

1. 基本结构　定中心仪的主要结构包括压杆、定位销、刻度面板、数据标示板、视窗和机座等（图6-4）。

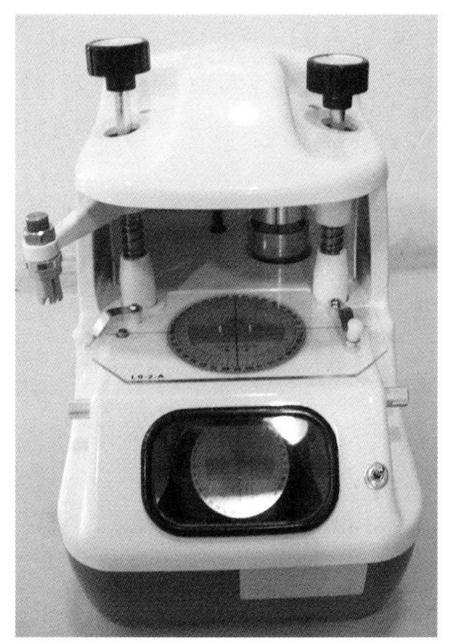

图6-4　定中心仪的主要结构

2. 工作原理　定中心仪是用来确定镜片加工中心，使镜片的光学中心水平距离、光学中心高度和柱镜轴位等达到配装眼镜的光学质量要求的仪器。它的工作原理是通过在标准模板几何中心水平和垂直基准线上移动镜片光学中心至水平和垂直移心量处，从而寻找出镜片的加工中心。

3. 操作步骤

（1）开启中心仪电源开关，点亮照明灯，并将中心仪压杆吸盘架转到侧面的位置。

（2）通过视窗旋转水平移动旋钮，将刻度面板的十字中心对准刻度面板的坐标原点（图6-5）。

（3）将做好的标准模板正面（有R或者刻度线的一

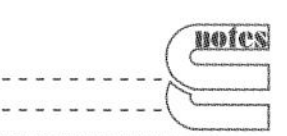

面）朝上，模板定位孔标记朝里装入定中心仪上刻度面板的两只定位销中，以备用来确定右眼镜片的加工中心。将标准模板正面朝下放置，模板定位孔标记朝里装入刻度面板的定位销中即可确定左眼镜片加工中心。

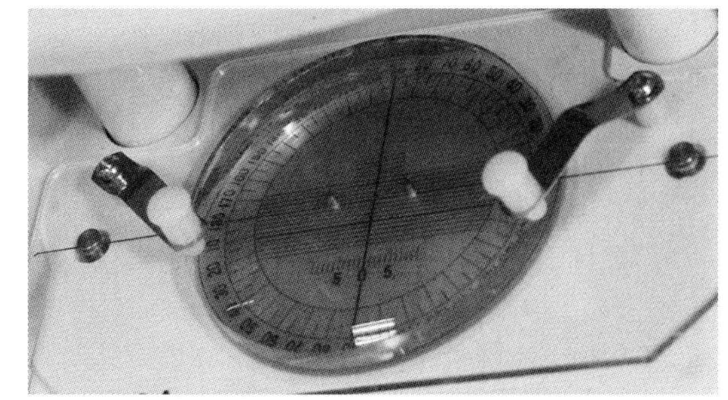

图 6-5　刻度面板十字中心对准坐标原点

（4）将与模板对应的加工镜片（先右后左）凸面朝上放置在模板上，并且移动镜片使镜片的光学中心与移心设定后的刻度面板十字中点重合。通过视窗进行观察，并移动镜片的光学中心，使镜片的光学中心与红色中线相重合，然后再沿红色中线垂直方向上下移动镜片的光学中心与垂直移心后的位置相重合。这时镜片光学中心的位置即为加工中心位置。

（5）将吸盘按定位孔指示方向装入吸盘压杆架端头。

（6）操作压杆，将吸盘架连同吸盘转至镜片光心位置，按下压杆即将吸盘附着在镜片的加工中心上（图 6-6）。

（7）提起压杆，将吸盘从压杆架端头取出，并对以上吸盘的镜片做右片（R）或左片（L）的标记。

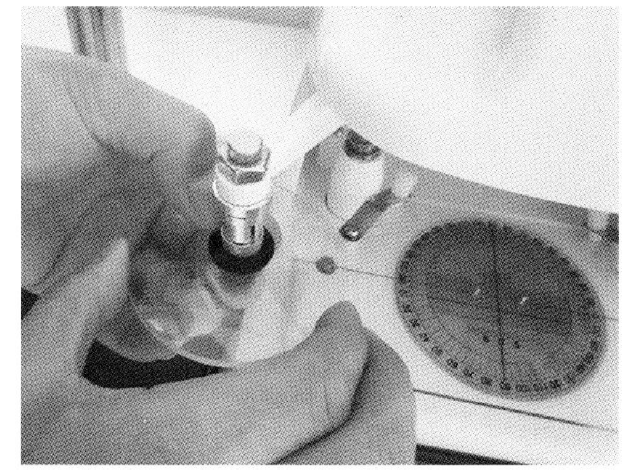

图 6-6　镜片上盘操作

4. 注意事项

（1）将仪器在工作台上放平稳。使用前检查仪器背面电源是否插上，是否装有保险丝和保险丝是否完好，电源是否有接地线，将电源线两端分别插入电源和仪器的插座上。

（2）使用软毛刷或软布擦拭刻度面板和视窗板，切勿用干硬布料等擦拭面板，以免损坏。

（3）使用定中心仪前应用顶焦度计测量镜片的顶焦度、光学中心和柱镜轴位，并打印光心。

（4）在定中心仪上使用的标准模板应是合格的标准模板。

（5）操作完毕时应关闭照明灯，当照明灯不亮时，应先检查电源插座上的保险丝，再检查照明灯泡，检查和更换照明灯泡应先拧下护圈。

（6）将镜片从压杆架端头取出时，不要用手取镜片，而是取吸盘带出镜片。

实训 6-3：定中心仪的日常保养及维护

1. **实训要求**　熟练掌握定中心仪的日常保养和维护方法。
2. **实训学时**　2 学时。
3. **实训条件**

（1）环境准备：明亮的视光实训室。

（2）设施准备：定中心仪 1 台。

（3）实验者准备：着工作服、口罩及帽子。

4. **实训步骤**

（1）定中心仪的日常保养

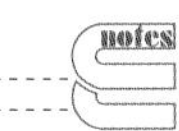

1）阅读定中心仪使用说明书作日常保养。

2）定中心仪的日常保养要求

①保持中心仪的清洁，使用软刷或软布擦拭刻度面板和视窗面板，切莫用于硬布料等擦拭面板，以免损坏面板。

②操作完毕应关闭照明灯。

③每周在压杆活动配合处加入少量润滑油。

（2）定中心仪的维护方法

1）阅读定中心仪使用说明书的维护方法。

2）定中心仪常见运行故障及排除方法

①电源线没有正确连接，应正确连接电源线。

②照明灯不亮，应先检查电源插座上的保险丝，再检查照明灯泡，检查和更换照明灯泡应先拧下护圈。

5. 实训善后

（1）认真核对操作过程，确保准确无误，填写实训报告。

（2）整理及清洁实训用具，物归原处。

6. 复习思考题

（1）试讲解介绍定中心仪的日常保养要点。

（2）试讲解介绍定中心仪的维护方法。

二、抛光机

学习目标

1. 掌握：抛光机的操作步骤。
2. 熟悉：抛光机操作时的注意事项。
3. 了解：抛光机的工作原理。

1. 基本结构　抛光机的主要结构包括电动机和一个或两个抛光轮。抛光机有两种类型。一种是立式抛光机：抛光轮材料使用叠层布轮或棉丝布轮（图 6-7）。另一种是直角平面抛光机或卧式抛光机。其特点是抛光轮面与操作台面呈 45° 角倾斜。抛光时，镜片与抛光轮面呈直角接触，免除了非抛光部分产生的意外磨伤。抛光轮材料选用超细金刚砂纸和压缩薄细毛毡。超细砂纸用于粗抛，薄细毛毡有专用抛光剂用于细抛（图 6-7）。

2. 工作原理　抛光机是用来抛去光学树脂片和玻璃片经磨边后，磨边机砂轮所留下的磨削沟痕，使镜片边缘表面平滑光洁，以备配装无框或半框眼镜。其工作原理是电动机启动后带动抛光轮高速旋转，使镜片需抛光部位与涂有抛光剂的抛光轮接触产生摩擦，将镜片边缘表面抛至平滑光亮。

3. 操作步骤

（1）粗抛：逆时针旋转抛光轮螺纹棒，在其圆盘的下面装上薄细毛毡，上面装上超细砂纸，用超细砂纸粗抛需抛光表面。双手持镜片，使镜片与抛光轮面呈直角状态，然后轻轻接触进行抛光。

（2）细抛：将超细砂纸换下来，加装薄细毛毡抛光轮并均匀地涂上抛光剂，然后与粗抛同样的手法进行抛光即可。

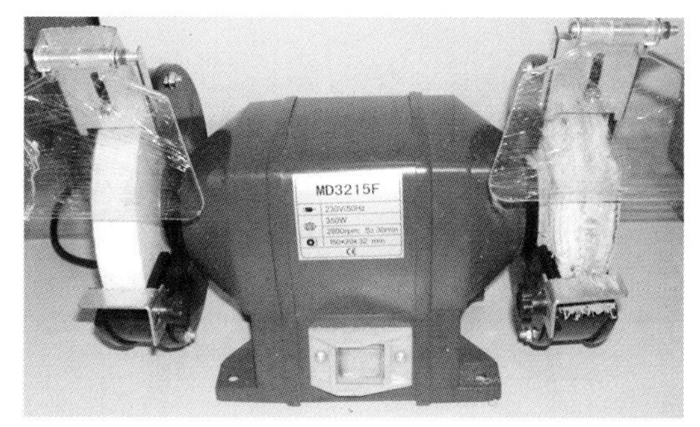

图 6-7　立式抛光机

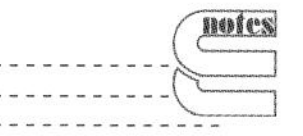

4. 注意事项

（1）操作时应双手拿稳镜片，让镜片顺着抛光轮转动的方向匀速转动，以免镜片被打飞。

（2）操作时镜片和抛光轮不能用力接触，以免将镜片抛焦。

（3）玻璃镜片抛光时，只需要超细砂纸进行抛光即可。

（4）操作时应配戴防护眼镜和防尘面具。

（5）不使用时应拔掉电源插头。

三、钻孔机

学习目标

1. 掌握：钻孔机的操作步骤。
2. 熟悉：钻孔机操作时的注意事项。
3. 了解：钻孔机的工作原理。

1. 基本结构　钻孔机的主要结构包括钻孔工具（钻头、扩孔针）、定位装置（镜片钻孔位置固定挡板和钻孔直径调节固定栏）、辅助件（手架台、镜片吸盘和油盒）和电机（图6-8）。钻孔机可加工玻璃、树脂、PC片等材质的镜片。钻孔直径：0.8～2.8mm。

2. 工作原理　钻孔机是制作无框眼镜时对镜片进行钻孔的设备。其工作原理是通过电机带动钻头在镜片的对应位置上打出圆孔。加工无框眼镜的方法是：在镜片上标出孔位；在标记点偏内处钻出定位孔；矫正钻孔位置角度；打通定位孔；扩孔；装配镜片。镜片钻孔按其步骤先后可分为预钻和成型钻。预钻即在镜片钻孔定位标记上先做表浅且小范围不穿孔的钻磨。成型钻即在预钻基础上按孔的直径要求并将孔钻穿，需同时完成钻穿、孔大小形成及钻孔角度修正的操作。

上下钻头一般为同种类型，可上下同时对镜片钻孔。扩孔针用于高精度钻孔，范围为0.8～2.8mm（图6-9，图6-10）。

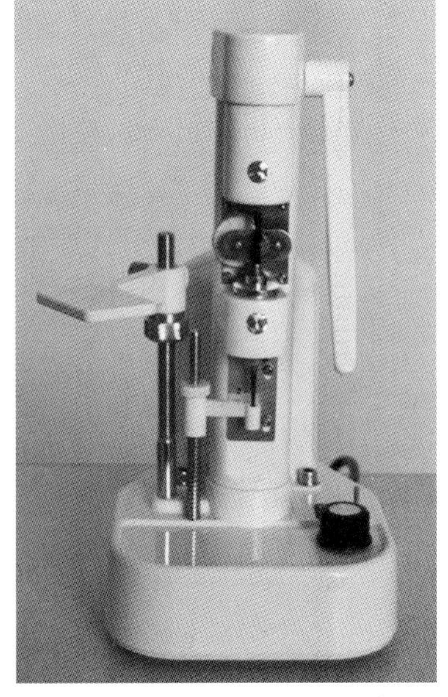

图6-8　钻孔机的主要结构

图6-9　钻头图

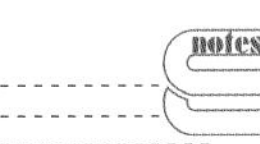

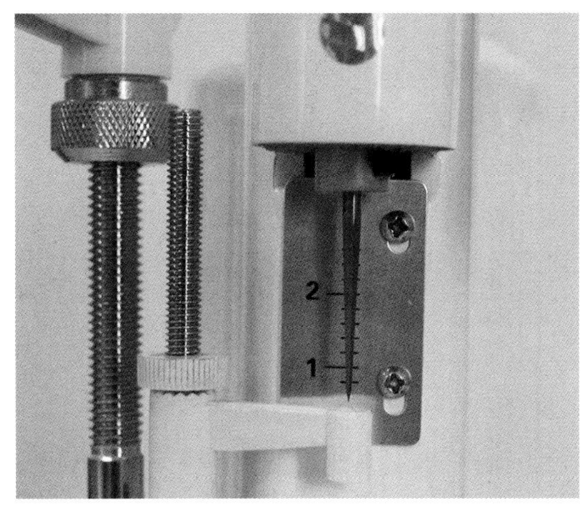

图 6-10　扩孔针图

3. 操作步骤

（1）取点标记：用胶布粘住镜片两面，将镜架上的原始模片与镜片重叠并用胶布粘住。用笔透过模片上的孔，在镜片留下孔的位置点标记。移开模片，检查点标记位置是否与镜架吻合。

（2）镜片钻孔定位：用镜片边缘抵住钻孔位置固定挡板，调节钻孔定位装置，使钻头正好对准镜片上的点标记。用手维持镜片水平，转动手托下面的螺栓，调节手托高度（图 6-11）。

（3）预钻：左手固定镜片，右手拇指按下控制臂，中指拨动预钻电源开关。打开开关，在镜片上的点标记上轻轻钻一小孔，然后检查小孔的位置是否正确。再将控制臂匀速向下按到极限，完成预钻（图 6-12）。

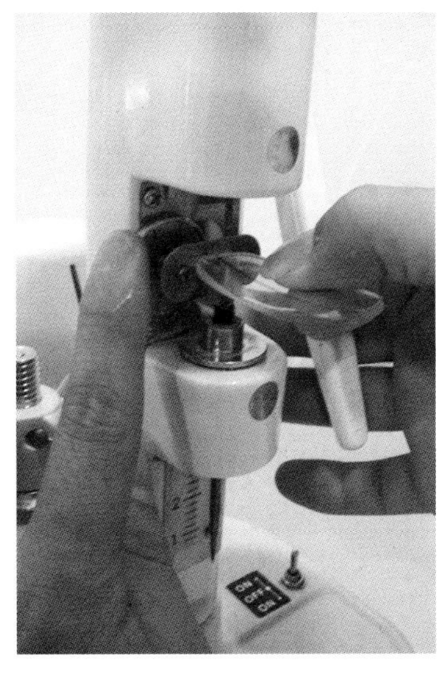

图 6-11　钻孔挡板调整

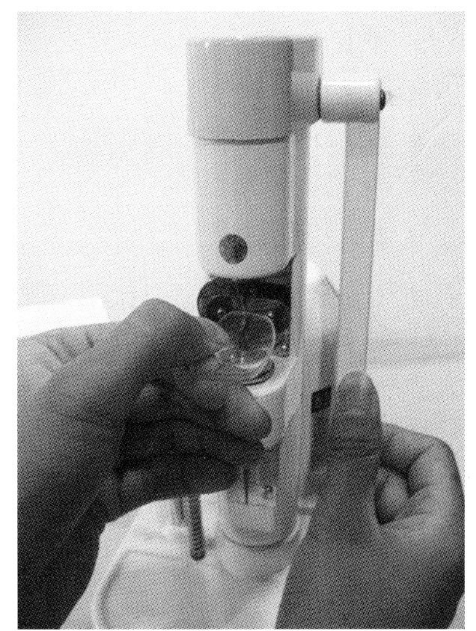

图 6-12　预钻操作

（4）成型钻：打开成型钻电源开关，双手平稳握紧镜片，将镜片预钻小孔中心对准扩孔针尖，匀速将镜片提升至固定栏位置。在此过程中，需注意修正预钻孔位置，镜片上提过程用力偏重于要修正孔的方向（图 6-13，图 6-14）。

4. 注意事项

（1）用胶布粘住镜片两面，防止钻孔时刮花镜片。

（2）镜片预钻时要匀速慢压控制臂，降低钻头对镜片的压力，防止孔边碎裂。

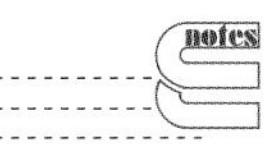

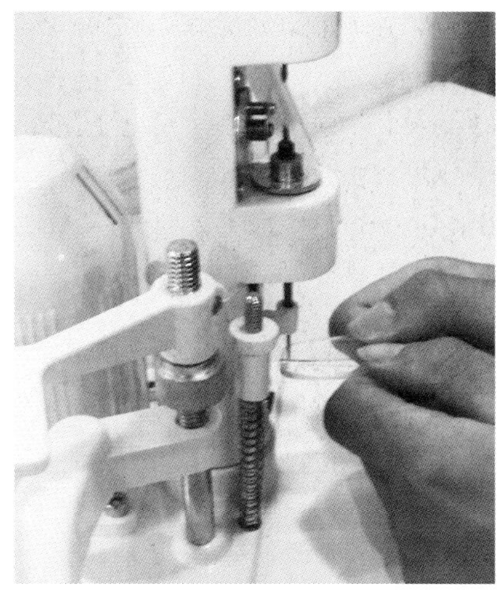
图 6-13　成型钻操作

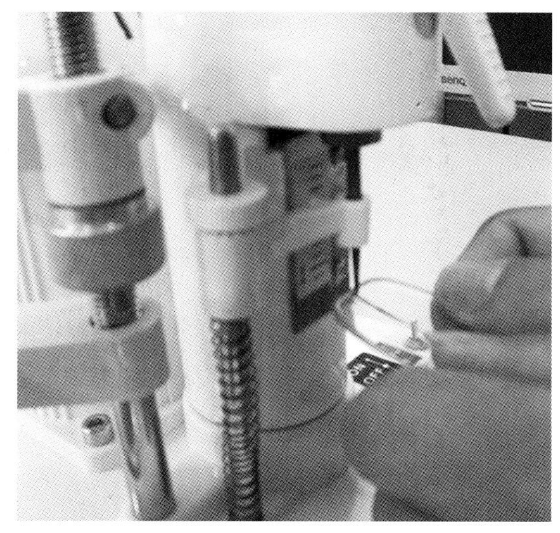
图 6-14　成型钻扩孔修正

（3）钻孔机应放在牢固的平台上，切勿把该机置于高温或阳光下。

（4）需定期做精度检查，确保铰刀旋转没有偏差。除了镜片钻孔，切勿移作他用，以免影响精度或损坏。

实训 6-4：钻孔机的日常保养及维护

1. 实训要求　熟练掌握钻孔机的日常保养和维护方法。

2. 实训学时　2 学时。

3. 实训条件

（1）环境准备：明亮的视光实训室。

（2）设施准备：定中心仪 1 台。

（3）实验者准备：着工作服、口罩及帽子。

4. 实训步骤

（1）钻孔机的日常保养

1）阅读钻孔机使用说明书作日常保养。

2）钻孔机的日常保养要求

①用毛刷及时清理残留在作业平台和钻头上的镜片残渣，但清洁时切勿用手直接接触钻头。

②每周加油润滑一次滑动部件。

③每次钻孔后及时关闭钻孔开关，避免设备长时间处于切割状态，也可防止人身意外伤害。

④钻孔过程中发现异常声响应立即关闭开关。

⑤禁止对树脂类镜片以外的任何物质钻孔。

（2）钻孔机的维护方法

1）阅读钻孔机使用说明书的维护方法。

2）钻孔机使用前的操作准备

①将设备置于水平的工作台上。

②连接电源线。

③拨动钻孔把手，确认上部钻头可以正常下降并刚好未接触到下部钻头。

④开启运行开关，确认各钻头均旋转正常。

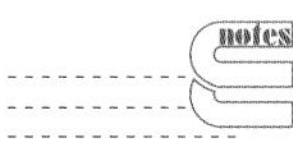

（3）钻孔机常见运行故障及排除方法：

1）电源适配器没有正确连接，应正确连接电源线。

2）钻头磨损或断裂，应：①更换上下定位钻头；②更换扩孔钻头。

3）上下钻头碰触，应对钻孔机的上部钻头位置偏差作调整：①用内六角扳手插入顶部调整螺钉；②左右旋转该螺钉可调节上部定位钻头的高低；③调节至上部定位钻头刚好未碰触到下部定位钻头。

4）钻头长时间使用变钝，应用附件套筒夹住钻头在磨面上磨锋利。

5）铰刀变钝，应更换铰刀：①调松铰刀上的螺丝，拿下铰刀；②把新铰刀插入铰刀座，然后用手指捏紧下钻头座和铰刀座，拧紧螺丝；③检查确保铰刀旋转没有偏差；④如果铰刀有点偏差，按下钻头调节臂，把铰刀放松，用钳子夹紧铰刀柄调节偏差。切勿用钳子夹住铰刀边缘压弯铰刀；否则，会折断铰刀。

5. 实训善后

（1）认真核对操作过程，确保准确无误，填写实训报告。

（2）整理及清洁实训用具，物归原处。

6. 复习思考题

（1）试讲解介绍钻孔机的日常保养要点。

（2）试讲解介绍钻孔机常见运行故障及排除方法。

四、自动开槽机

学习目标

1. 掌握：自动开槽机的操作步骤。
2. 熟悉：自动开槽机操作时的注意事项。
3. 了解：自动开槽机的工作原理。

1. 基本结构　自动开槽机的主要结构包括镜片夹持装置（夹头和夹紧旋钮）、镜片切割装置（切割砂轮、切割导向夹、切割定位器和深度刻度盘）和电动装置（电机、镜片和磨轮旋转电源开关）（图 6-15）。

2. 工作原理　自动开槽机是配装半框眼镜时用于在磨边后的树脂镜片或玻璃镜片平边上开挖一定宽度和深度的沟槽的专用设备。它的工作原理是通过电机带动被加工镜片和刀具向各自的相向旋转运动，使砂轮在镜片边缘削出一条宽 0.5mm（或 0.6mm），槽深 0.3mm（可调节）的环形槽。

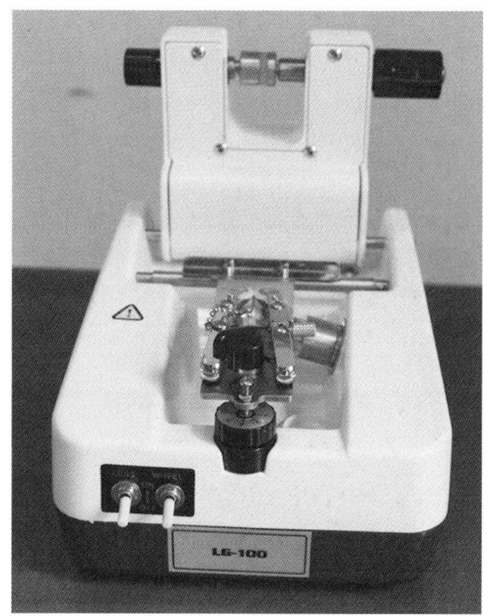

图 6-15　自动开槽机的外部结构图

3. 操作步骤

（1）设定镜片槽弧类型：在开槽之前，首先要确定镜片槽弧类型。镜片槽弧类型有三种：中心弧、前弧槽和后弧槽。槽弧类型的设定主要是通过改变切割调节台下面的弹簧挂钩，切割镜片的左右导向夹臂受力，形成镜片在沟槽切割过程的不同运动轨迹。

1）中心弧：适用于边缘厚度相同的薄镜片，远视镜片或轻度近视镜片（图 6-16）。

①提起调节台，将弹簧挂钩插入最下面的标有

“C”记号的两个联结点。

②将中心销插入两导向臂的中间。

③将定位器旋到中心位置。

2）前弧槽：适用于高度近视镜片及含高度散光镜片。

①提起调节台，将弹簧挂钩插入“F”点和“C”点的孔中（图6-17）。

②移开中心销，使其悬空。

③夹紧镜片慢慢放到下面的镜片放置台上，转动镜片至寻找到镜片边的最薄位。

④靠拢两导向臂，转动定位器，使镜片移到需开槽的位置上。

3）后弧槽：适用于高度远视镜片，双光眼镜片。这种槽型一般情况下很少使用，但双光镜片选择该槽型很方便。

①移开中心销，使其悬空。

②提起调节台，将弹簧挂钩插入“R”点和“C”点的孔中（图6-18）。

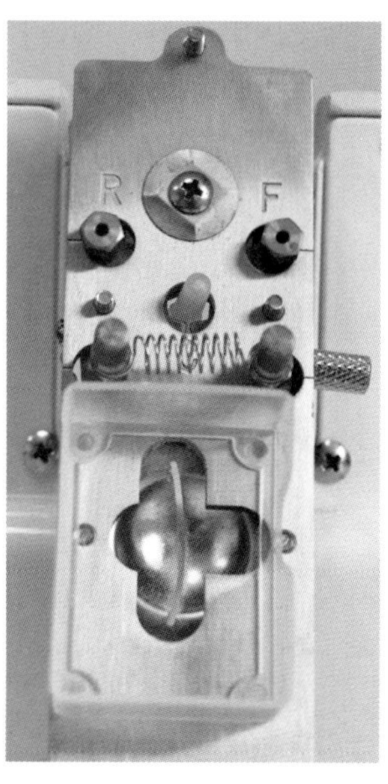

图6-16　中心槽的设置

图6-17　前弧槽的设置

图6-18　后弧槽的设置

③夹紧镜片慢慢放到下面的镜片放置台上，转动镜片直至寻找到镜片边的最薄位。

④靠拢后导向臂，转动定位器，使镜片移到需开槽的位置上。

4）调整“中心槽”型位置：自动开槽机可通过转动调节旋钮，调整“中心槽”型的位置。若槽的位置靠近镜片的后面时，可顺时针转动调节旋钮。若槽的位置靠近镜片的前面时，逆时针转动调节旋钮即可。

（2）设定开槽机的弧槽位置

1）深度刻度盘调到“0”位，两个开关都在“OFF”位置。

2）利用附件加水器，用水充分地润湿冷却海绵块（图6-19）。

3）将镜片最薄处朝下、前表面朝右放置到机头上的左右夹头之间，夹紧镜片，将机头降低到操作位置。

4）打开导向臂，镜片落到两尼龙导轮之间，切割轮之上。

5）打开镜片开关至“ON”位置，使镜片转动1/4转后，检查确定槽的位置是否恰当。

（3）开出镜片沟槽

1）将镜片切割轮开关打开，并调节槽的深度刻度盘确定槽的深度。

2）当镜片在所需的深度位置自传一周后切割的声音发生变化时，表明开槽完成（图6-20）。

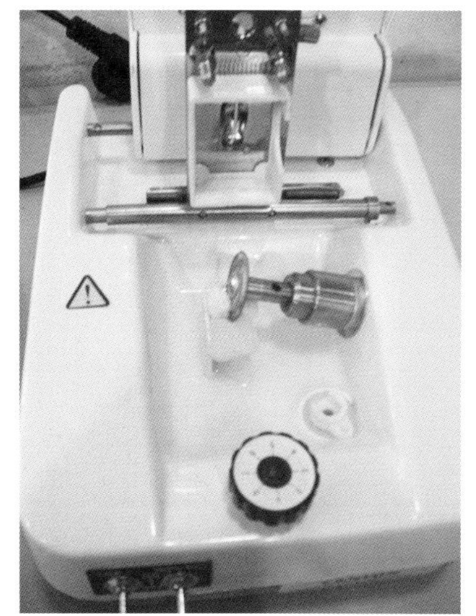

图6-19　加水湿润海绵

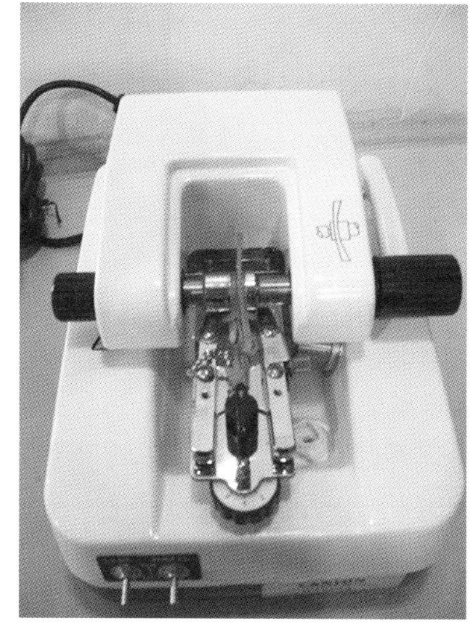

图6-20　开槽完成

3）关闭切割轮开关后，再关闭镜片开关，抬起机头，卸下镜片，并用半框镜架检查槽深。

4. 注意事项

（1）自动开槽机必须安装在结实的工作台上。保持平整稳定，不能倾斜。

（2）正确安装好电源，并单独使用插座安装好地线。使用前应给各转动轴部位上润滑油，并经常保持清洁。

（3）开槽机的切割轮前方固定有一小排水管，同时配置有一个塞子以防偶然的喷溅，需经常拔动塞子，防止过多的积水使轴承锈蚀。

（4）每日取出海绵清洗干净，使用前需注入水充分浸湿海绵，当海绵用旧后及时更换。

（5）在镜片上开槽前，必须先决定在这镜片上选用哪一种槽型。如果需在玻璃等较硬材质的镜片上开槽很深时，先将开槽深度设置所需的一半进行开槽，然后再将开槽深度设置所需的深度即可。

（6）重新更换切割轮时，应先断开电源插头，然后在轴的小孔中插入一细棒，再旋开轮盘的十字槽头螺丝钉。

实训6-5：自动开槽机的日常保养及维护

1. 实训要求　熟练掌握自动开槽机的日常保养和维护方法。

2. 实训学时　2学时。

3. 实训条件

（1）环境准备：明亮的视光实训室。

（2）设施准备：自动开槽机1台。

（3）实验者准备：着工作服、口罩及帽子。

4. 实训步骤

（1）自动开槽机的日常保养

1）阅读自动开槽机使用说明书作日常保养。

2）自动开槽机的日常保养要求

①润滑主轴用干净的布经常清洁主轴，平常可使用一种白色的润滑膏抹在主轴表面。

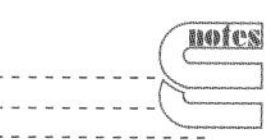

②经常清洗海绵，去除杂质微粒，并使它在使用前充分浸湿，当海绵旧了就要更换，每日使用完毕须将它取出漂洗干净。

③及时清理水槽内的污水，开槽机的切割轮前方固定有一小排水管，同时配置有一个塞子以防偶然的喷溅，请经常拔动这个塞子，这样才不会因为有过多积水而导致轴承锈蚀。

④及时用清水清洁镜片导向轮。

⑤每次作业完毕后，用牙刷蘸清水清洁设备上残留的粉尘，并用布擦干。

（2）自动开槽机的维护方法

1）阅读自动开槽机使用说明书的维护方法。

2）自动开槽机使用前的操作准备

①将设备置于水平的工作台上。

②连接电源线。

③将机头抬起至待机位。

④分别启动镜片转动开关。

⑤向水槽内注水约 5mm，并将干净的海绵放入海绵槽。

（3）自动开槽机常见运行故障及排除方法

1）开槽深度不足，应：①将开槽深度旋钮置于 0 位置；②打开零位调节螺母；③目测砂轮片顶点与砂轮盖高度，用旋具调节零位螺钉至砂轮片顶点与砂轮盖齐平；④开槽深度调节仍无效时则需更换砂轮。

2）槽的弧度不佳，应：①排除没有按开槽机使用说明书正确设置槽弧导向机构引起槽的弧度不佳；②用清水、牙刷等彻底清洁导向机构，使导向机构各关节灵活，必要时在各关节处滴上少许润滑油。

5. 实训善后

（1）认真核对操作过程，确保准确无误，填写实训报告。

（2）整理及清洁实训用具，物归原处。

6. 复习思考题

（1）试讲解介绍自动开槽机的日常保养要点。

（2）试讲解介绍自动开槽机常见运行故障及排除方法。

五、烘热器

学习目标

1. 掌握：烘热器的操作步骤。
2. 熟悉：烘热器操作时的注意事项。
3. 了解：烘热器的工作原理。

1. 基本结构　烘热器有多种形式，包括电热元件、鼓风机和导热板等主要组件。电热元件有电阻丝和陶瓷两种（图 6-21）。

2. 工作原理　烘热器是一种整形眼镜校配的工具，用于加热镜架。其工作原理是电热元件通电后发热，鼓风机将热风吹至上方导热板，热风通过导热板的小孔吹出，导热板将热能吸收，并均匀释放，温度可始终维持在 130～145℃。

3. 操作步骤

（1）插上电源，接通电源开关。

（2）预热 3 分钟左右，使吹出的气流温度达到 130～145℃。

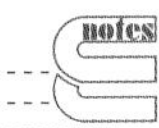

(3) 烘烤镜身，上下左右翻动使其受热均匀，用手弯曲。

(4) 烘烤镜腿，上下左右翻动使其受热均匀，用手弯曲（图 6-22）。

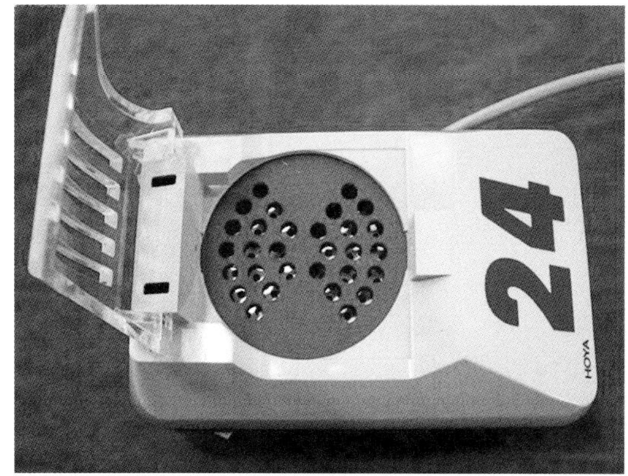

图 6-21　烘热器

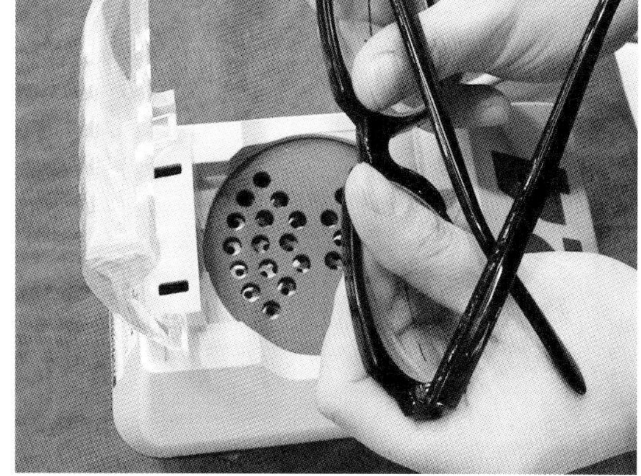
图 6-22　镜架烘热操作

(5) 重复（3）（4）步骤，直至达到整形目标。

4. 注意事项

(1) 加热时要防止过热而导致镜架发生非预期变形。

(2) 勿将水珠滴落在导热板上以免损坏仪器。

六、整形钳

学习目标

1. 掌握：各种整形钳的用途。
2. 熟悉：各种整形钳操作时的手法。
3. 了解：整形钳的工作原理。

1. 基本结构　整形钳有多种类型，包括圆嘴钳、弯嘴钳、平嘴钳、托叶钳、镜腿钳、腿套钳、平圆钳、鼻梁钳、框缘钳、镜片钳、定位钳、螺钉紧固钳、分嘴钳等。

2. 工作原理　整形钳是用来进行整形眼镜校配的专用工具。其工作原理是利用不同形状的工具机械力的作用，改变镜架的某些角度或改变某些部件的相对位置，以满足眼镜检测标准的要求或配戴者的个体要求。

3. 整形钳及其使用方法

(1) 圆嘴钳：用于调整鼻托支架的形状。圆嘴钳及其使用见图 6-23 和图 6-24。

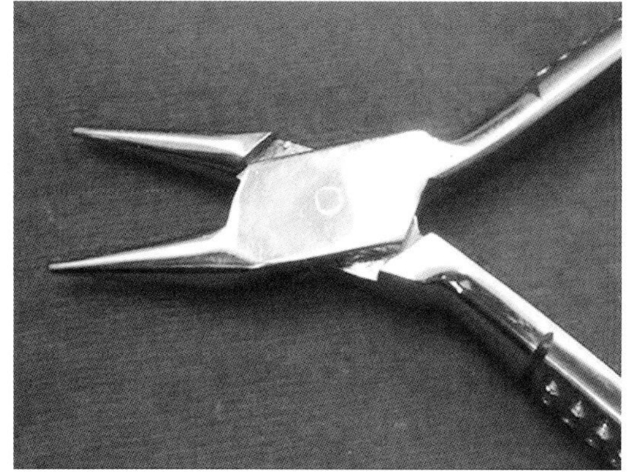
图 6-23　圆嘴钳

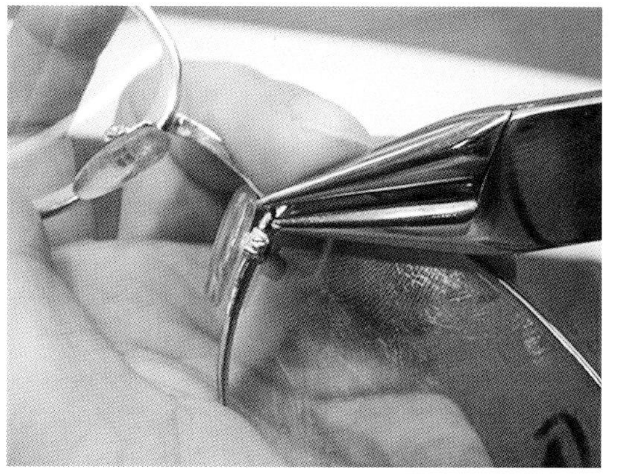
图 6-24　圆嘴钳的用法图示

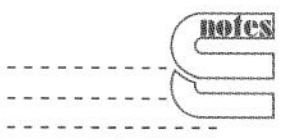

（2）弯嘴钳：用于调整鼻托支架的弯曲程度。弯嘴钳及其使用见图6-25和图6-26。

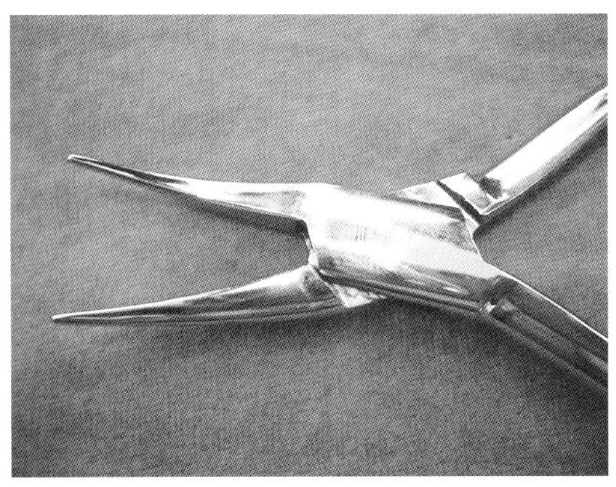

图6-25　弯嘴钳

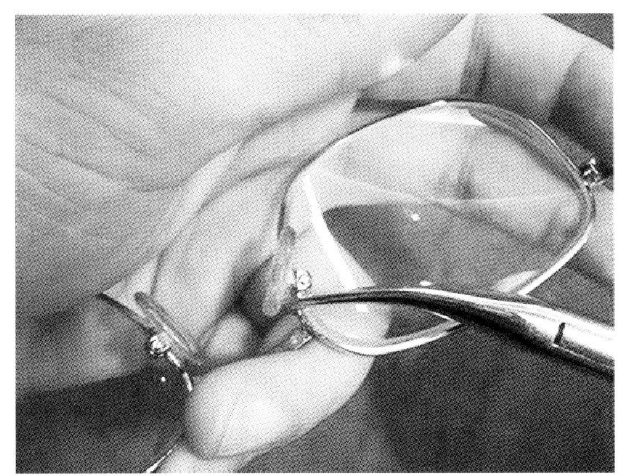

图6-26　弯嘴钳的用法图示

（3）平嘴钳：借平嘴固定作业平面，调整前倾角、外张角或镜面角等。平嘴钳及其使用见图6-27和图6-28。

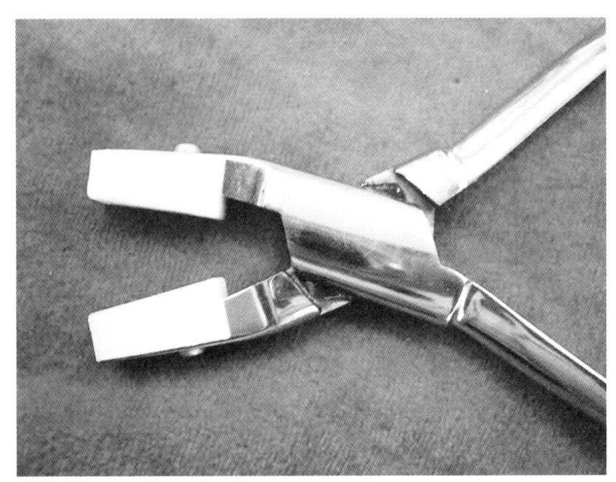

图6-27　平嘴钳

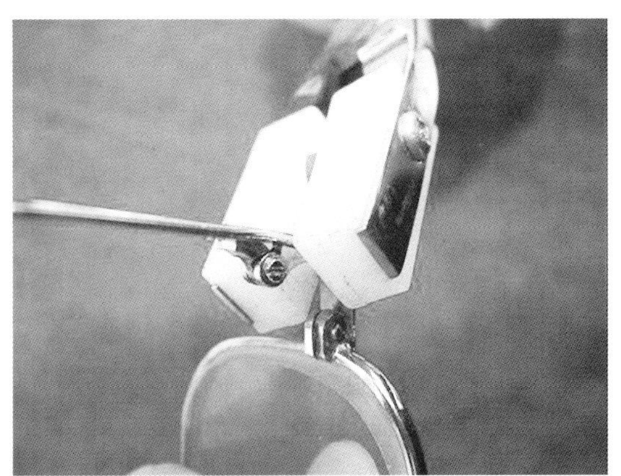

图6-28　平嘴钳的用法图示

（4）托叶钳：用于调整托叶的位置角度。使用方法：一侧叉口固定鼻托支架，另一侧平口固定托叶，可调整托叶的叶面朝向角度。托叶钳及其使用见图6-29和图6-30。

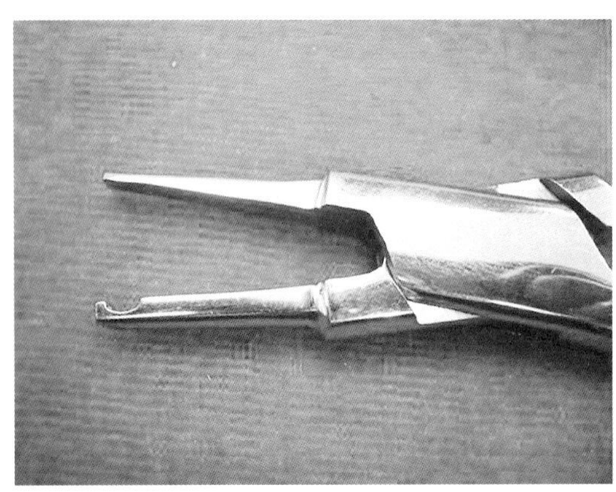

图6-29　托叶钳

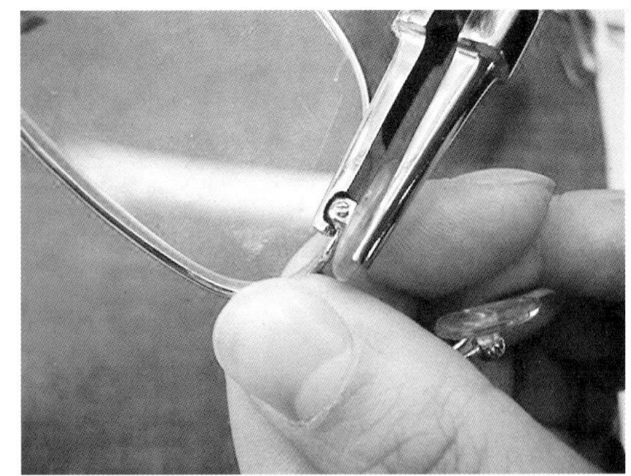

图6-30　托叶钳的用法图示

（5）镜腿钳：用于调整镜腿的角度，修改镜腿的颞距和外张角等。镜腿钳及其使用见图6-31和图6-32。

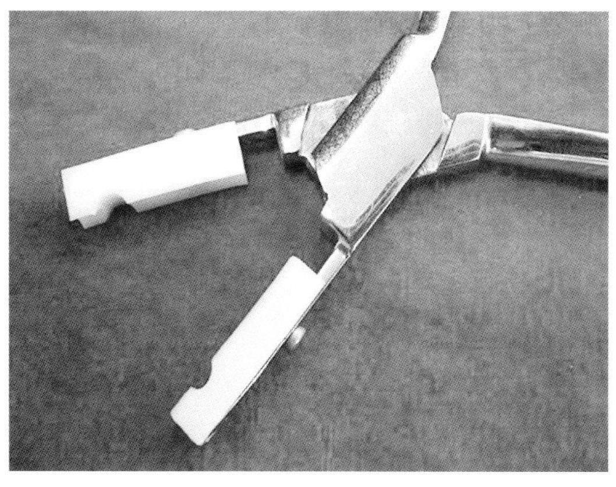

图 6-31 镜腿钳

图 6-32 镜腿钳的用法图示

（6）腿套钳：用于修改镜腿的弯点长和弯垂角度等。腿套钳及其使用见图 6-33 和图 6-34。

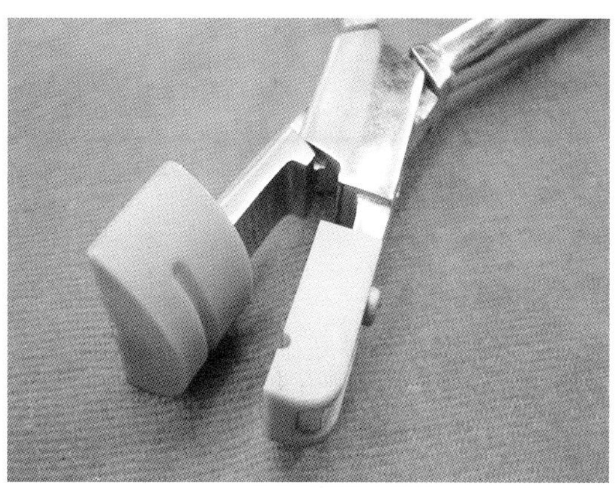

图 6-33 腿套钳

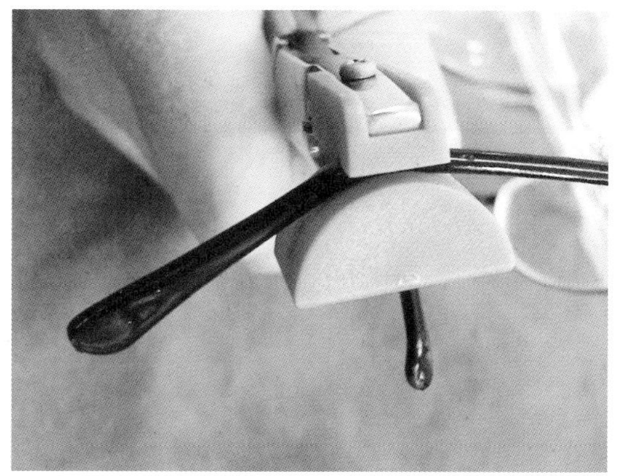

图 6-34 腿套钳的用法图示

（7）平圆钳：用于调整镜腿的外张角、前倾角等。平圆钳及其使用见图 6-35 和图 6-36。

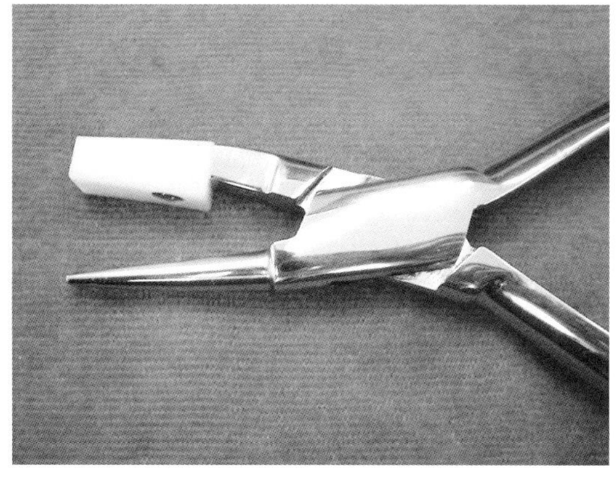

图 6-35 平圆钳

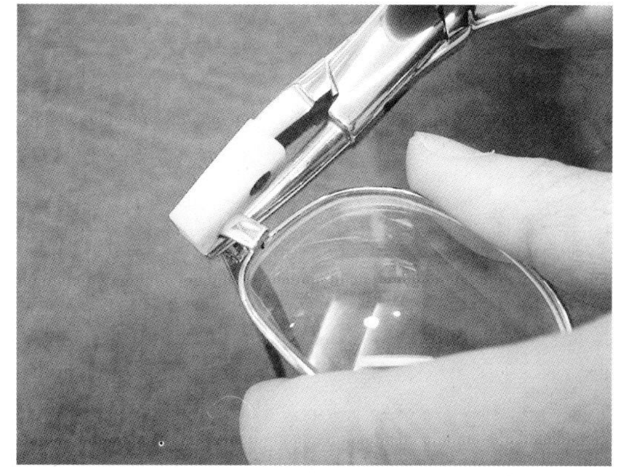

图 6-36 平圆钳的用法图示

（8）鼻梁钳：用于调整鼻梁位置，修改镜面角。鼻梁钳及其使用见图 6-37 和图 6-38。

（9）框缘钳：用于调整镜圈的面弧弯度。框缘钳及其使用见图 6-39 和图 6-40。

（10）镜片钳：用于镜片复位、旋位调整等。镜片钳及其使用见图 6-41 和图 6-42。

（11）定位钳：用于将铰链螺孔对齐。定位钳及其使用见图 6-43 和图 6-44。

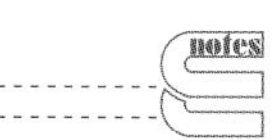

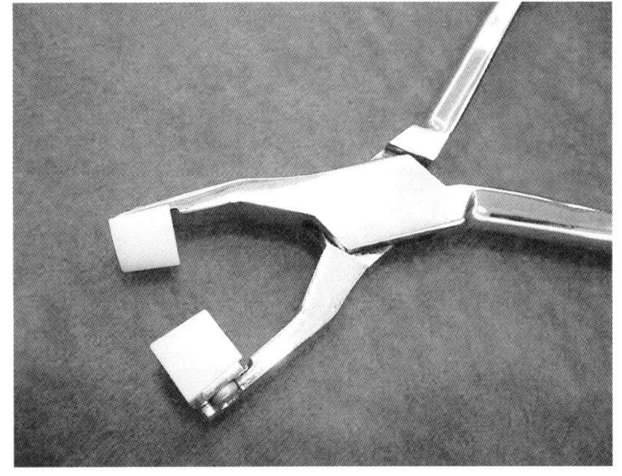

图 6-37　鼻梁钳

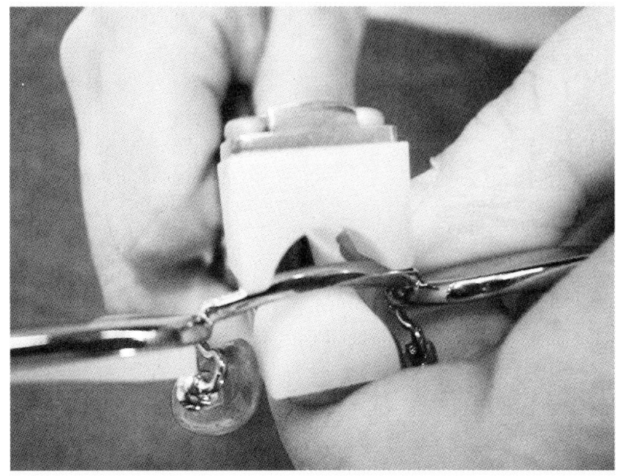

图 6-38　鼻梁钳的用法图示

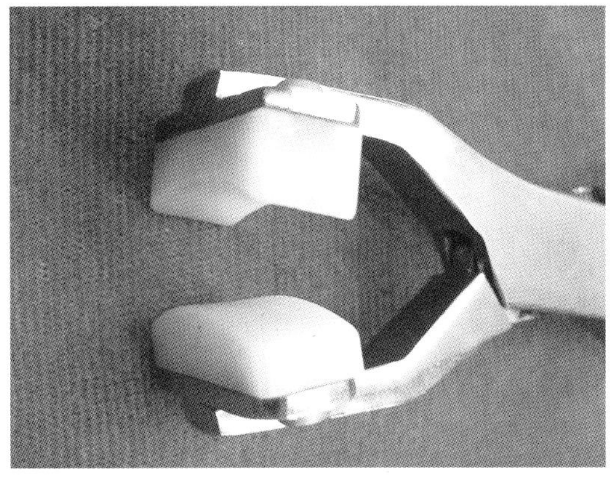

图 6-39　框缘钳

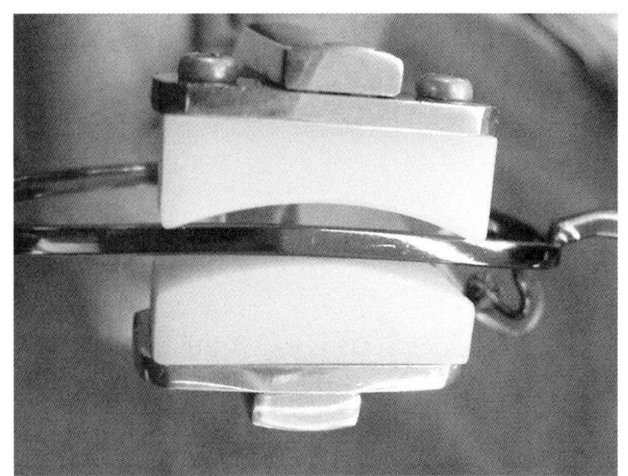

图 6-40　框缘钳的用法图示

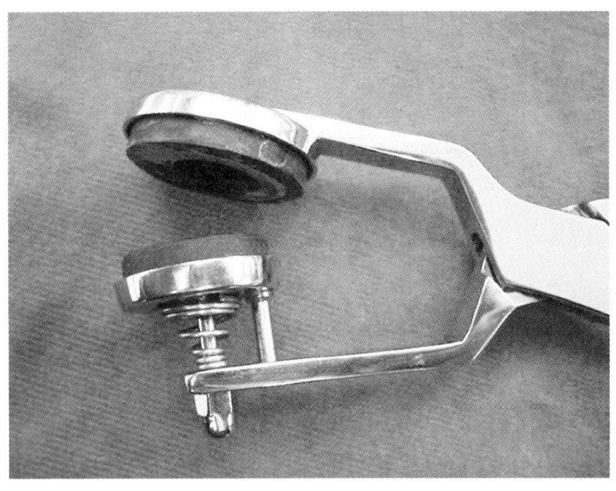

图 6-41　镜片钳

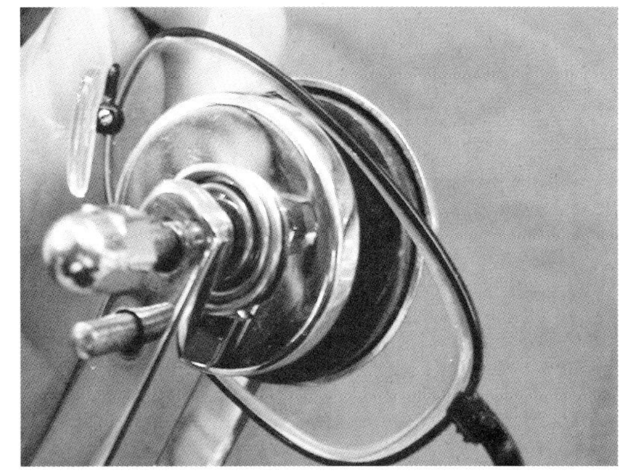

图 6-42　镜片钳的用法图示

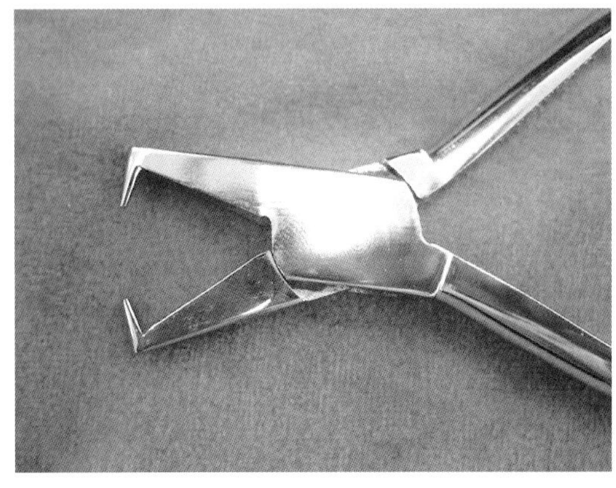

图 6-43　定位钳

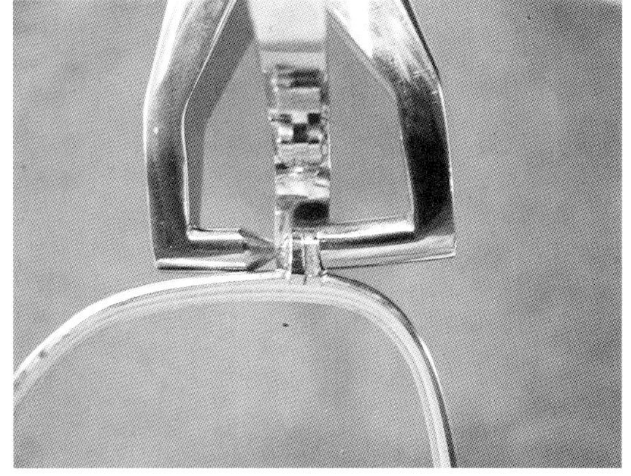

图 6-44　定位钳的用法图示

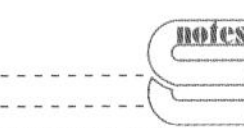

（12）螺钉紧固钳：用于夹紧螺钉，用内牙锁紧螺钉。螺钉紧固钳及其使用见图6-45和图6-46。

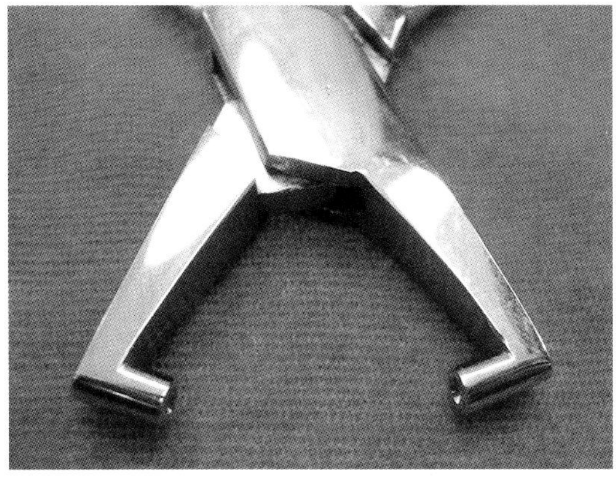
图6-45　螺钉紧固钳

图6-46　螺钉紧固钳的用法图示

（13）分嘴钳：用于固定镜架螺钉尾端，进行鼻梁或柱头的调整。分嘴钳及其使用见图6-47和图6-48。

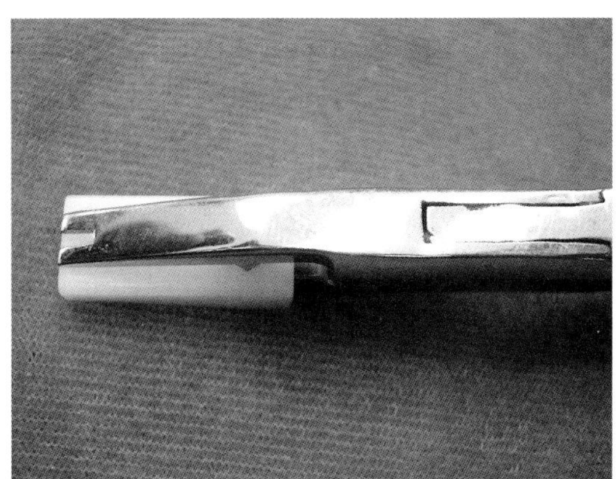
图6-47　分嘴钳

图6-48　分嘴钳的用法图示

4. 注意事项

（1）整形工具是专用工具，各有各的用途，勿乱用。

（2）整形钳可联合使用，即用两把整形钳，调整镜架的某些角度，达到眼镜整形的目的。

（3）整形工具使用时不得夹入金属屑、沙粒等，以免整形时在镜架上留下疵病。

（4）用整形钳时，用力过大会损坏眼镜，过小不起作用，必须多加练习。

（5）用整形钳时，需了解镜架材料等特点，根据不同特性进行整形处理。

七、应力仪

学习目标

1. 掌握：应力仪的操作步骤。
2. 熟悉：应力仪操作时的注意事项。
3. 了解：应力仪的工作原理。

1. 基本结构　应力仪有多种形式，主要结构包括检偏器、起偏器和电源开关等组件（图6-49）。

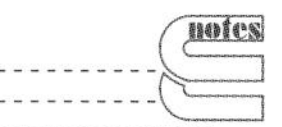

2. 工作原理　应力仪是应用偏振光干涉原理检查玻璃内应力或晶状体双折射效应的仪器。它可以根据偏振场中的干涉色序，定性或半定量的测量玻璃的内应力，主要用于检测眼镜镜片（包括非处方镜片、光学镜片和太阳镜片）的装配质量。通过将肉眼无法观察到的镜片应力点显现，观察其在装配后所受到的应力（挤压、顶角、强行弯折等非自然装配效果状态下的受力）是否均匀和超标，以免镜片发生崩边、断裂、破坏等情况，用以帮助及改善镜片加工过程的修正作用。

图 6-49　应力仪

3. 操作步骤

（1）接通电源，打开开关，灯即亮。

（2）将被检测的眼镜置于应力仪的检偏器和起偏器中间的平台上。

（3）检查者从检偏器的上方向下观察，可观察到镜片周边在镜圈中的应力情况。

（4）根据所观察到的应力情况，判断镜片周边的应力是否均匀一致或需要修正的部位。

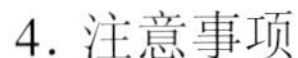
4. 注意事项

扫一扫，测一测

（1）应力仪使用环境应干燥，注意防尘及防腐蚀性气体。

（2）应力仪中各光学件表面不得用手摸，如有尘土可用毛刷轻轻拂去。

（3）应力仪使用应轻拿轻放，防止摔、撞，使用后收好。

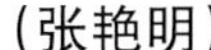
（张艳明）

参考文献

1. 齐备. 眼视光常用仪器设备. 北京：人民卫生出版社，2012.

2. 齐备. 眼镜定配工（初级）. 北京：中国劳动社会保障出版社，2008.

3. 齐备. 眼镜定配工（中级）. 北京：中国劳动社会保障出版社，2008.

索　引

I

J

K

L

M

N

O

P

Q

R

S